精通
MATLAB

数字图像处理与识别

（第 2 版）

张 铮 胡 静 赵原卉 ◎编著
高 云 李月龙 刘 芳

U0264985

人民邮电出版社
北京

图书在版编目（CIP）数据

精通MATLAB数字图像处理与识别 / 张铮等编著. --
2版. -- 北京 : 人民邮电出版社，2022.6（2023.8重印）
ISBN 978-7-115-55253-2

Ⅰ. ①精… Ⅱ. ①张… Ⅲ. ①数字图像处理—
Matlab软件 Ⅳ. ①TN911.73

中国版本图书馆CIP数据核字(2020)第220334号

内 容 提 要

本书将理论知识、工程技术和工程实践有机结合起来，介绍了数字图像处理与识别技术的方方面面，包括图像的点运算、几何变换、空域和频域滤波、小波变换、图像复原、形态学处理、图像分割以及图像特征提取等。另外，本书还对机器视觉进行了前导性的探究，重点介绍了两种目前在工程技术领域非常流行的分类技术——人工神经网络（ANN）和支持向量机（SVM）。

本书结构紧凑，内容深入浅出、图文并茂，适合计算机、通信和自动化等相关专业的本科生、研究生，以及工作在图像处理与识别领域一线的广大工程技术人员参考使用。

◆ 编　著　张　铮　胡　静　赵原卉　高　云　李月龙　刘　芳
　　责任编辑　张　涛
　　责任印制　王　郁　焦志炜

◆ 人民邮电出版社出版发行　　北京市丰台区成寿寺路 11 号
　　邮编　100164　电子邮件　315@ptpress.com.cn
　　网址　https://www.ptpress.com.cn
　　北京九州迅驰传媒文化有限公司印刷

◆ 开本：787×1092　1/16
　　印张：27　　　　　　　　　　　2022 年 6 月第 2 版
　　字数：746 千字　　　　　　　2023 年 8 月北京第 3 次印刷

定价：99.80 元

读者服务热线：**(010)81055410**　印装质量热线：**(010)81055316**
反盗版热线：**(010)81055315**

广告经营许可证：京东市监广登字 20170147 号

前　言

　　图像处理与识别是当今计算机科学中的一个热门研究方向，应用广泛，发展前景乐观。MATLAB 是一款数学计算软件。凭借强大的科学运算能力、灵活的程序设计流程、高质量的图形可视化与界面设计，以及便捷的与其他程序和语言接口的功能，MATLAB 已成为工程人员使用较多的软件。本书结合大量的 MATLAB 代码和案例对数字图像处理与识别技术进行了介绍。

　　人们通过数字图像处理与识别技术能让计算机理解"看"到的东西，这是一件非常令人兴奋的事情。但要掌握数字图像处理与识别技术并非易事，它的理论性较强、门槛较高，在各个高校中，这门课程多是作为计算机专业研究生的选修课程。要想掌握数字图像处理与识别技术，读者需要有一定的数学基础，除此之外，还需要有一定的信号处理、统计分析、模式识别和机器学习等专业知识。因此，这门课程令很多人望而却步。

　　其实，"难以理解"的关键在于缺乏必要的基础知识，这造成读者难以弄懂相关知识。我们在撰写本书的过程中，对于可能造成读者理解困难的地方，均给出了必要的基础知识，尽量定性地去描述；对于那些无法一目了然的结论，均给出了思路和解释；对于某些非常专业、已经超过本书讨论范围的知识，在本书最后均给出了相对应的参考文献，供有兴趣的读者进一步学习和研究。

　　本书的宗旨，是向读者介绍知识的同时，培养读者的思维方法，使读者不仅知其然，而且知其所以然，并在解决实际问题时能有自己的想法。

内容安排

　　本书共分 18 章，主要内容如下。

　　第 1 和 2 章介绍了数字图像处理与识别的基础知识和 MATLAB 数字图像处理基础，旨在帮助读者认识数字图像的本质，了解和掌握必要的术语，并且熟悉本书自始至终需要使用的工具——MATLAB，重点介绍了 MATLAB 的数字图像处理工具箱。

　　第 3 和 4 章分别介绍了图像的灰度变换和几何变换。灰度变换可以有效改善图像的质量，并在一定程度上实现图像的灰度归一化；几何变换则主要应用在图像的几何归一化和图像配准当中。总体而言，图像的灰度变换和几何变换大多作为图像的前期预处理工作的一部分，是图像处理中相对固定和程式化的内容。

　　第 5 和 6 章分别从空域和频域两个角度介绍了图像增强的各个主要方面。作为数字图像处理中相对简单却颇具艺术性的方向之一，我们可以把图像增强理解为根据特定的需要突出一幅图像中的某些信息，同时削弱或去除某些不需要的信息，其主要目的是使处理后的图像对某种特定的应用来说，比原始图像更适用。

　　第 7 章继续在频域中研究图像。傅里叶变换一直是频域图像处理的基石，它能用正弦函数之和表示任何分析函数，小波变换则基于一些有限宽度的基小波，这些基小波不仅在频率上是变化的，而且具有有限的持续时间。就好比一张乐谱，小波变换不仅能提供要演奏的音符，而且说明了何时演奏等细节信息；但傅里叶变换只提供了音符，局部信息在变换中会丢失。

　　第 8 章讲解了图像复原的知识，图像复原与图像增强相似，目的也是改善图像质量。但是图像复原试图利用退化过程的先验知识使已退化的图像恢复本来面目，图像增强则使用某种试探的方式改善图像质量。引起图像退化的因子包括由光学系统、运动等造成的图像模糊，以及源自电路和光学因素的噪声等。

第 9 章相对独立，以介绍色彩模型之间的相互转换以及彩色图像处理方面的基本概念和基本方法为主。随着基于互联网的图像处理应用不断增多，彩色图像处理已经成为一个重要的研究领域。

第 10～12 章讲解从单纯的图像处理向图像识别（机器视觉）过渡的知识。这一阶段的特点是，输入的是图像，输出的则是我们在识别意义上感兴趣的图像元素。形态学图像处理是提取图像元素的重要技术，它在表现和描述图像形状方面非常有用；图像分割是指根据需要将图像划分为有意义的若干区域或部分的图像处理技术；特征提取则是将前面提取出来的图像元素或目标对象转换为适合计算机后续处理的数值形式，并最终形成能够直接供分类器使用的特征的技术。

第 13 章介绍了机器视觉的前导性内容，给出了解决识别问题的一般思路。

第 14～16 章介绍了 3 种十分强大的分类技术，分析并实现了手写数字字符识别、人脸识别和性别分类等经典案例。

第 17 章介绍了三维图像处理的入门知识，并通过具体实例讲解了生成和处理三维图像的相关内容。

第 18 章介绍了深度学习技术在图像处理中的应用，给出了基于深度学习实现图像处理的常用方法，并结合具体的目标检测实例对深度学习技术的使用进行了详细讲解。

读者对象

- 具备必要的数学基础的计算机、通信和自动化等相关专业的本科生、研究生。
- 工作在图像处理与识别领域一线的广大工程技术人员。
- 对数字图像处理和机器视觉感兴趣且具备必要基础知识的任何读者。

预备知识

在阅读本书之前，读者应具备一定的数学基础，如高等数学知识、少量的线性代数知识以及概率理论知识。

读者反馈和本书配套源程序的获取

虽然本书中的程序都已经在 Windows 操作系统下的 MATLAB R2006a～MATLAB R2019a 版本中测试通过（本书配套源程序可发邮件到 book95_editor@qq.com 获取），但由于笔者水平有限，代码有存在 bug 的可能，有的代码即便正确也存在优化的空间，如发现任何上述问题，请您不吝告知我们（zhangtao@ptpress.com.cn），以便我们做出改进。

致谢

首先要感谢我的授业恩师——南开大学的白刚教授和天津大学的赵政教授，是他们引导我进入图像处理与机器视觉的研究领域。同时，他们在本书写作过程中对我的指点和教诲确保了本书内容的严谨。

　　本书的第 7 和 8 章由王艳艳和赵国宇编写，在此向他们表示感谢；感谢我的好友——王艳平提供并调试了许多实例代码；感谢我的同事——闵卫东、陈香凝、任淑霞、姚清爽、王佳欣、孙连坤、孙学梅、张振和王作为等为本书所做的工作；感谢我昔日的师弟和师妹——王杉、闫丽霞、刘旭、赵国宇和李宏鹏等参与部分章节的编写和修改；感谢罗小科先生为本书制作了很多插图；感谢我的兄长——张钊为本书提供了部分图片；感谢徐超、王欣和郭朋博士等为本书的编写提出了很多宝贵的意见和建议；最后特别感谢 Lydia 对本书再版工作的支持。

编者

目　录

第1章　初识数字图像处理与识别

　　图像是指能在人的视觉系统中产生视觉印象的客观对象，包括自然景物、拍摄的照片、用数学方法描述的图形等。图像的要素分几何要素（刻画对象的轮廓、形状等）和非几何要素（刻画对象的颜色、材质等）两种。

　　在本章中，我们主要讲解数字图像、数字图像处理的实质内容和一般步骤，以及一些在后面的章节中将会经常用到的基本概念。

1.1　数字图像

　　自然界中的图像都是模拟量，在计算机被普遍应用之前，电视、电影、照相机等图像记录与传输设备都是使用模拟信号对图像进行处理的。但是，计算机只能处理数字信息，而不能直接处理模拟图像。因此，在使用计算机处理图像之前，必须对图像进行数字化。

1.1.1　什么是数字图像

　　简单地说，数字图像就是能够在计算机上显示和处理的图像，可根据特性分为两大类——位图和矢量图。位图通常使用数字阵列来表示，常见格式有 BMP、JPG、GIF 等；矢量图由矢量数据表示，我们平常接触较多的就是 PNG 图形。

> **提示**　本书只涉及数字图像中位图的处理与识别，如无特别说明，后文提到的"图像"和"数字图像"都仅指位图。一般而言，使用数字摄像机或数字照相机得到的图像都是位图。

　　我们可以将一幅图像视为一个二维函数 $f(x, y)$，其中 x 和 y 是空间坐标，X-Y 平面中任意一个点 (x, y) 上的**幅值** f 被称为该点的**灰度**、**亮度**或**强度**。此时，如果 f、x、y 均非负有限离散，则称该图像为**数字图像**（位图）。

　　一幅大小为 $M \times N$ 的数字图像由 M 行 N 列的有限元素组成，每个元素都有特定的位置和幅值，代表了其所在行列位置的图像物理信息，如灰度和色彩等。这些元素被称为**图像元素**或**像素**。

1.1.2　数字图像的显示

　　不论是 CRT 显示器还是液晶显示器，屏幕都包含许多"点"。当显示图像时，这些点对应着图像的像素，而显示器则被称为位映像设备。所谓位映像，就是一个二维的像素矩阵，位图就是采用位映像方法显示和存储的图像。一幅数字图像在被放大后，就可以明显地看出该图像是由很多方格形状的像素构成的，如图 1.1 所示。

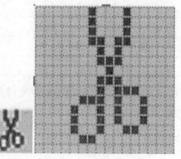

图 1.1　位图示例

1.1.3　数字图像的分类

根据每个像素所代表信息的不同，可将图像分为二值图像、灰度图像、RGB 图像以及索引图像等。

1. 二值图像

每个像素只有黑、白两种颜色的图像被称为**二值图像**。在二值图像中，像素只有 0 和 1 两种值，一般用 0 表示黑色，用 1 表示白色。

2. 灰度图像

在二值图像中加入许多介于黑色与白色之间的颜色深度，就构成了**灰度图像**。这类图像通常包含从最暗的黑色到最亮的白色的各种灰度，每种灰度（颜色深度）称为一个**灰度级**，通常用 L 表示。在灰度图像中，像素可以取 $0 \sim L-1$ 的整数值，根据保存灰度数值时所使用数据类型的不同，可能有 2^k 种取值，当 $k = 1$ 时为二值图像。

3. RGB 图像

众所周知，自然界中的几乎所有颜色可以由红（Red, R）、绿（Green, G）、蓝（Blue, B）三种颜色组合而成，通常称它们为三原色。计算机显示彩色图像时采用最多的就是 RGB 模型。对于每个像素，可通过控制三原色的合成比例决定该像素的最终显示颜色。

对于三原色中的每一种颜色，可以像灰度图像那样使用等级来表示含有这种颜色成分的多少。例如，对于含有 256 个等级的红色，0 表示不含红色成分，255 表示含有 100% 的红色成分。同样，绿色和蓝色也可以划分为 256 个等级。这样每种原色就可以用 8 位的二进制数来表示，于是三原色总共需要 24 位二进制数，能够表示的颜色数目为 $256 \times 256 \times 256 = 2^{24}$，大约有 1 600 万种，这已经远远超过普通人所能分辨出的颜色数目。

RGB 颜色数据支持使用十六进制数来减少书写长度，我们可以按照两位一组的方式依次书写 R、G、B 三种颜色的级别。例如，0xFF0000 代表纯红色，0x00FF00 代表纯绿色，而 0x00FFFF 代表青色（青色介于绿色和蓝色之间）。当 RGB 三种颜色的浓度一致时，所表示的颜色就退化为灰度。例如，0x808080 为 50% 的灰色，0x000000 为黑色，而 0xFFFFFF 为白色。常见颜色的 RGB 组合值如表 1.1 所示。

表 1.1　　　　　　　　　　　　　常见颜色的 RGB 组合值

颜　　色	R	G	B
红（0xFF0000）	255	0	0
绿（0x00FF00）	0	255	0
蓝（0x0000FF）	0	0	255
黄（0xFFFF00）	255	255	0
紫（0xFF00FF）	255	0	255
青（0x00FFFF）	0	255	255
白（0xFFFFFF）	255	255	255
黑（0x000000）	0	0	0
灰（0x808080）	128	128	128

未经压缩的原始 BMP 文件就是使用 RGB 标准来存储图像数据的，这种图像被称为**RGB 图像**。在 RGB 图像中，每个像素都是用 24 位的二进制数表示的，因此 RGB 图像又称为 24 位真彩色图像。

4. 索引图像

如果每个像素都直接使用 24 位的二进制数来表示，那么图像文件将变得十分庞大。我们来看一个例子，对于一幅长、宽各为 200 像素，颜色数为 16 的彩色图像，每个像素都用 RGB 的三个颜色分量来表示。这样每个像素就需要 3 字节来存储，整幅图像的大小约为 120KB。这种完全未经压缩的表示方式浪费了大量的存储空间。下面简单介绍另一种更节省空间的存储方式：**索引图像**。

同样还是 200 × 200 像素的 16 色图像，由于这幅图像最多只有 16 种颜色，因此可以使用一张颜色表（一个 16 × 3 的二维数组）来保存这 16 种颜色对应的 RGB 值，并在表示图像的矩阵中使用这 16 种颜色，而将颜色表中的索引（偏移量）作为数据写入相应的行列位置。例如，若颜色表中的第 3 个元素为 0xAA1111，则图像中所有颜色为 0xAA1111 的像素均可以用 3 − 1 = 2 表示（颜色表索引下标从 0 开始）。这样的话，每一个像素所需要使用的二进制数就仅为 4 位（0.5 字节），从而整幅图像只需要约 20KB 就可以存储，且不会影响图像显示质量。

颜色表就是我们常说的**调色板**（Palette），另一种说法是**颜色查找表**（Look Up Table，LUT）。Windows 位图应用了调色板技术。其实不仅 Windows 位图，其他许多图像文件格式（如 PCX、TIF、GIF 等）也都应用了这种技术。

在实际应用中，调色板中通常只有少于 256 种的颜色。用户在使用许多图像编辑工具生成或编辑 GIF 文件的时候，常常被提示选择文件包含的颜色数目。当选择较小的颜色数目时，虽然能够有效地减小图像文件的大小，但也会在一定程度上降低图像的质量。

使用调色板技术可以减小图像文件大小的条件是图像的像素数目相对较多且颜色种类相对较少。如果一幅图像中用到了全部的 24 位真彩色，那么对其使用调色板技术是完全没有意义的，单纯从颜色角度对其进行压缩也是不可能的。

1.1.4 数字图像的实质

实际上，1.1.1 小节中对于数字图像 $f(x, y)$ 的定义仅适用于较为一般的情况，即静态的灰度图像。严格地说，数字图像可以是含有 2 个变量（对于静态图像，Static Image）或 3 个变量（对于动态画面，Video Sequence）的离散函数：在静态图像的情况下是 $f(x, y)$；在动态画面的情况下，由于还需要时间参数 t，因此变成 $f(x, y, t)$。函数值既可能是一个数值（对于灰度图像），也可能是一个向量（对于彩色图像）。

提示　静态的灰度图像是本书研究的主要对象，函数值为向量的情况将在第 9 章阐述。

图像处理是一个涉及诸多研究领域的交叉学科，下面我们从不同的角度审视数字图像。

（1）从线性代数和矩阵论的角度看，数字图像是由图像信息组成的二维矩阵，其中的每个元素代表对应位置的图像亮度和/或色彩信息。当然，这个二维矩阵在数据的表示和存储上可能不是二维的，这是因为每个单位位置的图像信息可能需要不止一个数值来表示，这样就可能需要一个三维矩阵来对图像进行表示（参见 2.2 节关于 MATLAB 中 RGB 图像表示的介绍）。

（2）由于随机变化和噪声，图像在本质上具有统计性。因而我们可以将图像函数作为随机过程的实现来观察，这时有关图像信息量和冗余的问题就可以用概率分布和相关函数来描述和考虑。例如，如果知道概率分布，则可以用熵[①]来度量图像的信息量，这是信息论中一个重要的思想。

（3）从线性系统的角度考虑，图像及其处理可以表示为用狄拉克冲激公式表达的点展开函数的叠加，在使用这种方式对图像进行表示时，可以采用成熟的线性系统理论研究。在大多数时候，我

------

① 熵（Entropy）：熵是信息论中用于度量信息量的一个概念。一个系统越有序，信息熵就越低；反之，一个系统越混乱，信息熵就越高。所以，熵也可以说是表现系统有序化程度的一个度量。

们考虑使用线性系统近似的方式对图像进行近似处理以简化算法。即使实际的图像并不是线性的，图像坐标和图像函数的取值也是有限的和非连续的。

1.1.5　数字图像的表示

为了表述像素之间的相对和绝对位置，我们通常还需要对像素的位置进行坐标约定。本书使用的坐标约定如图 1.2 所示。但在 MATLAB 中，坐标的约定会有变化。

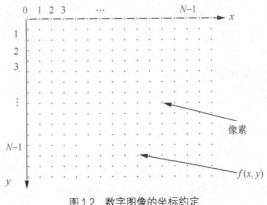

图 1.2　数字图像的坐标约定

在这之后，一幅物理图像就被转换成了数字矩阵，从而成为计算机能够处理的对象。数字图像 f 的矩阵表示形式如下。

$$f(y,x) = \begin{pmatrix} f(0,0) & \cdots & f(0,N-1) \\ \vdots & & \vdots \\ f(M-1,0) & \cdots & f(M-1,N-1) \end{pmatrix} \tag{1-1}$$

有时，也可以使用传统的矩阵表示法来表示数字图像和像素。

$$\boldsymbol{A} = \begin{pmatrix} a_{0,0} & \cdots & a_{0,N-1} \\ \vdots & & \vdots \\ a_{M-1,0} & \cdots & a_{M-1,N-1} \end{pmatrix} \tag{1-2}$$

其中的行列（M 行 N 列）必须为正整数，离散灰度级数目 L 一般为 2 的 k 次幂，k 为整数（因为灰度值是使用二进制整数值表示的），图像的动态范围为[0, $L-1$]，存储图像所需的比特数为 $M \times N \times k$。注意在矩阵 $f(y,x)$ 中，一般习惯于先行下标、后列下标的表示方法，因此这里首先是纵坐标 y（对应行），然后才是横坐标 x（对应列）。

在有些图像矩阵中，很多像素的值是相同的。例如，在一个纯黑背景上使用不同灰度勾勒的图像，大多数像素的值会是 0。这种矩阵被称为稀疏矩阵（Sparse Matrix），我们可以通过简单描述非零元素的值和位置来代替大量地写入 0，这时存储图像需要的比特数可能会大幅减少。

1.1.6　图像的空间分辨率和灰度级分辨率

1. 图像的空间分辨率

图像的空间分辨率（Spatial Resolution）是指图像中每单位长度包含的像素或点的数目，通常以像素/英寸（pixels per inch, ppi）为单位来表示，如 72ppi 表示图像中的每英寸包含 72 个像素或点。分辨率越高，图像越清晰，图像文件所需的磁盘空间也越大，编辑和处理图像所需的时间也越长。

像素越小，单位长度包含的像素数据就越多，分辨率也就越高，同样物理大小内对应图像的尺寸也越大，存储图像所需的字节数也越多。因而，在图像的放大与缩小算法中，放大是对图像的过采样，缩小是对图像的欠采样，这些内容我们将在 4.5 节中做进一步介绍。

一般情况下，在没有必要对涉及像素的物理分辨率进行实际度量时，我们称一幅大小为 $M \times N$ 的数字图像的空间分辨率为 $M \times N$ ppi。

图 1.3 所示为同一幅图像在不同的空间分辨率下呈现出的不同效果。当高分辨率下的图像以低分辨率表示时，在同等的显示或打印输出条件下，图像的尺寸变小，细节变得不明显；而当我们将低分辨率下的图像放大时，则会导致图像的细节仍然模糊，只是尺寸变大。这是因为缩小的图像已经丢失大量的信息，在放大图像时只能通过复制行列的插值方法来确定新增像素的取值。

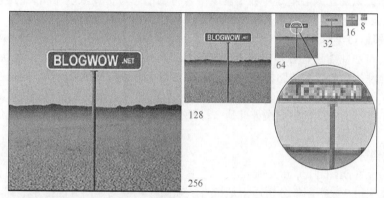

图 1.3　图像的空间分辨率（将一幅分辨率为 256×256 像素的图像逐次减小至 8×8 像素）

2. 图像的灰度级分辨率

在数字图像处理中，**灰度级分辨率**又叫**色阶**，指的是图像中可分辨的灰度级数目，即前文提到的 L，它与存储灰度级时使用的数据类型有关。由于灰度级度量的是投射到传感器上的光的辐射强度，因此灰度级分辨率也叫**辐射计量分辨率**（Radiometric Resolution）。

随着图像的灰度级分辨率逐渐降低，图像包含的颜色数目也逐渐变少，这会从颜色的角度造成图像信息受损，使图像细节的表达受到一定影响，如图 1.4 所示。

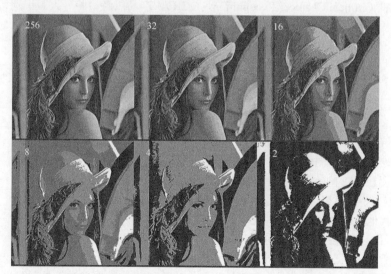

图 1.4　图像的灰度级分辨率（分别具有 256、32、16、8、4 和 2 个灰度级的同一幅图像）

1.2　数字图像处理与识别

1.2.1　从数字图像处理到数字图像识别

数字图像处理、数字图像分析和数字图像识别是认知科学与计算机科学中令人兴奋的活跃"分支"。自 1970 年以来，这个领域经历了爆炸性增长，到 20 世纪末逐渐步入成熟。其中，遥感、技术诊断、智能车自主导航、医学平面、立体成像以及自动监视是发展较快的一些方向。这种发展集中体现在市场上多种应用这类技术的产品纷纷涌现。事实上，从数字图像处理到数字图像分析，再到最前沿的数字图像识别，核心都是对数字图像中含有的信息进行提取以及相关的各种辅助过程。

1. 数字图像处理

数字图像处理（Digital Image Processing）是指使用电子计算机对量化的数字图像进行处理，具体来说就是通过对图像进行各种加工来改善图像的质量，是对图像的修改和增强。

数字图像处理的输入是从传感器或其他来源获取的原始的数字图像，输出则是经处理后的数字图像。数字图像处理的目的可能是使输出图像具有更好的效果，以便于观察；也可能是为数字图像分析和识别做准备，此时的数字图像处理是一种**预处理**，输出的图像则进一步供其他图像分析、识别算法使用。

2. 数字图像分析

数字图像分析（Digital Image Analyzing）是指对图像中感兴趣的目标进行检测和测量，以获得客观信息。具体来说，数字图像分析通常是指将一幅图像转换为非图像的抽象形式，如图像中某物体与测量者的距离以及目标对象的计数或尺寸等。这一概念的外延包括边缘检测和图像分割、特征提取以及几何测量与计数等。

数字图像分析的输入是经处理后的数字图像，输出则通常不再是数字图像，而是一系列与目标相关的图像特征（目标的描述信息），如目标的长度、颜色、曲率和个数等。

3. 数字图像识别

数字图像识别（Digital Image Recognition）主要研究图像中各目标的性质和相互关系，旨在识别出目标对象的类别，从而理解图像的含义。这往往涵盖使用数字图像处理技术的很多应用项目，如光学字符识别（Optical Characer Recognition，OCR）、产品质量检验、人脸识别、自动驾驶、医学图像和地貌图像的自动判读与理解等。

数字图像识别是数字图像分析的延伸，旨在根据从数字图像分析中得到的相关描述（特征）对目标进行归类，输出我们感兴趣的目标类别标号信息（符号）。

总而言之，从数字图像处理到数字图像分析，再到数字图像识别，这是一个将图像所含信息抽象化、尝试减小信息熵并提炼有效数据的过程，如图 1.5 所示。

站在信息论的角度，图像应当是对物体所含信息的概括，而数字图像处理侧重于对这些概括的信息进行变换，例如增大或减小信息熵。数字图像分析则是将这些信息抽取出来供其他过程调用。当然，在不太严格时，数字图像处理也可以兼指图像处理和分析。

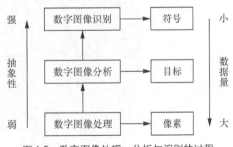

图 1.5　数字图像处理、分析与识别的过程

读者或许听到过另一个概念：**计算机图形学**（Computer Graphics）。这个概念与数字图像分析大致相反，计算机图形学研究的是如何对使用概念或数学表述的图像进行处理和显示。

1.2.2 数字图像处理与识别的应用实例

如今，数字图像处理与识别的应用越来越广泛，已经渗透到安全监控、工业控制、医疗保健和生活娱乐等领域，在国民经济中发挥举足轻重的作用。数字图像处理与识别的一些典型应用如表 1.2 所示。

表 1.2　　　　　　　　　　　数字图像处理与识别的一些典型应用

相 关 领 域	典 型 应 用
安全监控	指纹验证、基于人脸识别的门禁系统
工业控制	产品无损检测、商品自动分类
医疗保健	X 光照片增强、CT、核磁共振、病灶自动检测
生活娱乐	基于表情识别的笑脸自动检测、汽车自动驾驶、手写字符识别

下面我们结合两个典型的应用来加以说明。

1. 数字图像处理的典型案例——X 光照片的增强

观察图 1.6，其中的图 1.6（a）是一张直接拍摄未经处理的 X 光照片，对比度较低，图像细节难以辨识；图 1.6（b）是图 1.6（a）经过简单增强处理后的照片，图像较为清晰，可以有效地指导诊断和治疗。从图 1.6 中读者应该可以看出数字图像处理技术在辅助医学成像上的重要作用。

2. 数字图像识别的典型案例——人脸识别

人脸识别技术就是以计算机为辅助手段，从静态图像或动态画面中识别人脸。问题一般可以描述为给定一个场景的静态图像或视频画面，利用已经存储的人脸数据库确认场景中的一个人或多个人。一般来说，人脸识别研究分为三部分：从具有复杂背景的场景中检测并分离出人脸所在的区域；抽取人脸识别特征；进行匹配和识别。

虽然人类从复杂背景中识别出人脸及表情相当容易，但人脸自动机器识别却是一个极具挑战性的课题，它跨越了模式识别、图像处理、计算机视觉以及神经生理学、心理学等诸多研究领域。

图 1.7 所示为我们在本书后面的综合案例中实现的一个基于主成分分析（Principal Component Analysis，PCA）和支持向量机（Support Vector Machine，SVM）的人脸识别系统。

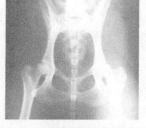 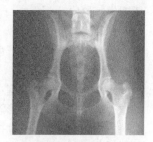

（a）未经处理的 X 光照片　　（b）经过增强处理的 X 光照片

图 1.6　数字图像处理前后的效果对比

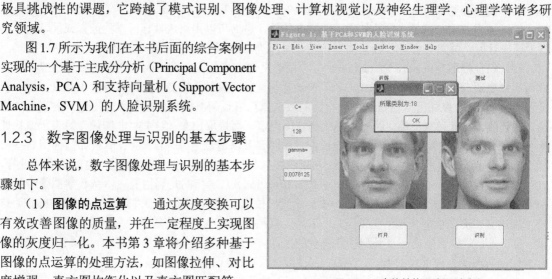

图 1.7　一个简单的人脸识别系统

1.2.3 数字图像处理与识别的基本步骤

总体来说，数字图像处理与识别的基本步骤如下。

（1）**图像的点运算**　　通过灰度变换可以有效改善图像的质量，并在一定程度上实现图像的灰度归一化。本书第 3 章将介绍多种基于图像的点运算的处理方法，如图像拉伸、对比度增强、直方图均衡化以及直方图匹配等。

（2）**图像的几何变换**　　主要应用在图像的几何归一化和图像校准当中，这将在本书第 4 章进行介绍。总体而言，第 3 和 4 章的内容大多可以作为图像的前期预处理工作的一部分，它们在数字图像处理中相对固定和程序化。

（3）**图像增强**　　作为数字图像处理中相对简单却具艺术性的方向之一，可理解为根据特定的需要突出一幅图像中的某些信息，同时削弱或去除某些不需要的信息，主要目的是使处理后的图像对某种特定的应用来说，比原始图像更适用。作为数字图像处理中一个相当主观的方向（进行图像增强是为了更好地观察和认知图像），图像增强既是多种数字图像处理方法的前提与基础，也是图像获取后的先期步骤。本书第 5 和 6 章将分别从空域和频域两个角度考量图像增强的各个主要方面。

（4）**小波变换**　　伴随着人们对图像压缩、边缘和特征检测以及纹理分析的需求不断增大而生。傅里叶变换一直是频域图像处理的基石，它能用正弦函数之和表示任何分析函数，小波变换则基于一些有限宽度的基小波，这些基小波不仅在频率上是变化的，而且具有有限的持续时间。就好比一张乐谱，小波变换不仅能提供要演奏的音符，而且说明了何时演奏等细节信息；但傅里叶变换只提供了音符，局部信息在变换中会丢失。本书将在第 7 章讨论小波变换。

（5）**图像复原**　　与图像增强相似，目的也是改善图像质量。但是图像复原试图利用退化过程的先验知识使已退化的图像恢复本来面目，图像增强则使用某种试探的方式改善图像质量。引起图像退化的因子包括由光学系统、运动等造成的图像模糊，以及源自电路和光学因素的噪声等。图像复原是基于图像退化的数学模型，复原的方法也建立在比较严格的数学推导之上。本书第 8 章将介绍图像复原。

（6）**彩色图像处理**　　实际上是根据图像的类型对图像进行分类，主要包括全彩图像的处理和灰度图像的伪彩色化。彩色图像处理相对二值图像和灰度图像更为复杂，我们将在第 9 章简要阐述这方面的基础知识。

（7）**形态学图像处理**　　将数学形态学推广应用于图像处理领域，是一种基于物体自然形态的图像处理与分析方法。形态学的概念来源于生物学，它是生物学中研究动物和植物结构的一个分支学科。数学形态学（也称图像代数）则是一种以形态为基础的对图像进行分析的数学工具，其基本思想是使用具有一定形态的结构元素度量和提取图像中的对应形状以达到对图像进行分析和识别的目的。形态学图像处理往往用于边界提取、区域填充、连通分量的提取、凸壳、细化、像素化等图像操作。本书第 10 章将专门介绍形态学图像处理的方法与基本应用。

（8）**图像分割**（Image Division）　　指的是将一幅图像分解为若干互不交叠区域的过程，分割出的区域需要同时满足均匀性和连通性两个条件，进而可以用组成目标区域的像素或区域边界的像素标出目标，并对目标进行抽象描述，使计算机充分利用获得的图像分割结果。

（9）**特征提取**（Feature Extraction）　　指的是进一步处理之前得到的图像区域和边缘，使其成为一种更适合计算机处理的形式。为了使计算机能够"理解"图像，从而具有真正意义上的"视觉"，我们需要研究如何从图像中提取有用的数据或信息，得到图像的一些"非图像"的表示或描述，如数值、向量和符号等。这一过程就是特征提取，而提取出来的这些"非图像"的表示或描述就是特征。有了这些数值或向量形式的特征，我们就可以通过训练"教"会计算机如何懂得这些特征，从而使计算机具有识别图像的本领。常用的图像特征有纹理特征、形状特征、空间关系特征等。

（10）**对象识别**（Object Recognition & Identification）　　指的是利用前一步从数字图像中提取出的特征向量对图像进行分类和理解，涉及计算机技术、模式识别、人工智能等多方面的知识。这一步骤建立在前面诸多步骤的基础上，用以向上层控制算法提供最终所需的数据或直接报告识别结果。事实上，对象识别已经上升到机器视觉的层面。在笔者曾参与的多个项目中，对象识别都被作为替代传统图像处理手段的方式，应用在人脸识别、表情识别中。

经过上述处理步骤，一幅原始的、可能存在干扰和缺损的图像就变成了其他控制算法需要的信息，从而实现了图像处理与识别的最终目的。以上概括了数字图像处理的基本步骤，但不是每一个图像处理系统都要执行所有这些步骤。事实上，很多图像处理系统并不需要处理彩色图像，或者不需要进行图像复原。在实际的图像处理系统设计中，我们应当根据实际需要决定选用哪些步骤和模块。

1.3　数字图像处理的预备知识

数字图像由一组具有一定空间位置关系的像素组成，因而具有一些度量和拓扑性质。理解像素间的关系是学习图像处理的必要前提，读者需要掌握邻接性、连通性、区域和边界的概念，今后要用到的一些常见的距离度量方法，以及一些基本的图像操作。

1.3.1　邻接性、连通性、区域和边界

为了理解这些概念，我们首先需要了解相邻像素的概念。依据标准的不同，我们可以关注像素 P 的 4 邻域和 8 邻域，如图 1.8 所示。

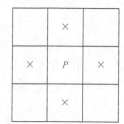 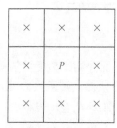 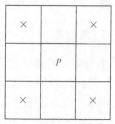

（a）P的4邻域$N_4(P)$　　　　（b）P的8邻域$N_8(P)$　　　　（c）P的对角邻域$N_D(P)$

图 1.8　像素 P 的各种邻域

1. 邻接性

定义 V 是用于决定**邻接性**（Adjacency）的灰度值集合，这是一种相似性的度量，用于确定所需判断邻接性的像素之间的相似程度。在二值图像中，如果我们认为只有灰度值为 1 的像素是相似的，则 $V=\{1\}$。当然，相似性的规定具有主观性，因此也可以认为 $V=\{0,1\}$，此时邻接性完全由位置决定；对于灰度图像，这个集合很可能包含更多的元素。若定义对角邻域 $N_D(P)$ 为 8 邻域中不属于 4 邻域的部分（见图 1.8），则有以下概念。

（1）4 邻接（4-Neighbor）：如果 $Q \in N_4(P)$，则称具有 V 中数值的两个像素 P 和 Q 是 4 邻接的。

（2）8 邻接（8-Neighbor）：如果 $Q \in N_8(P)$，则称具有 V 中数值的两个像素 P 和 Q 是 8 邻接的。

举例来说，图 1.9 是像素 P 和 Q、Q_1、Q_2 的 4 邻接和 8 邻接示意图。另外，对于两个图像子集 S_1 和 S_2，如果 S_1 中的某些像素和 S_2 中的某些像素相邻，则称这两个图像子集是邻接的。

0	Q	0		0	Q	Q_1
0	P	0		0	P	0
0	0	0		0	0	Q_2

（a）4邻接示意图　　　　　（b）8邻接示意图

图 1.9　邻接示意图

2. 连通性

为了定义像素的连通性，我们需要定义像素 P 到像素 Q 的通路（Path），这也建立在邻接性的基础上。

像素 P 到像素 Q 的通路指的是一个特定的像素序列 (x_0, y_0)、(x_1, y_1)、$\cdots$、(x_n, y_n)，其中 $(x_0, y_0)=(x_p,$

y_p)、$(x_n, y_n) = (x_q, y_q)$，并且像素(x_i, y_i)和(x_{i-1}, y_{i-1})在满足 $1 \leq i \leq n$ 时是邻接的。在上面的定义中，n 是通路的长度，若$(x_0, y_0) = (x_n, y_n)$，则这条通路是闭合通路。对应邻接性，通路也有 4 通路和 8 通路。这个定义和图论中通路的定义基本相同，只不过由于邻接概念的加入而变得更加复杂了。

像素的连通性（Contiguous）：令 S 代表一幅图像中的像素子集，如果 S 中的全部像素之间存在一条通路，则可以称两个像素 P 和 Q 在 S 中是连通的。此外，对于 S 中的任何像素 P，S 中连通到该像素的像素集叫作 S 的**连通分量**。如果 S 中仅有一个连通分量，则称 S 为一个**连通集**。

3. 区域和边界

区域的定义建立在连通集的基础上。令 R 代表一幅图像中的像素子集，如果 R 同时是连通集，则称 R 为一个**区域**（Region）。

边界（Boundary）的概念是相对于区域而言的。一个区域的边界（又称边缘或轮廓）是这个区域中所有的由一个或多个不在区域 R 中的邻接像素组成的集合。显然，如果区域 R 是整幅图像，那么边界就由图像的首行、首列、末行和末列组成。因此，通常情况下，区域是指一幅图像的子集，并包括区域的边缘；而区域的**边缘**（Edge）由具有某些导数值的像素组成，具备一个像素及其直接邻域的局部性质，是一个具有大小和方向的矢量。

1.3.2　常见的距离度量方法

基于 1.3.1 小节提到的相关知识，下面介绍距离度量的概念。假设对于像素 $P(x_p, y_p)$、$Q(x_q, y_q)$、$R(x_r, y_r)$而言，若有函数 D 满足如下 3 个条件，则函数 D 可被称为距离函数或度量。

① $D(P, Q) \geq 0$，当且仅当 $P = Q$ 时有 $D(P, Q) = 0$。

② $D(P, Q) = D(Q, P)$。

③ $D(P, Q) \leq D(P, R) + D(R, Q)$。

常见的几种距离度量如下。

（1）欧氏距离。

$$D_e(P, Q) = \sqrt{(x_p - x_q)^2 + (y_p - y_q)^2} \tag{1-3}$$

即距离等于 r 的像素将形成以 P 为圆心的圆。

（2）D_4 距离（街区距离）。

$$D_4(P, Q) = |x_p - x_q| + |y_p - y_q| \tag{1-4}$$

即距离等于 r 的像素将形成以 P 为中心的菱形。

（3）D_8 距离（棋盘距离）。

$$D_8(P, Q) = \max\left(|x_p - x_q| + |y_p - y_q|\right) \tag{1-5}$$

即距离等于 r 的像素将形成以 P 为中心的方形。

距离度量参数可用于对图像特征进行比较和分类，此外还可用于进行某些像素级操作。最常用的距离度量是欧氏距离。然而在形态学中，也可以使用街区距离和棋盘距离。

1.3.3　基本的图像操作

本书后续章节将涉及各种各样的图像操作，这里对几种典型且常用的图像操作进行着重说明。按照所要处理图像的数量，可以分为对单幅图像操作（如滤波）和对多幅图像操作（如求和、求差和进行逻辑运算等）；按照参与操作的像素范围的不同，可以分为点运算和邻域运算；根据操作的数学性质，则可以分为线性操作和非线性操作。

1．点运算和邻域运算

点运算指的是对图像中的所有像素逐个进行同样的灰度变换运算。设 r 和 s 分别是输入图像 $f(x, y)$ 和输出图像 $g(x, y)$ 在任意一点 (x, y) 的灰度值，则点运算的定义如下。

$$s = T(r) \tag{1-6}$$

若基于点运算稍做扩展，对图像中每一个小范围（邻域）内的像素进行灰度变换运算，则称为邻域运算或邻域滤波，定义如下。

$$g(x, y) = T[f(x, y)] \tag{1-7}$$

我们将分别在第 3 章和第 5 章详细介绍点运算和邻域运算。

2．线性操作和非线性操作

令 H 代表一种算子，其输入输出都是图像。若对于任意两幅（或两组）图像 F_1 和 F_2 及任意两个标量 a 和 b，都有如下关系成立，则称 H 为线性算子。

$$H(aF_1 + bF_2) = aH(F_1) + bH(F_2) \tag{1-8}$$

换言之，对两幅图像的线性组合应用 H 算子与分别应用 H 算子的两幅图像在进行同样的线性组合后得到的结果相同，算子 H 满足线性性质。不符合上述定义的算子为非线性算子，对应的是非线性操作。举例来说，滤波中的平均平滑、高斯平滑、梯度锐化等都是线性操作，而中值滤波（详见第 5 章）是非线性操作。

线性操作由于稳定性而在图像处理中占有非常重要的地位。尽管非线性算子常常也能够提供较好的性能，但由于不可预测性，非线性算子在诸如医学图像处理等要求严格的应用领域难以获得广泛应用。

第2章 MATLAB 数字图像处理基础

MATLAB 是 MathWorks 公司开发的一款数学计算软件。不同于 C++、Java、Fortran 等编程语言是对机器行为进行描述，MATLAB 是对数学操作进行更直接的描述。MATLAB 图像处理工具箱（Image Processing Toolbox，IPT）封装了一系列针对不同图像处理需求的标准算法，它们都是通过直接或间接地调用 MATLAB 中的矩阵运算函数和数值运算函数等来完成图像处理任务的。

2.1　MATLAB R2019a 简介

本节将介绍 MATLAB R2019a 中与图像处理密切相关的一些数据结构及基本操作，如基本文件操作、变量的使用、程序流程控制、打开和关闭图像以及图像格式转换和图像存储方式等。这些都是后续我们将要学习的图像处理算法的基础。

2.1.1　MATLAB 软件环境

1. 软件界面

图 2.1 所示是运行于 Windows 操作系统中的 MATLAB R2019a 界面。MATLAB 软件主界面的左侧为当前目录文件列表，右上方为当前工作区变量列表，右下方为当前和最近会话的命令历史记录，中间的命令行窗口则是命令输入和结果输出区，其中的>>为提示符。

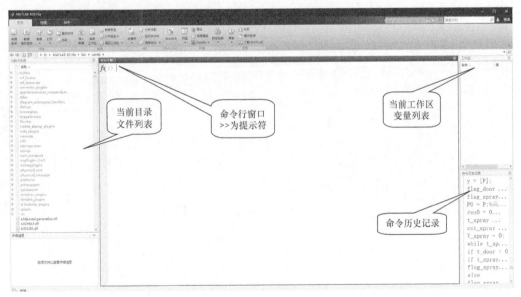

图 2.1　MATLAB R2019a 界面

2. MATLAB 命令与程序

可以在提示符的后面输入简单的算式或带有函数的算式，如 sin(pi/2)*sqrt(3)/2，按 Enter 键，将会显示 ans=0.8660，这就是 MATLAB 最基本的计算功能。

这样的输入形式实际上是 MATLAB 命令，而如果在每行命令的末尾输入半角分号，那么命令行窗口不会立即显示命令执行的结果，而是将结果保存在工作区中，示例如下。

```
>> res = sin(pi/2)*sqrt(3)/2;          % 将计算结果保存至变量 res 中
```

此时，变量 res 已经存在于工作区中，但是命令行窗口不会回显它的值。

另外，也可以通过在“文件”功能区单击“新建”→“M-文件”来创建一个新的 MATLAB 文件（简称 M 文件），在里面输入命令（以半角分号结尾），即可得到一个 MATLAB 程序。在 MATLAB 程序中，可以使用%添加注释，用法和 C、C++中的//注释符类似。

3. 跨行语句

MATLAB 允许用户在同一行中输入多条语句，之间用分号隔开即可。此外，MATLAB 还允许将一条长语句分多行书写以方便阅读。操作方法是在行末使用 3 个半角圆点，示例如下。

```
>> z = 2 .* x + exp( x .^ 2 + y .^ 2 - sqrt(1 - log(x) - log (y) ) )...
       - y .* sqrt(t)  - x .* sqrt(t);
```

2.1.2 文件操作

默认情况下，MATLAB 可以自动搜索到当前目录和 MATLAB 的路径变量 path 中所含目录下的文件。对于处在这些位置且可由 MATLAB 执行的文件，直接在命令行窗口中键入文件名即可运行。如果想要直接运行其他目录下的文件，就必须使用 addpath 和 genpath 函数向路径列表中添加路径。

1. addpath 函数

addpath 函数用于向 path 变量中加入指定的目录路径，调用语法如下。

```
addpath('dir1','dir2','dir3' ...'-flag')
```

addpath 函数可以接收任意数目的参数。

参数说明
- 参数 dir1、dir2、dir3 等用来指定想要加入的目录路径，要求必须是绝对路径。
- 参数 flag 用来指定函数的行为，是可选参数，合法值如表 2.1 所示。

表 2.1   addpath 函数中 flag 参数的合法值

合 法 值	说 明
0 或 begin	目录路径将被添加到搜索列表的最前面，这些目录中含有的文件将先于原列表中的同名文件被找到从而执行，这往往用于需要修改系统某一命令行为的场合
1 或 end	目录路径将被添加到搜索列表的最后面，原列表中的同名文件将先于这些目录中含有的文件被找到从而执行，这样可以避免用户 M 文件覆盖系统 M 文件
flag 参数被省略	效果与取值为 0 或 begin 时相同

我们可以在使用 addpath 函数前后查看 path 变量的内容，以确定添加成功。

2. genpath 函数

genpath 函数用于生成包含指定目录下所有子目录的路径变量，调用语法如下。

```
p = genpath('directory');
```

参数说明
- 参数 directory 为指定的目录。

返回值

- genpath 函数的返回值包含指定目录本身及其全部子目录中的数据。genpath 函数的返回值也可以直接提供给 addpath 函数，从而直接添加一个目录及其全部子目录到当前路径列表中。通过这样的方式，我们可以方便地调用自己的程序工具箱。例如，使用下面的命令将目录"F:\doctor research\Matlab Work\FaceRec"添加到当前路径列表中，之后就可以直接调用人脸识别工具箱 FaceRec 中的任何函数了。

```
>> addpath(genpath('F:\doctor research\Matlab Work\FaceRec'))        % 注意这里要求使用绝对路径
```

也可以在运行 M 文件时使用完整的文件路径，从而避免同名文件的冲突问题，或是从资源管理器中将 M 文件拖到 MATLAB 的命令行窗口中直接运行。

3. 打开与编辑 M 文件

如果需要编辑某个 M 文件，可以使用 open 命令和 edit 命令，它们的调用语法如下。

```
open filename
edit filename
```

参数 filename 为需要打开的文件的名称。edit 命令只能编辑 M 文件，而 open 命令可以利用 Windows 默认操作打开一系列其他类型的文件。

2.1.3　在线帮助的使用

在 MATLAB 中，有 4 种方法可以获取软件的在线帮助。

1. help 命令

help 命令用于查看 MATLAB 或 M 文件内置的在线帮助信息，调用语法如下。

```
help command-name
```

command-name 为需要查看在线帮助的命令或函数的名称。例如，要想查看 doc 命令的使用方法，可在提示符后直接输入"help doc"并按 Enter 键，如图 2.2 所示。

2. doc 命令

doc 命令用于查看命令或函数的 HTML 帮助信息，这种帮助信息可以在帮助窗口中打开，调用语法如下。

```
doc function-name
```

doc 命令能提供相比 help 命令更多的信息，此外还可能提供包含图片或视频的多媒体示例，图像处理工具箱中的函数更是如此。

图 2.3 显示了在提示符后输入"imhist"并按 Enter 键后出现的帮助示例。

3. lookfor 命令

当忘记命令或函数的完整拼写时，可以使用 lookfor 命令查找当前目录和自动搜索列表下所有名称中含有所查内容的函数或命令，调用语法如下。

```
>> help doc
 DOC Reference page in Help browser.

    DOC opens the Help browser, if it is not already running, and
    otherwise brings the Help browser to the top.

    DOC FUNCTIONNAME displays the reference page for FUNCTIONNAME in
    the Help browser. FUNCTIONNAME can be a function or block in an
    installed MathWorks product.

    DOC METHODNAME displays the reference page for the method
    METHODNAME. You may need to run DOC CLASSNAME and use links on the
    CLASSNAME reference page to view the METHODNAME reference page.

    DOC CLASSNAME displays the reference page for the class CLASSNAME.
    You may need to qualify CLASSNAME by including its package: DOC
    PACKAGENAME.CLASSNAME.

    DOC CLASSNAME.METHODNAME displays the reference page for the method
    METHODNAME in the class CLASSNAME. You may need to qualify
    CLASSNAME by including its package: DOC PACKAGENAME.CLASSNAME.

    DOC PRODUCTTOOLBOXNAME displays the documentation roadmap page for
    PRODUCTTOOLBOXNAME in the Help browser. PRODUCTTOOLBOXNAME is the
    folder name for a product in matlabroot/toolbox. To get
    PRODUCTTOOLBOXNAME for a product, run WHICH FUNCTIONNAME, where
    FUNCTIONNAME is the name of a function in that product: MATLAB
    returns the full path to FUNCTIONNAME, and PRODUCTTOOLBOXNAME is
    the folder following matlabroot/toolbox/.
```

图 2.2　"help doc"命令的执行结果

```
lookfor keyword
```

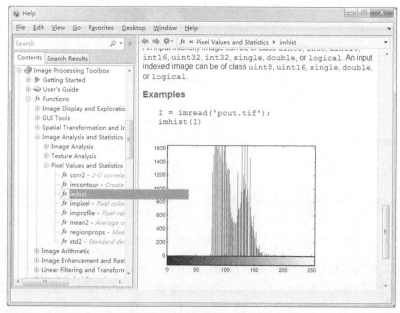

图 2.3 帮助示例

参数 keyword 为想要查找的关键词。lookfor 命令将给出一个包含指定字符串的函数列表，其中的函数名为超链接，单击即可查看函数的在线帮助，如图 2.4 所示。

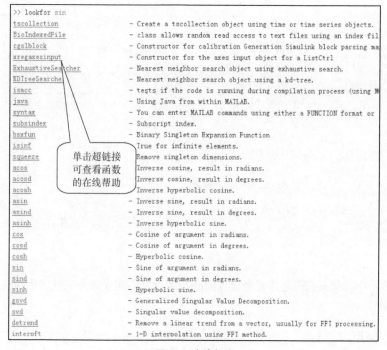

图 2.4 在线帮助

4. 通过按 F1 功能键打开 Help 窗口

在 MATLAB R2019a 的主界面中按键盘上的 F1 功能键，将弹出图 2.5 所示的对话框。

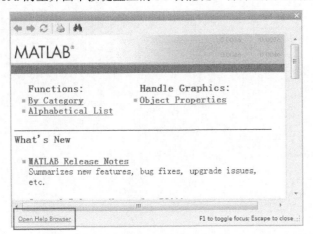

图 2.5　按 F1 功能键之后弹出的对话框

单击左下角的"Open Help Browser"链接，打开图 2.6 所示的 Help 窗口。在左上角的文本框中输入想要搜索的关键字，按 Enter 键进行查询，Help 窗口的右侧将会出现相应的帮助信息。

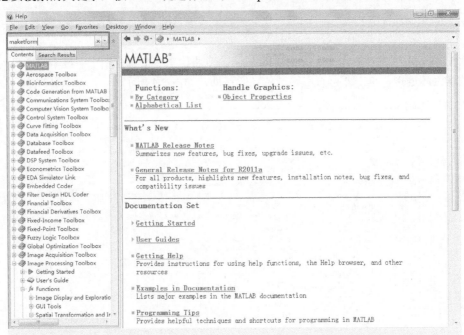

图 2.6　Help 窗口

在后面的章节中，如果忘记之前曾经提到的命令的含义，建议首先通过在线帮助寻求相关信息，以此增强自学能力。

2.1.4　变量的使用

变量用于保存中间结果和输出数值等信息。在 MATLAB 中，变量的命名规则和 C、C++等常见的编程语言很类似，同时变量也是对大小写敏感的。另外，MATLAB 中的变量不需要专门定义，第一次赋值时即定义了变量。

1. 变量的赋值

我们可以通过赋值语句来给变量赋值。例如，a = 5 是给 a（注意不是 A）这个变量赋值 5，如果未定义变量 a，MATLAB 会自动定义。在 MATLAB 中，定义变量时不需要显式地指明类型，因为 MATLAB 会根据等号右边的值自动确定变量的类型。默认情况下，数字的存储类型为 double 型或 double 型数组，字符的存储类型为 char 型，字符串的存储类型为 char 型数组。

在对字符串进行赋值时，需要用半角的单引号（'）括起来（注意不是双引号，也不是任何全角字符），例如 msg='Hello World'.

2. 内部变量

MATLAB 的内部变量如表 2.2 所示，注意命名变量时不要与它们重名。

表 2.2　　　　　　　　　　　　　MATLAB 的内部变量

内 部 变 量	说　　明
ans	默认的结果输出变量
pi	圆周率
Inf 或 inf	无穷大值
i 和 j	虚数单位
eps	浮点运算的相对精度
realmax	最大的正浮点数
realmin	最小的正浮点数
NaN 或 nan	不定量
nargin	函数输入参数的个数
nargout	函数输出参数的个数
lasterr	最近的错误信息
lastwarning	最近的警告信息
computer	计算机类型
version	MATLAB 的版本

3. 查看工作区中的变量

使用 who 和 whos 命令可以查看当前工作区中所有变量的相关情况。使用 clear 或 clear all 命令既可以清除工作区中所有变量的定义，也可以在 clear 的后面加上变量名以清除特定变量的定义。另外，clc 命令用来清屏。所以，后面这两个命令常常用在 M 文件的开头，以构造一个干净的工作区。

```
>> a = 1;          % 定义一个数值型变量
>> str = 'hello';  % 定义一个字符串变量（字符数组）
>> v = [3 2 1]     % 定义一个数值型向量

v =
    3    2    1

>> whos
  Name      Size            Bytes  Class     Attributes
  a         1×1                 8  double
  str       1×5                10  char
```

```
v          1×3              24  double
>> clear all
>> whos
>>
```

4. 数据类型及其转换

MATLAB 中的数据类型如表 2.3 所示。

表 2.3　　　　　　　　　　　　　　　MATLAB 中的数据类型

数 据 类 型	说　　　明
double	MATLAB 中常见的也是默认的数据类型，以双精度方式存储浮点数，范围是 $-10^{308} \sim 10^{308}$，这同时也是 MATLAB 所能直接给出的最大数值范围。此种类型占用的内存空间为 8 字节
uint8	8 位无符号整型，范围是 0～255。此种类型占用的内存空间为 1 字节
uint16	16 位无符号整型，范围是 0～655 35。此种类型占用的内存空间为 2 字节
uint32	32 位无符号整型，范围是 0～4 294 967 295。此种类型占用的内存空间为 4 字节
uint64	64 位无符号整型，范围是 0～18 446 744 073 709 551 615。此种类型占用的内存空间为 8 字节
int8	8 位有符号整型，范围是-128～127。此种类型占用的内存空间为 1 字节
int16	16 位有符号整型，范围是-32 768～32 767。此种类型占用的内存空间为 2 字节
int32	32 位有符号整型，范围是-2 147 483 648～2 147 483 647。此种类型占用的内存空间为 4 字节
int64	64 位有符号整型，范围是-9 223 372 036 854 775 808～9 223 372 036 854 775 807。此种类型占用的内存空间为 8 字节
single	单精度浮点型，范围是 $-10^{38} \sim 10^{38}$。此种类型占用的内存空间为 4 字节
char	字符型，占用的内存空间为 2 字节
logical	布尔型，占用的内存空间为 1 字节。此种类型的转换函数也可以使用 boolean，效果与使用 logical 相同

默认情况下，MATLAB 将变量存储为 double 型，MATLAB 中的很多函数也只接收这种类型的数据。然而，图像处理操作中经常要用到 uint8 等类型的数据，这就需要执行数据类型的强制转换操作。这种操作很简单，调用格式如下。

```
Destination_Var = type_name(Source_Var)
```

其中，type_name 为数据的存储类型，Destination_Var 和 Source_Var 分别为目标变量和原始变量。例如，下面的命令能够将 double 型的原始变量 a 转换为 uint8 型的目标变量 b。

```
>> a = 1;
>> b = uint8(a);
```

5. 保存与读取工作区中的变量

save 命令用于将当前工作区中的变量以二进制的方式保存到扩展名为 mat 的文件中，load 命令则用于读取这样的文件。它们的调用格式如下。

```
save filename  arg1  arg2  arg3, …
load filename  arg1  arg2  arg3, …
```

- filename 参数用于指定保存或读取变量时使用的文件的名称。如果不指定文件的名称，那么默认使用的文件是 matlab.mat。
- arg1、arg2、arg3 等参数表示需要存储或读取的变量的名称。

这两个命令分别可以存储或读取一个或一组变量。

例如，可以使用下面的命令将 price、age 和 number 这 3 个变量保存到文件 MyData.mat 中。

```
>> save('MyData.mat', 'price', 'age', 'number')
```

提示

用户也可以不指定变量的名称，从而将当前工作区中的所有变量一起保存到.mat 文件中或者将.mat 文件中保存的所有变量一起读入工作区，这种批量保存和读取变量的功能在运行非常耗时的程序时十分有用——由于 MATLAB 的执行效率并不高（和 Visual C++相比），因此对于一个计算量很大的程序而言，运行数小时并不稀奇。我们可以根据需要在希望中断程序的地方保存程序的所有上下文变量，以备之后随时从中断点恢复执行。

2.1.5 矩阵的使用

1. 矩阵的定义

在 MATLAB 中，定义矩阵很简单，我们可以通过使用半角分号分隔行与行，并使用半角逗号（或空格）分隔列与列来直接定义矩阵。例如，可以使用下面的命令定义一个 3 行 3 列的二维矩阵。

```
A=[1, 2, 3; 4, 5, 6; 7, 8, 9]
A =
    1    2    3
    4    5    6
    7    8    9
```

还有另一种方式可以生成行向量，[begin:inc:end]会生成从 begin 开始到 end 结束、增量为 inc 的一系列数字组成的向量。例如，[2:1:10]表示生成从 2 到 10、增量为 1 的如下向量（一维矩阵）。

```
v=[2:1:10]
v=
    2    3    4    5    6    7    8    9    10
```

如果增量为 1，也可以忽略中间的 inc 参数，直接输入[2:10]即可。

2. 生成特殊矩阵

除直接定义外，我们还可以通过函数生成特定的矩阵。例如，eye(n)表示生成 n 阶单位矩阵，zeros(n)表示生成每个元素均为 0 的 n 阶矩阵，magic(n)表示生成 n 阶幻方矩阵。常见的用于生成矩阵的函数如表 2.4 所示。

表 2.4 常见的用于生成矩阵的函数

函 数	用 途
eye	生成单位矩阵
zeros	生成全部元素为 0 的矩阵
ones	生成全部元素为 1 的矩阵
true	生成全部元素为真的逻辑矩阵
false	生成全部元素为假的逻辑矩阵
rand	生成均匀分布随机矩阵
randn	生成正态分布随机矩阵
randperm	生成随机排列矩阵

续表

函　　数	用　　途
linspace	生成线性等分矩阵
logspace	生成对数等分向量
company	生成伴随矩阵
hadamarb	生成阿达玛矩阵
magic	生成幻方矩阵
hilb	生成希尔伯特矩阵
invhilb	生成逆希尔伯特矩阵

3. 获得矩阵的大小和维数

使用 size 函数可以获得指定矩阵的某一维的大小，从而查看图像的高度和宽度以及动态图像的帧数等，调用语法如下。

```
size(A,dim)
```

- A 为需要查看大小的矩阵。
- dim 为想要查看的维数，这是一个可选参数，若不指定这个参数，size 函数将返回一个包含矩阵 A 的从第一维大小到最后一维大小的数组。

例如，对于一个 3 行 5 列的矩阵 B，size(B, 1) = 3、size(B, 2) = 5、size(B) = [3 5]。

使用 ndims 函数可以查看矩阵的维数，调用语法如下。

```
ndims(A)
```

其中，A 为需要查看维数的矩阵。

4. 访问矩阵元素

访问矩阵元素的方式是在矩阵名称的后面注明行列序号。例如，A(3,2) 表示访问矩阵 A 的第 3 行第 2 列元素。要提取矩阵的一整行元素，可以使用冒号代替列的序号。例如，A(2,:) 表示提取矩阵 A 的第 2 行元素。同理，要提取矩阵 A 的第 2 列元素，可以使用 A(:,2)。A(:) 表示将矩阵 A 按列存储到一个长行向量中。示例如下。

```
>> A=[1, 2, 3; 4, 5, 6; 7, 8, 9] ; % 定义矩阵 A
>> A(1, :)                          % 提取第 1 行元素
ans =
    1    2    3
>> A(:, 3)                          % 提取第 3 列元素
ans =
    3
    6
    9
>> A(:)'
ans =
    1    4    7    2    5    8    3    6    9
```

 注意　　　在 MATLAB 中，矩阵的下标是从 1 开始编号的。图像矩阵也是一样，所以对于一个 $m \times n$ 的矩阵来说，行和列的实际下标范围分别为 $1 \sim m$ 和 $1 \sim n$。

以矩阵 A 为例，提取矩阵元素或子块的方法如表 2.5 所示。

表 2.5   提取矩阵元素或子块的方法

命 令 片 段	用　　途
A(m,n)	提取 m 行 n 列位置的一个元素
A(:,n)	提取第 n 列元素
A(m,:)	提取第 m 行元素
A(m1:m2, n1:n2)	提取 m1~m2 行、n1~n2 列的一个子块
A(m:end, n)	提取第 n 列中从第 m 行开始到最后一行的一个子块
A(:)	将矩阵按列存储，得到一个长行向量

5. 进行矩阵运算

可以像对数字进行操作那样对矩阵进行操作，常见的算术运算符的使用方法如表 2.6 所示。

表 2.6   常见的算术运算符

运　　算	符　　号	对应函数	说　　明
加	+	plus(A,B)	
减	−	minus(A,B)	
乘	*	mtimes(A,B)	通常意义上的矩阵乘法
点乘	.*	times(A,B)	将矩阵的对应元素相乘。参与运算的两个矩阵必须具有同样的大小
乘方	.^	mpower(A,B)	对矩阵的每一个元素进行指定幂次的乘方
矩阵乘方	^	power(A,B)	
矩阵左除	\	mldevide(A,B)	A\B 相当于 inv(A) * B
矩阵右除	/	mrdevide(A,B)	A/B 相当于 B * inv(A)
左除	.\	ldevide(A,B)	对矩阵中对应位置的元素进行左除
右除	./	rdevide(A,B)	对矩阵中对应位置的元素进行右除
矩阵与向量转置	.'	transpose(A,B)	这里的转置不对复数进行共轭操作
复数矩阵转置（共轭）	'	ctranspose(A,B)	应用于复数时的含义是取共轭；应用于实数矩阵时的含义与普通转置相同；应用于复数矩阵时，先对所有元素取共轭，再求转置矩阵

矩阵运算的求值顺序和一般的数学运算的求值顺序相同：表达式从左向右执行，幂运算的优先级最高，乘除次之，最后是加减。如果有括号，那么括号的优先级最高。

对于图像矩阵，我们还可使用一系列 MATLAB 函数针对图像进行像素级操作，如图像叠加函数 imadd、图像相减函数 imsubtract 等。

2.1.6 细胞数组和结构体

1. 细胞数组

在处理函数的返回值和示波器部件的输出时，我们常常会遇到不同维度的返回值同时被某个函数返回的情况。在这种情况下，我们希望函数的输入参数尽可能少。MATLAB 提供了允许这样做的方式。

细胞数组是 MATLAB 特有的一种数据结构，这种数组的各个元素可以具有不同的数据类型。细胞数组可采用索引值来访问。

例如，细胞数组可以采用如下方式来定义。

```
Cell = {'Harry', 15, [1 0; 15 2]};
```

我们也可以通过使用花括号{}加上索引值的方式来直接定义细胞数组的某个元素，如下所示。

```
% 定义细胞数组的另一种方式
>>Cell{1}= 'Harry';
>>Cell{2}= 15;
>>Cell{3}= [1 0; 15 2];
```

注意使用花括号{}而不是方括号[]来定义细胞数组。细胞数组的访问方式也很简单，同样使用花括号{}加上索引值即可。

```
% 访问细胞数组
>> Cell{1}
ans =
Harry
>> Cell{2}
ans =
   15
>> Cell{3}
ans =
    1    0
   15    2
```

使用圆括号形式的索引值则可以得到变量的描述信息，如下所示。

```
>> Cell(3)
ans =
   [2x2 double]
```

> **注意**　细胞数组中存储的是建立这种对象时使用的其他对象（矩阵、字符串或数字等）的副本，而不是引用或指针。因此，即使其他对象的值发生改变，细胞数组中的值也不变。

2. 结构体

结构体是另一种形式的聚合类型。MATLAB 中的结构体与 C、C++中的结构体或类十分相似，也拥有多个不同类型的字段，可通过点运算符"."引用内部字段，字段必须具有独特的名称以便区分。访问结构体的方式与定义结构体的方式相同。下面使用结构体改写上面的例子。

```
% 定义结构体
Struct.Name = 'Harry';
Struct.Age = 15;
Struct.SalaryMatrix = [1 0; 15 2];
>>
>> Struct % 显示结构体的内容
Struct =
         Name: 'Harry'
          Age: 15
  SalaryMatrix: [2×2 double]
>>
% 访问结构体的内部字段
>>name = Struct.Name;
```

在访问结构体的内部字段时，使用相同的语法即可，例如 Struct.Name 的值仍然是 Harry。

细胞数组和结构体在保存用户输入和使用 Simulink 仿真输出时较为常用。

2.1.7　关系运算与逻辑运算

关系运算的结果是布尔值（0 或 1），具体说明如表 2.7 所示。

表 2.7　　　　　　　　　　　　　　　　关系运算符

运　算	符　号	运　算	符　号
大于	>	小于	<
大于或等于	>=	小于或等于	<=
等于	==	不等于	~=

MATLAB 同样支持逻辑运算，具体说明如表 2.8 所示。

表 2.8　　　　　　　　　　　　　　　　逻辑运算符

运　算	符　号	运　算	符　号
与	&	或		
非	~	异或	Xor

2.1.8　常用的图像处理函数

MATLAB 的强大功能是依靠函数实现的。这些函数可能是 MATLAB 内置的，也可能是由 M 文件提供的。常见的有 sin、cos、tan、log、$\log_2$ 这样的数值函数和 trace 这样的矩阵函数，此外还有逻辑函数等。逻辑函数和矩阵函数在图像处理中应用较多。表 2.9 显示了其中较为常用的一部分函数。关于这些函数更详细的用法和描述，可以通过 help 或 open 命令获得。

表 2.9　　　　　　　　　　　　　　　　常用的矩阵函数

函　数	用　途
all	判断是否所有元素非零
any	判断任何数组元素是否清零
isempty	判断是否为空矩阵
isequal	判断两个矩阵是否相同
isinf	判断有无 inf 元素
isnan	判断有无 nan 元素
isreal	判断是否为实矩阵
find	查找非零元素的索引和值
det	计算矩阵对应的行列式
diag	抽取对角元素
eig	求特征值和特征向量
fliplr	左右翻转
flipud	上下翻转
inv	求逆矩阵
lu	矩阵分解
norm	求范数
orth	正交化
poly	求特征多项式
qr	分解
rank	求矩阵的秩
svd	奇异值分解

续表

函　　数	用　　途
trace	求矩阵的迹
tril	提取下三角阵
triu	提取上三角阵

MATLAB 函数的调用方法如下：在函数名称的后面使用圆括号括住提供给函数的参数，如 sin(t)。如果函数有返回值，但调用时没有指定接收返回值的变量，系统将使用默认的 ans 变量存储返回值。若函数返回多个值，则 ans 只保留第一个返回值，对于这种情况，应显式地使用向量接收返回值，如下所示。

```
[V D] = eigs(A) ;  % 计算矩阵 A 的特征值和特征向量，返回值中的 V 为特征向量、D 为特征值
```

使用函数时还应当注意如下 3 点。

（1）函数只能出现在等式的右边。

（2）每个函数依原型不同，对自变量的个数和类型会有一定的要求，如 sin 和 sind 函数。

（3）函数允许按照规则嵌套使用，如 sin(acos(0.5))。

2.1.9　MATLAB 程序流程控制

MATLAB 提供了程序流程控制语句，它们的用法和 C、C++中的程序流程控制语句几乎一致，如表 2.10 所示。

表 2.10　　　　　　　　　　　程序流程控制语句

语　句	规 范 写 法	备　注
if…elseif…else	if expression1 　　statements1 elseif expression2 　　statements2 else expression3 　　statements3 end	如果使用的 elseif 层次较多，可以考虑使用 switch 分支
for	for index=start:increment:end 　　statements end	参数 increment 用来指定步进值，省略时默认为 1。可以嵌套使用
while	while expression 　　statements end	可以嵌套使用
break	—	终止 while 循环或 for 循环的执行
continue	—	直接跳到下一个循环
switch	switch expression 　　case expression1 　　　　statements1 　　case expression2 　　　　statements2 　　otherwise statements_other end	没有默认的 fall-through，因而不需要使用配套的 break 语句
return	—	返回到调用函数

1. 简要示例
本书后面将多次使用这些语句，下面给出几个简单的例子。

[**例 2.1**]　if 语句和 for 循环及其嵌套。

```
% ex2_1.m

arg=input('Input argument:');        % 提示输入 arg 变量
total = 0; detail = 0;
% if 语句开始
if(arg==1)
      % 外层 for 循环开始
      for i=1:1:5
            total = total + 1;
            % 内层 for 循环开始
            for j=1:0.1:2
                  detail = detail + total;
            % 内层 for 循环结束
            end
      % 外层 for 循环结束
      end
% if 语句的另一分支
elseif(arg==2)
      total = 0;
      detail = total;
% if 语句的其他所有分支
else
      error('Invalid arguments!');
% if 语句结束
end
detail            % 显示 detail 变量
```

注意本例中分号的使用。

[**例 2.2**]　与例 2.1 类似，使用 switch 分支和 while 循环。

```
% ex2_2.m

arg=input('Input argument:');
total = 0; detail = 0;
% switch 语句开始
switch arg
      % 分支1
      case 1
            i=1;
            % 外层 while 循环开始
            while (i<=5)
                  total = total + 1;
                  i = i + 1;
                  j = 1;
                  % 内层 while 循环开始
                  while (j<=2)
                        detail = detail + total;
                        j = j + 0.1;
                  % 内层 while 循环结束
                  end
```

25

```
            % 外层 while 循环结束
            end
    % 分支 2
    case 2
            total = 0;
            detail = total;
    % 其他分支
    case others
            error('Invalid arguments');
% switch 语句结束
end
detail
```

总结这两个例子，可以发现，在分支较多时使用 switch 语句是合算的，而 for 和 while 语句用于循环控制，这一点与 C、C++是完全相同的。但是，相对于 C、C++，MATLAB 有一个突出的优点，就是可以自动生成元素之间具有特定间隔的矩阵，从而避免使用某些循环。这里以仅使用二维方法的情况举例说明。

[例 2.3] 产生一幅亮度按对角线方向的余弦规律变化的灰度图，并比较一维方法和二维方法所需的时间。

```
A = rand(3000, 3000);
f = zeros(3000, 3000);
u0 = 100; v0 = 100;

tic;     % 开始计时

% 一维方法
% 外层 for 循环开始
for r=1:3000

    u0x=u0*(r-1);
    % 内层 for 循环开始
    for c=1:3000
        v0y=v0*(c-1);
        f(r,c) = A(r,c) * cos(u0x+v0y);
    % 内层 for 循环结束
    end
% 外层 for 循环结束
end
t1 = toc    % 停止计时并记录时间到 t1 中

tic;        % 重新开始计时
% 二维方法
r = 0:3000-1;
c = 0:3000-1;
[C, R] = meshgrid(c, r);
% meshgrid 函数用于生成坐标网格，实际就是生成需要的二维像素点的坐标拟合表示
% 建议读者在这里中断一下，观察矩阵 C 和 R 的内容

g = A .* cos(u0 .* R + v0 .* C);
% 系统将自动执行"循环"操作，实际就是对矩阵 C 和 R 中的每个数据按照指定的公式进行操作

t2 = toc    % 停止计时并记录时间到 t2 中
```

运行之后，我们发现，t2 远小于 t1。因此，在使用 MATLAB 对数字图像按像素进行操作时，我们应尽可能避免使用笨拙的多层嵌套循环。

2. meshgrid 函数

例 2.3 中的 meshgrid 函数用于根据给定的横坐标和纵坐标生成坐标网格，以便计算二元函数的取值。这个函数在绘制三维曲面时常常会用到，调用语法如下。

```
[X,Y] = meshgrid(x, y)
```

参数说明

- x 为输入的横坐标。
- y 为输入的纵坐标。

返回值

- X 和 Y 为输出采样点的横坐标矩阵和纵坐标矩阵，其中的元素分别为对应位置的点的横坐标和纵坐标。

下面以绘制二维高斯函数曲面为例说明 meshgrid 函数的用法。

中心在原点的二维高斯函数可以如下定义。

$$H(u,v) = e^{-(u^2+v^2)/2\sigma^2}$$

下面通过 MATLAB 程序分别为 u 和 v 赋值[-10:0.1:10]，令 $\sigma = 3$，使用 meshgrid 函数生成坐标网格并计算函数值（注意这里使用的是.^和./，而不是^和/，因为计算的对象是矩阵中的元素），然后使用 mesh 函数将结果显示到绘图窗口中。

```
u = [-10:0.1:10];
v = [-10:0.1:10];
[U,V] = meshgrid(u,v);
H = exp(-(U.^2 + V.^2)./2/3^2);
mesh(u, v, H);
% mesh 函数用于绘制三维曲面，它的第 1 和第 2 个参数分别为 x 轴和 y 轴的坐标点序列，第 3 个参数为使用坐标点
% 序列确定的每一个方格点上的函数值
```

以上程序生成的图形如图 2.7 所示。

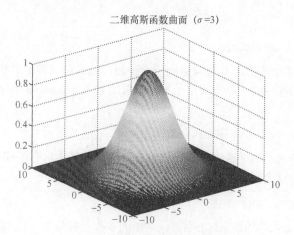

图 2.7 绘制的二维高斯函数曲面

优化小技巧

提前为矩阵分配内存

这个技巧与动态内存的使用有关。在 C、C++中，使用大块动态内存往往意味着堆操作，而当分配的动态内存零散无序时，则会产生大量内存碎片，进而导致内存分配和回收效率降低。为此，我们可以事先分配一块足够大（当然，不是过大）的空间以尽量减少内存碎片的产生。事实上，在 MATLAB 中分配动态内存远没有 C、C++那样麻烦，只需要类似下面的一条语句即可。

```
memo = zeros(1024, 128);
```

这条语句本来用于构造一个元素全部为零的矩阵，但同时也很自然地就分配了一块足够大的空间。

2.1.10　M 文件的编写

M 文件和 C、C++中的源代码文件类似，作用是存储 MATLAB 代码并且可以执行。MATLAB 的源代码文件可以直接执行而不用编译（也可以通过编译使代码运行得更快）。很多情况下，M 文件用于封装功能函数以提供某些特定功能。一般来说，M 文件以文本格式存储，执行顺序是从第 1 行开始向下依次执行，直至遇到终止语句。用户可以在 M 文件中定义函数和过程。

M 文件可以使用任何文本编辑器来编写，但我们通常使用的是 MATLAB 自带的 M 文件编辑器。如果是编写函数，那么最好将其放在 MATLAB 的搜索路径列表中的某个目录下，并与系统自带的 M 文件分开，以便管理。

位于当前工作目录中的 M 文件，可以直接在命令行中输入文件名来运行。当作为函数使用时，M 文件也可以接收参数。

稍后我们将以 MATLAB 自带的一个 M 文件为例进行说明。

2.1.11　MATLAB 函数的编写

1. 函数语法

MATLAB 函数通常定义在 M 文件中，一个 M 文件可以定义多个 MATLAB 函数。一个 MATLAB 函数通常包含以下组成部分。

（1）函数定义行

```
function [outputs] = name(inputs)
```

MATLAB 允许返回多个参数，如果只返回一个参数，那么可以省略方括号。需要注意的是，输入参数是使用圆括号括起来的。以定义用于平滑图像的函数 imsmooth 为例，可以将定义行书写为如下形式。

```
function [imgOut, retCode] = imsmooth(imgIn, args)
```

有些函数可能没有输出参数，这就需要在省略方括号以及其中内容的同时，省略等号。于是，无返回值的函数就需要定义为如下形式。

```
function imsmooth(imgIn, args)
```

MATLAB 能够区分函数名的前 63 个字母，多出的字母将被忽略。MATLAB 函数的命名规则与 C、C++函数中的类似，也必须以字母开头，可以包含字母、数字和下画线，但不能包含空格。

一个函数既可以在其他的函数中被调用，也可以在命令行中直接被调用。函数的调用方法很简单，只需要写出函数定义中除了 function 之外的部分即可，示例如下。

```
[a,b] = imsmooth(I,arg);
```

（2）"H1" 行

"H1" 行是 M 文件中的第一个注释行（注释行是指以百分号开始的行），后面必须紧跟着函数定义行，中间不能有空行。另外，"H1" 行的百分号前也不能有空白字符或缩进。"H1" 行的内容在使用 help 命令时将显示在第一行，而当我们使用 lookfor 命令查找 "H1" 行中指定的关键词时，"H1" 行的内容将显示在结果的右侧。一个典型的 "H1" 行如下。

```
% IMSMOOTH Perform smooth operation on specified image with certain arguments.
```

这样，imsmooth 函数在使用 lookfor 命令查找时就会显示如下信息。

```
IMSMOOTH    SMOOTH Perform smooth operation on specified image with certain arguments.
```

（3）帮助文本

帮助文本的位置和约定与 "H1" 行类似，帮助文本只能紧跟 "H1" 行，中间不能有任何空行或缩进。另外，帮助文本本身就是注释，因而需要以%开头。

MATLAB 通过判断是否紧跟函数定义行来判断一个注释行究竟是 "H1" 行、帮助文本还是普通注释。因此，我们可以在加入一个或多个空行后加入普通注释，这样在使用 help 命令时就不会显示普通注释的内容了。

（4）函数体和备注

这部分的编写方式和普通的 MATLAB 程序类似，如果函数有返回值，那么应在函数体中为输出变量赋值。

2. 一个 MATLAB 自带的 M 文件——imfinfo.m

下面仅列出了这个 M 文件中的部分内容，读者可以在命令行窗口中输入 edit imfinfo 以查看完整的源文件。

```
function info = imfinfo(filename, format)                      % 函数定义行
%IMFINFO Information about graphics file.                      % "H1" 行
%   INFO = IMFINFO(FILENAME,FMT) returns a structure whose     % 帮助文本
%   fields contain information about an image in a graphics
%   file.  FILENAME is a string that specifies the name of the
%   graphics file, and FMT is a string that specifies the format
%   of the file.  The file must be in the current directory or in
%   a directory on the Matlab path.  If IMFINFO cannot find a
%   file named FILENAME, it looks for a file named FILENAME.FMT.
%
%   The possible values for FMT are contained in the file format
%   registry, which is accessed via the IMFORMATS command.
%
%   If FILENAME is a TIFF, HDF, ICO, GIF, or CUR file containing more
%   than one image, INFO is a structure array with one element for
%   each image in the file.  For example, INFO(3) would contain
%   information about the third image in the file.
%
%   INFO = IMFINFO(FILENAME) attempts to infer the format of the
%   file from its content.
%
%   INFO = IMFINFO(URL,...) reads the image from an Internet URL.
%   The URL must include the protocol type (e.g., "http://").
%
%   The set of fields in INFO depends on the individual file and
%   its format.  However, the first nine fields are always the
%   same.  These common fields are:
```

```
%
%    Filename      A string containing the name of the file
%
%    FileModDate   A string containing the modification date of the file
%
%
%    FileSize      An integer indicating the size of the file in bytes
%
%
%    Format        A string containing the file format, as
%                  specified by FMT; for formats with more than one
%                  possible extension (e.g., JPEG and TIFF files),
%                  the first variant in the registry is returned
%
%    FormatVersion A string or number specifying the file format version
%
%
%    Width         An integer indicating the width of the image in pixels
%
%
%    Height        An integer indicating the height of the image in pixels
%
%
%    BitDepth      An integer indicating the number of bits per pixel
%
%
%    ColorType     A string indicating the type of image; this could
%                  include, but is not limited to, 'truecolor' for a
%                  truecolor (RGB) image, 'grayscale', for a grayscale
%                  intensity image, or 'indexed' for an indexed image.
%
%    If FILENAME contains Exif tags (JPEG and TIFF only), then the INFO
%    struct may also contain 'DigitalCamera' or 'GPSInfo' (global
%    positioning system information) fields.
%
%    The value of the GIF format's 'DelayTime' field is given in hundredths
%    of seconds.
%
%    Example:
%
%       info = imfinfo('ngc6543a.jpg');
%
%    See also IMREAD, IMWRITE, IMFORMATS.

%    Copyright 1984-2008 The MathWorks, Inc.
%    $Revision: 1.1.6.14 $  $Date: 2009/11/09 16:27:13 $

error(nargchk(1, 2, nargin, 'struct'));                     % 函数体和注释
…（函数体）
% Delete temporary file from Internet download.
if (isUrl)
    deleteDownload(filename);
end
```

2.2 MATLAB 图像类型及其存储方式

我们在 1.1.3 小节学习数字图像的分类时，曾接触到一些主要的图像类型。本节我们就来看一看这些主要的图像类型在 MATLAB 中是如何存储和表示的，包括亮度图像、RGB 图像、索引图像、

二值图像和多帧图像。

1. 亮度图像

亮度图像（Intensity Image）即灰度图像。MATLAB 使用二维矩阵存储亮度图像，矩阵中的每个元素直接表示一个像素的亮度（灰度）信息。例如，一幅 200×300 像素的图像将被存储为一个 200 行 300 列的矩阵，我们可以使用 2.1.5 小节介绍的矩阵元素（或子块）选取方式选取图像中的一个像素或一块区域。

如果矩阵元素的类型是双精度浮点数，则矩阵元素的取值范围是 0~1；如果是 8 位无符号整数，则取值范围是 0~255。0 表示全黑，而 1（或 255）表示最大亮度（通常为白色）。

图 2.8 展示了使用双精度矩阵存储亮度图像的方法。

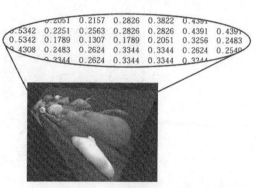

图 2.8　MATLAB 中亮度图像的表示方法

2. RGB 图像

RGB 图像（RGB Image）使用 3 个一组的数据来表达每个像素的颜色。在 MATLAB 中，RGB 图像被存储在一个 $m×n×3$ 的三维数组中。对于图像中的每个像素，存储的 3 个颜色分量将能够合成像素的最终颜色。例如，假设 RGB 图像 I 中位于 11 行 40 列的像素的 RGB 值为 I(11,40,1:3) 或 I(11,40,:)，则该像素的红色分量为 I(11,40,1)、蓝色分量为 I(11,40,3)，I(:,:,1) 表示整个图像的红色分量。

RGB 图像同样可以使用双精度矩阵或 8 位无符号整数矩阵来存储。图 2.9 展示了使用双精度矩阵存储 RGB 图像的方法。

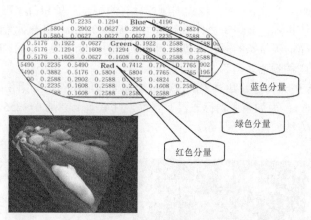

蓝色分量

绿色分量

红色分量

图 2.9　MATLAB 中 RGB 图像的表示方法

3. 索引图像

索引图像（Indexed Image）往往包含两个矩阵——一个图像数据矩阵和一个颜色索引表。对应于图像中的每一个像素，图像数据矩阵中的每一个元素都包含一个指向颜色索引表的索引值。

颜色索引表是一个 $m×3$ 的双精度矩阵，其中的每一行指定了一种颜色的 3 个 RGB 分量：color = [R G B]。其中的 R、G、B 是实数类型的双精度数，取值范围为 0~1。0 表示全黑，1 表示最大亮度。图 2.10 展示了索引图像的表示方法，注意图像中的每个像素都用整数表示，含义为颜色索引表中对应颜色的索引。

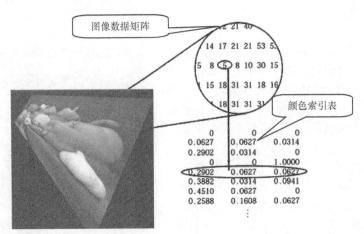

图 2.10　MATLAB 中索引图像的表示方法

　　图像数据矩阵和颜色索引表的关系取决于图像数据矩阵中存储的数据类型是双精度浮点数还是 8 位无符号整数。

　　如果图像数据使用双精度浮点数来存储，那么像素数据 1 表示颜色索引表中的第 1 行，像素数据 2 表示颜色索引表中的第 2 行，以此类推；而如果图像数据使用 8 位无符号整数来存储，那么由于存在一个额外的偏移量−1，因此像素数据 0 表示颜色索引表中的第 1 行，像素数据 1 表示颜色索引表中的第 2 行，以此类推。

　　以 8 位无符号整数存储的图像可以支持 256 种颜色（或 256 级灰度）。在图 2.10 中，图像数据矩阵使用的是双精度浮点数，所以没有偏移量，像素数据 5 表示颜色索引表中的第 5 种颜色。

4．二值图像

　　在二值图像（Binary Image）中，像素的颜色只有两种——黑和白。在 MATLAB 中，二值图像将被存储为一个二维矩阵，其中每个元素的取值只能是 0 或 1，0 表示黑色，1 表示白色。

　　二值图像可以看作一种特殊的只存在黑白两种颜色的亮度图像。当然，也可以将二值图像看作颜色索引表中只存在两种颜色（黑和白）的索引图像。

　　MATLAB 使用 8 位无符号整数类型的逻辑数组存储二值图像，如果使用逻辑标志表示数据的话，则有效范围是 0~1；而如果逻辑标志没有置位，则有效范围是 0~255。

　　二值图像的表示方法如图 2.11 所示。

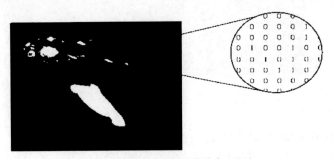

图 2.11　MATLAB 中二值图像的表示方法

5．多帧图像

　　按时间或视角方式连续排列的图像被称为多帧图像（Multiframe Image）（所谓"帧"，指的是影像、动画中作为最小单位显示的单幅影像画面），如核磁共振成像数据或视频片段。MATLAB 提供了在同一个矩阵中存储多帧图像的方法，实际就是在图像数据矩阵中增加一个维度来代表时间或视角信息。例如，一个拥有 5 张连续的 400×300 像素大小的 RGB 图像的多帧连续片段可以使用一个 400×300×3×5 的矩阵来存储，而一组同样大小的灰度图像则可以使用一个 400×300×1×5 的矩阵来存储。

如果将多帧图像使用索引图像的方式来存储，那么只有图像数据矩阵按多帧形式存储，颜色索引表只能公用。因此，在多帧索引图像中，所有的索引图像将共用一个颜色索引表，从而只能使用相同的颜色组合。

（1）cat 函数

cat 函数用于在指定维度上连接数组，调用格式如下。

```
CAT(DIM, A, B);
```

或

```
CAT(DIM, A1, A2, …);
```

对于后一种调用格式，cat 函数将在参数 DIM 指定的维度上连接第 2~n 个参数提供的数组。于是，要构造一个由 5 幅 RGB 图像构成的多帧图像，可以使用如下命令。

```
ANIM=CAT(4, A1, A2, A3, A4, A5);
```

（2）选择存储方式时的限制

图像处理工具箱中的某些函数只能处理图像数据矩阵中的前二维或前三维信息。当然，也可以使用它们处理拥有 4 个或 5 个维度的 RGB 图像或连续图像序列，但这需要单独处理每一帧都符合要求的亮度图像、二值图像、索引图像和 RGB 图像。例如，我们可以使用如下方式显示 ANIM 中的第 3 帧图像。

```
imshow(ANIM(:,:,:,3));
```

函数 imshow 的作用是显示一帧图像，详见 2.5 节。

✏️注意　　如果向一个函数传递超过其所能处理的维度的图像数据矩阵，那么结果可能是不确定的。一些函数可能处理图像的第一帧或第一个颜色维度，但另一些函数可能带来不确定的行为和处理结果。

默认情况下，MATLAB 将绝大多数数据存储为双精度类型以保证运算的精确性。但对于图像而言，这种数据类型在图像尺寸较大时可能并不理想。例如，一张 1000×1000 像素的图像拥有 100 万像素，如果每个像素都用 64 位二进制数表示，则总共需要大约 8MB 的内存空间。

为了降低图像信息的空间开销，可以将图像信息存储为 8 位无符号整型数组或 16 位无符号整型数组，这样只需要双精度浮点数八分之一或四分之一的空间即可存储同样大小的图像。在上述 3 种存储类型中，使用双精度浮点数和 8 位无符号整数的情况比较常见，16 位无符号整数的情况与 8 位无符号整数基本类似。

2.3 MATLAB 图像转换

1. 图像存储格式的互相转换

有时必须对图像的存储格式进行转换才能使用某些图像处理函数。例如，当使用 MATLAB 内置的某些滤镜时，需要将索引图像转换为 RGB 图像或灰度图像，因为只有这样 MATLAB 才会将这些滤镜应用于图像数据本身，而不是应用于索引图像中的颜色索引表（这将产生无意义的结果）。

　　MATLAB 提供了一系列存储格式转换函数，如表 2.11 所示。它们的名称都十分便于记忆，例如 ind2gray 函数用于将索引图像转换为灰度图像。

表 2.11　　　　　　　　　　　　　　　图像格式转换函数

函　　数	描　　述
dither	以抖动的方式创建颜色信息量较少的图像，例如将灰度图像转换成二值图像，或者将 RGB 图像转换成索引图像。大多数时候使用 uint8，但如果输出图像是包含多于 256 种颜色的索引图像，则使用 uint16
gray2ind	将灰度图像转换成索引图像。大多数时候使用 uint8，但如果输出图像是包含多于 256 种颜色的索引图像，则使用 uint16 [X,MAP] = gray2ind(I,N)，输出中的 X 为图像数据、MAP 为颜色索引表；输入中的 I 为原始图像、N 为索引颜色的数目
grayslice	使用阈值法从灰度图像创建索引图像。大多数时候使用 uint8，但如果输出图像是包含多于 256 种颜色的索引图像，则使用 uint16 X=grayslice(I,N) X=grayslice(I,V) X 为输出的索引图像，N 为需要均匀划分的阈值个数，V 为给定的阈值向量
im2bw	使用阈值法将灰度图像、索引图像或 RGB 图像转换成二值图像，并返回使用逻辑型矩阵存储的图像 BW = im2bw(I,LEVEL) 或 BW = im2bw(X,MAP,LEVEL)，LEVEL 为指定的阈值。计算与确定阈值的相关方法将在后面的章节中介绍
ind2gray	将索引图像转换成灰度图像。返回的图像与原始图像使用相同的存储类型 I = ind2gray(X,MAP)
ind2rgb	将索引图像转换成 RGB 图像，返回使用 double 类型存储的图像 RGB = ind2rgb(X,MAP)
mat2gray	使用归一化方法将一个矩阵中的数据扩展成对应的灰度图像，返回使用 double 类型存储的图像 I = mat2gray(A,[AMIN AMAX])，AMIN 和 AMAX 用于指定这个函数在转换时使用的下限和上限。A 中低于 AMIN 和高于 AMAX 的数据将被截取到 0 和 1
rgb2gray	将 RGB 图像转换成灰度图像，返回的图像与原始图像使用相同的存储类型 I = rgb2gray(RGB) 这个函数也可以用于处理颜色索引表，调用格式如下。 NEWMAP = rgb2gray(MAP)，此时输入类型和输出类型均为 double
rgb2ind	将 RGB 图像转换成索引图像。大多数时候使用 uint8，但如果输出图像是包含多于 256 种颜色的索引图像，则使用 uint16 [X,MAP] = rgb2ind(RGB,N) X = rgb2ind(RGB,MAP) N 为索引颜色的数目，MAP 为输出或给定的颜色索引表

　　我们也可以使用一些矩阵操作函数实现某些图像存储格式的转换。例如，下面的语句可以将一幅灰度图像转换为 RGB 图像。

```
RGBIMAGE = CAT(3, GRAY, GRAY, GRAY);
```

2. 图像数据类型转换

　　MATLAB 图像处理工具箱支持的默认图像数据类型是 uint8，我们使用 imread 函数读取的图像文件一般都为 uint8 类型。然而，很多数学函数（如 sin 函数）并不支持 double 以外的类型。例如，当试图对 uint8 类型的图像数据直接使用 sin 函数进行操作时，MATLAB 会产生如下错误信息。

```
I = imread('coins.png'); % 读入一幅 unit8 图像
sin(I);
??? Undefined function or method 'sin' for input arguments of type 'uint8'
```

针对这种情况，除了使用 2.1.4 小节介绍的强制转换类型这种方法之外，我们还可以利用 MATLAB 图像处理工具箱中的图像数据类型转换函数。图像数据类型转换函数的优势在于可以帮助我们处理数据偏移量并进行归一化变换，从而简化编程工作。

一些常用的图像数据类型转换函数如表 2.12 所示。

表 2.12　　　　　　　　　　　图像数据类型转换函数

函　　数	说　　明
im2uint8	将图像数据转换为 uint8 类型
im2uint16	将图像数据转换为 uint16 类型
im2double	将图像数据转换为 double 类型

我们可以在使用 MATLAB 中的数学函数之前将图像数据转换为 double 类型，而在准备将图像数据写入文件时再将它们转换回 uint8 类型，如下所示。

```
I_d = im2double(I_uint8); % 将 uint8 类型的图像数据转换为 double 类型，灰度范围也相应从[0，255]归一化至[0，1]
Iout_d = sin(I_d);        % 进行数学计算
Iout_uint8= im2uint8(Iout_d); % 转换回 uint8 类型(灰度范围也重新扩展至[0，255])，接下来准备写入文件
```

2.4　读取和写入图像文件

MATLAB 可以处理 BMP、HDF、JPEG、PCX、TIFF、XWD、ICO、GIF 和 CUR 格式的图像文件。我们可以使用 imread 和 imwrite 函数对图像文件进行读写操作，并使用 imfinfo 函数获得数字图像的相关信息。

1. imread 函数

可以使用 imread 函数将指定位置的图像文件读入工作区。对于除了索引图像以外的情况，imread 函数的调用语法如下。

```
A = imread(FILENAME, FMT);
```

参数说明

- 参数 FILENAME 用来指定图像文件的完整路径和文件名。如果想要读入的图像文件在当前工作目录中或在自动搜索列表给出的路径下，则只需要提供文件名。
- 参数 FMT 用来指定图像文件的格式所对应的标准扩展名，例如 GIF 等。imread 函数如果没有找到 FILENAME 参数指定的文件，则会尝试 FILENAME.FMT。

返回值

- A 是一个包含图像数据的矩阵。对于灰度图像，A 是一个 m 行 n 列的矩阵；对于 RGB 图像，A 是一个 $m \times n \times 3$ 的矩阵。另外，对于大多数图像文件，A 的类型为 uint8；但对于某些 TIFF 图像和 PNG 图像，A 的类型为 uint16。

对于索引图像，情况有所不同，此时 imread 函数的调用语法如下。

```
[X, MAP] = imread(FILENAME, FMT);
```

此时的返回值中，X 为图像数据矩阵，MAP 则是颜色索引表。图像中的颜色索引数据会被归一

化至[0,1]。因为对于索引图像，不论图像文件本身使用何种数据类型，imread 函数都会使用双精度类型存储图像数据。

imread 函数还可以处理以 RGBA 等格式存储的图像，可通过在命令行窗口中输入 help imread 来查看 MATLAB 中有关 imread 函数的在线帮助信息。

2. imwrite 函数

可以使用 imwrite 函数将指定的图像数据写入文件中，通过指定不同的文件扩展名，可以产生转换图像格式的作用（参见例 2.4）。imwrite 函数的调用语法如下。

```
imwrite(A, FILENAME, FMT);
```

参数说明

- FILENAME 参数用来指定文件名（不必包含扩展名）。
- FMT 参数用来指定保存文件时采用的格式。

在存储索引图像时，还需要一并存储颜色索引表，此时 imwrite 函数的调用语法如下。

```
imwrite(A, MAP, FILENAME, FMT);
```

其中的 MAP 为合法的 MATLAB 颜色索引表。

imwrite 函数还可以控制图像文件的很多属性，如 TIFF 文件格式的彩色空间、GIF 格式中的透明色以及图像文件的作者、版权信息、解析度和创建软件等。

[**例 2.4**] 读入一幅 TIFF 图像并在写入磁盘时将这幅图像转换为 BMP 格式。

```
>>I=imread('pout.tif'); % 读入图像
>>whos I                 % 查看图像变量信息
  Name    Size                    Bytes  Class
  I       291x240                 69840  uint8 array
Grand total is 69840 elements using 69840 bytes
% 通过 whos 命令可以看到，读入的高为 291 像素、宽为 240 像素的灰度图像 I 其实就是一个 291×240 的二维矩阵

>>imwrite(I, 'pout.bmp'); % 将图像写入文件 pout.bmp，这同时起到了转换图像格式的作用
```

3. imfinfo 函数

可以使用 imfinfo 函数读取图像文件的某些属性信息，如修改日期、大小、格式、高度、宽度、色深、颜色空间、存储方式等，调用语法如下。

```
imfinfo(FILENAME, FMT);
```

参数说明

- FILENAME 参数用来指定文件名。
- FMT 是可选参数，用来指定文件格式。

[**例 2.5**] 查看图像文件信息。

```
>>imfinfo('pout.tif') % 查看图像文件信息
ans =
                Filename: 'F:\Program Files\Matlab\R2019a\toolbox\images\imdemos\pout.tif'
             FileModDate: '04-12-2000 13:57:50'
                FileSize: 69004
                  Format: 'tif'
           FormatVersion: []
                   Width: 240
                  Height: 291
                BitDepth: 8
```

```
              ColorType: 'grayscale'
        FormatSignature: [73 73 42 0]
              ByteOrder: 'little-endian'
          NewSubFileType: 0
          BitsPerSample: 8
            Compression: 'PackBits'
PhotometricInterpretation: 'BlackIsZero'
            StripOffsets: [9x1 double]
        SamplesPerPixel: 1
            RowsPerStrip: 34
        StripByteCounts: [9x1 double]
            XResolution: 72
            YResolution: 72
          ResolutionUnit: 'None'
                Colormap: []
      PlanarConfiguration: 'Chunky'
              TileWidth: []
              TileLength: []
            TileOffsets: []
          TileByteCounts: []
            Orientation: 1
              FillOrder: 1
        GrayResponseUnit: 0.0100
          MaxSampleValue: 255
          MinSampleValue: 0
            Thresholding: 1
                  Offset: 68754
```

2.5 图像的显示

MATLAB 一般使用 imshow 函数来显示图像,该函数可以创建一个图像对象,并且可以自动设置图像的诸多属性,从而简化编程操作。

1. imshow 函数的 3 种常见调用语法

imshow 函数用于显示工作区或图像文件中的图像,在显示的同时可控制部分效果,常见的 3 种调用语法如下。

```
imshow(I, [low high], param1, value1, param2, value2, …)
imshow(I, MAP)
imshow(filename)
```

参数说明

- I 为想要显示的图像数据矩阵。
- 可选参数[low high]用来指定显示灰度图像时的灰度范围,灰度值低于 low 的像素将被显示为黑色,而灰度值高于 high 的像素将被显示为白色,灰度值介于 low 和 high 之间的像素则按比例显示为各种等级的灰色。如果将此参数指定为空[],则 imshow 函数会将图像数据矩阵中的最小值指定为 low,而将最大值指定为 high,从而达到灰度拉伸的显示效果。这个参数常用于改善灰度图像的显示效果。
- 可选参数 param1、value1、param2、value2 等用来指定显示图像的特定方法。
- MAP 为颜色索引表,除了显示索引图像之外,在显示伪彩色图像时也可能用到。
- filename 参数用来指定图像文件的名称,这样就不必将图像文件事先读入工作区了。

[例 2.6] 图像的读取、显示和回写。

ex2_6.m

```
%  读取图像
>>I = imread('gantrycrane.png');
%  显示图像
>>imshow(I);
%  将图像回写到文件中
>>imwrite(I, 'gantrycrane.tif', 'TIFF');
```

2. 多幅图像的显示

有时需要将多幅图像一起显示以比较它们之间的异同，这在考察不同算法对同一幅图像的处理效果时尤为有用。

可以在相同或不同的窗口中显示多幅图像，这两种方式的实现见例 2.7。

[例 2.7]　显示多幅图像。

```
%  ex2_7.m
I = imread('pout.tif'); %  读取图像

%  在不同的窗口中显示图像
figure; %  创建一个新的窗口
imshow(I);
figure;
imshow(I, [ ]);
%  在相同的窗口中显示图像
figure;
subplot(1, 2,1);
imshow(I);
subplot(1,2,2);
imshow(I, [ ]);
```

上述程序中的 figure 用于创建一个新的窗口，从而避免显示的新图像覆盖原来的图像；subplot(m,n,p)函数的作用是打开一个拥有 m 行 n 列图像位置的窗口，同时将焦点指定在第 p 个位置。

> **注意**
>
> 多幅索引图像在显示时存在着潜在的问题。索引图像使用的颜色索引表可能不同，而系统的全局颜色索引表在默认情况下是 8 位的，因而最多只能存储 256 种颜色。这样一来，如果所有图像的总颜色超过 256 种，则超出的部分颜色将无法正确显示。所以，我们通常先使用 ind2rgb(I)将图像转换为 RGB 格式。此外，我们也可以使用 subimage(I,map)函数，这个函数在显示图像之前会自动将图像转换为 RGB 格式。

3. 多帧图像的显示

在显示多帧图像时，既可以显示多帧中的一帧，也可以将它们显示在同一窗口中，甚至可以将多帧图像转换成"电影"播放出来。这 3 种方式的实现见例 2.8。

[例 2.8]　MATLAB 自带的 MRI 数据集中存储了一组索引图像，MAP 为颜色索引表，分别以上述 3 种方式显示它们。

```
>>load mri                    %  载入 MATLAB 自带的核磁共振图像
>>imshow(D(:,:,7), map);      %  显示多帧中的一帧

%  在同一窗口中显示
>>figure, montage(D, map);

%  转换成"电影"
```

```
>>figure
>>mov=immovie(D, map);
>>colormap(map);        % 设定颜色索引表
>>movie(mov);           % 播放"电影"
```

4. 图像的缩放

有时需要将图像的某一部分放大以查看局部的详细情况。只需要在命令行窗口中输入 zoom on 即可打开图像的缩放功能，输入 zoom off 可以关闭图像的缩放功能。打开图像的缩放功能之后，就可以通过简单的鼠标操作观察图像的局部细节了。

5. 像素值查看工具

在使用 imshow 函数显示一幅图像之后，可以在最后显示的图像窗口的左下角输入 impixelinfo，这样随着鼠标指针的移动就会显示鼠标指针所在位置的像素值，如图 2.12 所示。

我们还可以通过 imdistline 命令以交互的方式查看图像中两点之间的距离，如图 2.13 所示。

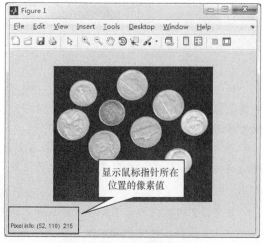

图 2.12 查看像素值

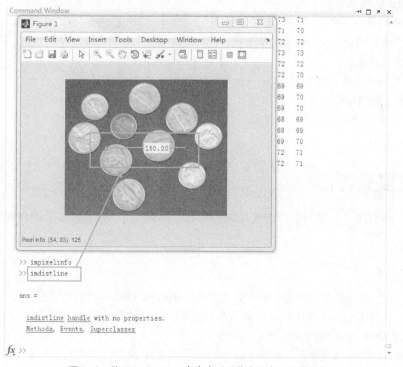

图 2.13 使用 imdistline 命令查看图像中两点之间的距离

第3章 图像的点运算

对于一个数字图像处理系统来说，一般可以将处理流程分为3个阶段。在获取原始图像后，首先是图像预处理阶段，然后是特征抽取阶段，最后是识别分析阶段。预处理阶段尤为重要，这个阶段处理不好，后面的工作就根本无法展开。

点运算指的是对图像中的每个像素依次进行同样的灰度变换运算。设 r 和 s 分别是输入图像 $f(x,y)$ 和输出图像 $g(x,y)$ 在任意一点 (x,y) 的灰度值，则点运算可以使用下式来定义。

$$s = T(r) \tag{3-1}$$

其中，T 为采用的点运算算子，表示原始图像和输出图像之间的某种灰度级映射关系。

点运算常用于改变图像的灰度范围及分布，是图像数字化及图像显示时经常需要使用的工具。点运算因其作用的性质有时也被称为对比度①增强、对比度拉伸或灰度变换。

本章的知识和技术热点

- 最基本的图像分析工具——灰度直方图。
- 利用直方图辅助实现的各种灰度变换，包括线性变换、对数变换、伽马变换、灰度阈值变换和分段线性变换等。
- 两种实用的直方图修正技术——直方图均衡化和直方图规定化。

本章的典型案例分析

- 基于直方图均衡化的图像灰度归一化。
- 直方图规定化。

3.1 灰度直方图

灰度直方图描述了一幅图像的灰度级统计信息，主要应用于图像分割和图像灰度变换等处理过程。

3.1.1 理论基础

从数学上讲，灰度直方图描述了图像的各个灰度级的统计特性，相当于图像灰度值的"函数"，作用是统计一幅图像中各个灰度级出现的次数或概率。有一种特殊的直方图叫作归一化直方图，这种直方图可以直接反映不同灰度级出现的概率。

从图形上讲，灰度直方图是二维图，横坐标表示图像中各个像素点的灰度级，纵坐标表示具有各个灰度级的像素在图像中出现的次数或概率。

> 💡提示　　在本书中，如无特别说明，直方图的纵坐标将对应着不同灰度级在图像中出现的次数，而归一化直方图的纵坐标则对应着不同灰度级在图像中出现的概率。

---

① 对比度：灰度图像最大亮度与最小亮度的比值。

灰度直方图的计算是根据其统计定义进行的。图像的灰度直方图是一个离散函数，表示图像每一灰度级与该灰度级出现概率的对应关系。

3.1.2 MATLAB 实现

使用 MATLAB 中的 imhist 函数可以进行图像的灰度直方图的计算，调用语法如下。

```
imhist(I)
imhist(I, n)
[counts,x] = imhist(…)
```

参数说明
- I 为需要计算灰度直方图的图像。
- n 为指定的灰度级数目。如果指定了参数 n，MATLAB 就会将所有的灰度级均匀分布在 n 个小区间内，而不是将所有的灰度级都分开。

返回值
- counts 为直方图数据向量。counts(i) 表示第 i 个灰度区间中的像素数目。
- x 是保存了对应的灰度小区间的向量。

若调用时不接收这个函数的返回值，则直接显示直方图；在得到这些返回数据之后，也可以使用 stem(x, counts) 函数来绘制直方图。

1. 普通直方图

下面使用 MATLAB 内置的一张示例图片演示灰度直方图的生成与显示，程序如下。

```
I = imread('pout.tif');            % 读取图像
figure;                            % 打开一个新的窗口
imshow(I); title('Source');        % 显示图像
figure;                            % 打开另一个新的窗口
imhist(I); title('Histogram');     % 显示直方图
```

上述程序的运行结果如图 3.1 所示。

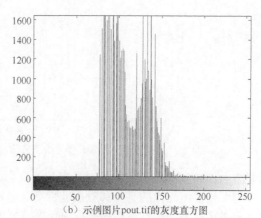

（a）示例图片 pout.tif   （b）示例图片 pout.tif 的灰度直方图

图 3.1　示例图片及其灰度直方图

图 3.1（b）中未经归一化的灰度直方图的纵轴表示图像中所有像素取到某一特定灰度值的次数；横轴对应范围 0～255 中的所有灰度值，这可以覆盖 uint8 存储类型的灰度图像中的所有可能取值。

因为相近的灰度值具有的含义往往是相似的，所以通常没有必要在每个灰度级上都进行统计。可以使用下面的命令将范围 0～255 中总共 256 个灰度级平均划分为 64 个长度为 4 的灰度区间，此时纵轴分别统计每个灰度区间内的像素在图像中的出现次数。

```
imhist(I, 64);          % 生成含有 64 个小区间的灰度直方图
```

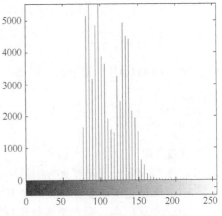

图 3.2　含有 64 个小区间的灰度直方图

执行上述命令后，灰度直方图的效果如图 3.2 所示。

由于要统计落入每个灰度区间的像素数目，灰度区间常常被形象地称为"收集箱"。在图 3.2 所示的直方图中，由于减少了收集箱的数目，落入每个收集箱的像素数目有所增加，从而使直方图更具统计特性。收集箱的数目一般设为 2 的整数次幂，以保证可以无须圆整。

2．归一化直方图

在 imhist 函数的返回值中，counts 保存了落入每个区间的像素数目，通过计算 counts 与图像中像素总数的商，可以得到归一化直方图。

绘制含有 32 个小区间的归一化直方图的 MATLAB 程序如下。

```
I = imread('pout.tif');         % 读取图像
figure;                         % 打开一个新的窗口
[M,N] = size(I);                % 计算图像的大小
[counts, x] = imhist(I, 32);    % 计算含有 32 个小区间的直方图
counts = counts / M / N;        % 计算归一化直方图中各个小区间的值
stem(x, counts);                % 绘制归一化直方图
```

上述程序的运行结果如图 3.3 所示。

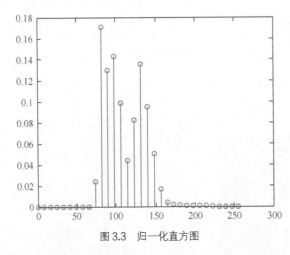

图 3.3　归一化直方图

分析图像的灰度直方图往往可以得到很多有效的信息。例如，从图 3.4 所示的一系列灰度直方图中，可以很直观地看出图像的亮度和对比度特征。实际上，直方图的峰值位置说明了图像总体上的亮度：如果图像较亮，则直方图的峰值出现在直方图的靠右部分；如果图像较暗，则直方图的峰值出现在直方图的靠左部分，从而造成暗部细节难以分辨。如果直方图中只有中间某一小段非零值，则图像的对比度较低；如果直方图的非零值分布很宽而且比较均匀，则图像的对比度较高。

上面列举的情况都可以通过以直方图为依据的图像增强方法进行处理，这些方法的具体介绍见 3.7 节。

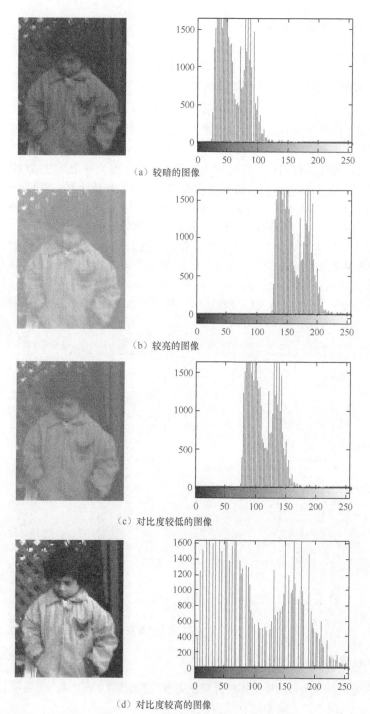

（a）较暗的图像

（b）较亮的图像

（c）对比度较低的图像

（d）对比度较高的图像

图 3.4　图像的灰度直方图与其亮度和对比度的关系

3.2　灰度的线性变换

灰度的线性变换是十分常用的图像点运算之一，旨在对图像的像素值通过指定的线性函数进行变换，以此增加或减少图像的灰度。

3.2.1　理论基础

线性灰度变换函数 $f(x)$ 是一个一维线性函数。

$$D_B = f(D_A) = F_a D_A + F_b \qquad (3\text{-}2)$$

其中：F_a 为线性函数的斜率；F_b 为线性函数在 y 轴上的截距；D_A 表示输入图像的灰度；D_B 表示输出图像的灰度。

- 当 $F_a > 1$ 时，输出图像的对比度将增大；当 $0 \leqslant F_a < 1$ 时，输出图像的对比度将减小。
- 当 $F_a = 1$ 且 $F_b \neq 0$ 时，操作仅使所有像素的灰度值上移或下移，效果是使整个图像更暗或更亮；而如果 $F_a < 0$，暗区域将变亮，亮区域将变暗。这种线性改变亮度的变换可能由于像素亮度达到饱和（小于 0 或超过 255）而丢失一部分细节。
- 特殊情况下，比如当 $F_a = 1$、$F_b = 0$ 时，输出图像与输入图像相同；而当 $F_a = -1$、$F_b = 255$ 时，输出图像的灰度正好反转。灰度反转处理适用于增强暗色图像中亮度较大的细节部分，这也是由人的视觉特性决定的。

图 3.5 给出了一些对应上述情况的变换实例，后面的 MATLAB 实现将分别展示应用这些变换后的实际效果。

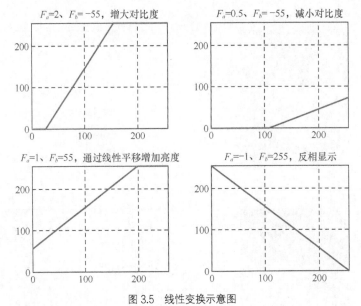

图 3.5　线性变换示意图

3.2.2　MATLAB 实现

在 MATLAB 中对图像进行线性变换时无须使用专门的函数，下面的例 3.1 展示了如何对 MATLAB 示例图片 coins.png 使用不同的参数进行线性变换操作。

[**例 3.1**]　不同参数的线性变换效果。

本例将对 MATLAB 示例图片 coins.png 进行图 3.5 所示的增大对比度、减小对比度、通过线性平移增加亮度和反相显示 4 种线性变换，同时给出变换效果以及对应的直方图变化情况。

ex3_1.m

```
I = imread('coins.png');    % 读取图像
```

```matlab
I = im2double(I);          % 转换数据类型为 double
[M,N] = size(I);           % 计算图像的大小

figure(1);                 % 打开一个新的窗口
imshow(I);                 % 显示图像
title('图像');

figure(2);                 % 打开另一个新的窗口
[H,x] = imhist(I, 64);     % 计算含有 64 个小区间的灰度直方图
stem(x, (H/M/N), '.');     % 显示灰度直方图
title('灰度直方图');

% 增大对比度
Fa = 2; Fb = -55;
O = Fa .* I + Fb/255;

figure(3);
subplot(2,2,1);
imshow(O);
title('Fa = 2 Fb = -55 增大对比度');

figure(4);
subplot(2,2,1);
[H,x] = imhist(O, 64);
stem(x, (H/M/N), '.');
title('Fa = 2 Fb = -55 增大对比度');

% 减小对比度
Fa = 0.5; Fb = -55;
O = Fa .* I + Fb/255;

figure(3);
subplot(2,2,2);
imshow(O);
title('Fa = 0.5 Fb = -55 减小对比度');

figure(4);
subplot(2,2,2);
[H,x] = imhist(O, 64);
stem(x, (H/M/N), '.');
title('Fa = 0.5 Fb = -55 减小对比度');

% 通过线性平移增加亮度
Fa = 1; Fb = 55;
O = Fa .* I + Fb/255;

figure(3);
subplot(2,2,3);
imshow(O);
title('Fa = 1 Fb = 55 通过线性平移增加亮度');

figure(4);
subplot(2,2,3);
[H,x] = imhist(O, 64);
stem(x, (H/M/N), '.');
```

```
title('Fa = 1 Fb = 55 通过线性平移增加亮度');

% 反相显示
Fa = -1; Fb = 255;
O = Fa .* I + Fb/255;

figure(3);
subplot(2,2,4);
imshow(O);
title('Fa = -1 Fb = 255 反相显示');

figure(4);
subplot(2,2,4);
[H,x] = imhist(O, 64);
stem(x, (H/M/N), '.');
title('Fa = -1 Fb = 255 反相显示');
```

上述程序的运行结果如图 3.6 所示。

F_a=2、F_b=-55，增大对比度　　F_a=0.5、F_b=-55，减小对比度

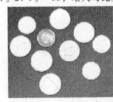

F_a=1、F_b=55，通过线性平移增加亮度　F_a=-1、F_b=255，反相显示

（a）示例图片coins.png　　　　　　　（b）线性变换对图像的影响

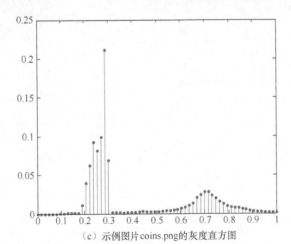

（c）示例图片coins.png的灰度直方图

图 3.6　线性变换实例说明

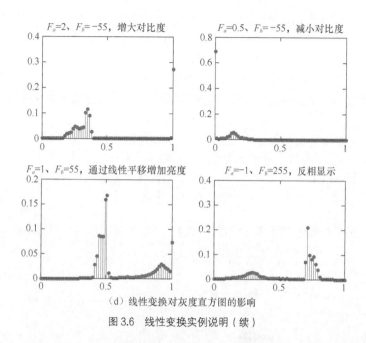

（d）线性变换对灰度直方图的影响

图 3.6 线性变换实例说明（续）

从图 3.5 和图 3.6 可以看出：改变图像的对比度是对直方图进行缩放与平移，改变图像的亮度是在横轴方向平移直方图，反相显示则是将直方图"水平镜像"。

单纯的线性灰度变换可以在一定程度上解决视觉上的图像整体对比度问题，但是对图像细节部分的增强效果较为有限，使用本书后面介绍的非线性变换技术可以解决这一问题。

3.3 灰度的对数变换

本节介绍一种灰度的非线性变换技术——对数变换，并介绍其在傅里叶频谱显示中的应用。

3.3.1 理论基础

对数变换的函数表达式如下。

$$t = c \log(1 + s)$$

（3-3）

其中：c 为尺度比例常数，s 为源灰度值，t 为变换后的目标灰度值。MATLAB 软件中的自然对数函数的符号为 log。

观察图 3.7 所示的对数函数曲线，当函数的自变量值较小时，曲线的斜率较大；而当函数的自变量值较大时，曲线的斜率较小。

由对数函数曲线可知，对数变换可以增强一幅图像中较暗部分的细节，从而可用来扩展被压缩的高值图像中的较暗像素，因此对数变换被广泛地应用于频谱图像的显示。一个典型的应用是傅里叶频谱（参见第 6 章），其动态范围可能为 $0 \sim 10^6$。直接显示频谱时，图像显示设备的动态范围往往不满足要求，从而丢失

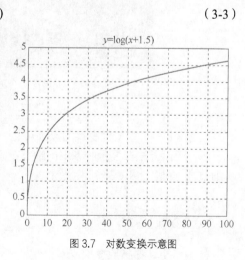

图 3.7 对数变换示意图

了大量的暗部细节。在使用对数变换之后，图像的动态范围将被合理地非线性压缩，从而可以清晰地显示。

3.3.2　MATLAB 实现

对数变换不需要专门的图像处理函数，可以使用如下数学函数实现对输入图像 I 的对数变换。

```
T = log(I + 1);
```

> **注意**　log 函数会对输入图像 I 中的每个元素进行操作，但是由于 log 函数只能处理 double 类型的矩阵，而我们从图像文件中得到的图像矩阵大多是 uint8 类型，因此需要使用 im2double 函数转换图像数据类型。

可以使用下面的程序比较对傅里叶频谱图像进行对数变换前后的效果（不必关注代码中生成傅里叶频谱的部分）。

```
I=imread('coins.png');        % 读取图像
F = fft2(im2double(I));       % 计算频谱
F = fftshift(F);
F = abs(F);
T = log(F + 1);               % 对数变换

subplot(1,2,1);
imshow(F, []);
title('未经变换的频谱');

subplot(1,2,2);
imshow(T, []);
title('对数变换后');          % 显示原图和变换结果
```

上述程序的运行结果如图 3.8 所示。

（a）未经变换的频谱　　　　　　　　　　　（b）经过对数变换的频谱

图 3.8　对比对数变换前后的效果

由图 3.8（a）中未经变换的频谱可见，图像中心绝对高灰度部分的存在压缩了低灰度部分的动态范围，因而无法在显示时表现出细节；而经过对数变换的频谱，低灰度区域的对比度增大了，暗部细节被增强。

3.4　伽马变换

伽马变换又称指数变换或幂次变换，是另一种常用的灰度非线性变换技术。

3.4.1 理论基础

伽马变换的函数表达式如下。

$$y = (x + \mathrm{esp})^{\gamma} \tag{3-4}$$

其中：x 与 y 的取值范围均为[0,1]；esp 为补偿系数；γ 为伽马系数。

与对数变换不同，伽马变换可以根据 γ 的取值选择性地增大低灰度区域或高灰度区域的对比度。

γ 是图像灰度校正中非常重要的一个参数，其取值决定了输入图像和输出图像之间的灰度映射方式，从而决定了是增大低灰度区域（阴影区域）还是高灰度区域（高亮区域）的对比度。

- 当 $\gamma>1$ 时，图像的高灰度区域的对比度得到增大。
- 当 $\gamma<1$ 时，图像的低灰度区域的对比度得到增大。
- 当 $\gamma=1$ 时，灰度变换是线性的，也就是不改变原图。

伽马变换的映射关系如图 3.9 所示。在进行变换时，我们通常需要将 0～255 的灰度动态范围变换成 0～1 的灰度动态范围，执行伽马变换后再恢复至原来的灰度动态范围。

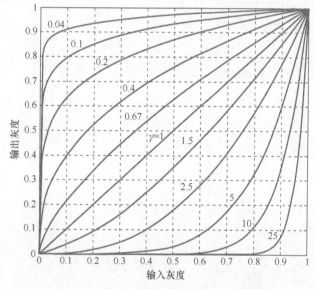

图 3.9 灰度动态范围为 0~1 的伽马变换示意图

3.4.2 MATLAB 实现

MATLAB 提供了实现灰度变换的基本工具 imadjust，这个函数有着非常广泛的用途，调用的一般语法如下。

```
J = imadjust(I, [low_in high_in], [low_out, high_out], gamma);
```

imadjust 函数能够将输入图像 I 中从 low_in 至 high_in 的值映射到输出图像 J 的 low_out 和 high_out 之间的值，low_in 以下和 high_in 以上的值将被"裁剪"掉。

参数说明

- [low_in high_in]和[low_out, high_out]用于确定源灰度范围到目标灰度范围的映射，在给定[low_in high_in]和[low_out, high_out]时，需要按照 double 类型来给定，取值范围为 0～1。

  使[low_in high_in]和[low_out, high_out]为空（[ ]）相当于使用默认值[0 1]。

若 high_out 小于 low_out，则输出图像 J 的亮度将被反转。

- 参数 gamma 用于指定变换曲线的形状（类似于图 3.9 中的形状），默认值为 1，表示线性映射。若 gamma<1，则映射被加权至更高的输出值；若 gamma>1，则映射被加权至更低的输出值。

提示　　当 gamma 为 1 时，通过为[low_in high_in]和[low_out high_out]设定合适的取值，imadjust 函数可以实现 3.2 节中的灰度线性变换；而当[low_in high_in]和[low_out high_out]的取值均为[0, 1]时，以不同的 gamma 值调用 imadjust 函数可以实现图 3.9 所示的各种伽马变换。

- I 为输入图像，可以是 uint8、uint16 或 double 类型。

返回值

- J 为经过处理的图像，与 I 具有同样的类型。

将 imadjust 函数用于伽马变换的调用语法如下。

```
J = imadjust(I,[ ],[ ],gamma)
```

[**例 3.2**]　当 gamma 分别取不同值时的伽马变换效果。

```
% ex3_2.m

I = imread(' pout.tif '); % 读取图像

% gamma 取 0.75
subplot(1,3,1);
imshow(imadjust(I, [ ], [ ], 0.75));
title('gamma 0.75');

% gamma 取 1
subplot(1,3,2);
imshow(imadjust(I, [ ], [ ], 1));
title('gamma 1');

% gamma 取 1.5
subplot(1,3,3);
imshow(imadjust(I, [ ], [ ], 1.5));
title('gamma 1.5');
```

上述程序的运行结果如图 3.10 所示，由此可以看出不同 gamma 值给图像的整体明暗程度带来的变化，以及对图像暗部和亮部细节的影响。当 gamma 为 1 时，图像没有任何改变。

图 3.10　伽马变换效果

下面编写 MATLAB 程序，生成图 3.10 中 3 幅图像的灰度直方图。

```
% gamma 取 0.75
subplot(1,3,1);
```

```
imhist(imadjust(I, [ ], [ ], 0.75));
title('gamma 0.75');

% gamma 取 1
subplot(1,3,2);
imhist(imadjust(I, [ ], [ ], 1));
title('gamma 1');

% gamma 取 1.5
subplot(1,3,3);
imhist(imadjust(I, [ ], [ ], 1.5));
title('gamma 1.5');
```

上述程序的运行结果如图 3.11 所示。

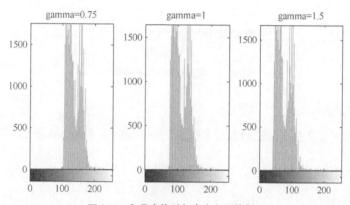

图 3.11　伽马变换对灰度直方图的影响

注意图 3.11 所示直方图中非零区间位置的变化，以及这些变化给图像带来的影响。伽马变换不是线性变换，伽马变换不仅可以改变图像的对比度，而且能够增强细节，从而带来图像整体效果的增强和改善。

3.5　灰度阈值变换

灰度阈值变换可以将一幅灰度图像转换成二值图像。用户可以指定一个起分界线作用的灰度值，如果图像中某像素的灰度值小于该灰度值，就将该像素的灰度值设置为 0，否则设置为 255。这个起分界线作用的灰度值被称为**阈值**。灰度阈值变换也常被称为阈值化或二值化。

3.5.1　理论基础

灰度阈值变换的函数表达式如下。

$$f(x) = \begin{cases} 0 & x < T \\ 255 & x \geqslant T \end{cases} \tag{3-5}$$

其中：T 为指定的阈值。

图 3.12 给出了灰度阈值变换的示意图。

灰度阈值变换的用途非常广泛，可扩展性非常强。通过将一幅灰度图像转换为二值图像，就可以将图像内容直接划分为我们关心的和不关心的两部分，从而在复杂背景中直接提取出自己感兴趣的目标。灰度阈值变化是进行图像分割的重要手段之一，这一点在第 11 章将进一步阐述。

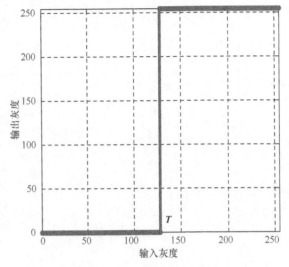

图 3.12　灰度阈值变换的示意图

3.5.2　MATLAB 实现

MATLAB 中和阈值变换有关的函数主要有两个——im2bw 和 graythresh，下面分别进行介绍。

1. im2bw 函数

im2bw 函数可用于实现阈值变换，调用语法如下。

```
BW = im2bw(I, level)
```

参数说明

- 参数 I 为需要二值化的输入图像。
- 参数 level 则给出了具体的变换阈值——一个取值范围为 0～1 的双精度浮点数。例如，假设输入图像 I 是灰度范围为 0～255 的 uint8 类型图像，如果 level=0.5，则对应的分割阈值为 128。

返回值

- BW 为二值化后的图像。

2. graythresh 函数

graythresh 函数能够自适应地确定变换所用的 "最优" 阈值，调用语法如下。

```
thresh = graythresh(I)
```

参数说明

- 参数 I 为需要计算阈值的输入图像。

返回值

- thresh 是计算得到的 "最优" 阈值。

变换阈值 level 既可以通过经验确定，也可以使用 graythresh 函数自适应地确定。下面的程序分别展示了如何利用 graythresh 函数对获得的阈值和自行设定的阈值进行阈值变换。

```
>> I = imread('rice.png');        % 使用 MATLAB 自带的 rice.png 图片
>> thresh = graythresh(I)         % 自适应确定阈值
thresh =
    0.5137
```

```
>> bw1 = im2bw(I, thresh);        % 二值化
>>
>> bw2 = im2bw(I, 130/255);       % 以130为阈值实现二值化,注意这个阈值需要转换至[0,1]区间
>> subplot(1,3,1);imshow(I);title('原图');
>> subplot(1,3,2);imshow(bw1);title('自动选择阈值');
>> subplot(1,3,3);imshow(bw2);title('手动设置阈值为130');
```

上述程序的运行结果如图 3.13 所示。

（a）原图　　　　　　　　　（b）自动选择阈值　　　　　　　（c）手动设置阈值为 130

图 3.13　灰度阈值变换效果

由图 3.13（b）和图 3.13（c）可见，单纯的灰度阈值变换无法很好地处理灰度变化较为复杂的图像，因为会给物体的边缘带来误差，或者给整个画面带来噪点。不过，这可以通过使用其他的图像处理手段来弥补，我们将在 10.4 节介绍相关内容。

3.6　分段线性变换

分段线性变换有很多种，包括灰度拉伸、灰度窗口变换等，本节仅讲述常用的灰度拉伸。

3.6.1　理论基础

利用分段线性变换函数增大图像对比度的方法，实际是增大原图各部分的反差，即增强输入图像中感兴趣的灰度区域，而相对抑制那些不感兴趣的灰度区域。分段线性变换函数的主要优势在于其形式可任意合成，缺点是需要更多的输入。

分段线性变换的函数表达式如下。

$$f(x) = \begin{cases} \dfrac{y_1}{x_1}x & x < x_1 \\[3mm] \dfrac{y_2 - y_1}{x_2 - x_1}(x - x_1) + y_1 & x_1 \leqslant x \leqslant x_2 \\[3mm] \dfrac{255 - y_2}{255 - x_2}(x - x_2) + y_2 & x > x_2 \end{cases} \qquad (3\text{-}6)$$

其中，x_1 和 x_2 用于给出需要转换的灰度范围，y_1 和 y_2 则决定了线性变换的斜率。

当 x_1、x_2、y_1、y_2 分别取不同的值进行组合时，可得到不同的变换效果。

- 如果 $x_1 = y_1$、$x_2 = y_2$，则 $f(x)$ 为一条斜率为 1 的直线，增强图像将和原图相同。
- 如果 $x_1 = x_2$、$y_1 = 0$、$y_2 = 255$，则增强图像只剩下两个灰度级，分段线性变换产生阈值化的效果，此时的图像对比度最大，但是细节丢失最多。
- 图 3.14 给出了 x_1、x_2、y_1、y_2 取一般值时分段线性变换的示意图。

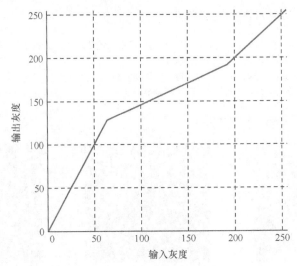

图 3.14　分段线性变换的示意图

使用灰度拉伸可以更加灵活地控制输出的灰度直方图，我们可以有选择地拉伸某个灰度区间以改善输出图像的质量。如果一幅图像的灰度集中在较暗的区域并导致图像偏暗，则可以利用灰度拉伸功能扩展（斜率>1）灰度区间以改善图像的质量；同样，如果一幅图像的灰度集中在较亮的区域并导致图像偏亮，则可以利用灰度拉伸功能压缩（斜率<1）灰度区间以改善图像的质量。

灰度拉伸通过控制输出图像灰度级的展开程度来达到控制图像对比度的效果。一般情况下，需要限制 $x_1 < x_2$、$y_1 < y_2$，从而保证函数是单调递增的，以避免处理过的图像灰度级发生颠倒。

3.6.2　MATLAB 实现

我们编写了 imgrayscaling 函数来实现灰度的分段线性变换（见本书配套源程序）。

> 提示
>
> 作为本书的第 1 个由我们自己编写的 MATLAB 图像处理函数，imgrayscaling 函数具有很好的兼容性，它可以处理灰度图像、RGB 图像、索引图像等不同存储类型的图像，以及 double、uint8 等不同数据类型的图像。出于篇幅考虑，对于本书后面所有的 MATLAB 函数，我们都只将注意力集中于算法本身，而不再考虑对各种类型图像的兼容性问题。如果读者需要处理多种类型的图像，那么可以参考 imgrayscaling 函数的编写方法和技巧。

1. 输入的处理

为了支持使用可变数量的参数，imgrayscaling 函数使用了细胞数组（参见 2.1.6 小节），这个函数的输入参数可从整体上看作一个细胞数组。我们需要编写一个名为 parse_inputs 的函数来解析这个细胞数组的内容，parse_inputs 函数的返回值为 imgrayscaling 函数中所有可能由用户初始化的参数值。

parse_inputs 函数的完整实现如下。其中，个数未知的输入是使用 varargin 来表示的。

```
function [A, map, x1, x2, y1, y2] = parse_inputs(varargin)
% 这就是用来分析输入参数个数和有效性的parse_inputs函数
% A        输入图像，可以是 RGB 图像（3D）、灰度图像（2D）或索引图像（X）
% map      颜色索引表（:,3）
% [x1,x2]  参数组 1，曲线中两个转折点的横坐标
% [y1,y2]  参数组 2，曲线中两个转折点的纵坐标
```

```
%  首先创建一个空的 map 变量，以避免后面调用 isempty(map) 时出错
map = [];

%   IPTCHECKNARGIN(LOW,HIGH,NUM_INPUTS,FUNC_NAME)  检查输入参数的个数是否
%   符合要求，也就是检查 NUM_INPUTS 中包含的输入变量的个数是否在 LOW 和 HIGH 指定的范围
%   内。如果不在指定的范围内，就给出格式化方面的错误信息
iptchecknargin(3,4,nargin,mfilename);

%   IPTCHECKINPUT(A,CLASSES,ATTRIBUTES,FUNC_NAME,VAR_NAME, ARG_POS)  检查
%   矩阵 A 中的元素是否属于给定的类型列表。如果存在元素不属于给定的类型，则给出
%   格式化方面的错误信息
iptcheckinput(varargin{1},...
              {'uint8','uint16','int16','double'}, ...
              {'real', 'nonsparse'},mfilename,'I, X or RGB',1);

%  根据参数个数的不同，分别确定相应的返回值
switch nargin
  case 3       % 可能是imgrayscaling(I, [x1,x2], [y1,y2]) 或 imgrayscaling(RGB, [x1,x2], [y1,y2])
   A = varargin{1};
   x1 = varargin{2}(1);
   x2 = varargin{2}(2);
   y1 = varargin{3}(1);
   y2 = varargin{3}(2);
  case 4
   A = varargin{1};       % imgrayscaling(X, map, [x1,x2], [y1,y2])
   map = varargin{2};
   x1 = varargin{2}(1);
   x2 = varargin{2}(2);
   y1 = varargin{3}(1);
   y2 = varargin{3}(2);
end

%  检查输入参数的有效性
%  检查 RGB 数组
if (ndims(A)==3) && (size(A,3) ~=3)
    msg = sprintf('%s: RGB 图像应当使用一个 M-N-3 维度的数组', ... upper(mfilename));
    eid = sprintf('Images:%s:trueColorRgbImageMustBeMbyNby3',mfilename);
    error(eid,'%s',msg);
end

if ~isempty(map)
%  检查调色板
  if (size(map,2)  ~= 3) || ndims(map)>2
    msg1 = sprintf('%s: 输入的调色板应当是一个矩阵', ... upper(mfilename));
    msg2 = '并拥有 3 列';
    eid = sprintf('Images:%s:inColormapMustBe2Dwith3Cols',mfilename);
    error(eid,'%s %s',msg1,msg2);

  elseif (min(map(:))<0) || (max(map(:))>1)
    msg1 = sprintf('%s: 调色板中各个颜色分量的强度',upper(mfilename));
    msg2 = '应当在 0 和 1 之间';
    eid = sprintf('Images:%s:colormapValsMustBe0to1',mfilename);
    error(eid,'%s %s',msg1,msg2);
  end
end

%  将 int16 类型的矩阵转换成 uint16 类型
if isa(A,'int16')
```

```
    A = int16touint16(A);
end
```

2. 输出的处理

可以直接通过 nargout 参数判断用于接收结果的参数的个数。nargout 参数是由 MATLAB 自动赋值的，如果在调用 imgrayscaling 函数时没有使用变量接收返回值，那么可以将结果通过 imshow 函数直接显示出来。

```
% 输出
if nargout==0 % 显示结果
  imshow(out);
  return;
end
```

3. imgrayscaling 函数的完整实现

imgrayscaling 函数的完整实现如下。

```
function out = imgrayscaling(varargin)
% IMGRAYSCALING      执行灰度拉伸功能
%   语法:
%       out = imgrayscaling(I, [x1,x2], [y1,y2]);
%       out = imgrayscaling(X, map, [x1,x2], [y1,y2]);
%       out = imgrayscaling(RGB, [x1,x2], [y1,y2]);
%   imgrayscaling 函数提供了灰度拉伸功能，输入图像应当是灰度图像，但如果提供的不是灰度
%   图像，imgrayscaling 函数会自动将图像转换为灰度图像。x1、x2、y1、y2 应当使用双精度类型
%   来存储，图像矩阵则可以使用 MATLAB 支持的任何类型来存储

[A, map, x1 , x2, y1, y2] = parse_inputs(varargin{:});

% 计算输入图像 A 中数据类型对应的取值范围
range = getrangefromclass(A);
range = range(2);

% 如果提供的图像不是灰度图像，则需要对图像进行转换
if ndims(A)==3,          % A 矩阵为三维的 RGB 图像
  A = rgb2gray(A);
elseif ~isempty(map),  % MAP 变量为非空的索引图像
  A = ind2gray(A,map);
End                      % 对于灰度图像，则不需要进行转换

% 读取原始图像的大小并初始化输出图像
[M,N] = size(A);
I = im2double(A);        % 将输入图像转换为双精度类型
out = zeros(M,N);

% 主体部分为双层的嵌套循环和选择结构
for i=1:M
  for j=1:N
    if I(i,j)<x1
        out(i,j) = y1 * I(i,j) / x1;
    elseif I(i,j)>x2
        out(i,j) = (I(i,j)-x2)*(range-y2)/(range-x2) + y2;
    else
        out(i,j) = (I(i,j)-x1)*(y2-y1)/(x2-x1) + y1;
    end
  end
end
```

```
% 将输出图像的格式转换成与输入图像的格式相同
if isa(A, 'uint8') % uint8
   out = im2uint8(out);
elseif isa(A, 'uint16')
   out = im2uint16(out);
% 对于其他情况，输出双精度类型的图像
end

% 输出：
if nargout==0 % 如果没有使用变量来接收返回值
   imshow(out);
   return;
end
```

下面给出了一个使用 imgrayscaling 函数实现分段线性变换的调用示例，其中分别使用了两组不同的变换参数。

```
>> I = imread('coins.png'); % 读取图像
>> J1 = imgrayscaling(I, [0.3 0.7], [0.15 0.85]);
>> figure, imshow(J1, []);   % 得到图 3.15 的左图
>> J2 = imgrayscaling(I, [0.15 0.85], [0.3 0.7]);
>> figure, imshow(J2, []);   % 得到图 3.15 的右图
```

上述程序的运行结果如图 3.15 和图 3.16 所示。

[x1 x2]=[0.3 0.7], [y1 y2]=[0.15 0.85]　　　[x1 x2]=[0.15 0.85], [y1 y2]=[0.3 0.7]

图 3.15　对图 3.6（a）进行分段线性变换的效果

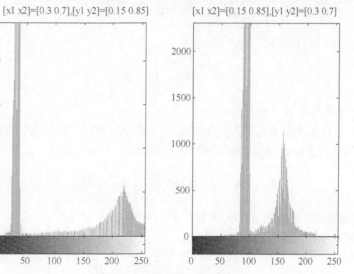

图 3.16　分段线性变换对直方图的影响

从图 3.15 和图 3.16 可以看出，第一组变换参数使得图像的灰度直方图实现了向非零区域扩展，而第二组变换参数使得图像的灰度直方图实现了向非零区域压缩，这会使目标图像具有截然不同的效果：第一幅图像中的细节更多，而第二幅图像更加柔和。

3.7　直方图均衡化

本节将介绍一种实用性较强的直方图修正技术——直方图均衡化。

3.7.1　理论基础

直方图均衡化又称灰度均衡化，具体是指通过某种灰度映射将输入图像转换为在每一灰度级都有近似相同的像素点数的输出图像（输出的直方图是均匀的）。在经过直方图均衡化处理的图像中，像素将占有尽可能多的灰度级并且分布均匀。因此，这样的图像将具有较高的对比度和较大的动态范围。

为了便于分析，我们首先考虑灰度范围为 0～1 且连续的情况。此时，图像的归一化直方图可用概率密度函数（Probability Density Function，PDF）表示。

$$p(x), 0 \leqslant x \leqslant 1 \tag{3-7}$$

由概率密度函数的性质可得

$$\int_{x=0}^{1} p(x) = 1 \tag{3-8}$$

设转换前图像的概率密度函数为 $p_r(r)$，转换后图像的概率密度函数为 $p_s(s)$，转换函数（灰度映射关系）为 $s = f(r)$。由概率论知识可得

$$p_s(s) = p_r(r) \cdot \frac{\mathrm{d}r}{\mathrm{d}s} \tag{3-9}$$

这样，如果想使转换后图像的概率密度函数 $p_s(s) = 1$，其中 $0 \leqslant s \leqslant 1$（直方图为均匀的），就必须满足

$$p_r(r) = \frac{\mathrm{d}r}{\mathrm{d}s} \tag{3-10}$$

在等式两边对 r 进行积分，可得

$$s = f(r) = \int_{0}^{r} p_r(\mu)\mathrm{d}\mu \tag{3-11}$$

式（3-11）被称为图像的累积分布函数。

式（3-11）是在灰度取值范围为[0, 1]的情况下推导出来的，对于灰度取值范围为[0, 255]的情况，只需要乘以最大灰度值 $D_{\max}$（对于灰度图像是 255）即可。此时，灰度均衡的转换公式为

$$D_B = f(D_A) = D_{\max} \int_{0}^{D_A} p_{D_A}(\mu)\mathrm{d}\mu \tag{3-12}$$

其中：D_B 为转换后的灰度值；D_A 为转换前的灰度值。

而对于离散灰度级，相应的转换公式应为

$$D_B = f(D_A) = \frac{D_{\max}}{A_0} \sum_{i=0}^{D_A} H_i \tag{3-13}$$

其中：H_i 为第 i 级灰度的像素个数；A_0 为像素总数。

式（3-13）中的变换函数 f 是一个单调递增函数，这保证了输出图像中不会出现灰度反转的情况（变换后相对灰度不变），从而能够防止在变换过程中改变图像的实质，进而避免影响对图像的识别和判读。

这里还需要说明一点，对于式（3-13）中的离散变换，通常无法像连续变换时那样得到严格的均匀概率密度函数（$p_s(s) = 1$，$0 \leqslant s \leqslant 1$）。但无论如何，式（3-13）表现出了展开输入图像直方图的一般趋势，通过使均衡化过的图像灰度级具有更大的范围，可以得到近似均匀的直方图。

3.7.2 MATLAB 实现

MATLAB 图像处理工具箱提供了用于直方图均衡化的函数 histeq，调用语法如下。

```
[J, T] = histeq(I)
```

参数说明
- I 是原始图像。

返回值
- J 是经过直方图均衡化的输出图像。
- T 是变换矩阵。

图像易受光照、噪声等因素的影响。在这些因素的作用下，同一类图像的不同变形体之间的外观差异有时大于此类图像与另一类图像之间的差异，这会给图像的识别与分类带来困扰。**图像归一化就是将图像转换成唯一的标准形式以抵抗各种变换，从而消除同一类图像的不同变形体之间的外观差异。**

当图像归一化被用于消除灰度因素（光照等）造成的图像中对象的外观变化时，称之为（图像的）**灰度归一化**。例 3.3 展示了如何利用直方图均衡化实现图像的灰度归一化。

[例 3.3] 利用直方图均衡化实现图像的灰度归一化。

下面的程序在读取图像 pout.tif 后，分别对其进行了增大对比度、减小对比度、线性增加亮度和线性减小亮度的处理，从而得到了原始图像的 4 个灰度变化版本，接着分别对这 4 幅图像进行直方图均衡化处理并对比显示它们在处理前后的直方图。

```matlab
I = imread('pout.tif'); % 读取图像
I = im2double(I);

% 对于对比度变大的图像
I1 = 2 * I - 55/255;
subplot(4,4,1);
imshow(I1);
subplot(4,4,2);
imhist(I1);
subplot(4,4,3);
imshow(histeq(I1));
subplot(4,4,4);
imhist(histeq(I1));

% 对于对比度变小的图像
I2 = 0.5 * I + 55/255;
subplot(4,4,5);
imshow(I2);
subplot(4,4,6);
imhist(I2);
```

```
subplot(4,4,7);
imshow(histeq(I2));
subplot(4,4,8);
imhist(histeq(I2));

% 对于线性增加亮度的图像
I3 = I + 55/255;
subplot(4,4,9);
imshow(I3);
subplot(4,4,10);
imhist(I3);
subplot(4,4,11);
imshow(histeq(I3));
subplot(4,4,12);
imhist(histeq(I3));

% 对于线性减小亮度的图像
I4 = I - 55/255;
subplot(4,4,13);
imshow(I4);
subplot(4,4,14);
imhist(I4);
subplot(4,4,15);
imshow(histeq(I4));
subplot(4,4,16);
imhist(histeq(I4));
```

上述程序的运行结果如图 3.17 所示。

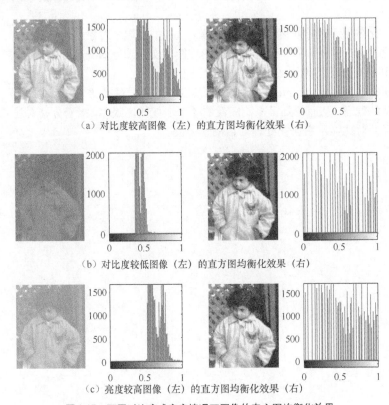

（a）对比度较高图像（左）的直方图均衡化效果（右）

（b）对比度较低图像（左）的直方图均衡化效果（右）

（c）亮度较高图像（左）的直方图均衡化效果（右）

图 3.17　不同对比度或亮度情况下图像的直方图均衡化效果

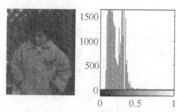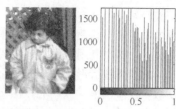

（d）亮度较低图像（左）的直方图均衡化效果（右）

图3.17 不同对比度或亮度情况下图像的直方图均衡化效果（续）

从图 3.17 中可以看出，将直方图均衡化应用于左侧的亮度或对比度不同的各幅图像后，得到的是右侧直方图均衡化效果大致相同的图像，这体现了直方图均衡化作为具有强大自适应性的增强工具的作用。当原始图像的直方图不同而图像结构性内容相同时，经过直方图均衡化处理的图像在视觉上几乎是完全一致的。这对于在进行图像分析和比较之前，将图像转为统一的形式是十分有益的。

从灰度直方图的意义上讲，如果一幅图像的直方图非零范围占有所有可能的灰度级，并且在这些灰度级上均匀分布，那么这幅图像的对比度较高，而且灰度色调较为丰富，因而易于判读。

本书后面将要介绍的很多图像处理方法都是以归一化为目的的，比如第 4 章研究的是一种几何失真的归一化处理。

3.8 直方图规定化

直方图均衡化可以自动确定灰度变换函数，从而获得具有均匀直方图的输出图像，主要用于提高动态范围偏小的图像对比度和丰富图像的灰度级。这种方法的优点是操作简单且结果可以预知，当图像需要自动增强时使用这种方法是一种不错的选择。

但有时我们可能希望对变换过程加以控制，如人为地修正直方图的形状或者获得具有指定直方图的输出图像。此时，我们可以有选择地提高某个灰度范围内的图像对比度或使图像的灰度值满足某种特定的分布。这种用于输出具有特定直方图的图像的方法叫作**直方图规定化**或**直方图匹配**。

3.8.1 理论基础

直方图规定化是在运用直方图均衡化原理的基础上，通过建立原始图像和期望图像（待匹配直方图的图像）之间的关系，使原始图像的直方图匹配特定的形状，从而弥补直方图均衡化不具备交互作用的不足。

匹配的原理是先对原始图像进行均衡化处理。

$$s = f(r) = \int_0^r p_r(\mu)\mathrm{d}\mu \tag{3-14}$$

再对待匹配直方图的图像进行均衡化处理。

$$v = g(z) = \int_0^z p_z(\lambda)\mathrm{d}\lambda \; V \tag{3-15}$$

由于都是均衡化，因此可令 $s = v$，得到

$$v = g^{-1}(s) = g^{-1}(f(r)) \tag{3-16}$$

我们可以按照如下步骤将输入图像转换为具有规定概率密度函数的图像。

（1）根据式（3-14）得到变换关系 $f(r)$。

（2）根据式（3-15）得到变换关系 $g(z)$。

（3）求得反变换函数 $g^{-1}(s)$。

（4）对输入图像中的所有像素应用式（3-16）中的变换，从而得到输出图像。

当然，我们在实际计算中利用的是上述公式的离散形式，这样就不用再关心函数 $f(r)$ 和 $g(z)$ 以及反变换函数 $g^{-1}(s)$ 的具体解析形式了，而是可以直接将它们作为映射表来处理。其中，$f(r)$ 为输入图像均衡化的离散灰度级映射关系；$g(z)$ 为标准图像均衡化的离散灰度级映射关系；$g^{-1}(s)$ 则是标准图像均衡化的逆映射关系，它给出了从经过均衡化处理的标准化图像到原始图像的离散灰度映射，相当于均衡化处理的逆过程。

3.8.2　MATLAB 实现

histeq 函数不仅可以用于直方图均衡化，也可以用于直方图规定化，此时需要提供可选参数 hgram，调用语法如下。

```
[J, T] = histeq(I, hgram)
```

在这里，histeq 函数的作用是改变图像 I 以使输出图像 J 的直方图接近于参数 hgram（参数 hgram 用于指定对直方图规定化的具体要求）。

参数 hgram 的分量数目即为直方图的收集箱数目。对于 double 类型的图像，hgram 的元素取值范围是[0, 1]；对于 uint8 类型的图像是[0, 255]；对于 uint16 类型的图像是[0, 65 535]。

其他参数的意义与直方图均衡化中的相同。

[例 3.4]　直方图匹配。

下面的程序实现了从图像 I 分别到图像 I1 和 I2 的直方图匹配。

```
I = imread('pout.tif');            % 读取图像
I1 = imread('coins.png');          % 读取要匹配直方图的图像
I2 = imread('circuit.tif');        % 读取要匹配直方图的图像

% 计算直方图
[hgram1, x] = imhist(I1);
[hgram2, x] = imhist(I2);

% 执行直方图均衡化
J1=histeq(I,hgram1);
J2=histeq(I,hgram2);

% 绘图
subplot(2,3,1);
imshow(I);title('原图');
subplot(2,3,2);
imshow(I1); title('标准图 1');
subplot(2,3,3);
imshow(I2); title('标准图 2');
subplot(2,3,5);
imshow(J1); title('规定化到标准图 1')
subplot(2,3,6);
imshow(J2);title('规定化到标准图 2');

% 绘制直方图
figure;

subplot(2,3,1);
imhist(I);title('原图');
```

```
subplot(2,3,2);
imhist(I1); title('标准图 1');

subplot(2,3,3);
imhist(I2); title('标准图 2');

subplot(2,3,5);
imhist(J1); title('规定化到标准图 1')

subplot(2,3,6);
imhist(J2);title('规定化到标准图 2');
```

上述程序的运行结果如图 3.18 和图 3.19 所示。可以看出，经过规定化处理后，原图的直方图与目标图像的直方图变得较为相似。

图 3.18　直方图规定化结果

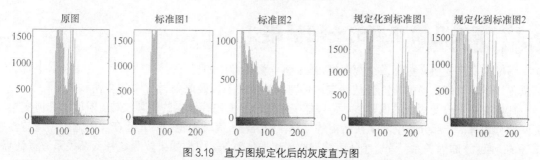

图 3.19　直方图规定化后的灰度直方图

直方图规定化在本质上是一种拟合过程，因此变换得到的直方图与标准目标图像的直方图并不完全一致。虽然只是做了相似性拟合，但是规定化的图像在亮度与对比度上仍具有类似标准图像的特性，这正是直方图规定化的目的所在。

第 4 章　图像的几何变换

包含相同内容的两幅图像中的对象可能由于成像角度、透视关系乃至镜头自身原因造成的几何失真而呈现截然不同的外观，这就给观测者或图像识别程序带来了困扰。通过适当的几何变换可以最大程度减小这些几何失真带来的负面影响，这有利于我们在后续的处理和识别工作中将注意力集中于图像内容本身，更确切地说是图像中的对象，而不是对象的角度和位置等。因此，几何变换常常作为图像处理应用的预处理步骤，是图像归一化的核心工作之一。

本章的知识和技术热点

- 图像的各种几何变换，如平移、镜像和旋转等。
- 插值算法。
- 图像配准。

本章的典型案例分析

- 人脸图像的配准。

4.1　解决几何变换的一般思路

图像的几何变换又称图像空间变换，是指将一幅图像中的坐标位置映射到另一幅图像中新的坐标位置。学习几何变换的关键就是确定这种空间映射关系以及映射过程中的变换参数。

几何变换不改变图像的像素值，而只是在图像平面上进行像素的重新安排。图像的几何变换涉及两部分运算：一部分是空间变换所需的运算，如平移、旋转和镜像等，旨在表示输出图像与输入图像的（像素）映射关系；另一部分运算需要使用插值算法，因为如果按照这种变换关系进行计算，输出图像的像素就可能被映射到输入图像的非整数坐标上。

若原始图像 $f(x_0, y_0)$ 经过几何变换后产生的目标图像为 $g(x_1, y_1)$，则这种空间变换（映射）关系可表示为

$$x_1 = s(x_0, y_0) \tag{4-1}$$

$$y_1 = t(x_0, y_0) \tag{4-2}$$

其中，$s(x_0, y_0)$ 和 $t(x_0, y_0)$ 表示由 $f(x_0, y_0)$ 到 $g(x_1, y_1)$ 的坐标变换函数。例如，当 $x_1 = s(x_0, y_0) = 2x_0$、$y_1 = t(x_0, y_0) = 2y_0$ 时，变换后的图像 $g(x_1, y_1)$ 只是简单地在 x 和 y 两个空间方向上将图像 $f(x_0, y_0)$ 放大一倍。因此，只要掌握了坐标变换函数 $s(x_0, y_0)$ 和 $t(x_0, y_0)$，就可以通过下面的算法实现几何变换。

算法 4.1

根据空间变换的映射关系，确定变换后目标图像的大小（行列范围）；//有些变换可能会改变图像的大小

计算逆变换 $s^{-1}(j_1, i_1)$ 和 $t^{-1}(j_1, i_1)$；

逐行扫描目标图像 $g(x_1, y_1)$，对于 $g(x_1, y_1)$ 中的每一点 (j_0, i_0)：

{

根据空间变换的映射关系，计算得到：

$j_0' = s^{-1}(j_1, i_1)$；//直接通过映射关系计算得到的横坐标，可能不是整数

$i_0' = t^{-1}(j_1, i_1)$；//直接通过映射关系计算得到的纵坐标，可能不是整数

根据选用的插值算法：

$(j_0, i_0) = \text{interp}(j_0', i_0')$；//非整数坐标 (j_0', i_0') 需要进行插值

如果坐标 (j_0, i_0) 在图像 f 之内

　　　　复制对应的像素：$g(j_1, i_1) = f(j_0, i_0)$；

否则

　　　　$g(j_1, i_1) = 255$；

}

几何失真图像的复原（校正）过程正好是上述变换的逆过程。

$$x_0 = s^{-1}(x_1, y_1) \qquad\qquad (4\text{-}3)$$

$$y_0 = t^{-1}(x_1, y_1) \qquad\qquad (4\text{-}4)$$

其中，$s^{-1}(x_1, y_1)$ 和 $t^{-1}(x_1, y_1)$ 表示相应的由 $g(x_1, y_1)$ 到 $f(x_0, y_0)$ 的逆坐标变换函数。此时，因经过某种几何变换而失真的图像 $g(x_1, y_1)$ 就是我们需要复原的对象，原始图像 $f(x_0, y_0)$ 则是我们复原的目标。

就服务于识别的图像处理而言，作为图像几何归一化的逆变换过程的应用常常更为广泛。当然，在变换中究竟以谁作为原始图像 $f(x_0, y_0)$、以谁作为目标图像 $g(x_1, y_1)$ 并不是绝对的，这完全取决于分析特定问题时的立场。例如，对于图 4.1 中的两幅图像，一般的做法是以图 4.1（a）为原始图像，而以图 4.1（b）为目标图像。这是因为在图 4.1（a）中，我们关心的对象（数字和字母）处于一个不便于观察的角度（角度是倾斜的）。我们也完全可以将图 4.1（b）视为 $f(x_0, y_0)$，而将图 4.1（a）视为 $g(x_1, y_1)$。此时，相应的映射关系也会发生变化。

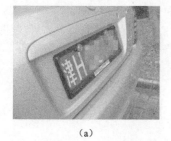　　

（a）　　　　　　　　　　　　　　　　　　（b）

图 4.1　变换前后的两幅图像

注意　　当图像归一化被用于消除因几何因素（视角、方位等）造成的图像中对象的外观变化时，称之为（图像的）**几何归一化**。几何归一化能够消除对象间几何关系的差别，找出图像中的那些几何不变量，从而得知这些对象原本就是一样的或属于相同的类别。

4.2　图像平移

图像平移是指将图像中所有的"点"按照指定的平移量向水平或垂直方向移动。

4.2.1 图像平移的变换公式

设坐标 (x_0, y_0) 为原始图像上的一点，图像的水平平移量为 T_x、垂直平移量为 T_y，则图像的平移变换如图 4.2 所示。

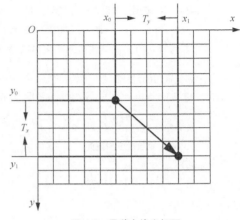

图 4.2 平移变换坐标图

平移之后的坐标 (x_1, y_1) 变为

$$\begin{cases} x_1 = x_0 + T_x \\ y_1 = y_0 + T_y \end{cases}$$

可用矩阵表示为

$$(x_1 \quad y_1 \quad 1) = (x_0 \quad y_0 \quad 1) \begin{pmatrix} 1 & 0 & 0 \\ 0 & 1 & 0 \\ T_x & T_y & 1 \end{pmatrix}$$

对变换矩阵求逆

$$(x_0 \quad y_0 \quad 1) = (x_1 \quad y_1 \quad 1) \begin{pmatrix} 1 & 0 & 0 \\ 0 & 1 & 0 \\ -T_x & -T_y & 1 \end{pmatrix}$$

得到

$$\begin{cases} x_0 = x_1 - T_x \\ y_0 = y_1 - T_y \end{cases}$$

这样我们便可以根据平移后的目标图像中的每一点在原始图像中找到对应的点。例如，将目标图像中的像素坐标 (i, j) 代入上面的方程组，可以求出原始图像中对应的像素坐标为 $(i-T_x, j-T_y)$。如果 T_x 大于 i 或者 T_y 大于 j，则说明像素坐标 $(i-T_x, j-T_y)$ 超出原图的范围，此时可以直接将它的像素值统一设置为 0 或 255。

对于原图中被移出图像显示区域的点，通常有两种处理方法：一种是直接丢弃；另一种是通过适当增加目标图像的尺寸（将新生成图像的宽度增加 T_x，并将高度增加 T_y），使新图像能够包含这些点。在稍后给出的 MATLAB 实现中，我们将采用第一种处理方法。

4.2.2 图像平移的 MATLAB 实现

imtransform 函数用于完成一般的二维空间变换，本章后续介绍的很多几何变换都可以通过该函数来实现，调用语法如下。

```
B = imtransform(A,TFORM,method);
```

参数说明

- A 为想要进行几何变换的图像。
- 空间变换结构 TFORM 指定了具体的变换类型。
- 可选参数 method 允许为 imtransform 函数选择插值算法，其合法值如表 4.1 所示。

表 4.1　　　　　　　　　　　　　可选参数 method 的合法值

合 法 值	含 义
'bicubic'	双三次插值
'bilinear'	双线性插值
'nearest'	最近邻插值

这些插值算法的具体含义参见 4.7 节，默认为双线性插值——'bilinear'。

- B 为经平移变换后输出的目标图像。

可以通过两种方法来创建 TFORM 结构：使用 maketform 函数或 cp2tform 函数。cp2tform 函数是一个数据拟合函数，这个函数需要将原始图像与目标图像的对应点对作为输入，用于确定基于控制点对的几何变换关系，我们将在 4.8 节进行详细介绍。这里仅给出使用 maketform 函数获得 TFORM 结构的语法。

```
T=maketform(transformtype, Matrix);
```

参数说明

- 参数 transformtype 指定了变换的类型（如常见的取值'affine'为二维或多维仿射变换），包括平移、旋转、拉伸和错切等。

- Matrix 为相应的仿射变换矩阵。例如，对于平移变换，仿射变换矩阵为 $\begin{pmatrix} 1 & 0 & 0 \\ 0 & 1 & 0 \\ T_x & T_y & 1 \end{pmatrix}$。

使用 imtransform 函数实现图像平移变换的方法如例 4.1 所示。

[**例 4.1**]　图像平移变换。

```
function I_out = imMove(I, Tx, Ty)
% 平移变换
% 输入：I - 输入图像
%       Tx - 水平平移量
%       Ty - 垂直平移量
% 输出：I_out - 输出图像

tform = maketform('affine',[1 0 0;0 1 0; Tx Ty 1]);
% 定义平移变换矩阵

I_out = imtransform(I,tform,'XData',[1 size(I,2)],'YData',[1 size(I,1)]); % 平移图像

subplot(1,2,1),imshow(I);
title('原图');
subplot(1,2,2),imshow(I_out);
title('平移图像');
```

> **⚠ 注意**　由于平移变换前后的两幅图像像素本身及其关系并无变化，因此与输入图像相同尺寸的输出图像 I_out 在显示时与输入图像 I 没有任何差别。通过在 imtransform 函数中加入 XData 和 YData 选项可以解决这一问题。本章后续的一些几何变换则不需要使用 XData 与 YData 选项。

调用 imMove 函数后的平移效果如图 4.3 所示。注意，这里对于映射在原图之外的点算法直接采用黑色（0）进行填充，并且丢弃了变换后目标图像中被移出图像显示区域的像素。

```
I_out = imMove(I, 10, 30); % 在水平方向平移 10 像素
                            % 在垂直方向平移 30 像素
```

图 4.3　调用 imMove 函数后的平移效果

4.3 图像镜像

镜像变换分为水平镜像和垂直镜像两种。水平镜像是指将图像左半部分和右半部分以图像的垂直中轴线为中心轴进行对换；垂直镜像则是指将图像上半部分和下半部分以图像的水平中轴线为中心轴进行对换；如图 4.4 所示。

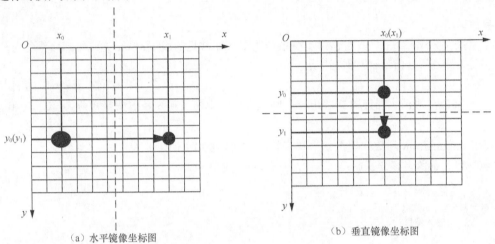

（a）水平镜像坐标图   （b）垂直镜像坐标图

图 4.4 镜像变换坐标图（中心轴以虚线标出）

4.3.1 图像镜像的变换公式

（1）水平镜像的变换关系为

$$(x_1 \quad y_1 \quad 1) = (x_0 \quad y_0 \quad 1) \begin{pmatrix} -1 & 0 & 0 \\ 0 & 1 & 0 \\ \text{width} & 0 & 1 \end{pmatrix} = (\text{width} - x_0 \quad y_0 \quad 1)$$

对矩阵求逆，得到

$$(x_0 \quad y_0 \quad 1) = (x_1 \quad y_1 \quad 1) \begin{pmatrix} -1 & 0 & 0 \\ 0 & 1 & 0 \\ \text{width} & 0 & 1 \end{pmatrix} = (\text{width} - x_1 \quad y_1 \quad 1)$$

（2）垂直镜像的变换关系可形式化地描述为

$$(x_1 \quad y_1 \quad 1) = (x_0 \quad y_0 \quad 1) \begin{pmatrix} 1 & 0 & 0 \\ 0 & -1 & 0 \\ 0 & \text{height} & 1 \end{pmatrix} = (x_0 \quad \text{height} - y_0 \quad 1)$$

相应的逆运算为

$$(x_0 \quad y_0 \quad 1) = (x_1 \quad y_1 \quad 1) \begin{pmatrix} 1 & 0 & 0 \\ 0 & -1 & 0 \\ 0 & \text{height} & 1 \end{pmatrix} = (x_1 \quad \text{height} - y_1 \quad 1)$$

4.3.2 图像镜像的 MATLAB 实现

一个图像镜像变换的示例程序如例 4.2 所示。

[**例 4.2**] 图像镜像变换。

```
% 镜像变换

A=imread('pout.tif');
[height,width,dim]=size(A);
tform = maketform('affine',[-1 0 0;0 1 0; width 0 1]);
% 定义水平镜像变换矩阵
B = imtransform(A,tform,'nearest');
tform2 = maketform('affine',[1 0 0;0 -1 0; 0 height 1]);
% 定义垂直镜像变换矩阵
C = imtransform(A,tform2,'nearest');
subplot(1,3,1),imshow(A);
title('原图');
subplot(1,3,2),imshow(B);
title('水平镜像');
subplot(1,3,3),imshow(C);
title('垂直镜像');
```

镜像效果如图 4.5 所示。

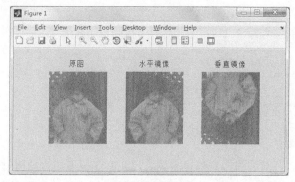

图 4.5 镜像效果

4.4 图像转置

图像转置是指将图像像素的 x 坐标和 y 坐标互换，如图 4.6 所示。转置后图像的大小会随之改变，高度和宽度将互换。

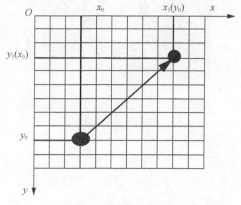

图 4.6 转置变换坐标图

4.4.1　图像转置的变换公式

图像转置的变换公式为

$$(\begin{array}{ccc} x_1 & y_1 & 1 \end{array}) = (\begin{array}{ccc} x_0 & y_0 & 1 \end{array}) \begin{pmatrix} 0 & 1 & 0 \\ 1 & 0 & 0 \\ 0 & 0 & 1 \end{pmatrix} = (\begin{array}{ccc} y_0 & x_0 & 1 \end{array})$$

显然,转置矩阵 $\begin{pmatrix} 0 & 1 & 0 \\ 1 & 0 & 0 \\ 0 & 0 & 1 \end{pmatrix}$ 的逆矩阵仍为其自身,因而转置变换的逆变换与转置变换具有相同的形式。

4.4.2　图像转置的 MATLAB 实现

一个图像转置变换的示例程序如例 4.3 所示。

[例 4.3]　图像转置变换。

```
% 转置变换

A=imread('pout.tif');
tform = maketform('affine',[0 1 0;1 0 0; 0 0 1]);
% 定义转置变换矩阵
B = imtransform(A,tform,'nearest');
subplot(1,2,1),imshow(A);
title('原图');
subplot(1,2,2),imshow(B);
title('转置图像');
```

转置效果如图 4.7 所示。

在学习 4.6 节之后,有兴趣的读者也可尝试通过先水平镜像、再逆时针旋转 90° 的方式来实现图像的转置。

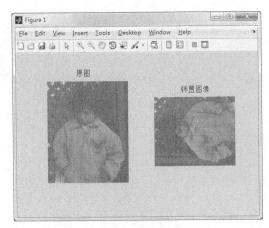

图 4.7　转置效果

4.5　图像缩放

图像缩放是指将图像按照指定的比例放大或缩小,如图 4.8 所示。

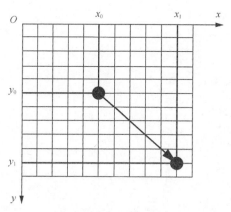

图 4.8　缩放变换坐标图

4.5.1　图像缩放的变换公式

假设图像 x 轴方向的缩放比例为 S_x，y 轴方向的缩放比例为 S_y，则相应的变换表达式为

$$(\begin{array}{ccc} x_1 & y_1 & 1 \end{array}) = (\begin{array}{ccc} x_0 & y_0 & 1 \end{array}) \begin{pmatrix} S_x & 0 & 0 \\ 0 & S_y & 0 \\ 0 & 0 & 1 \end{pmatrix} = (\begin{array}{ccc} x_0 \cdot S_x & y_0 \cdot S_y & 1 \end{array})$$

其逆运算为

$$(\begin{array}{ccc} x_0 & y_0 & 1 \end{array}) = (\begin{array}{ccc} x_1 & y_1 & 1 \end{array}) \begin{pmatrix} \dfrac{1}{S_x} & 0 & 0 \\ 0 & \dfrac{1}{S_y} & 0 \\ 0 & 0 & 1 \end{pmatrix} = (\begin{array}{ccc} \dfrac{x_1}{S_x} & \dfrac{y_1}{S_y} & 1 \end{array})$$

在直接根据缩放公式计算得到的目标图像中，某些映射的原坐标可能不是整数，这会导致我们找不到对应的像素位置。例如，当 $S_x = S_y = 2$ 时，图像将被放大两倍，放大图像中的像素坐标(0,1)对应原图中的像素坐标(0,0.5)，后者不是整数坐标，自然也就无法提取其像素灰度值。因此必须进行某种近似处理，一种简单的策略是直接将与之最邻近的整数坐标(0,0)或(0,1)处的像素灰度值赋给它，这就是所谓的最近邻插值。当然，读者也可以使用 4.7 节介绍的其他插值算法来进行处理。

4.5.2　图像缩放的 MATLAB 实现

缩放变换仍然可以借助前面介绍的 imtransform 函数来实现。此外，MATLAB 还提供了专门的图像缩放函数 imresize，具体调用语法如下。

```
B=imresize(A, Scale, method);
```

参数说明

- A 为想要进行缩放的图像。
- Scale 为统一的缩放比例。
- 可选参数 method 用于为 imresize 函数选择插值算法，其合法值同 imtransform 函数，但默认认为最近邻插值——'nearest'。
- B 为缩放后的图像。

例 4.4 给出了等比例放大图像的 MATLAB 实现。

[例 4.4] 等比例放大图像。

```
% 缩放变换

A = imread('pout.tif');
B = imresize(A,1.2,'nearest');
% 将图像放大至原来的 1.2 倍
figure,imshow(A);title('原图');
figure,imshow(B);title('放大图像');
```

放大效果如图 4.9 所示。

图 4.9 放大效果

如果希望在 x 轴和 y 轴方向上以不同比例对图像进行缩放，那么可以使用如下方式调用 imresize 函数。

```
B = imresize(A,[mrows ncols],method);
```

向量参数 [mrows ncols] 指明了变换后目标图像 B 的具体行数（高度）和列数（宽度），其余参数均与等比例缩放时的相同，这里不再赘述。

4.6 图像旋转

图像旋转一般是指将图像围绕某一指定点旋转一定的角度。图像旋转通常也会改变图像的大小，和 4.2 节中对图像平移的处理一样，我们既可以把旋转出显示区域的图像截去，也可以改变输出图像的大小以扩展显示范围。

4.6.1 以原点为中心的图像旋转

图 4.10 展示了如何将点 $P_0(x_0, y_0)$ 绕坐标原点逆时针旋转 $\theta°$ 到点 $P_1(x_1, y_1)$。

令 $L = |OP_0| = \sqrt{x_0^2 + y_0^2}$，则有

$$\sin\alpha = y_0/L, \quad \cos\alpha = x_0/L$$

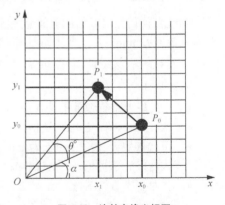

图 4.10 旋转变换坐标图

到达点 P_1 后，则有

$$\sin(\alpha+\theta) = y_1/L = \cos\theta\sin\alpha + \sin\theta\cos\alpha$$

$$\cos(\alpha+\theta) = x_1/L = \cos\theta\cos\alpha - \sin\theta\sin\alpha$$

于是有

$$x_1 = \cos\theta\ x_0 - \sin\theta\ y_0$$

$$y_1 = \cos\theta\ y_0 - \sin\theta\ x_0$$

从而得出如下旋转变换公式

$$(x_1 \quad y_1 \quad 1) = (x_0 \quad y_0 \quad 1)\begin{pmatrix} \cos\theta & \sin\theta & 0 \\ -\sin\theta & \cos\theta & 0 \\ 0 & 0 & 1 \end{pmatrix}$$

相应地，其逆运算为

$$(x_0 \quad y_0 \quad 1) = (x_1 \quad y_1 \quad 1)\begin{pmatrix} \cos\theta & -\sin\theta & 0 \\ \sin\theta & \cos\theta & 0 \\ 0 & 0 & 1 \end{pmatrix}$$

4.6.2　以任意点为中心的图像旋转

4.6.1 小节中的图像旋转示例是以坐标原点为中心的，那么如何围绕任意指定的点来旋转图像呢？将平移和旋转变换结合起来即可，也就是先进行坐标系平移，再以新的坐标原点为中心旋转图像，最后将新的坐标系转换回原坐标系。这一过程可归纳为以下 3 个步骤。

（1）将坐标系Ⅰ转换为坐标系Ⅱ。

（2）将图像绕坐标系Ⅱ的原点旋转指定的角度。

（3）将坐标系Ⅱ转换回坐标系Ⅰ。

下面就以围绕图像的中心进行旋转为例，具体说明上述变换过程。如图 4.11 所示，坐标系Ⅰ以图像左上角的某一点为原点，以水平向右为 x 轴正方向，以垂直向下为 y 轴正方向；而坐标系Ⅱ以图像的中心为原点，以水平向右为 x 轴正方向，以垂直向上为 y 轴正方向。那么坐标系Ⅰ与坐标系Ⅱ之间的转换关系如何呢？

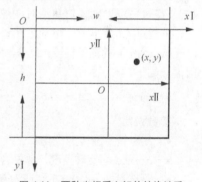

图 4.11　两种坐标系之间的转换关系

若图像的宽度为 w、高度为 h，则很容易得到

$$\begin{pmatrix} x\mathrm{I} \\ y\mathrm{I} \\ 1 \end{pmatrix} = \begin{pmatrix} x\mathrm{II} \\ y\mathrm{II} \\ 1 \end{pmatrix}\begin{pmatrix} 1 & 0 & 0 \\ 0 & -1 & 0 \\ 0.5w & 0.5h & 1 \end{pmatrix}$$

相应的逆变换为

$$\begin{pmatrix} x\mathrm{II} \\ y\mathrm{II} \\ 1 \end{pmatrix} = \begin{pmatrix} x\mathrm{I} \\ y\mathrm{I} \\ 1 \end{pmatrix}\begin{pmatrix} 1 & 0 & 0 \\ 0 & -1 & 0 \\ -0.5w & 0.5h & 1 \end{pmatrix}$$

至此，我们已经实现了上述 3 个步骤中的第 1 步和第 3 步，加上第 2 步的旋转变换即可得到围绕图像中心进行旋转的最终变换矩阵，该矩阵实际上是 3 个变换步骤中分别用到的 3 个变换矩阵的级联。

$$\begin{pmatrix} x_1 \\ y_1 \\ 1 \end{pmatrix} = \begin{pmatrix} x_0 \\ y_0 \\ 1 \end{pmatrix} \begin{pmatrix} 1 & 0 & 0 \\ 0 & -1 & 0 \\ -0.5\text{wold} & 0.5\text{hold} & 1 \end{pmatrix} \begin{pmatrix} \cos\theta & -\sin\theta & 0 \\ \sin\theta & \cos\theta & 0 \\ 0 & 0 & 1 \end{pmatrix} \begin{pmatrix} 1 & 0 & 0 \\ 0 & -1 & 0 \\ 0.5\text{wnew} & 0.5\text{hnew} & 1 \end{pmatrix}$$

$$= \begin{pmatrix} x_0 \\ y_0 \\ 1 \end{pmatrix} \begin{pmatrix} \cos\theta & \sin\theta & 0 \\ -\sin\theta & \cos\theta & 0 \\ -0.5\text{wold}\cos\theta + 0.5\text{hold}\sin\theta + 0.5\text{wnew} & -0.5\text{wold}\sin\theta - 0.5\text{hold}\cos\theta + 0.5\text{hnew} & 1 \end{pmatrix}$$

其中：wold 表示原始图像的宽度，hold 表示原始图像的高度，wnew 表示新图像的宽度，hnew 表示新图像的高度。

相应的逆变换为

$$\begin{pmatrix} x_0 \\ y_0 \\ 1 \end{pmatrix} = \begin{pmatrix} x_1 \\ y_1 \\ 1 \end{pmatrix} \begin{pmatrix} 1 & 0 & 0 \\ 0 & -1 & 0 \\ -0.5\text{wnew} & 0.5\text{hnew} & 1 \end{pmatrix} \begin{pmatrix} \cos\theta & \sin\theta & 0 \\ -\sin\theta & \cos\theta & 0 \\ 0 & 0 & 1 \end{pmatrix} \begin{pmatrix} 1 & 0 & 0 \\ 0 & -1 & 0 \\ 0.5\text{wold} & 0.5\text{hold} & 1 \end{pmatrix}$$

$$= \begin{pmatrix} x_1 \\ y_1 \\ 1 \end{pmatrix} \begin{pmatrix} \cos\theta & -\sin\theta & 0 \\ \sin\theta & \cos\theta & 0 \\ -0.5\text{wnew}\cos\theta - 0.5\text{hnew}\sin\theta + 0.5\text{wold} & 0.5\text{wnew}\sin\theta - 0.5\text{hnew}\cos\theta + 0.5\text{hold} & 1 \end{pmatrix}$$

这样我们就可以根据上面的逆变换公式，按照算法 4.1 中的描述实现围绕图像中心的旋转变换。类似地，我们可以进一步得出以任意点为中心的旋转变换结果。

4.6.3 图像旋转的 MATLAB 实现

图像旋转变换的效果受具体插值算法的影响较为明显，本小节给出的实现均采用最近邻插值，4.7 节将对采用不同插值算法时图像旋转变换的效果进行比较。

可通过 4.6.2 小节介绍的方法设置适当的 TFORM 结构，从而通过调用 imtransform 函数来实现以任意点为中心的图像旋转。此外，MATLAB 还专门提供了围绕图像中心的旋转变换函数 imrotate，调用语法如下。

```
B=imrotate(A,angle,method, 'crop');
```

参数说明

* A 为想要旋转的图像。
* angle 为旋转角度，单位为度，若指定为一个正值，imrotate 函数将按逆时针方向旋转图像。
* 可选参数 method 允许为 imrotate 函数选择插值算法。
* 'crop' 表示裁剪旋转后增大的图像，从而使得到的图像和原始图像大小一致。

例 4.5 给出了旋转图像的 MATLAB 实现。

[**例 4.5**] 旋转图像。

```
% 围绕图像的中心旋转图像

A=imread('pout.tif');
% 使用最近邻插值逆时针旋转 30°并裁剪图像
B=imrotate(A,30,'nearest','crop');
subplot(1,2,1),imshow(A);
title('原图');
subplot(1,2,2),imshow(B);
title('逆时针旋转 30°');
```

旋转效果如图 4.12 所示。

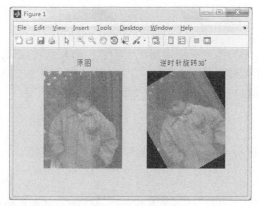

图 4.12 旋转效果

4.7 插值算法

实现几何变换时，有两种方法。

其中一种是向前映射法，其原理是将输入图像的灰度值一个像素一个像素地映射到输出图像中，即根据原始图像坐标计算出目标图像坐标：$g(x_1, y_1) = f(a(x_0, y_0), b(x_0, y_0))$。前面的平移、镜像等操作就可以采用这种方法。

另一种是向后映射法，与向前映射法相反，其原理是将输出图像的灰度值一个像素一个像素地映射回输入图像中。如果输出图像的一个像素映射到的不是输入图像的采样栅格中整数坐标处的像素，那么这个像素的灰度值就需要基于整数坐标处的像素灰度值进行推断，这就是插值。由于向后映射法是逐个像素地产生输出图像，不会产生计算浪费问题，因此图像的缩放、旋转等操作多采用这种方法，本书采用的也全部为向后映射法。

本节将介绍 3 种不同的插值算法，处理效果好的算法一般需要较大的计算量。

4.7.1 最近邻插值

这是最简单的一种插值算法，输出图像中像素的灰度值为输入图像中与其最邻近像素的灰度值。例如，图 4.13 中的点 P_0 在几何变换中被映射至点 P_1'，由于点 P_1' 处于非整数坐标位置，因此无法提取其像素灰度值。但是，我们可以将点 P_1 的像素灰度值近似作为点 P_1' 的像素灰度值，因为点 P_1 与点 P_1' 最邻近。

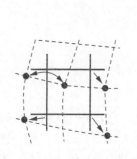

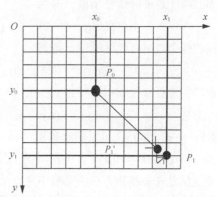

图 4.13 最近邻插值示意图

最近邻插值可表示为

$$f(x,y) = g(\text{round}(x), \text{round}(y))$$

最近邻插值不仅计算简单，而且在很多情况下的输出效果也可以让人接受。然而，最近邻插值会在图像中产生人为加工的痕迹，详见 4.7.3 小节中的例 4.6。我们在之前的各种图像变换中采用的均为双线性插值，双线性插值是 imtransform 函数默认使用的插值算法。

4.7.2　双线性插值

双线性插值又称一阶插值，它是将线性插值扩展到二维的一种应用，可通过一系列的一阶线性插值得到。

> ⚠ 注意　线性（linear）是指量与量之间按比例、成直线的关系，在数学上可以理解为一阶导数是常数的函数。线性插值则是指根据两个点的值线性地确定位于这两个点的连线上的某一点的值。

在线性插值中，输出图像中一个像素的灰度值为输入图像中距离这个像素最近的 2×2 邻域内所有像素的灰度值的加权平均值。

假设已知单位正方形的顶点坐标分别为 $f(0,0)$、$f(1,0)$、$f(0,1)$、$f(1,1)$，如图 4.14 所示，我们想要通过双线性插值得到单位正方形内任意点 $f(x,y)$ 的值。

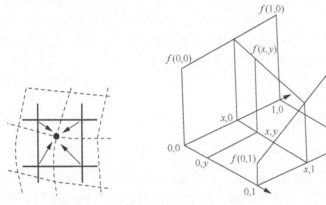

图 4.14　线性插值示意图

首先对顶部的两个点进行线性插值，得到

$$f(x,0) = f(0,0) + x(f(1,0) - f(0,0)) \tag{4-5}$$

然后对底部的两个点进行线性插值，得到

$$f(x,1) = f(0,1) + x(f(1,1) - f(0,1)) \tag{4-6}$$

最后对垂直方向进行线性插值，得到

$$f(x,y) = f(x,y) + y(f(x,1) - f(x,0)) \tag{4-7}$$

综合式（4-5）～式（4-7），可以整理得出

$$f(x,y) = (f(1,0) - f(0,0))x + (f(0,1) - f(0,0))y + (f(1,1) + f(0,0) - f(0,1) - f(1,0))xy + f(0,0) \tag{4-8}$$

上面的推导虽然是在单位正方形的前提下进行的，但稍加变换就可以推广到一般情况。

线性插值需要假设原始图像的像素灰度值在两个像素之间是线性变化的，显然这是一种比较合理的假设。因此一般情况下，双线性插值都能取得不错的效果。但更精确的方法是采用曲线插值，曲线插值则需要假设像素之间的灰度值变化规律符合某种曲线方程，当然这种处理方法的计算量是很大的。

4.7.3　高阶插值

在有些几何变换中，双线性插值的平滑作用会使图像的细节退化，而斜率的不连续性则会导致变换产生我们不希望的结果。这些都可以通过高阶插值得到弥补，高阶插值常用卷积来实现。在高阶插值中，输出图像中一个像素的灰度值为输入图像中距离这个像素最近的 4×4 邻域内所有像素的灰度值的加权平均值。

下面以双三次插值为例。我们可以使用如下三次多项式逼近理论上的最佳插值函数 $\sin(x)/x$，如图 4.15 所示。

$$S(x) = \begin{cases} 1 - 2|x|^2 + |x|^3 & 0 \leqslant |x| < 1 \\ 4 - 8|x| + 5|x|^2 - |x|^3 & 1 \leqslant |x| < 2 \\ 0 & |x| \geqslant 2 \end{cases}$$

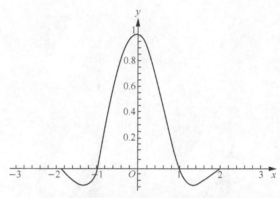

图 4.15　高阶插值示意图

以上三次多项式中的 $|x|$ 是周围像素沿 x 轴正方向与原点的距离。待求像素(x,y)的灰度值可由它周围 16 个像素的灰度值的加权平均值插值得到。计算公式如下。

$$f(x, y) = f(i+u, j+v) = ABC$$

其中：
$$A = \begin{pmatrix} S(1+v) \\ S(v) \\ S(1-v) \\ S(2-v) \end{pmatrix}^{\mathrm{T}}$$

$$B = \begin{pmatrix} f(i-1, j-1) & f(i-1, j) & f(i-1, j+1) & f(i-1, j+2) \\ f(i, j-1) & f(i, j) & f(i, j+1) & f(i, j+2) \\ f(i+1, j-1) & f(i+1, j) & f(i+1, j+1) & f(i+1, j+2) \\ f(i+2, j-1) & f(i+2, j) & f(i+2, j+1) & f(i+2, j+2) \end{pmatrix}$$

$$C = \begin{pmatrix} S(1+u) \\ S(u) \\ S(1-u) \\ S(2-u) \end{pmatrix}$$

双三次插值通常应用于光栅显示方式，它在允许以任意比例缩放图像的同时，还能够较好地保留图像细节。

[例 4.6]　插值算法的比较。

图 4.16 和图 4.17 分别给出了采用最近邻插值、双线性插值和双三次插值时两幅不同图像的旋转效果。从图 4.17 可以看出，最近邻插值的效果还是可以接受的，但是当图像包含的像素之间的灰度级有明显变化时（参见图 4.16），从结果图像的锯齿形边可以看出这 3 种插值算法的效果是依次递减的，最近邻插值的效果明显不如另外两种插值算法的效果好，锯齿比较多。使用双三次插值得到的结果图像较好地保留了原始图像的细节，这是因为参与计算输出点的像素值的拟合点个数不同，个数越多效果越精确，当然参与计算的像素个数也会影响计算的复杂度。实验结果清楚地表明：双三次插值花费的时间相比另外两种插值算法要长一些。最近邻插值和双线性插值的速度在此次图像处理中几乎一样。综上，我们需要在计算时间与图像质量之间进行折中。

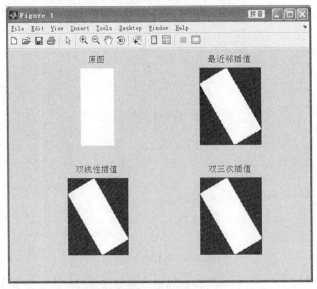

图 4.16　插值算法的比较效果图（一）

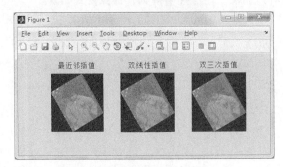

图 4.17　插值算法的比较效果图（二）

实现以上 3 种插值算法的 MATLAB 代码如下。

```
% 插值算法的比较

A = imread('../rectangle.bmp'); % 读入本章的示例矩形图片
B = imrotate(A,30,'nearest');
C = imrotate(A,30,'bilinear');
```

```
D = imrotate(A,30,'bicubic');
% 将图像旋转 30° 的插值算法的比较
subplot(2,2,1),imshow(A);
title('原图');
subplot(1,3,1),imshow(B);
title('最近邻插值');
subplot(1,3,2),imshow(C);
title('双线性插值');
subplot(1,3,3),imshow(D);
title('双三次插值');
```

4.8　MATLAB 综合案例——人脸图像配准

在 4.2 节～4.6 节，我们依据算法 4.1 从变换的角度讲解了图像的平移、镜像、转置、缩放和旋转。本节将要介绍的图像配准技术则站在几何失真归一化的角度，以一种逆变换的思路阐述几何变换。

4.8.1　什么是图像配准

所谓图像配准，就是对同一场景的两幅或多幅图像进行对准。比如很多人脸自动分析系统中的人脸归一化，作用就是使各张照片中的人脸具有近似的大小并尽量处于相同的位置。

一般来说，我们需要以基准图像为参照，并通过一些基准点（fiducial point）找到适当的空间变换关系 s 和 t，然后对输入图像进行相应的几何变换，从而实现与基准图像在这些基准点位置的对齐。

下面就以人脸图像的校准为例，介绍如何在 MATLAB 中实现图像的配准。

4.8.2　人脸图像配准的 MATLAB 实现

具体步骤如下。

（1）读入基准图像和需要配准的图像。配准前的图像如图 4.18 所示。

```
>> Iin = imread('face2.jpg');
>> Ibase = imread('face1.jpg');
>> figure
subplot(1, 2, 1), imshow(Iin);
subplot(1, 2, 2), imshow(Ibase);
```

图 4.18　配准前的图像。左侧为需要配准的图像，右侧为基准图像

（2）标注基准点对并将其保存至工作空间。

利用 MATLAB 提供的 cpselect 函数可以交互式地选择基准点对。在命令行中按照下面的方式调用 cpselect 函数即可启动交互工具。分别单击两幅图像中的相同部分以选择成对的基准点，如眼睛和嘴角，如图 4.19 所示。

图 4.19　利用 cpselect 函数交互式地选择基准点对

```
>> cpselect(Iin, Ibase);
>> input_points

input_points =

   81.8988    89.5000
  130.8988    72.0000
  106.3988   139.0000
  144.8988   122.0000

>> base_points

base_points =

   64.1540   111.3750
  112.1540   108.3750
   72.1540   166.8750
  107.1540   163.8750
```

需要注意的一点是，在调用 cpselect 函数时必须将需要配准的图像作为第一个参数，而将基准图像作为第二个参数。还有一点就是，cpselect 函数只接收灰度图像，如果需要处理 RGB 图像，那么可以只给 cpselect 函数传递图像的一个颜色分量"层"。

```
>> cpselect( Irgb(:,:,1), Ibase); % 只传递输入图像的红色分量"层"
```

单击交互工具的"File"菜单中的"Save Points to Workspace"选项，可以将之前选择的基准点保存至工作空间。默认情况下，需要配准的图像的基准点坐标保存在变量 input_points 中，基准图像的基准点坐标保存在变量 base_points 中。

（3）指定想要使用的变换类型。

根据之前得到的基准点坐标 input_points 和 base_points，利用 cp2tform 函数可以计算变换的参数。将基准点对作为输入传递给 cp2tform 函数，选择一种适当的变换类型，cp2tform 函数就能够确定出这种变换所需的参数。这实际上相当于一种数据拟合，cp2tform 函数将寻找能够拟合基准点的变换参数，并返回一个 TFORM 结构，其中包括了几何变换的类型和参数。

```
>> tform = cp2tform(input_points, base_points, 'affine'); % 选用仿射变换类型
```

参数'affine'表示选用仿射变换类型。cp2tform 函数总共支持 6 种类型的变换，包括线性的和非线性的以及两种分段变换，如表 4.2 所示。实际应用中的关键是结合失真的具体情况和变换的需要选择合适的变换类型。

表 4.2 变换类型及其说明

变换类型	适用情况	最小基准点（对）	示　　例	
			变换前	变换后
linear conformal	当输入图像的形状没有改变，但图像经过平移、旋转以及等比例缩放等变换后发生失真时使用此种变换。变换后直线仍然是直线，平行线仍为平行线	2 对		
affine	当输入图像的形状发生倾斜时使用此种变换。变换后直线仍然是直线，平行线仍为平行线，但矩形会变成平行四边形	3 对		
projective	当输入图像的形状发生倾斜时使用此种变换。变换后直线仍然是直线，但平行线不再平行	4 对		
polynomial	当图像发生弯曲时使用此种变换。拟合中选用的多项式的阶数越高，拟合效果越好，但配准后的图像将比基准图像包含更多的曲线，同时也需要更多的基准点（对）	6 对（二阶） 10 对（三阶） 15 对（四阶）		
piecewise linear	当图像呈现出分段变形现象时使用此种变换	4 对		
lwm	当图像中的变形具有局部化特点，并且分段线性条件不够充分时可以考虑使用此种变换	6 对（推荐 12 对）		

（4）根据变换类型对输入图像进行变换，完成基于基准点的配准。

调用 imtransform 函数进行变换，从而实现配准，配准后的图像如图 4.20（a）所示。

```
>> Iout = imtransform(Iin, tform);
>> figure
subplot(1, 2, 1), imshow(Iout);
subplot(1, 2, 2), imshow(Ibase);
```

　　图 4.20（b）给出了采用 projective 变换类型的配准效果，同图 4.20（a）相比，虽然 4 个基准点的对齐效果更好，但输入图像的变形也更大了。

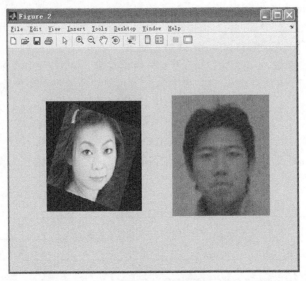

（a）采用 affine 变换类型

（b）采用 projective 变换类型

图 4.20　配准后的图像

第5章　空域图像增强

图像增强是数字图像处理中相对简单却极具艺术性的方法之一。图像增强的目的是消除噪声，显现那些被模糊的细节或简单地突出一幅图像中我们感兴趣的特征。一个简单的例子是提高图像的对比度，使其看起来更加一目了然。记住，增强是图像处理中非常主观的方法，它以构成好的增强效果这种人的主观偏好为基础，也正是这一点为其赋予了艺术性。这与图像复原技术刚好相反，图像复原也是改善图像质量的一种方式，但这种方式是客观的。

本章的知识和技术热点

- 空域滤波的基础知识。
- 相关和卷积。
- 图像平滑，包括平均平滑和高斯平滑。
- 中值滤波及其改进策略。
- 图像锐化，包括梯度算子、拉普拉斯算子、高提升滤波和高斯-拉普拉斯变换。

本章的典型案例分析

- 对椒盐噪声的平滑效果进行比较。
- 对拉普拉斯算子与 LoG 算子的锐化效果进行比较。

5.1　图像增强基础

5.1.1　为什么要进行图像增强

图像增强是指根据特定的需要突出一幅图像中的某些信息，同时削弱或去除某些不需要的信息的一种处理方法。图像增强的主要目的是使处理后的图像对某种特定的应用来说，比原始图像更适用。因此，这类处理是为了某种应用目的而去改善图像质量的。处理的结果是使图像更适合人的观察或机器的识别。

大家应该明确的是，图像增强并不能增强原始图像的信息，而只能增强对某种信息的辨别能力，但这种处理有可能损失一些其他信息。正因为如此，我们很难找到一个评价图像增强效果优劣的客观标准，于是也就没有特别通用的、模式化的图像增强方法，大家需要根据具体期望的处理效果做出取舍。

5.1.2　图像增强的分类

图像增强基本上可分成两大类：一类是空域图像增强，另一类是频域图像增强。本章着重介绍空域图像增强，第 6 章讲述频域图像增强。

空域图像增强与频域图像增强不是两种截然不同的图像增强技术，在一定程度上，它们实际上是在不同的领域做同样的事情，殊途同归，只是有些滤波更适合在空域中完成，而有些则更适合在频域中完成。

空域图像增强技术主要包括直方图修正、灰度变换增强、图像平滑以及图像锐化等。在图像增强过程中，我们可以采用单一方法来处理，但更多实际情况需要采用几种方法联合处理，才能达到预期的增强效果（永远不要指望靠某个单一的图像处理方法解决全部问题）。

第 3 章中通过灰度变换改善图像质量的方法，以及 3.7 节和 3.8 节中的直方图修正技术（直方图均衡化和直方图规定化），都是图像增强的有效手段，这些方法和技术的共同点是：变换都直接针对像素的灰度值，而与像素所处的邻域无关。空域图像增强则基于图像中每一个小范围（邻域）内的像素进行灰度变换，某个像素变换之后的灰度值由该像素所处邻域内的那些像素的灰度值共同决定，因此空域图像增强也称为邻域运算或邻域滤波。空域变换可使用下式来描述。

$$g(x, y) = T(f(x, y)) \tag{5-1}$$

5.2 空域滤波

滤波是信号处理中的概念，指的是将信号中特定频率的波段滤除，这在数字信号处理中通常采用傅里叶变换及其逆变换来实现。由于下面将要介绍的内容实际上和通过傅里叶变换实现的频域滤波是等效的，因此被称为空域滤波。空域滤波主要直接基于邻域（空域）对图像中的像素进行计算，我们使用空域滤波这一术语是为了区别于第 6 章将要讨论的频域滤波。

5.2.1 空域滤波和邻域处理

对于图像中的每一点(x,y)，重复下面的操作。

（1）对预先定义的以点(x,y)为中心的邻域内的像素进行计算。

（2）将计算结果作为点(x,y)处新的响应。

上述过程被称为邻域处理或空域滤波。一幅数字图像可以看成一个二维函数$f(x,y)$，而X-Y平面表明了空间位置信息，称为空域，基于X-Y平面空间邻域的滤波操作叫作空域滤波。如果邻域内的像素计算为线性运算，则称为线性空域滤波，否则称为非线性空域滤波。

图 5.1 直观地展示了使用一个 3×3 的模板（又称滤波器、掩模、核或窗口）进行空域滤波的过程，模板中用黑线圈出的是其中心。

滤波过程就是在图像f中逐点地移动模板，使模板中心和点(x,y)重合，模板在点(x,y)处的响应需要根据模板的具体内容和预先定义的关系来计算。一般来说，模板中的非零像素指出了邻域处理的范围，当模板中心与点(x,y)重合时，图像f和模板中只有与非零像素重合的那些像素参与决定点(x,y)像素值的操作。在线性空域滤波中，对于模板系数则给出了一种加权模式，点(x,y)处的响应由模板系数与模板下方区域的相应图像f的像素值的乘积之和给出。例如，对于图 5.1 而言，此刻模板的响应R为

$$R = w(-1, -1) f(x-1, y-1) + w(-1,0) f(x-1, y) + \cdots + $$
$$w(0,0) f(x, y) + \cdots + w(1,0) f(x+1, y) + w(1,1) f(x+1, y+1)$$

更一般的情况是，对于一个大小为$m \times n$的模板，其中$m = 2a+1$、$n = 2b+1$，a和b均为正整数，这说明这个模板的长与宽均为奇数，如果可能的最小尺寸为 3×3（偶数尺寸的模板由于不具有对称性，因此很少使用，而 1×1 大小的模板在操作时不用考虑邻域信息，可退化为图像的点运算），则可以将滤波操作形式化地表示为

$$g(x, y) = \sum_{s=-a}^{a} \sum_{t=-b}^{b} w(s,t) f(x+s, y+t) \tag{5-2}$$

对于大小为$M \times N$的图像$f(x,y)$，可以对$x = 0,1,2,\cdots,M-1$和$y = 0,1,2,\cdots,N-1$依次应用式（5-2），从而完成对图像f中所有像素的处理，得到新的图像g。

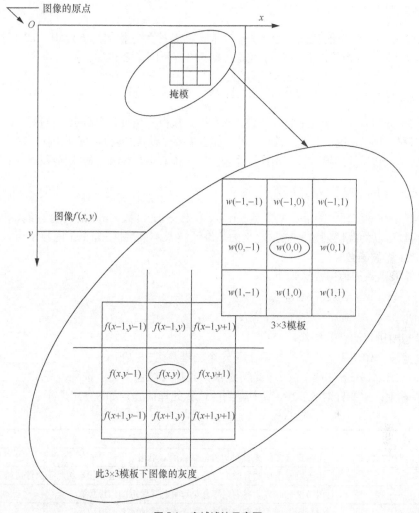

图 5.1 空域滤波示意图

5.2.2 边界处理

在执行滤波操作的过程中，需要注意的一点是：当模板位于图像边缘时，模板中的某些像素很可能位于图像之外，这时就需要进行边界处理，以避免引用本不属于图像的无意义的值（这在 MATLAB 中将引起系统警告，而在 Microsoft Visual C++中则很可能由于非法访问内存而产生运行错误）。

以下 3 种策略都可以用来解决边界问题。

（1）收缩处理范围。处理时忽略位于图像 f 边界附近的会引起问题的那些像素，比如对于图 5.1 中使用的模板，处理时忽略图像 f 四周一圈 1 像素宽的边界，而只处理 $x = 1,2,3,\cdots,M-2$ 和 $y = 1,2,3,\cdots,N-2$（在 MATLAB 中应为 $x = 2,3,4,\cdots,M-1$ 和 $y = 2,3,4,\cdots,N-1$）范围内的点，从而确保模板在滤波过程中始终不超出图像 f 的边界。

（2）使用常数填充图像。根据模板形状为图像 f 虚拟出边界，虚拟边界的像素值为指定的常数，如 0，得到虚拟图像 f'。保证模板在移动过程中始终不超出图像 f' 的边界。

（3）使用复制像素的方法填充图像。和（2）中的策略基本相同，只是用来填充虚拟边界像素值的不是固定的常数，而是从图像 f 本身边界复制的像素值。

对于这些技巧，本章在后面的程序设计实例中将给出具体实现。

5.2.3　相关和卷积

除了 5.2.1 小节中给出的滤波过程之外，还有一种被称为卷积的滤波过程。5.2.1 小节中给出的滤波公式实际上是一种相关，而卷积的形式化表示略有不同，公式如下：

$$g(x, y) = \sum_{s=-a}^{a} \sum_{t=-b}^{b} w(-s, -t) f(x+s, y+t) \qquad (5\text{-}3)$$

尽管差别十分细微，但本质不同：在进行卷积时，模板先相对其中心点做镜像，再对位于模板下的图像做加权和。也就是说，在做加权和之前，模板需要先以其原点为中心点旋转 180°。忽略这一细微差别将导致完全错误的结果，只有当模板本身关于其中心点对称时，相关和卷积的结果才会相同。

5.2.4　滤波操作的 MATLAB 实现

MATLAB 中与滤波相关的函数主要是 imfilter 和 fspecial 函数。imfilter 函数可以完成滤波操作，而 fspecial 函数可以为我们创建一些预定义的二维滤波器，直接供 imfilter 函数使用。

1. imfilter 滤波函数

imfilter 滤波函数的调用语法如下。

```
g = imfilter(f,w,option1,option2,...)
```

参数说明

- f 是想要进行滤波的图像。
- w 是滤波操作使用的模板，实际上是一个二维数组。
- "option1,option2,..." 是可选项，具体可以包括如下选项。

① 边界选项：主要针对 5.2.2 小节中提到的边界处理问题，如表 5.1 所示。

表 5.1　　　　　　　　　　　　　　　　边界选项

合 法 值	含 义
X（X 代表某个具体的数字）	用固定值 X 填充虚拟边界，默认用 0 填充
'symmetric'	用于填充虚拟边界的内容是通过对靠近原图的边缘像素相对于原图边缘做镜像得到的
'replicate'	用于填充虚拟边界的内容总是重复与其最近的边缘像素
'circular'	判断原图模式具有周期性，因而周期性地填充虚拟边界

当采用表 5.1 中的第 1 种方式填充虚拟边界时，边缘附近会产生梯度；而当采用后面 3 种方式时，边缘则显得较为平滑。

② 尺寸选项：由于滤波中填充了边界，因此有必要指定输出图像的大小，如表 5.2 所示。

表 5.2　　　　　　　　　　　　　　　　尺寸选项

合 法 值	含 义
'same'	输出图像与输入图像尺寸相同
'full'	输出图像的尺寸为填充虚拟边界后的输入图像的尺寸，因而大于输入图像的尺寸

③ 模式选项：用于指明滤波过程是相关还是卷积，如表 5.3 所示。

表 5.3　　　　　　　　　　　　　　　　模式选项

合 法 值	含 义
'corr'	滤波过程为相关
'conv'	滤波过程为卷积

返回值

- g 为滤波后的输出图像。

[**例5.1**] 读入灰度图像 fatBaby.bmp，使用模板 $w = 1/9 \times \begin{pmatrix} 1 & 1 & 1 \\ 1 & 1 & 1 \\ 1 & 1 & 1 \end{pmatrix}$ 对图像进行相关滤波，并

使用'replicate'方式处理边界问题。

```
>> f = imread('../fatBaby.bmp'); % 读取图像
>> imshow(f);                     % 得到图 5.2（a）所示的图像
>> w = [1 1 1; 1 1 1; 1 1 1] / 9 % 滤波模板

w =

    0.1111    0.1111    0.1111
    0.1111    0.1111    0.1111
    0.1111    0.1111    0.1111

>> g = imfilter(f, w, 'corr', 'replicate'); % 滤波
>> figure, imshow(g);                       % 得到 5.2（b）所示的图像
```

运行结果如图 5.2 所示。

（a）滤波前的图像　　　　　　　　　　　　　　（b）滤波后的图像

图 5.2　图像滤波前后对比

2. fspecial 函数

用于创建预定义的二维滤波器的 fspecial 函数的调用语法如下。

```
h = fspecial(type,parameters)
```

参数说明

- 参数 type 指定了滤波器的类型，其中一些类型的滤波器将在 5.3 节和 5.4 节中介绍，另一些则被放到第 11 章中作为边缘检测算子介绍。type 参数的合法值如表 5.4 所示。

表 5.4　　　　　　　　　　　　　　type 参数的合法值

合　法　值	功　能　描　述
'average'	平均模板
'disk'	圆形邻域的平均模板
'gaussian'	高斯模板
'laplacian'	拉普拉斯模板
'log'	高斯-拉普拉斯模板
'prewitt'	Prewitt 水平边缘检测算子
'sobel'	Sobel 水平边缘检测算子

- 可选参数 parameters 是与选定的滤波器类型有关的配置参数，如大小和标准差等。如果不提供，fspecial 函数将使用选定的滤波器类型的默认参数配置。

返回值

- 返回值 h 为特定的滤波器。

下面结合一些比较有代表性的情况做具体说明。

（1）h = fspecial('average',hsize)将返回一个大小为 hsize 的平均模板滤波器 h。参数 hsize 既可以是一个含有两个分量的向量，用于指明滤波器的行列数目；也可以仅为一个正整数，此时对应滤波模板为方阵的情况。hsize 的默认值为[3 3]。

（2）h = fspecial('disk',radius)将返回一个半径为 radius 的圆形平均模板，h 是一个(2×radius+1)×(2×radius+1)的方阵。radius 的默认值为 5。

（3）h = fspecial('gaussian',hsize,sigma)将返回一个大小为 hsize、标准差σ为 sigma 的高斯低通滤波器。hsize 的默认值为[3 3]，sigma 的默认值为 0.5。

（4）h = fspecial('sobel')将返回一个用于加强水平边缘的垂直梯度算子。

```
h = [   1    2    1
        0    0    0
       -1   -2   -1 ]
```

如果需要检测垂直边缘，可以使用 h'。

5.3 图像平滑

图像平滑是一种可以减少和抑制图像噪声的实用数字图像处理技术。在空域中，一般可以采用邻域平均来达到平滑图像的目的。

5.3.1 平均模板及其实现

从图 5.2 可以看出，滤波后的图像有了平滑或者说模糊的效果，这完全是模板 w 作用的结果。例 5.1 中的模板 w 提供了一种平均的加权模式：首先，以点(x,y)为中心的 3×3 邻域内的所有点都参与了决定新图像 g 中点(x,y)像素值的运算；其次，所有系数都为 1，这表示它们在参与决定 $g(x,y)$ 的值的过程中贡献（权重）相同；最后，前面的系数要保证整个模板元素的和为 1，这里应为 1/9，这样就能让新图像与原始图像保持在同一灰度范围（如[0,255]）内。

这样的模板 w 叫作平均模板，平均模板是用于图像平滑的多种模板中的一种，相当于一种局部平均模板。更一般的平均模板为

$$w = \frac{1}{(2k+1)^2}\begin{pmatrix} 1 & 1 & \cdots & 1 \\ 1 & 1 & \cdots & 1 \\ \vdots & & & \vdots \\ 1 & 1 & \cdots & 1 \end{pmatrix}_{(2k+1)\times(2k+1)} \tag{5-4}$$

1. 工作原理

一般来说，图像具有局部连续性质——相邻像素的灰度值相近，而噪声的存在使噪声点处的像素产生了灰度跳跃。不过，我们可以合理地假设偶尔出现的噪声并不会改变图像的局部连续性质。比如下面的局部图像 f_sub，用灰色底纹标识的为噪声点，在图像中则表现为亮区中的两个暗点。

```
f_sub=
  200    215    212    208    196
```

```
198     5    202    199    221
199    207   202    201    211
203    218   210    210    198
203    218   210      0    198
200    215   212    208    205
```

对局部图像 f_sub 使用 3×3 的平均模板进行平滑滤波后，得到的平滑后的图像 g_sub 为

```
g_sub =
 181   184   186   206   205
 180   182   183   206   207
 181   183   184   206   208
 206   208   186   182   181
 207   210   189   183   180
 206   209   189   184   181
```

显然，在经过平滑滤波后，局部图像 f_sub 中噪声点处的像素灰度值得到了有效修正，像这样将每一个点用周围点的平均值替代，从而减小噪声影响的过程就被称为平滑或模糊。

2. 平均平滑的 MATLAB 实现

利用 imfilter 和 fspecial 函数，并以不同尺寸的平均模板实现平均平滑的 MATLAB 代码如例 5.2 所示。

[**例 5.2**]　使用不同尺寸的平均模板的图像平滑效果。

```
I = imread('baby_noise.bmp');
>> figure, imshow(I)              % 得到图 5.3（a）所示的图像
>> h = fspecial('average', 3);   % 3×3 平均模板
>> I3 = imfilter(I, h, 'corr', 'replicate');   % 相关滤波，重复填充边界
>> figure, imshow(I3)             % 得到图 5.3（b）所示的图像
>> h = fspecial('average', 5)    % 5×5 平均模板

h =

  0.0400   0.0400   0.0400   0.0400   0.0400
  0.0400   0.0400   0.0400   0.0400   0.0400
  0.0400   0.0400   0.0400   0.0400   0.0400
  0.0400   0.0400   0.0400   0.0400   0.0400
  0.0400   0.0400   0.0400   0.0400   0.0400

>> I5 = imfilter(I, h, 'corr', 'replicate');
>> figure; imshow(I5)             % 得到图 5.3（c）所示的图像
>> h = fspecial('average', 7);   % 7×7 平均模板
>> I7 = imfilter(I, h, 'corr', 'replicate');
>> figure, imshow(I7)             % 得到图 5.3（d）所示的图像
```

上述程序的运行结果如图 5.3 所示。可以看出，随着模板尺寸的增大，滤波在平滑掉更多噪声的同时，也会使图像变得越来越模糊，这是由平均模板的工作原理决定的。当模板尺寸增大到 7×7 时，图像中的某些细节，如衣服上的褶皱将难以辨识，纽扣也变得相当模糊。实际上，当图像细节与滤波器模板大小相近时，就会受到比较大的影响，尤其是在它们的灰度值又比较接近的情况下，混合效应导致的图像模糊现象会更明显。随着模板尺寸的进一步增大，像纽扣这样的细节会被当作噪声平滑掉。因此，我们在确定模板尺寸时应考虑好想要滤除的噪声点的大小，从而有针对性地进行滤波。

（a）受噪声污染的婴儿照片

（b）经 3×3 的平均模板滤波后

（c）经 5×5 的平均模板滤波后

（d）经 7×7 的平均模板滤波后

图 5.3　不同尺寸的平均模板的平滑效果

5.3.2　高斯平滑及其实现

1. 理论基础

平均平滑对邻域内的像素一视同仁，为了减少平滑处理中的模糊，得到更自然的平滑效果，我们很自然地就会想到适当加大模板中心点的权重，随着远离中心点，权重迅速减小，从而确保中心点的灰度值更接近与其距离更近的点的灰度值，基于这样的考虑得到的模板即为高斯模板。

常用的 3×3 的高斯模板如下所示。

$$w = 1/16 \times \begin{pmatrix} 1 & 2 & 1 \\ 2 & 4 & 2 \\ 1 & 2 & 1 \end{pmatrix} \tag{5-5}$$

高斯模板的名称由来是二维高斯函数，即我们熟悉的二维正态分布密度函数。回忆一下，均值为 0、方差为 σ^2 的二维高斯函数为

$$\varphi(x, y) = \frac{1}{2\pi\sigma^2} \exp\left(-\frac{x^2 + y^2}{2\sigma^2}\right) \tag{5-6}$$

图 5.4 给出了 $\sigma = 1$ 时上述二维高斯函数的三维示意图。

高斯模板正是连续的二维高斯函数的离散化表示，因此任意大小的高斯模板都可以通过建立一个 $(2k+1) \times (2k+1)$ 的矩阵 $\boldsymbol{M}$ 得到，这个矩阵中处于位置 (i, j) 的元素的值可由下式确定。

$$\boldsymbol{M}(i, j) = \frac{1}{2\pi\sigma^2} \exp\left(-\frac{(i-k-1)^2 + (j-k-1)^2}{2\sigma^2}\right) \tag{5-7}$$

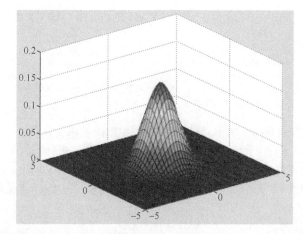

图 5.4　二维高斯函数 $\varphi(x,y) = \dfrac{1}{2\pi\sigma^2}\exp\left(-\dfrac{x^2+y^2}{2\sigma^2}\right)$ 在 $\sigma = 1$ 时的三维示意图

- σ 选择的小技巧

当标准差 σ 取不同的值时，二维高斯函数的形状会有很大的变化，因而在实际应用中选择合适的 σ 非常重要：如果 σ 过小，那么偏离中心的所有像素的权重都会非常小，相当于加权和响应基本不考虑邻域像素的作用，这样滤波操作将退化为图像的点运算，无法起到平滑噪声的作用；相反，如果 σ 过大而邻域相对较小，那么高斯模板在邻域内将退化为平均模板；只有当 σ 取合适的值时，滤波操作才能得到较好的平滑效果。在 MATLAB 中，σ 的默认值为 0.5，但在实际应用中，对于 3×3 的模板，σ 通常取 0.8，对于更大的模板则可以适当增大 σ 的值。

2. 高斯平滑的 MATLAB 实现

采用不同的 σ 值实现高斯平滑的 MATLAB 代码如例 5.3 所示。

[**例 5.3**]　对采用不同的 σ 值实现的高斯平滑效果进行比较。

```
>> I = imread('baby_noise.bmp');
>> figure, imshow(I);                    % 得到图 5.5 ( a ) 所示的图像
>>
>> h3_5 = fspecial('gaussian', 3, 0.5);  % sigma=0.5 时的 3×3 高斯模板
>> I3_5 = imfilter(I, h3_5);             % 高斯平滑
>> figure, imshow(I3_5);                 % 得到图 5.5 ( b ) 所示的图像
>>
>> h3_8 = fspecial('gaussian', 3, 0.8);  % sigma=0.8 时的 3×3 高斯模板
>> I3_8 = imfilter(I, h3_8);
>> figure, imshow(I3_8);                 % 得到图 5.5 ( c ) 所示的图像
>>
>> h3_18 = fspecial('gaussian', 3, 1.8)  % sigma=1.8 时的 3×3 高斯模板，接近于平均模板

h3_18 =

   0.0997    0.1163    0.0997
   0.1163    0.1358    0.1163
   0.0997    0.1163    0.0997

>> I3_18 = imfilter(I, h3_18);
>> figure, imshow(I3_18);                % 得到图 5.5 ( d ) 所示的图像
>>
>> h5_8 = fspecial('gaussian', 5, 0.8);
>> I5_8 = imfilter(I, h5_8);
```

```
>> figure, imshow(I5_8);                    % 得到图 5.5（e）所示的图像
>> imwrite(I5_8, 'baby5_8.bmp');
>>
>> h7_12 = fspecial('gaussian', 7, 1.2);
>> I7_12 = imfilter(I, h7_12);
>> figure, imshow(I7_12);                    % 得到图 5.5（f）所示的图像
>> imwrite(I7_12, 'baby7_12.bmp');
```

上述程序的运行结果如图 5.5 所示。图 5.5（b）所示的图像由于 σ 偏小而高斯平滑效果不明显；当 σ 增大至 1.8 时，图 5.5（d）所示的高斯平滑效果类似于图 5.3（b）所示的平均平滑效果。随着模板的增大，原图中的噪声得到更好地抑制，比较图 5.5（f）和图 5.3（d）所示的图像，我们就会注意到，同样在大小为 7×7 的情况下，高斯滤波后的图像细节被较好地保留了。

（a）受噪声污染的婴儿照片　　（b）经 $\sigma = 0.5$ 的 3×3 高斯模板滤波后　　（c）经 $\sigma = 0.8$ 的 3×3 高斯模板滤波后

（d）经 $\sigma = 1.8$ 的 3×3 高斯模板滤波后　　（e）经 $\sigma = 0.8$ 的 5×5 高斯模板滤波后　　（f）经 $\sigma = 1.2$ 的 7×7 高斯模板滤波后

图 5.5　高斯平滑效果

上面介绍的平均平滑滤波器和高斯平滑滤波器都是线性平滑滤波器。在学习频域滤波之后，我们还可以为它们起另外一个名称——低通滤波器。

5.3.3　自适应平滑滤波

平均平滑在消除噪声的同时会使图像变得模糊，高斯平滑则在一定程度上缓解了这种现象，但由平滑滤波原理可知，这种模糊是不可避免的。这当然不是我们所希望的，于是我们想到选择性地进行平滑，即只在噪声局部区域进行平滑，而在无噪声局部区域不进行平滑，从而将模糊的影响降到最小，这就是自适应滤波背后的思想。

怎样判断某局部区域是包含噪声的需要平滑的区域，还是无明显噪声的不需要平滑的区域呢？我们需要基于噪声的性质来考虑。5.3.1 小节讨论了图像的局部连续性质，噪声的存在会使图像在

噪声点处产生灰度跳跃，从而使噪声点局部区域的灰度跨度较大。因此，我们可以选择如下两个标准之一作为某局部区域存在噪声的判断依据。

（1）局部区域灰度值的最大值与最小值之差大于某一阈值 T，即 $\max(R) - \min(R) > T$，其中 R 代表该局部区域。

（2）局部区域灰度值的方差大于某一阈值 T，即 $D(R) > T$，$D(R)$ 表示区域 R 中像素的灰度值方差。

自适应滤波算法的实现逻辑如算法 5.1 所示。

算法 5.1

逐行扫描图像;
　　对于每一个像素点，以该像素点为中心，计算其周围区域 R 的统计特征，如最大值、最小值和方差等;
　　如果区域 R 的统计特征满足选定的噪声判断依据
　　　　根据选定的模板计算邻域加权和作为该像素点的响应;
　　否则
　　　　不处理该像素点;

对于那些噪声位置具有随机性和局部性的图像，自适应滤波具有非常好的效果。有兴趣的读者可通过自行编写程序实现自适应的高斯平滑滤波，然后应用于具有上述特点的噪声图像，并与我们给出的标准高斯平滑效果进行比较。

5.4　中值滤波

中值滤波在本质上是一种统计排序滤波。对于原图中的某点 (i, j)，中值滤波把以该点为中心的邻域内所有像素的统计排序中值作为点 (i, j) 的响应。

中值不同于均值，中值是指排序队列中处于中间位置的元素的值。例如，采用 3×3 的中值滤波器，假设某点 (i, j) 及其 8 个邻域的一系列像素值为 12、18、18、11、23、22、13、25、118，统计排序结果为 11、12、13、18、18、22、23、25、118，则排在中间位置（第 5 位）的 18 即为点 (i, j) 中值滤波的响应 $g(i, j)$。显然，中值滤波并非线性滤波。

5.4.1　性能比较

中值滤波对于某些类型的随机噪声具有非常理想的降噪能力。对于线性平滑滤波而言，当处理的像素邻域之内包含噪声点时，噪声的存在总会或多或少地影响该噪声点处像素值的计算（对于高斯平滑而言，影响程度同噪声点到中心点的距离成正比）；但在中值滤波中，噪声点则常常直接被忽略掉，而且同线性平滑滤波相比，中值滤波在降噪时引起的模糊效应较轻。中值滤波的一种典型应用是消除椒盐噪声（即脉冲噪声）。

下面首先简单介绍一下常见的噪声模型，然后给出中值滤波的 MATLAB 实现。

1．噪声模型

在 MATLAB 中，为图像添加噪声的语法如下。

```
J = imnoise(I,type,parameters);
```

参数说明

- `I` 为原始图像。
- 可选参数 `type` 用于指定噪声类型，常见的噪声类型如表 5.5 所示。

表 5.5   常见的噪声类型

合 法 值	功 能 描 述
'gaussian'	高斯白噪声：如果噪声的幅度分布服从高斯分布，则称其为高斯噪声；而如果高斯噪声的功率谱密度（功率谱的概念见第 6 章）是均匀分布的，则称其为高斯白噪声
'salt & pepper'	椒盐噪声：这种噪声因其在图像中的表现形式而得名，图 5.6（b）显示了对图 5.6（a）所示的图像添加椒盐噪声后的效果，黑点如同胡椒，白点好似盐粒。椒盐噪声是由图像传感器、传输信道、解码处理等产生的黑白相间的亮暗点噪声。椒盐噪声往往由图像切割引起

返回值
- J 为添加噪声后的图像。

> 💡提示　　使用 imnoise('gaussian', m, v)添加高斯噪声时，相当于对原始图像中的每一个像素叠加一个从均值为 m、方差为 v 的高斯分布产生的随机样本值。当 $m = 0$ 时，较小的方差 v 通常能够保证高斯分布有一个较大的概率来产生值在 0 附近的随机样本（高斯分布密度函数 $f(x)$在 $x = 0$ 附近具有最大值），进而在大部分像素位置对原始图像影响较小。

2. 中值滤波的 MATLAB 实现

MATLAB 提供了 medfilt2 函数来实现中值滤波，调用语法如下。

```
I2 = medfilt2(I1, [m,n]);
```

参数说明
- I1 是原图矩阵。
- m 和 n 用于指定中值滤波处理的模板大小，默认大小为 3 × 3。

返回值
- I2 是经中值滤波后的图像矩阵。

[例 5.4]　比较椒盐噪声的平滑效果。

对于一幅受椒盐噪声污染的图像，下面的程序分别给出了平均平滑、高斯平滑和中值滤波的处理效果。

```
>> I = imread('lena_salt.bmp');
>> imshow(I);                      % 得到图 5.6（a）所示的图像
>> J=imnoise(I,'salt & pepper');% 为图像添加椒盐噪声
>> figure, imshow(J);             % 得到图 5.6（b）所示的图像
>> w = [1 2 1;
        2 4 2;
        1 2 1] / 16;
>> J1=imfilter(J, w, 'corr', 'replicate'); % 高斯平滑
>> figure, imshow(J1);             % 得到图 5.6（c）所示的图像
>> w = [1 1 1;
        1 1 1;
        1 1 1] / 9;
>> J2=imfilter(J, w, 'corr', 'replicate'); % 平均平滑
>> figure, imshow(J2);             % 得到图 5.6（d）所示的图像
>> J3=medfilt2(J,[3,3]);           % 中值滤波
>> figure, imshow(J3);             % 得到图 5.6（e）所示的图像
```

上述程序的运行结果如图 5.6 所示。从中可以看出：线性平滑滤波在降噪的同时不可避免地造成了模糊，而中值滤波在有效抑制椒盐噪声的同时，模糊效应明显轻得多，因而对于受椒盐噪声污

染的图像，中值滤波的效果要远远优于线性平滑滤波。

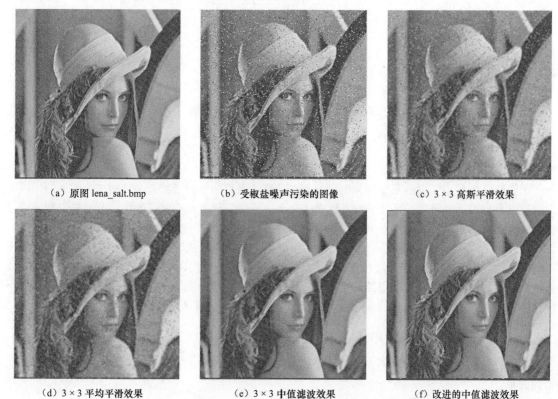

（a）原图 lena_salt.bmp　　　　　　（b）受椒盐噪声污染的图像　　　　　　（c）3×3 高斯平滑效果

（d）3×3 平均平滑效果　　　　　　（e）3×3 中值滤波效果　　　　　　（f）改进的中值滤波效果

图 5.6　使用不同的滤波器对受椒盐噪声污染的图像进行处理并比较处理效果

5.4.2　一种改进的中值滤波策略

中值滤波效果依赖于滤波窗口的大小，窗口太大会使边缘模糊，窗口太小则去噪效果不好。因为噪声点和边缘点同样是灰度变化较为剧烈的像素，所以普通中值滤波在改变噪声点灰度值的时候，会在一定程度上改变边缘像素的灰度值。但是，噪声点几乎是邻域像素的极值，而边缘往往不是，我们可以利用这个特性来限制中值滤波。

具体的改进方法如下：逐行扫描图像，当处理每一个像素时，判断该像素是否是滤波窗口覆盖下邻域像素的极大值或极小值。如果是，则采用正常的中值滤波处理该像素；如果不是，则不做处理。在实践中，这种方法能够非常有效地去除突发噪声，尤其是椒盐噪声，而几乎不影响边缘。

由于自适应滤波算法可以根据局部邻域的具体情况自行选择执行不同的操作，因此改进的中值滤波也称为自适应中值滤波。这里将改进中值滤波程序的任务作为练习留给读者。

改进后的中值滤波的处理效果如图 5.6（f）所示。对比图 5.6（f）和图 5.6（e），我们不难发现，图 5.6（f）在完美地滤除椒盐噪声的同时，在图像细节（如帽子的褶皱）上较图 5.6（e）实现了更好保留，其他边缘也更加清晰，基本和原图一致。

5.4.3　中值滤波的工作原理

与线性平滑滤波考虑邻域内每个像素的作用不同，中值滤波在每个 $n \times n$ 邻域内都会忽略掉那些相对于邻域内大部分其余像素更亮或更暗，并且所占区域小于像素总数一半（$n^2/2$）的像素的影响，而实际上因为满足这样的条件才被忽略掉的像素往往就是噪声。

> **注意**　作为一种非线性滤波，中值滤波有可能改变图像的性质，因而一般不适用于军事图像处理、医学图像处理等。

5.5　图像锐化

图像锐化的目的是使模糊的图像变得更加清晰。图像锐化的应用十分广泛，如医学成像和工业检测等。

5.5.1　理论基础

图像锐化主要用于增强图像的灰度跳变部分，这一点与图像平滑抑制灰度跳变正好相反。事实上，从平滑与锐化的两种运算算子也能看出这一点，线性平滑是基于对图像邻域的加权求和或者说积分进行运算的，而锐化则通过其逆运算导数（梯度）或者说有限差分来实现。

在讨论平滑的时候，我们提到了噪声和边缘都会使图像产生灰度跳变。为了在平滑时能够将噪声和边缘区别对待，5.3.3 小节给出了一种自适应滤波的解决方案。同样，在锐化处理中如何区分噪声和边缘仍然是我们将要面临的一个课题，只是在平滑处理中要平滑的是噪声，我们希望处理不涉及边缘；而在锐化中要锐化的是边缘，我们希望处理不涉及噪声。

5.5.2　基于一阶导数的图像增强——梯度算子

回忆一下高等数学中梯度的定义，对于连续二维函数 $f(x,y)$，其在点 (x,y) 处的梯度是下面的二维列向量

$$\nabla f = \begin{pmatrix} G_x \\ G_y \end{pmatrix} = \begin{pmatrix} \dfrac{\partial f}{\partial x} \\ \dfrac{\partial f}{\partial y} \end{pmatrix}$$

其中：

$\dfrac{\partial f}{\partial x} = \lim\limits_{\varepsilon \to 0} \dfrac{f(x+\varepsilon, y) - f(x,y)}{\varepsilon}$ 为 f 在点 (x,y) 处对 x 的偏导。

$\dfrac{\partial f}{\partial y} = \lim\limits_{y \to 0} \dfrac{f(x, y+\varepsilon) - f(x,y)}{\varepsilon}$ 为 f 在点 (x,y) 处对 y 的偏导。

梯度的方向就是函数 $f(x,y)$ 最大变化率的方向。

梯度的幅值作为变化率大小的度量，为 $|\nabla f(x,y)| = \sqrt{\left(\dfrac{\partial f}{\partial x}\right)^2 + \left(\dfrac{\partial f}{\partial y}\right)^2}$。

对于二维离散函数 $f(i,j)$，可以将有限差分作为梯度幅值的一种近似：

$$|\nabla f(i,j)| = \sqrt{[f(i+1,j) - f(i,j)]^2 + [f(i,j+1) - f(i,j)]^2}$$

尽管梯度幅值和梯度有着本质的区别，但在数字图像处理中提到梯度时，我们往往不加区分地将梯度幅值称为梯度。

上式中涉及平方和开方，不方便计算，因此可近似为绝对值的形式：

$$|\nabla f(i,j)| = |f(i+1,j) - f(i,j)| + |f(i,j+1) - f(i,j)| \tag{5-8}$$

而在实际使用中，经常被采用的则是另一种近似梯度——Robert 交叉梯度。

$$|\nabla f(i,j)| = |f(i+1,j+1) - f(i,j)| + |f(i,j+1) - f(i+1,j)| \qquad (5\text{-}9)$$

1. Robert 交叉梯度

Robert 交叉梯度对应的模板为

$$w1 = \begin{pmatrix} -1 & 0 \\ 0 & 1 \end{pmatrix} \qquad w2 = \begin{pmatrix} 0 & -1 \\ 1 & 0 \end{pmatrix}$$

其中：w1 对接近+45°方向的边缘有较强响应；w2 对接近–45°方向的边缘有较强响应。

[例 5.5]　基于 Robert 交叉梯度的图像锐化。

有了前面学习的滤波知识，我们只要分别以 w1 和 w2 为模板，对图 5.7（a）所示的原图进行滤波就可得到 G1 和 G2，根据式（5-9），最终的 Robert 交叉梯度图像为

$$G = |G1| + |G2|$$

在进行锐化滤波之前，我们需要将图像类型从 uint8 转换为 double，这是因为锐化模板的负系数常常使输出产生负值，如果采用无符号的 uint8 类型，负值将被截掉。

在调用 imfilter 函数时，注意不要使用默认的填充方式，因为 MATLAB 默认会在滤波时进行"0"填充，这将导致图像在边界处产生人为的灰度跳变，从而在梯度图像中产生高响应，而这些人为高响应的存在，将导致图像中真正的边缘以及其他我们所关心的细节的响应，在输出的梯度图像中被压缩到一个很窄的灰度范围内，同时还影响显示的效果。这里采用了'replicate'重复填充方式，当然也可以采用'symmetric'对称填充方式。

程序实现如下。

```
>> I = imread('bacteria.bmp');
>> imshow(I);      % 显示图 5.7(a)
>> I = double(I); % 转换为 double 类型，这样就可以保存负值了，否则负值会被截掉
>> w1 = [-1 0; 0 1]
w1 =
   -1    0
    0    1
>> w2 = [0 -1; 1 0]
w2 =
    0   -1
    1    0
>> G1 =  imfilter(I, w1, 'corr', 'replicate'); % 以重复方式填充边界
>> G2 =  imfilter(I, w2, 'corr', 'replicate');
>> G = abs(G1) + abs(G2);        % 计算 Robert 梯度
>> figure, imshow(G, []);        % 显示图 5.7(b)
>> figure, imshow(abs(G1), []); % 显示图 5.7(c)
>> figure, imshow(abs(G2), []); % 显示图 5.7(d)
```

上述程序的运行结果如图 5.7 所示。G1 和 G2 中可能有负值，图 5.7（c）和图 5.7（d）分别是对 G1 和 G2 取绝对值后的图像，图 5.7（c）中接近+45°方向的边缘较明显，而图 5.7（d）突显了接近–45°方向的边缘，这与直接分析 w1 和 w2 模板结构得出的结论是一致的。

> **提示**　为了便于观察效果，这里对图 5.7（b）、图 5.7（c）、图 5.7（d）做了显示时的重新标定，也就是将图像的灰度范围线性变换到 0～255，并使图像的最小灰度值为 0、最大灰度值为 255。在 MATLAB 中，我们只需要在使用 imshow 函数显示图像时加上参数[ ]即可。

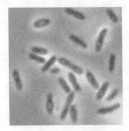 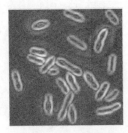 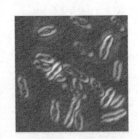 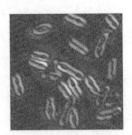

（a）原图 bacteria.bmp　　（b）Robert 交叉梯度图像　　（c）在使用 w1 模板滤波后　　（d）在使用 w2 模板滤波后
　　　　　　　　　　　　　　　　　　　　　　　取绝对值并重新标定　　　　　取绝对值并重新标定

图 5.7　使用 Robert 交叉梯度锐化图像

2. Sobel 梯度

在进行滤波时，我们总是喜欢奇数尺寸的模板，而一种用于计算 Sobel 梯度的 Sobel 模板则更加常用。

$$w1 = \begin{pmatrix} -1 & -2 & -1 \\ 0 & 0 & 0 \\ 1 & 2 & 1 \end{pmatrix} \qquad\qquad w2 = \begin{pmatrix} -1 & 0 & 1 \\ -2 & 0 & 2 \\ -1 & 0 & 1 \end{pmatrix}$$

对水平边缘有较大响应的垂直梯度　　　　　　　　　对垂直边缘有较大响应的水平梯度

例 5.6 中的 MATLAB 程序用于计算一幅图像的垂直梯度和水平梯度，它们的和可以作为完整的 Sobel 梯度。

[例 5.6]　基于 Sobel 梯度的图像锐化。

```
I = imread('bacteria.bmp'); % 读取图像
>> w1 = fspecial('sobel'); % 得到水平模板
>> w1
w1 =
    1    2    1
    0    0    0
   -1   -2   -1
>> w2 = w1'               % 转置后得到垂直模板
w2 =
    1    0   -1
    2    0   -2
    1    0   -1
>> G1 = imfilter(I, w1); % 水平梯度
>> G2 = imfilter(I, w2); % 垂直梯度
>> G = abs(G1) + abs(G2); % Sobel 梯度
>> figure, imshow(G1, []) % 得到图 5.8（a）
>> figure, imshow(G2, []) % 得到图 5.8（b）
>> figure, imshow(G, []) % 得到图 5.8（c）
```

上述程序运行后，基于 Sobel 梯度的图像锐化效果如图 5.8 所示。

也可以直接利用 MATLAB 梯度函数 gradient 计算 Sobel 梯度，程序如下。

```
>> I = imread('bacteria.bmp');
>> imshow(I);
>> I = double(I);         % 在计算梯度之前需要将图像类型转换为 double
>> [Gx Gy] = gradient(I); % 计算 x 和 y 方向的梯度
>> G = abs(Gx) + abs(Gy); % 计算整体梯度
```

```
>> figure, imshow(G);
>> figure, imshow(G, []);   % 整体梯度图像
>> figure, imshow(Gx, []);  % x 方向梯度图像（突显偏垂直方向的边缘）
>> figure, imshow(Gy, []);  % y 方向梯度图像（突显偏水平方向的边缘）
```

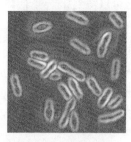  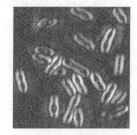

（a）Sobel 梯度图像　　　　　（b）在使用 w1 模板滤波后　　　　　（c）在使用 w2 模板滤波后

取绝对值并重新标定　　　　　　　　取绝对值并重新标定

图 5.8　Sobel 梯度的图像锐化效果，图（b）中接近水平方向的边缘较明显，
而图（c）中接近垂直方向的边缘较明显

本书将有关梯度算子的更详细讨论留在第 11 章中进行。

5.5.3　基于二阶微分的图像增强——拉普拉斯算子

下面介绍一种对于图像锐化而言应用更为广泛的基于二阶微分的拉普拉斯（Laplacian）算子。

1. 理论基础

二维函数 $f(x, y)$ 的二阶微分（拉普拉斯算子）被定义为

$$\nabla^2 f(x, y) = \frac{\partial^2 f}{\partial x^2} + \frac{\partial^2 f}{\partial y^2}$$

对于离散的二维图像 $f(i, j)$，可以使用下式作为对二阶偏微分的近似：

$$\frac{\partial^2 f}{\partial x^2} = [f(i+1, j) - f(i, j)] - [f(i, j) - f(i-1, j)] = f(i+1, j) + f(i-1, j) - 2f(i, j)$$

$$\frac{\partial^2 f}{\partial y^2} = [f(i, j+1) - f(i, j)] - [f(i, j) - f(i, j-1)] = f(i, j+1) + f(i, j-1) - 2f(i, j)$$

将上面两个式子相加，即可得到用于图像锐化的拉普拉斯算子：

$$\nabla^2 f = [f(i+1, j) + f(i-1, j) + f(i, j+1) + f(i, j-1)] - 4f(i, j) \tag{5-10}$$

对应的滤波模板如下：

$$w1 = \begin{pmatrix} 0 & 1 & 0 \\ 1 & -4 & 1 \\ 0 & 1 & 0 \end{pmatrix}$$

在锐化增强中，绝对值相同的正值和负值实际上表示相同的响应，因此上面的模板 w1 等同于如下模板 w2：

$$w2 = \begin{pmatrix} 0 & -1 & 0 \\ -1 & 4 & -1 \\ 0 & -1 & 0 \end{pmatrix}$$

通过分析拉普拉斯模板的结构,可知这种模板对于 90° 的旋转是各向同性的。所谓对于某角度各向同性,是指把原图旋转该角度后进行滤波,与先对原图进行滤波,之后再旋转该角度的结果是相同的。这说明拉普拉斯算子对于接近水平方向和接近垂直方向的边缘都有很好的增强效果,从而避免了在使用梯度算子时进行两次滤波的麻烦。更进一步地,我们还可以得到如下对于 45° 的旋转各向同性的滤波器。

$$w3 = \begin{pmatrix} 1 & 1 & 1 \\ 1 & -8 & 1 \\ 1 & 1 & 1 \end{pmatrix} \text{和} w4 = \begin{pmatrix} -1 & -1 & -1 \\ -1 & 8 & -1 \\ -1 & -1 & -1 \end{pmatrix}$$

沿用高斯平滑模板的思想,根据到中心点的距离给模板周边的点赋予不同的权重,即可得到如下模板 w5。

$$w5 = \begin{pmatrix} 1 & 4 & 1 \\ 4 & -20 & 4 \\ 1 & 4 & 1 \end{pmatrix}$$

2. MATLAB 实现

分别使用上述 3 种拉普拉斯模板对图像进行锐化的 MATLAB 滤波程序如例 5.7 所示。

[例 5.7] 基于 3 种拉普拉斯模板对图像进行滤波。

```
>> I = imread('bacteria.bmp');
>> figure, imshow(I);          % 得到图 5.9(a)
>> I = double(I);
>> w2 = [0 -1 0; -1 4 -1; 0 -1 0]
w2 =
   0   -1    0
  -1    4   -1
   0   -1    0
>> L1 = imfilter(I, w2, 'corr', 'replicate');
>> w4 = [-1 -1 -1; -1 8 -1; -1 -1 -1]
w4 =
  -1   -1   -1
  -1    8   -1
  -1   -1   -1
>> L2 = imfilter(I, w4, 'corr', 'replicate');
>> figure, imshow(abs(L1), []);% 得到图 5.9(b)
>> figure, imshow(abs(L2), []);% 得到图 5.9(c)
>> w5 = [1 4 1; 4 -20 4; 1 4 1]
w5 =

   1    4    1
   4  -20    4
   1    4    1
>> L3 = imfilter(I, w5, 'corr', 'replicate');
>> figure, imshow(abs(L3), []);% 得到图 5.9(d)
```

上述程序的运行结果如图 5.9 所示。对于这幅细菌图像,拉普拉斯锐化与之前的 Robert 与 Sobel 梯度锐化明显不同的一点是输出图像中的双边缘。此外,我们还注意到拉普拉斯锐化似乎对一些离散点有较强的响应。当然,由于噪声点也是离散点,因此这个特点有时是我们所不希望的。

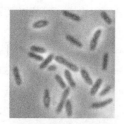

（a）原图 bacteria.bmp

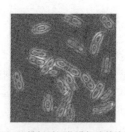

（b）使用 w2 模板对图像进行拉普拉斯锐化

（c）使用 w4 模板对图像进行拉普拉斯锐化

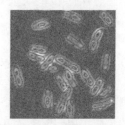

（d）使用 w5 模板对图像进行拉普拉斯锐化

图 5.9　拉普拉斯锐化效果

5.5.4　基于一阶与二阶导数的锐化算子的比较

在 5.5.2 小节和 5.5.3 小节中，我们分别介绍了基于一阶导数的 Robert 和 Sobel 算子以及基于二阶导数的拉普拉斯算子，另外还通过图 5.8 和图 5.9 从直观上观察并比较了它们的处理效果。下面我们将进行更为精确的分析和比较，以找到一些在实践中具有指导意义的一般性规律。

假设图 5.10 上半部的灰度剖面图对应于图像中的一条具有代表性的水平像素线，其中包括灰度变化较缓的斜坡（软边缘）、孤立点（很可能为噪声点）、灰度恒定区域、细线（细节）以及灰度跳变的阶梯（硬边缘）。为了简单起见，下面考虑图像中只有 8 个灰度级的情况。在图 5.10 中，中间的一行给出了这条水平像素线中各个像素的灰度值，由此计算出的一阶和二阶微分在图 5.10 的第 3 行和第 4 行中给出。由于这里的像素线在图像中是水平分布的，因此式（5-9）和式（5-10）可简化为一维的形式。一维情况下的一阶微分为

$$\frac{\partial f}{\partial x} = f(x+1) - f(x) \tag{5-11}$$

一维情况下的二阶微分为

$$\frac{\partial^2 f}{\partial x^2} = f(x+1) + f(x-1) - 2f(x) \tag{5-12}$$

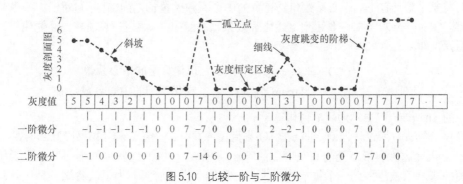

图 5.10　比较一阶与二阶微分

通过分析这个典型的灰度变化模型，我们可以很好地比较噪声点、细节以及边缘的一阶和二阶微分结果。

首先注意沿着整个斜坡（软边缘），一阶微分具有非零响应，并且当这种斜坡的灰度过渡到近似线时，对应于变化率的一阶微分的响应为恒定值（这里为-1）；而二阶微分的非零响应只出现在斜坡的起始处和终止处。在灰度变化率恒定的斜面上，二阶微分的响应为 0，这就是图 5.9 所示的拉普拉斯锐化图像周围出现双边缘的原因。由此我们得出如下结论：对于图像中的软边缘，一阶微分通常产生较粗的边缘，而二阶微分产生的边缘则细得多。

我们再来看看孤立的噪声点，注意二阶微分对于噪声点的响应较一阶微分要强很多，这就是图 5.9 所示的拉普拉斯锐化图像中出现一些零星的高响应的原因，当然二阶微分的这一特点是我们所不希望的。

细线常常对应于图像中的细节，二阶微分对细线的响应较强，这反映了二阶微分在细节增强方面的优越性。

最后，一阶和二阶微分对于灰度跳变的阶梯有着相同的响应，只是在二阶微分中存在从正到负的过渡，这一性质可用于边缘检测。

综上，我们可以得出如下结论。

（1）一阶导数通常会产生较宽的边缘。

（2）二阶导数对于阶跃性边缘中心产生零交叉，而对于屋顶状边缘（细线）取极值。

（3）二阶导数对细节有较强的响应，如细线和孤立的噪声点。

对于图像增强而言，基于二阶导数的算子应用更多一些，因为二阶导数对于细节的响应更强，增强效果更明显。等到本书讨论边缘检测的时候，基于一阶导数的算子会更多地发挥作用。尽管如此，一阶算子在图像增强中依然不可或缺，它们常常同二阶算子结合在一起以达到更好的锐化增强效果。

前面我们提到的平滑滤波器可以称为低通滤波器，相应地，上面介绍的几种锐化滤波器可以称为高通滤波器。

5.5.5　高提升滤波及其实现

1. 高提升滤波的原理

无论是基于一阶微分的 Robert 模板、Sobel 模板还是基于二阶微分的拉普拉斯模板，其各个系数的和均为 0。这说明算子在灰度恒定区域的响应为 0，换言之，在经锐化处理后的图像中，原图的平滑区域近乎黑色，而原图中所有的边缘、细节和灰度跳变点都将作为黑背景中的高灰度部分突出显示。在基于锐化的图像增强中，我们常常希望在增强边缘和细节的同时保留原图中的信息，而不是将平滑区域的灰度信息丢失。

我们需要注意具有正的中心系数和具有负的中心系数的模板之间的区别。对于中心系数为负的模板（如模板 w1、w3、w5），要达到上述增强效果，显然应当对原图 $f(i,j)$ 减去经锐化算子直接处理后的图像，即

$$g(i,j) = \begin{cases} f(i,j) + \mathrm{Sharpen}(f(i,j)) & \text{锐化算子的中心系数} > 0 \\ f(i,j) - \mathrm{Sharpen}(f(i,j)) & \text{锐化算子的中心系数} < 0 \end{cases} \qquad (5\text{-}13)$$

其中的 Sharpen(·)表示通用的锐化算子。

这里仅以拉普拉斯锐化为例，图 5.11（b）为图 5.11（a）经式（5-13）处理后的效果。

由于锐化后边缘和细节处的高灰度值的存在，图 5.11（b）经灰度压缩（归一化至[0,255]）后，原图的灰度值被压缩到一个很窄的范围内，整体上显得较暗。为了改善这种情况，我们可以

对上面介绍的方法进行推广，具体就是在复合 $f(i, j)$ 和 Sharpen($f(i, j)$) 时适当地提高 $f(i, j)$ 的比重，这可以形式化地描述为

$$g(i,j) = \begin{cases} Af(i,j) + \text{Sharpen}(f(i,j)) & \text{锐化算子的中心系数} > 0 \\ Af(i,j) - \text{Sharpen}(f(i,j)) & \text{锐化算子的中心系数} < 0 \end{cases} \qquad (5\text{-}14)$$

像式（5-14）这样的滤波处理就被称为**高提升滤波**。

（a）平滑后的婴儿照片 baby_smooth.bmp　　　　　（b）图 5.11（a）经式（5-13）处理后的效果

图 5.11　对比一张婴儿照片经拉普拉斯锐化处理前后的效果

　　一般来说，权重系数 A 应为一个大于或等于 1 的实数，A 越大，原图所占比重越大，锐化效果将越来越不明显。图 5.11（b）对应于 $A=1$ 的情况，图 5.12（a）和图 5.12（b）则分别给出了当 A 为 1.8 和 3 时对图 5.11（a）所示图像进行高提升滤波的效果。可以看出，照片中的细节得到了有效增强，对比度也有了一定的改善。

（a）图 5.11（a）经高提升滤波后的效果（$A=1.8$）　　　（b）图 5.11（a）经高提升滤波后的效果（$A=3$）

图 5.12　高提升滤波效果

2. 高提升滤波的实现思路

高提升滤波可通过以下 3 个步骤来完成。

（1）锐化图像。

（2）将原图与锐化后的图像按比例混合。

（3）调整混合后的灰度值（归一化至[0, 255]）。

5.5.6　高斯-拉普拉斯变换

锐化在增强边缘和细节的同时往往也"增强"了噪声，因此，如何区分噪声和边缘是锐化中要解决的一个核心问题。

基于二阶微分的拉普拉斯算子对于细节（细线和孤立点）能产生更强的响应，并且是各向同性的，因此这种算子在图像增强中较一阶的梯度算子更受青睐。然而，这种算子对于噪声点的响应也更强，我们可以看到，图像 babyNew.bmp 经拉普拉斯锐化后噪声更明显，如图 5.14（b）所示。

为了在取得更好的锐化效果的同时把噪声的干扰降到最低，我们可以先对带有噪声的原始图像进行平滑滤波，之后再进行锐化以增强边缘和细节。本着"强强联合"的原则，通过将在平滑领域工作得更好的高斯平滑算子同锐化领域表现突出的拉普拉斯算子结合起来，使得到了高斯-拉普拉斯（Laplacian of a Gaussian，LoG）算子，LoG 算子是由 Marr 和 Hildreth 提出的。

考虑如下高斯型函数：

$$h(r) = -\mathrm{e}^{-\frac{r^2}{2\sigma^2}} \tag{5-15}$$

其中：$r^2 = x^2 + y^2$；σ 为标准差。

图像经上述函数滤波后将产生平滑效应，且平滑的程度由 σ 决定。通过进一步计算 h 的拉普拉斯算子（对 h 关于 r 求二阶导数），即可得到著名的高斯-拉普拉斯算子。

$$\nabla^2 h(r) = -\left(\frac{r^2 - \sigma^2}{\sigma^4}\right)\mathrm{e}^{-\frac{r^2}{2\sigma^2}} \tag{5-16}$$

图 5.13 展示了一个 LoG 函数的三维图形。如同通过高斯函数得到高斯模板一样，式（5-16）在经过离散化之后，可近似为一个 5×5 的拉普拉斯模板。

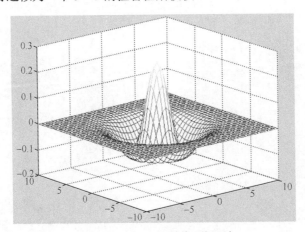

图 5.13　一个 LoG 函数的三维图形

[例 5.8]　对比拉普拉斯算子与 LoG 算子的锐化效果。

下面给出了对于图像 babyNew.bmp，分别采用拉普拉斯算子和 LoG 算子进行锐化的 MATLAB 实现。

```
>> I = imread('babyNew.bmp');
>> figure, imshow(I, []); % 得到图 5.14 (a)
>> Id = double(I);         % 在进行滤波之前，需要将图像类型转换为 double
>> h_lap = [-1 -1 -1; -1 8 -1; -1 -1 -1] % 拉普拉斯算子
h_lap =
```

```
   -1   -1   -1
   -1    8   -1
   -1   -1   -1
>> I_lap = imfilter(Id, h_lap, 'corr', 'replicate'); % 使用拉普拉斯算子进行锐化
>> figure, imshow(uint8(abs(I_lap)), []); % 取绝对值并将 255 以上的响应截掉,得到图 5.14(b)
>>
>> h_log = fspecial('log', 5, 0.5);       % 大小为 5、sigma 为 0.5 的 LoG 算子
>> I_log = imfilter(Id, h_log, 'corr', 'replicate');
>> figure, imshow(uint8(abs(I_log)), []); % 得到图 5.14(c)
>>
>> h_log = fspecial('log', 5, 2);         % 大小为 5、sigma 为 2 的 LoG 算子
>> I_log = imfilter(Id, h_log, 'corr', 'replicate');
>> figure, imshow(uint8(abs(I_log)), []); % 得到图 5.14(d)
```

上述程序的运行结果如图 5.14 所示。图 5.14（c）和图 5.14（d）分别给出了对于图像 babyNew.bmp，当 σ 为 0.5 和 2 时的 LoG 增强效果。我们可以看出，与图 5.14（b）相比，噪声得到了有效抑制。另外，σ 越小，细节上的增强效果越好；σ 越大，则平滑效果越好。

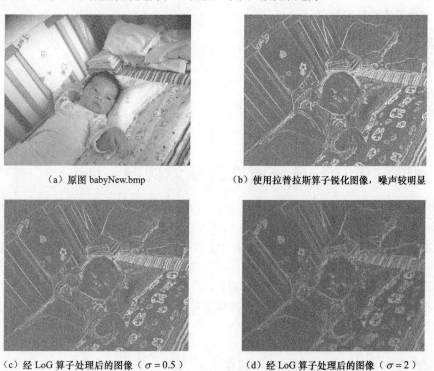

　（a）原图 babyNew.bmp　　　　　　　　　　（b）使用拉普拉斯算子锐化图像，噪声较明显

（c）经 LoG 算子处理后的图像（$\sigma = 0.5$）　　　（d）经 LoG 算子处理后的图像（$\sigma = 2$）

图 5.14　对比拉普拉斯算子与 LoG 算子的锐化效果

关于高斯-拉普拉斯变换更为详细的内容，可参考本书第 11 章中关于边缘检测方法的讨论。

第6章　频域图像增强

空域和频域为我们提供了不同的视角。在空域中，函数的自变量(x, y)被视为二维空间中的一点，数字图像$f(x, y)$则被视为一个定义在二维空间中的矩形区域内的离散函数；换个角度，如果将$f(x, y)$视为幅值变化的二维信号，则可以通过某些变换手段（如傅里叶变换、离散余弦变换、沃尔什变换和小波变换等）在频域中对其进行分析。

第5章详细介绍了空域图像增强的有关知识，本章将从频域的角度看待和分析图像增强问题，相信这一定能使读者对图像增强的理解更加深刻。

本章的知识和技术热点

- 傅里叶变换的数学知识。
- 快速傅里叶变换。
- 频域图像增强。
- 高通滤波器和低通滤波器。

本章的典型案例分析

- 美女与猫——交换两幅图像的相位谱。
- 利用频域带阻滤波器消除周期噪声。

6.1　频域滤波——与空域滤波殊途同归

在很多情况下，频域滤波和空域滤波可以视为对同一图像增强问题的殊途同归的两种解决方式；而在另外一些情况下，有些图像增强问题更适合在频域中完成，有些则更适合在空域中完成。我们常常根据实际需要选择是工作在空域还是频域中，并于必要时在空域和频域之间进行转换。

傅里叶变换提供了一种变换到频域的手段，由于使用傅里叶变换表示的函数可以完全通过傅里叶反变换进行重建而不丢失任何信息，因此傅里叶变换可以使我们工作在频域中，并在转换到空域时不丢失任何信息。

6.2　傅里叶变换的基础知识

要想理解傅里叶变换并掌握频域滤波的思想，必要的数学知识是不可或缺的。为了便于理解，我们将尽可能定性地去描述。其实对于大学二年级以上的理工科学生来说，学习傅里叶变换所必需的数学知识是很有限的，只需要具备高等数学中傅里叶级数的知识并理解线性代数中基和向量空间的概念就足够了。下面就从一维情况下的傅里叶级数开始进行介绍。

6.2.1　傅里叶级数

法国数学家傅里叶发现任何周期函数只要满足一定条件（狄利赫里条件），就都可以用正弦函数和余弦函数构成无穷级数，也就是以不同频率的正弦函数和余弦函数的加权和来表示，后世称之为傅里叶级数。

对于有限定义域的非周期函数，可以对其进行周期拓延，从而使其在整个扩展的定义域上为周期函数，进而展开为傅里叶级数。

1. 傅里叶级数的三角函数形式

周期为 T 的函数 $f(x)$ 的三角函数形式的傅里叶级数可以展开为

$$f(x) = \frac{a_0}{2} + \sum_{k=1}^{+\infty} (a_k \cos k\omega_0 x + b_k \sin k\omega_0 x) \tag{6-1}$$

其中：

$\omega_0 = \dfrac{2\pi}{T} = 2\pi u$，而 $u = 1/T$，u 是函数 $f(x)$ 的频率。

a_k 和 b_k 称为傅里叶系数。稍后在学习傅里叶级数的复数形式时，我们还将介绍傅里叶系数的另一种形式。事实上，傅里叶系数正是我们在傅里叶变换中所要关心的对象。

于是，周期函数 $f(x)$ 便与下面的傅里叶序列一一对应。

$$f(x) \Leftrightarrow \{a_0, (a_1, b_1), (a_2, b_2) \cdots\} \tag{6-2}$$

图 6.1 形象地显示了这种频率分解，左侧的周期函数 $f(x)$ 可以用右侧函数的加权和来表示，也就是由不同频率的正弦函数和余弦函数以不同的系数组合在一起。

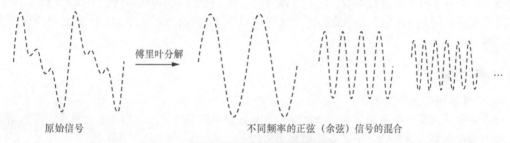

原始信号   不同频率的正弦（余弦）信号的混合

图 6.1 函数 $f(x)$ 的傅里叶分解

原函数 $f(x)$ 的傅里叶展开为一系列不同频率及系数的正弦函数和余弦函数的加权和，这在数学上已经得到证明，傅里叶级数的前 N 项之和是原函数 $f(x)$ 在给定能量下的最佳逼近。

$$\lim_{N \to \infty} \int_0^T \left| f(x) - \left[\frac{a_0}{2} + \sum_{k=1}^{N} (a_k \cos k\omega_0 x + b_k \sin k\omega_0 x) \right] \right|^2 \mathrm{d}x = 0 \tag{6-3}$$

图 6.2 展示了对一个方波信号函数采用不同的 N 值进行逼近的情况。随着 N 不断增大，逼近效果越来越好。但同时我们也注意到，在 $f(x)$ 的不可导点上，如果只取式（6-1）右边的无穷级数中的有限项之和作为 $\hat{f}(x)$，那么 $\hat{f}(x)$ 在这些点上会有起伏——对于图 6.2（a）所示的方波信号尤为明显，这就是著名的吉布斯现象。

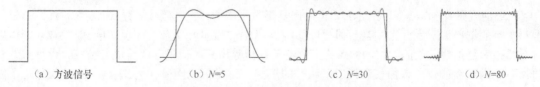

（a）方波信号   （b）N=5   （c）N=30   （d）N=80

图 6.2 采用不同的 N 值时傅里叶级数展开的逼近效果

2. 傅里叶级数的复指数形式

除上面介绍的三角函数形式外，傅里叶级数还有其他两种常见的表现形式——余弦形式和复指数形式。借助欧拉公式，我们可以很方便地对上述 3 种形式进行等价转化，因为在本质上它们都是一样的。

复指数傅里叶级数即我们常说的傅里叶级数的复数形式，因为具有简洁的形式（只需要使用一个统一的公式来计算傅里叶系数），所以在进行信号和系统分析时通常更易于使用；余弦傅里叶级数可使周期信号的幅度谱和相位谱意义更加直观，函数的余弦傅里叶级数展开可以解释为——$f(x)$ 可以用不同频率和相位的余弦波以不同系数组合在一起来表示，而在三角函数形式的傅里叶级数中，相位是隐藏在系数 a_n 和 b_n 中的。下面主要介绍复指数傅里叶级数，我们在后面的傅里叶变换中将要用到的正是这种形式。

傅里叶级数的复指数形式为

$$f(x) = \sum_{n=-\infty}^{\infty} c_n e^{i2n\pi ux} \tag{6-4}$$

其中：

$$c_n = \frac{1}{T} \int_{-T/2}^{T/2} f(x) e^{-i2n\pi ux} dx \qquad n = 0, \pm 1, \pm 2, \cdots \tag{6-5}$$

由式（6-4）和式（6-5）可见，复指数傅里叶级数的形式比较简洁，级数和系数都可以采用一个统一的公式来计算。有关如何从式（6-1）推导出式（6-4）所示复指数傅里叶级数的过程，由于我们感兴趣的并非傅里叶级数本身，这里不再展开讨论，读者只要相信不同的傅里叶级数展开形式在本质上是等价的，并对复指数形式的傅里叶级数展开建立基本形式上的认识，就足以继续阅读和理解后面的内容。

6.2.2　傅里叶变换

1. 一维连续傅里叶变换

对于定义域为整个时间轴（$-\infty < x < \infty$）的非周期函数 $f(x)$ 来说，此时已无法通过周期拓延将其扩展为周期函数，这种情况下就要用到傅里叶变换

$$F(u) = \int_{-\infty}^{\infty} f(x) e^{-i2\pi ux} dx \tag{6-6}$$

由 $F(u)$ 可以通过傅里叶反变换获得 $f(x)$。

$$f(x) = \int_{-\infty}^{\infty} F(u) e^{i2\pi ux} du \tag{6-7}$$

式（6-6）和式（6-7）即我们通常所说的傅里叶变换对。6.1 节提到的函数之所以可以通过其反变换进行重建，正是基于上面的傅里叶变换对。

由于傅里叶变换与傅里叶级数涉及两类不同的函数，因此很多关于数字图像处理的图书通常使用它们分别进行处理，并且没有阐明它们之间存在的密切联系，这给很多初学者带来了困扰。我们不妨认为周期函数的周期可以趋于无穷大，这样就可以将傅里叶变换看成傅里叶级数的推广。

仔细地观察式（6-6）和式（6-7），再对比复指数形式的傅里叶级数展开式（6-4），注意这里傅里叶变换的结果 $F(u)$ 实际上相当于傅里叶级数展开中的傅里叶系数，而反变换式（6-7）则体现出不同频率复指数函数的加权和的形式，相当于复指数形式的傅里叶级数展开公式，只不过这里的频率 u 为连续的，所以加权和采用了积分的形式。这是因为随着作为式（6-5）的积分上下限的 T 向整个实数定义域扩展，即 $T \to \infty$，频率 u 趋近于 du（因为 $u = 1/T$），导致原来离散变化的

u 连续化。

2. 一维离散傅里叶变换

一维函数 $f(x)$（其中 $x = 0, 1, 2, \cdots, M-1$）的傅里叶变换的离散形式为

$$F(u) = \sum_{x=0}^{M-1} f(x)\mathrm{e}^{-\mathrm{i}2\pi ux/M} \qquad u = 0, 1, 2, \cdots, M-1 \tag{6-8}$$

相应的反变换为

$$f(x) = \frac{1}{M}\sum_{u=0}^{M-1} F(u)\mathrm{e}^{\mathrm{i}2\pi ux/M} \qquad x = 0, 1, 2, \cdots, M-1 \tag{6-9}$$

由于一维情况下的很多性质更为直观，我们更青睐于分析一维离散傅里叶变换，由此得出的结论都可顺利推广至二维情况。一些有用的性质如下。

（1）仔细观察式（6-8）和式（6-9），注意在频域下变换的 $F(u)$ 也是离散的，并且其定义域仍为 $0\sim M-1$，这是因为 $F(u)$ 具有周期性，即

$$F(u + M) = F(u) \tag{6-10}$$

（2）考虑式（6-9）中的系数 $1/M$，该系数在被放到反变换之前，实际上也可以位于式（6-8）所示的正变换公式中。更一般的情况是：只要能够保证正变换与反变换之前的系数乘积为 $1/M$ 即可。例如，这两个公式的系数均可以取 $1/\sqrt{M}$。

（3）为了求得每一个 $F(u)$（$u = 0, 1, 2, \cdots, M-1$），需要全部 M 个点的 $f(x)$ 参与加权求和计算。对于 M 个 u，总共需要大约 M^2 次计算。对于比较大的 M（在二维情况下对应着比较大的图像），计算的代价也比较大，我们将在 6.3 节研究如何提高计算效率。

3. 二维连续傅里叶变换

有了之前的基础，下面我们将傅里叶变换及其反变换推广至二维情况。对于二维连续函数，傅里叶变换为

$$F(u, v) = \int_{-\infty}^{\infty}\int_{-\infty}^{\infty} f(x, y)\mathrm{e}^{-\mathrm{i}2\pi(ux+vy)}\mathrm{d}x\mathrm{d}y \tag{6-11}$$

相应的反变换为

$$f(x, y) = \int_{-\infty}^{\infty}\int_{-\infty}^{\infty} F(u, v)\mathrm{e}^{\mathrm{i}2\pi(ux+vy)}\mathrm{d}u\mathrm{d}v \tag{6-12}$$

4. 二维离散傅里叶变换

在数字图像处理中，我们关心的自然是二维离散函数的傅里叶变换。下面直接给出二维离散傅里叶变换（Discrete Fourier Transform，DFT）公式。

$$F(u, v) = \sum_{x=0}^{M-1}\sum_{y=0}^{N-1} f(x, y)\mathrm{e}^{-\mathrm{i}2\pi(ux/M+vy/N)} \tag{6-13}$$

$$f(x, y) = \frac{1}{MN}\sum_{u=0}^{M-1}\sum_{v=0}^{N-1} F(u, v)\mathrm{e}^{\mathrm{i}2\pi(ux/M+vy/N)} \tag{6-14}$$

相对于空域（图像域）变量 x、y，这里的 u、v 是变换域变量或者说是频域变量。与一维中的情况相同，由于频谱的周期性，式（6-13）只需要对 u 值（$u = 0, 1, 2, \cdots, M-1$）及 v 值（$v = 0, 1, 2, \cdots, N-1$）进行计算。同样，系数 $1/MN$ 的位置并不重要，有时放在正变换之前，有时则在正变换和反变换之前均乘以 $1/\sqrt{MN}$。

根据式（6-13），频域中原点位置的傅里叶变换为

$$F(0,0) = \sum_{x=0}^{M-1} \sum_{y=0}^{N-1} f(x,y) \tag{6-15}$$

显然，这是原图 $f(x,y)$ 中各个像素的灰度值之和；而如果将系数 $1/MN$ 放在正变换之前，则 $F(0,0)$ 对应于原图 $f(x,y)$ 的平均灰度值。$F(0,0)$ 有时被称作频谱的直流分量（DC）。

我们之前曾指出，一维函数可以表示为正弦（余弦）函数的加权和形式；类似地，二维函数 $f(x,y)$ 则可以分解为按比例叠加的不同频率的二维正弦（余弦）平面波。图 6.3（a）给出了一幅简单的图像，可将其视为以灰度值作为幅值的一个二维函数，如图 6.3（b）所示。根据式（6-13），这个二维函数可以分解为图 6.3（c）所示的按比例叠加的不同频率和方向的正弦（余弦）平面波（这里只显示了其中一部分）。比如，图 6.3（c）中第 1 行中间的平面波为 $\sin(y)$，而第 2 行最右边的平面波为 $\sin(x+2y)$，第 3 行最右边的平面波则为 $\sin(2x+2y)$。

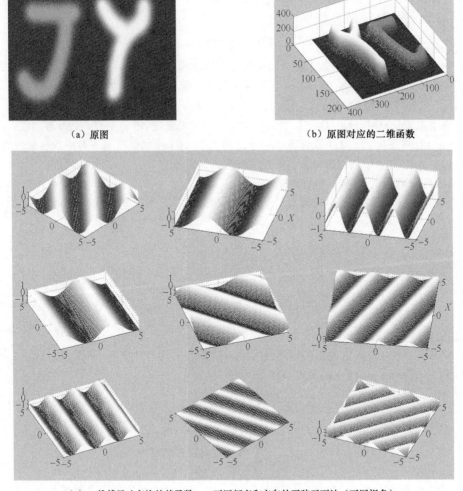

（a）原图　　　　　　　　　　　　　　（b）原图对应的二维函数

（c）二维傅里叶变换的基函数——不同频率和方向的正弦平面波（不同视角）

图 6.3　二维函数 $f(x,y)$ 的傅里叶分解

6.2.3　幅度谱、相位谱和功率谱

下面我们来定义傅里叶变换的幅度谱、相位谱和功率谱。

（1）幅度谱。

$$|F(u,v)| = (\text{Re}(u,v)^2 + \text{Im}(u,v)^2)^{1/2} \qquad (6\text{-}16)$$

显然，幅度谱关于原点对称，即 $|F(-u,-v)| = |F(u,v)|$。

（2）相位谱。

$$\varphi(u,v) = \text{argtan}\,\frac{\text{Im}(u,v)}{\text{Re}(u,v)} \qquad (6\text{-}17)$$

通过幅度谱和相位谱，我们可以还原 $F(u,v)$

$$F(u,v) = |F(u,v)|\,e^{i\varphi(u,v)} \qquad (6\text{-}18)$$

（3）功率谱（谱密度）。

$$P(u,v) = |F(u,v)|^2 = \text{Re}(u,v)^2 + \text{Im}(u,v)^2 \qquad (6\text{-}19)$$

其中：$\text{Re}(u,v)$ 和 $\text{Im}(u,v)$ 分别为 $F(u,v)$ 的实部和虚部。

幅度谱又叫频谱，是图像增强中我们需要关心的主要对象，频域下每一点 (u,v) 的幅度 $|F(u,v)|$ 可用来表示相应频率的正弦（余弦）平面波在叠加中所占的比例，如图 6.4 所示。幅度谱直接反映了频率信息，是频域滤波中的一个主要依据。

图 6.4 所示幅度谱中的 A、B、C、D 这 4 个点的幅值分别为四周的 4 个正弦平面波所在的加权求和中的权值（混合比例）。注意这 4 个正弦平面波的方向和频率。

从表面上看，相位谱并不那么直观，但它隐含着实部与虚部之间的某种比例关系，因此相位谱与图像结构息息相关。

图 6.4　幅度谱的意义

由于对于和空域等大的频域下的每一点 (u,v)，均可计算出对应的 $|F(u,v)|$ 和 $\varphi(u,v)$，因此我们可以像显示一幅图像那样显示幅度谱和相位谱。图 6.5（b）和图 6.5（c）分别给出了图 6.5（a）所示图像的幅度谱和相位谱，获得它们的方法请参考 6.3 节中傅里叶变换实现的相关内容，关于幅度谱和相位谱的一个非常有趣的例子请参考例 6.2。

（a）原图 circuit.tif

（b）原图的幅度谱，注意幅度谱关于原点（图像中心）对称

（c）原图的相位谱

图 6.5　原图 circuit.tif 的幅度谱和相位谱，注意幅度谱和相位谱都将点(0,0)移到了中心

6.2.4　傅里叶变换的实质——基的转换

无论是傅里叶变换、离散余弦变换还是小波变换，在本质上都是基的变换。下面首先让我们一起回顾一下线性代数中基和向量空间的相关知识。

1. 基和向量空间

在三维欧氏向量空间中，某向量 v 可以由 3 个复数 v_1、v_2、v_3 来定义，常常记作 $v=(v_1,v_2,v_3)$，这 3 个复数与 3 个正交单位向量 e_1、e_2、e_3 相联系。实际上，有序集 $\{v_1,v_2,v_3\}$ 表示向量 v 的 3 个标量分量，也就是系数；而 3 个正交单位向量 e_1、e_2、e_3 即该三维欧氏向量空间的基向量。我们称该三维欧氏向量空间是由这 3 个基向量张成的空间，该空间中的任何向量 v 均可由这 3 个基向量的线性组合（加权和）构成，表示为

$$v=v_1 e_1+v_2 e_2+v_3 e_3=\sum_{i=1}^{3}v_i e_i \tag{6-20}$$

也可以用矩阵的形式表示为

$$v=\begin{bmatrix} v_1 \\ v_2 \\ v_3 \end{bmatrix} \tag{6-21}$$

上面的叙述中涉及向量的正交，这是向量代数中一个非常重要的概念。为了说明正交的概念，让我们回顾一下向量的点积（数量积）。两个向量的点积被定义为

$$u \bullet v=|u||v|\cos\theta=u_1 v_1+u_2 v_2+u_3 v_3=[u_1\ u_2\ u_3]\begin{bmatrix} v_1 \\ v_2 \\ v_3 \end{bmatrix}=\begin{bmatrix} u_1 \\ u_2 \\ u_3 \end{bmatrix}^{\mathrm{T}}\begin{bmatrix} v_1 \\ v_2 \\ v_3 \end{bmatrix}=u^{\mathrm{T}}v \tag{6-22}$$

其中：$|v|=\sqrt{v_1^{2}+v_2^{2}+v_3^{2}}$，表示向量 v 的模；θ 为向量 u 和 v 之间的夹角；T 表示转置。

此时，如果 $u \bullet v=0$，则称向量 u 和 v 正交。由式（6-22）可知，当两个非零向量正交时，$\cos\theta=0$，即它们的夹角为 $90°$（这两个向量垂直）。

一个向量在另一个向量方向上的投影（分量）可表示为

$$u在v方向上的投影（分量）=u \bullet \frac{v}{|v|}=u \bullet e_v \tag{6-23}$$

其中：e_v 为向量 v 单位化后的单位向量，模为 1，方向与 v 相同。式（6-23）说明如果需要得到某向量在给定方向上的分量，只需要计算该向量与给定方向上单位向量的点积即可。

图 6.6 能够帮助我们理解上述内容，图 6.6（a）给出了三维空间中的向量 v 以及 3 个单位正交基向量 e_1、e_2、e_3；图 6.6（b）给出了向量 v 在 e_2 方向上的投影 v_2；在图 6.6（c）中，根据矢量的平行四边形法则，向量 v 被分解为 3 个正交基向量 e_1、e_2、e_3 的线性组合，这显然可以表示为 $v=(v_1,v_2,v_3)$ 的形式。

下面将三维空间中基与投影的概念推广至 N 维向量空间。该空间中的任何一个 $N \times 1$ 向量均可由 N 个基向量 e_1、e_2、$\cdots$、e_N 的线性组合来表示，记作

$$v=\sum_{i=1}^{N}v_i e_i \tag{6-24}$$

其中：分量 v_i 为向量 v 在 e_i 方向上的投影。

$$v_i=v \bullet e_i \tag{6-25}$$

式（6-24）被称为对 v 的重构，式（6-25）被称为对 v 的分解。

而 N 个单位基向量之间则满足两两正交的关系，即

$$e_i \bullet e_j=\delta_{i,j}=\begin{cases} 1 & i=j \\ 0 & i \neq j \end{cases} \quad \forall i,j \in Z \tag{6-26}$$

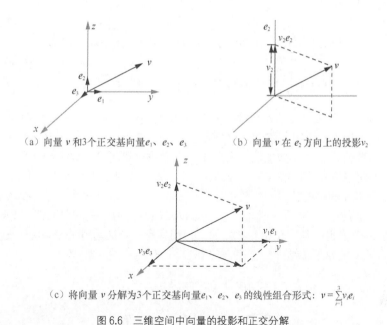

（a）向量 v 和3个正交基向量 e_1、e_2、e_3　　　　（b）向量 v 在 e_2 方向上的投影 v_2

（c）将向量 v 分解为3个正交基向量 e_1、e_2、e_3 的线性组合形式：$v = \sum_{i=1}^{3} v_i e_i$

图 6.6　三维空间中向量的投影和正交分解

2. 基函数和函数空间

尽管上面的向量分解与重构的问题比较基础，但它们与傅里叶变换和傅里叶反变换之间的关系十分紧密。事实上，它们在形式上有着惊人的相似之处，唯一不同的是这里的向量空间变成了函数空间，向量 v 变成了函数 $f(x)$，而基向量 e_1、e_2、$\cdots$、e_n 也相应地变成了基函数。对比式（6-24）和（6-25）以及式（6-8）和式（6-9）的形式不难看出，式（6-25）的分解过程相当于傅里叶变换，而式（6-26）的重构过程恰恰相当于傅里叶反变换。也就是说，相应函数空间中的任意函数均可以由该函数空间中一组基函数的加权和来表示。观察式（6-8），我们很容易发现，这里的基函数的形式为 $e^{-i2\pi ux}$。可使用下面的等式来表示函数的正交性：

$$\frac{1}{T}\int_{-T/2}^{T/2} e^{i2\pi kx} e^{-i2\pi lx} = \delta_{k,l} \qquad \forall k,l \in Z \tag{6-27}$$

至此，读者应该已经理解傅里叶变换的实质——基的转换。对于给定函数 $f(x)$，关键是选择一组合适的基，使得 $f(x)$ 在这组基下表现出我们需要的特性。当一组基不满足要求时，就需要通过变换将函数转换到另一组基下表示，方可得到我们需要的函数表示。常用的变换有傅里叶变换（以正弦函数和余弦函数为基函数）、小波变换（以各种小波函数为基函数）、离散余弦变换以及沃尔什变换等。实际上，我们将在第 12 章中指出，特征降维中常用的主成分分析法（K-L 变换）在本质上也是一种基的转换。

6.3　快速傅里叶变换及其实现

6.2 节介绍了离散傅里叶变换（DFT）的原理，但并没有涉及实现问题，这主要是因为 DFT 的直接实现效率较低。在工程实践中，我们迫切地需要一种能够快速计算离散傅里叶变换的高效算法，快速傅里叶变换（Fast Fourier Transform，FFT）便应运而生。本节将给出快速傅里叶变换算法的原理及实现细节。

6.3.1　FFT 变换的必要性

之所以提出快速傅里叶变换，是因为在计算离散域上的傅里叶变换时，对于 N 点序列，相应的 DFT 与反变换对被定义为

$$\begin{cases} F(u) = \sum_{x=0}^{N-1} f(x)W_N^{ux} & u = 0,1,\cdots,N-1, \quad W_N = \mathrm{e}^{-\mathrm{i}\frac{2\pi}{N}} \\ f(x) = \dfrac{1}{N}\sum_{u=0}^{N-1} F(u)W_N^{-ux} & x = 0,1,\cdots,N-1 \end{cases} \qquad （6-28）$$

我们不难发现，计算每个 u 值对应的 $F(u)$ 需要 N 次复数乘法和 $N-1$ 次复数加法。因此，为了计算长度为 N 的序列的快速傅里叶变换，共需要执行 N^2 次复数乘法和 $N\times(N-1)$ 次复数加法。实现 1 次复数加法至少需要执行 2 次实数加法，实现 1 次复数乘法则可能需要执行至多 4 次实数乘法和 2 次实数加法。如果使用这样的算法直接处理图像数据，则运算量会大得惊人，更无法实现实时处理。

然而，离散傅里叶变换的计算在实质上并没有那么复杂。在离散傅里叶变换的运算中，含有大量的重复运算。上面的变量 W_N 是一个复变量，可以看出其具有一定的周期性，实际上它只有 N 个独立的值；而这 N 个值也不是完全相互独立的，它们具有一定的对称关系。关于变量 W_N 的周期性和对称性，我们可以做如下总结

$$W_N^0 = 1, \quad W_N^{\frac{N}{2}} = -1 \qquad （6-29）$$

$$W_N^{N+r} = W_N^r, \quad W_N^{\frac{N}{2}+r} = -W_N^r \qquad （6-30）$$

式（6-29）是矩阵 W 中元素的某些特殊值，而式（6-30）则说明了矩阵 W 中元素的周期性和对称性。利用矩阵 W 中元素的周期性，就可以合并 DFT 中的某些项；而利用矩阵 W 中元素的对称性，就可以仅计算半个序列。根据这两点，我们可以将一个长度为 N 的序列分解成两个长度为 $N/2$ 的序列并分别计算 DFT，这样就可以减小运算量。

这正是 FFT 的基本思路——通过将较长的序列转换成相对短得多的序列来大大减小运算量。

6.3.2　常见的 FFT 算法

目前流行的大多数成熟的 FFT 算法从基本思路上大致可以分为两大类：一类是按时间抽取的快速傅里叶变换（Decimation In Time FFT，DIT-FFT）算法，另一类则是按频率抽取的快速傅里叶变换（Decimation In Freqency FFT，DIF-FFT）算法。这两种算法的基本区别如下。

按时间抽取的 FFT 算法基于将输入序列 $f(x)$ 分解（抽取）成一些较短的序列，然后从这些序列的 DFT 中求得输入序列的 $F(u)$。由于抽取后的较短序列仍然可分，因此最终只需要计算一个很短序列的 DFT。在这种算法中，我们主要关注的是当序列的长度是 2 的整数次幂时，如何高效地进行抽取和运算。

按频率抽取的 FFT 算法则基于将输出序列 $F(u)$ 分解（抽取）成一些较短的序列，并且从 $f(x)$ 中计算这些分解后的序列的 DFT。同样，这些序列也可以继续分解下去，最终得到一些更短的序列，从而可以更简便地进行运算。这种算法同样主要针对 2 的整数次幂长度的序列。

从本章前面对 DFT 所做的介绍和 6.3.1 小节的分析可知，随着序列长度的缩短，FFT 运算的复杂度将以指数规律降低。

本书主要讨论序列长度是 2 的整数次幂时的 DFT 运算，这被称为基–2 FFT 算法。除了基–2 FFT 算法，还有基–4 FFT 和基–8 FFT 算法，甚至还有基–16 FFT 算法。这些算法的效率相比基–2 FFT 算法更高，但应用的范围更窄。事实上，很多商业化的信号分析库使用的是混合基 FFT 算法。混合基 FFT 算法的程序代码更加复杂，但效率高得多，而且应用范围更广。从学习和研究的角度，本书仅介绍最常见的按时间抽取的基–2 FFT 算法。

6.3.3　按时间抽取的基–2 FFT 算法

对于基–2 FFT 算法，可以假设序列长度为 $N = 2^L$。由于 N 是偶数，我们可将这个序列按照项数

的奇偶分成两组。分组的规律如下：

$$\begin{cases} f(2x) = f_{偶}(x) \\ f(2x+1) = f_{奇}(x) \end{cases} \qquad x = 0,1,2,\cdots,\frac{N}{2}-1 \qquad （6\text{-}31）$$

$f(x)$ 的傅里叶变换 $F(u)$ 可以表示为 $f(x)$ 的奇数项和偶数项组成的序列的如下变换形式：

$$F(u) = \sum_{x=0}^{N-1} f(x)W_N^{ux} \sum_{x偶} f(x)W_N^{ux} + \sum_{x奇} f(x)W_N^{ux} \qquad （6\text{-}32）$$

$$= \sum_{r=0}^{\frac{N}{2}-1} f(2r)W_N^{2ru} + \sum_{r=0}^{\frac{N}{2}-1} f(2r+1)W_N^{(2r+1)u} \qquad r = 0,1,2,\cdots,\frac{N}{2}-1 \qquad （6\text{-}33）$$

因为 $W_N^{2nx} = W_{\frac{N}{2}}^{nx}$，所以上式可以继续化简为

$$F(u) = \sum_{r=0}^{\frac{N}{2}-1} f(2r)W_{\frac{N}{2}}^{ru} + W_N^{u} \sum_{r=0}^{\frac{N}{2}-1} f(2r+1)W_{\frac{N}{2}}^{ru} \qquad （6\text{-}34）$$

我们很容易发现，在式（6-34）中，等号右边的第一项为 $f(2r)$ 的 $N/2$ 点 DFT，而等号右边第二项的求和部分为 $f(2r+1)$ 的 $N/2$ 点 DFT（序列 $f(2r)$ 和序列 $f(2r+1)$ 的周期均为 $N/2$）。于是

$$F(u) = F_{偶}(u) + W_N^{u} F_{奇}(u) \qquad u = 0,1,2,\cdots,\frac{N}{2}-1 \qquad （6\text{-}35）$$

在这里，我们使用 $F_{偶}(u)$ 和 $F_{奇}(u)$ 分别表示 $f(2r)$ 和 $f(2r+1)$ 的 $N/2$ 点 DFT。

另外，根据 DFT 序列的周期性特点，我们可以得到如下式子：

$$F_{偶}(u) = F_{偶}(u+\frac{N}{2}), \quad F_{奇}(u) = F_{奇数}(u+\frac{N}{2}) \qquad （6\text{-}36）$$

并且由于 $W_N^{\frac{N}{2}} = -1$，我们还可以得出

$$W_N^{u+\frac{N}{2}} = W_N^{u} W_N^{\frac{N}{2}} = -W_N^{u} \qquad （6\text{-}37）$$

因此

$$W_N^{u+\frac{N}{2}} F_{奇}(u+\frac{N}{2}) = -W_N^{u} F_{奇}(u) \qquad （6\text{-}38）$$

将式（6-36）和式（6-37）代入式（6-38），并根据式（6-35），我们可以得到

$$\begin{cases} F_n(u) = F_{偶}(u) + W_N^{u} F_{奇}(u) & u = 0,1,2,\cdots,\frac{N}{2}-1 \\ F_n(u+\frac{N}{2}) = F_{偶}(u) + W_N^{u+\frac{N}{2}} F_{奇}(u+\frac{N}{2}) = F_{偶}(u) - W_N^{u} F_{奇}(u) & u = 0,1,2,\cdots,\frac{N}{2}-1 \end{cases} \qquad （6\text{-}39）$$

这是一个递推公式，它就是 FFT 蝶形运算的理论依据。该公式表明，一个偶数长序列的傅里叶变换可以通过其奇数项和偶数项的傅里叶变换得到，从而可以将输入序列分成两部分分别计算，并按公式相加/相减。而在整个运算过程中，实际上只需要计算 W_N^{u}（$u = 0,1,2,3,\cdots,N/2-1$）。

因此，按时间抽取的 8 点 FFT 算法的第一步如图 6.7 所示。

图 6.7 是根据式（6-39）绘制的，这种算法也可以用图 6.8 抽象地表示出来。

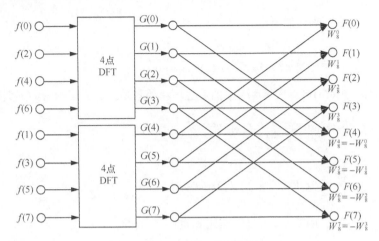

图 6.7 8 点 FFT 算法的变换简图

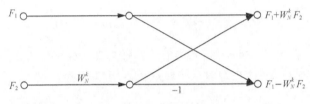

图 6.8 蝶形算法的抽象示意图

由于我们讨论的是基−2 FFT 算法，$N/2$ 一般是偶数，因此得到的序列还可以继续分解，分解过程可以一直持续到每个序列只需要 2 点 DFT 为止。这样只需要通过图 6.9 所示的运算即可计算 DFT 值，这一运算是 FFT 的基本运算，称为蝶形运算。

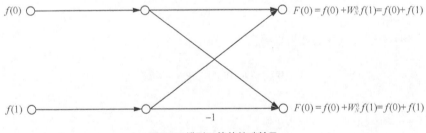

图 6.9 蝶形运算的基础单元

蝶形运算的基础单元是对初始输入序列进行傅里叶变换的第一步——实现 2 点时的 FFT。对这个基本的 DFT 运算和上面抽象化的蝶形运算做比较，可以发现它们的基本结构是完全一致的。在蝶形运算中，我们可以只计算一次 $W_N^k F_2$，而后分别与 F_1 相加或相减，从而每一次蝶形运算只需要 1 次复数乘法和 2 次复数加法（站在复杂度分析的角度，相减当然也可看作一次加法）。另外，注意 $W_N^k = 1$，因此计算可以进一步简化。尤其第一级蝶形运算更是可以完全简化为单纯的复数加减法。

8 点 FFT 的完整计算过程如图 6.10 所示，请思考这个过程与 DFT 过程的区别，以及这个过程所需的算法复杂度和存储空间问题。稍后我们将讨论这个问题。

使用按时间抽取的基−2 FFT 算法相比直接计算 DFT 的效率高得多。在计算序列长度为 $N = 2^L$ 的 FFT 时，在不对复数乘法进行额外优化的情况下，所需的运算量如下。

对于每一次蝶形运算，我们需要进行 1 次复数乘法和 2 次复数加法，而 FFT 运算的每一级都含有 $N/2 = 2^{L-1}$ 个蝶形运算单元。因此，完成 L 级 FFT 运算所需的复数乘法次数 M_{cm} 和复数加法次

数 M_{ca} 分别为

$$M_{cm} = L\frac{N}{2} = \frac{N}{2}\log_2 N \tag{6-40}$$

$$M_{ca} = LN = N\log_2 N \tag{6-41}$$

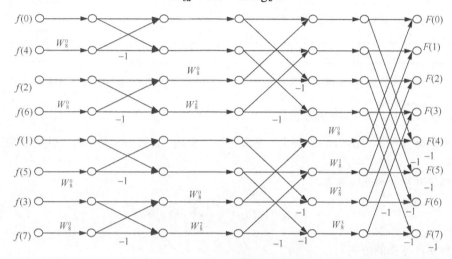

图 6.10　8 点 FFT 的完整计算过程

本节开头曾提到，实现同样长度序列的 DFT 运算需要 N^2 次复数乘法和 $N\times(N-1)$ 次复数加法，这远远超出 FFT 算法所需的次数。近似比较 FFT 和 DFT 运算的算法复杂度可知

$$C(N) = \frac{N^2}{N\log_2 N} = \frac{N}{\log_2 N} \tag{6-42}$$

或

$$C(L) = \frac{2^L}{L} \tag{6-43}$$

因此，当 N 或 L 的取值增大时，FFT 运算的优势更加明显。例如，当 $N = 2^{10}$ 时，$C(N)$=102.4，这表明 FFT 运算的速度是 DFT 运算的 102.4 倍。

此外，从占用的存储空间看，按时间抽取的 FFT 运算远比 DFT 运算节约空间。一对复数在进行完蝶形运算后，就没有必要再次保留输入的复数对了。因此，输出对可以和输入对放在相同的存储单元中，我们只需要和输入序列大小相等的存储单元即可。FFT 运算相当于一种"原位运算"。

但是，通过观察上面的 8 点 FFT 的运算全过程，我们发现，为了使用这种原位运算，输入序列就必须按照倒序来存储。由于 $f(x)$ 是逐次抽取的，因此必须将原输入码列的位序倒转，这相当于将原序列编号的二进制码位倒置。换言之，将原序列编号按照二进制表示，并且将二进制中所有位的次序颠倒，就得到了在实际的输入序列中应该使用的排序位置。下面同样以 8 点 FFT 为例说明倒置码位的方法，如表 6.1 所示。

表 6.1　　　　　　　　　　　　　　8 点 FFT 的码位倒置对应表

n	对应的二进制数	码位倒置后的二进制数	在实际的输入序列中对应的位置
0	000	000	0
1	001	100	4
2	010	010	2

n	对应的二进制数	码位倒置后的二进制数	在实际的输入序列中对应的位置
3	011	110	6
4	100	001	1
5	101	101	5
6	110	011	3
7	111	111	7

按照表 6.1 所示的顺序排列输入数据，就可以方便地进行原位运算，从而节约存储空间。

6.3.4　离散傅里叶反变换的快速算法

离散傅里叶反变换（IDFT）的形式与离散傅里叶变换（DFT）十分相似，我们首先比较它们的公式。

离散傅里叶反变换的公式为

$$f(x) = \mathrm{IDFT}(F(u)) = \frac{1}{N}\sum_{u=0}^{N-1} F(u)W_N^{-ux} \tag{6-44}$$

离散傅里叶变换的公式为

$$F(u) = \mathrm{DFT}(f(x)) = \sum_{x=0}^{N-1} f(x)W_N^{ux} \tag{6-45}$$

观察式（6-44）和式（6-45）可以发现，只要把 DFT 算子中的 W_N^{ux} 换成 W_N^{-ux} 并在前面乘以系数 $1/N$，即可得到 IDFT 算子。于是，可以考虑使用复数共轭方式建立两者之间的联系，推导离散傅里叶反变换的公式。

$$f(x) = \frac{1}{N}\big[\sum_{u=0}^{N-1} F^*(u)W_N^{nu}\big]^* = \frac{1}{N}\{\mathrm{DFT}[F^*(u)]\}^* \tag{6-46}$$

根据式（6-46），我们只需要先将 $F(u)$ 取共轭复数，就可以直接使用 FFT 算法计算 IFFT 了。

6.3.5　N 维快速傅里叶变换

N 维快速傅里叶变换用于对高维信号矩阵执行傅里叶频谱分析操作。其中，二维的快速傅里叶变换常常用于数字图像处理。

N 维快速傅里叶变换是由一维 FFT 组合而成的，其运算实质就是在给定的二维或多维数组的每个维度上依次执行一维 FFT 并进行"原位运算"。在开始之前，因为要将输入直接复制到输出，所以之后在每个维度上执行的 FFT 原位运算都不会改变原来的输入数组，同时输出数组和输入数组拥有同样的大小和维度。也就是说，如果对一幅灰度图像执行二维快速傅里叶变换操作，那么得到的结果将是一个二维数组。

6.3.6　MATLAB 实现

MATLAB 提供了 fft2 和 ifft2 函数来分别计算二维快速傅里叶变换和二维快速傅里叶逆变换，它们都经过了优化，运算速度非常快。另一个与傅里叶变换密切相关的函数是 fftshift，我们经常需要利用这个函数来将傅里叶频谱图中的零频点移到频谱图的中心位置。

下面分别介绍这 3 个函数。

1. fft2 函数

fft2 函数用于执行二维快速傅里叶变换操作，可直接用于数字图像处理，调用语法如下。

```
Y = fft2(X)
Y = fft2(X,m,n)
```

参数说明

- X 为输入图像。
- m 和 n 分别用于将 X 的第一维和第二维规整到指定的长度。当 m 和 n 均为 2 的整数次幂时，二维快速傅里叶变换操作的执行速度相比 m 和 n 均为素数时更快。

返回值

- Y 是计算得到的傅里叶频谱，它实际上是一个复数矩阵。

✏️ **提示**　计算 abs(Y)可得到幅度谱，计算 angle(Y)可得到相位谱。

---

2. fftshift 函数

在 fft2 函数输出的频谱分析数据中，频谱是按照原始计算所得的顺序来排列的，而不是以零频点为中心来排列，这造成零频点处在输出频谱矩阵的角上，因而在显示幅度谱图像时表现为 4 个亮度较高的角（零频点处的幅值较高），如图 6.11（a）所示。

fftshift 函数能够利用频谱的周期性特点，将输出图像的一半平移到另一端，从而使零频点被移到频谱的中间，调用语法如下。

（a）未经平移的幅度谱　　（b）经过平移的幅度谱

图 6.11　频谱的平移

```
Y = fftshift(X)
Y = fftshift(X,dim)
```

参数说明

- X 为想要平移的频谱。
- dim 用于指出要在多维数组的哪个维度上执行平移操作。

返回值

- Y 是经过平移的频谱。

利用 fftshift 函数对图 6.11（a）所示图像进行平移后的效果如图 6.11（b）所示。

下面给出对于二维图像矩阵，使用 fftshift 函数进行平移的过程，如图 6.12 所示。可以看出，输出矩阵被分为 4 部分，其中部分 1 和部分 3 对换，部分 2 和部分 4 对换。这样，原来处在角上的零频点（原点）就被移到了图像的中心位置。dim 参数用于指定在多维数组的哪个维度上执行对换操作，对于矩阵而言，dim 取 1 和 2 的情形分别如图 6.13 所示。

3. ifft2 函数

ifft2 函数用于对图像（矩阵）进行二维快速傅里叶逆变换，输出矩阵的大小与输入矩阵相同，调用语法如下。

```
Y = ifft2(X)
Y = ifft2(X,m,n)
```

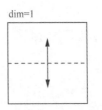
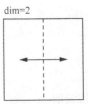

图 6.12　使用 fftshift 函数对二维图像矩阵进行平移的过程　　图 6.13　使用 fftshift 函数对二维图像矩阵进行平移的细节分析

参数说明
- X 为想要计算的二维快速傅里叶逆变换的频谱。
- m 和 n 的作用与 fft2 函数中的相同。

返回值
- Y 是进行傅里叶反变换后得到的图像。

> 注意　　在使用 ifft2 函数之前,如果曾经使用 fftshift 函数对频域图像进行过原点平移,则还需要使用 ifftshift 函数将原点平移回原来的位置。

[例 6.1]　幅度谱的意义。

下面的程序展示了如何利用 fft2 函数进行二维快速傅里叶变换。为了更好地显示频谱图像,我们需要利用 3.3 节介绍的对数变换来增强频谱。

```
I1 = imread('cell.tif');          % 读取图像

fcoef = fft2(double(I1));          % 利用 fft2 函数进行二维快速傅里叶变换
spectrum = fftshift(fcoef);        % 将零频点移到中心
temp =log(1+abs(spectrum));        % 对幅值做对数变换以压缩动态范围

subplot(1,2,1);
imshow(temp,[]);
title('FFT');
subplot(1,2,2);
imshow(I1);
title('Source')

I2 = imread('circuit.tif');        % 读取图像

fcoef = fft2(double(I2));          % 利用 fft2 函数进行二维快速傅里叶变换
spectrum = fftshift(fcoef);        % 将零频点移到中心
temp =log(1+abs(spectrum));        % 对幅值做对数变换以压缩动态范围

figure;
subplot(1,2,1);
imshow(temp,[]);
title('FFT');
subplot(1,2,2);
imshow(I2);
title('Source')
```

上述程序的运行结果如图 6.14 所示。

从图 6.14 中可以看出,图 6.14(a)中的 cell.tif 图像较为平滑,但在其傅里叶频谱中,低频部分对应的幅值较大,如图 6.14(b)所示;图 6.14(c)中的 circuit.tif 图像则细节较多,灰度的变化更加明显，相应频谱中的高频分量较大。

事实上，图 6.14（c）中基本只存在水平和垂直的线条，这导致输出的频谱中亮线集中存在于水平和垂直方向（并且经过原点），如图 6.14（d）所示。具体地说，原图中的水平边缘对应于频谱中的垂直响应，而垂直边缘则对应于频谱中的水平响应。我们不妨这样理解，水平边缘可以看作垂直方向上灰度值的矩形脉冲，而这样的矩形脉冲可以分解为无数个在垂直方向上叠加的正弦平面波，从而对应频域图像中的垂直亮线。对于垂直方向的边缘，情况也是类似的。

通过例 6.1，我们可以发现一些频谱与其空域图像之间的联系。实际上，低频（频谱图像中靠近中心的区域）对应着图像的慢变化分量；高频（频谱图像中远离中心的区域）则对应着一幅图像中较快变化的灰度级，也就是对应着图像细节，如物体的边缘和噪声等。就拿图 6.14（c）所示的图像来说，其灰度较为一致的背景区域对应着频谱的低频部分，而横竖线条的灰度变换对应着频谱的高频部分，并且灰度变换越剧烈，就对应着越大的频域分量。

（a）   （b）   （c）   （d）

图 6.14   图像及其幅度谱

我们在 6.2.3 小节曾给出幅度谱和相位谱的定义，此外还对它们的作用进行了简单介绍。为了进一步加深读者对幅度谱和相位谱的认识，这里给出一个关于它们的有趣例子。

[例 6.2]   美女与猫——交换两幅图像的相位谱。

图 6.15（a）和图 6.15（b）分别是一张美女的图像和一张猫的图像，这里我们准备交换这两幅图像的相位谱，也就是用美女图像的幅度谱加上猫图像的相位谱，而用猫图像的幅度谱加上美女图像的相位谱，然后根据式（6-18），通过幅度谱和相位谱来还原傅里叶变换 $F(u,v)$，最后经傅里叶反变换得到交叉相位谱之后的图像。根据 6.2.2 小节中关于幅度谱和相位谱各自作用的讨论，您能想到这样做将会产生怎样的结果吗？

```
% ex6_2.m

% 读取图像
A = imread('../beauty.jpg');
B = imread('../cat.jpg');

% 傅里叶变换
Af = fft2(double(A));
Bf = fft2(double(B));

% 分别求幅度谱和相位谱
AfA = abs(Af);
AfB = angle(Af);

BfA = abs(Bf);
BfB = angle(Bf);

% 交换相位谱并重建复数矩阵
AfR = AfA .* cos(BfB) + AfA .* sin(BfB) .* i;
BfR = BfA .* cos(AfB) + BfA .* sin(AfB) .* i;
```

```
% 傅里叶反变换
AR = abs(ifft2(AfR));
BR = abs(ifft2(BfR));

% 显示图像
subplot(2,2,1);
imshow(A);
title('美女图像');

subplot(2,2,2);
imshow(B);
title('猫图像');

subplot(2,2,3);
imshow(AR, []);
title('美女图像的幅度谱和猫图像的相位谱组合');

subplot(2,2,4);
imshow(BR, []);
title('猫图像的幅度谱和美女图像的相位谱组合');
```

　　上述程序的运行结果如图 6.15 所示。

（a）美女图像

（b）猫图像

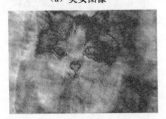

（c）美女图像的幅度谱和猫图像的相位谱组合

（d）猫图像的幅度谱和美女图像的相位谱组合

图 6.15　幅度谱与相位谱的关系

　　通过这个示例我们可以发现，在交换相位谱之后，利用傅里叶反变换得到的图像内容与其相位谱对应的图像一致，这就印证了我们之前关于相位谱决定图像结构的论断。而图像中整体灰度的分布特性，如明暗、灰度变化趋势等，则在比较大的程度上取决于对应的幅度谱，因为幅度谱反映了图像整体上各个方向的频率分量的相对大小。

6.4　频域滤波的基础知识

6.4.1　频域滤波与空域滤波的关系

　　傅里叶变换可以将图像从空域变换到频域，而傅里叶反变换可以将图像的频谱逆变换为空域图像，即人类可以直接识别的图像。这样我们就可以利用空域图像与频谱的对应关系，尝试将空域卷积滤波变换为频域滤波，而后将频域滤波处理后的图像反变换回空域，从而达到图像增强的目的。这样做的最主要原因是频域滤波具有直观性，关于这一点，我们稍后将进行详细阐述。

根据著名的卷积定理可知，两个二维连续函数在空域中的卷积可由相应的两个傅里叶变换乘积的反变换得到；反之，它们在频域中的卷积可由空域中相应的两个傅里叶变换的乘积得到。

$$f(x,y)*h(x,y) <\!\!=\!\!> F(u,v)H(u,v) \qquad\qquad （6\text{-}47）$$

$$f(x,y)h(x,y) <\!\!=\!\!> F(u,v)*H(u,v) \qquad\qquad （6\text{-}48）$$

其中，$F(u, v)$ 和 $H(u, v)$ 分别表示 $f(x, y)$ 和 $h(x, y)$ 的傅里叶变换，符号 * 表示卷积，而符号 $<\!\!=\!\!>$ 表示傅里叶变换对。换言之，有了左侧的表达式，便可通过傅里叶变换得到右侧的表达式；而有了右侧的表达式，便可通过傅里叶反变换得到左侧的表达式。

式（6-47）构成了整个频域滤波的基础，卷积的概念我们曾在第 5 章讨论过，而式（6-47）中的乘积实际上就是两个二维矩阵 $F(u, v)$ 和 $H(u, v)$ 中对应元素之间的乘积。

6.4.2　频域滤波的基本步骤

在根据式（6-47）进行频域滤波时，通常应遵循以下步骤。

（1）计算原始图像 $f(x, y)$ 的 DFT，得到 $F(u, v)$。

（2）将频谱 $F(u, v)$ 的零频点移到频谱图的中心位置。

（3）计算滤波器函数 $H(u, v)$ 与 $F(u, v)$ 的乘积 $G(u, v)$。

（4）将频谱 $G(u, v)$ 的零频点移回频谱图的左上角位置。

（5）计算第（4）步所得结果的傅里叶反变换 $g(x, y)$。

（6）取 $g(x, y)$ 的实部作为最终滤波后的结果图像。

由上面的叙述易知，滤波能否取得理想结果的关键在于频域滤波函数 $H(u,v)$，我们常常称之为滤波器或滤波器传递函数，因为其在滤波中抑制或滤除了频谱中某些频率的分量，而保留其他一些频率不受影响。在本书中，我们只关心值为实数的滤波器，这样在滤波过程中，就可以将 $H(u,v)$ 的每一个实数元素分别乘以 $F(u,v)$ 中对于位置的复数元素，从而使 $F(u,v)$ 中元素的实部和虚部等比例变化，以免改变 $F(u,v)$ 的相位谱，这种滤波器也因此被称为"零相移"滤波器。最终反变换回空域后，我们得到的滤波结果图像 $g(x, y)$ 在理论上也应当为实函数。然而由于计算误差等因素，结果中可能会带有非常小的虚部，我们通常将虚部直接忽略。

为了更直观地理解频域滤波与空域滤波的对应关系，让我们先来看一个简单的例子。6.2 节曾指出原点处的傅里叶变换 $F(0, 0)$ 实际上是图像中全部像素的灰度之和。因此，如果我们想要从原始图像 $f(x, y)$ 得到一幅像素灰度之和为 0 的空域图像 $g(x, y)$，就可以先将 $f(x, y)$ 变换到频域 $F(u, v)$，之后令 $F(0, 0) = 0$（在原点已被移到中心位置的频谱中为 $F(M/2, N/2)$），最后再反变换回去。这个滤波过程相当于计算 $F(u, v)$ 和如下 $H(u, v)$ 的乘积。

$$H(u,v) = \begin{cases} 0 & (u,v) = (M/2, N/2) \\ 1 & 其他 \end{cases} \qquad\qquad （6\text{-}49）$$

上式中的 $H(u, v)$ 对应于平移过的频谱，其原点位于 $(M/2, N/2)$。显然在这里，$H(u, v)$ 的作用就是将点 $F(M/2, N/2)$ 置零，而其他位置的 $F(u, v)$ 保持不变。有兴趣的读者可以自行尝试这个简单的频域滤波过程，并在反变换之后验证 $g(x, y)$ 的所有像素灰度之和是否为 0。我们将在 6.4.2 小节详细地探讨一些更具实用性的频域滤波器。

6.4.3　频域滤波的 MATLAB 实现

为方便读者在 MATLAB 中进行频域滤波，我们编写了 imfreqfilt 函数，其用法同空域滤波中使用的 imfilter 函数类似，调用时需要提供原始图像以及与原始图像等大的频域滤波器作为参数，输出为经频域滤波处理后又反变换回空域的图像。

> **注意**　我们通常使用 fftshift 函数将频谱原点移至图像中心，为此需要构造对应的原点在图像中心的滤波器，并在滤波之后使用 ifftshift 函数将原点移回以进行反变换。

频域滤波算法的完整实现如下。

```
function out = imfreqfilt(I, ff)
% imfreqfilt 函数          对灰度图像进行频域滤波
% 参数 I                   输入的空域图像
% 参数 ff                  将要应用的与原始图像等大的频域滤波器

if (ndims(I)==3) && (size(I,3)==3)     % RGB 图像
    I = rgb2gray(I);
end

if (size(I) ~= size(ff))
    msg1 = sprintf('%s: 滤波器与原始图像不等大，检查输入', mfilename);
    msg2 = sprintf('%s: 滤波操作已取消', mfilename);
    eid = sprintf('Images:%s:ImageSizeNotEqual',mfilename);
    error(eid,'%s %s',msg1,msg2);
end

% 快速傅里叶变换
f = fft2(double(I));

% 移动原点
s = fftshift(f);

% 应用滤波器及傅里叶反变换
out = s .* ff; % 将对应元素相乘以实现频域滤波
out = ifftshift(out);
out = ifft2(out);

% 求模值
out = abs(out);

% 进行归一化以便显示
out = out/max(out(:));
```

6.5　频域低通滤波器

在频谱中，低频主要对应图像在平滑区域的总体灰度级分布，而高频对应图像的细节部分，如边缘和噪声。因此，图像平滑可以通过衰减图像频谱中的高频部分来实现，这就建立了空域图像平滑与频域低通滤波之间的对应关系。

6.5.1 理想低通滤波器及其实现

1. 理论基础

我们最容易想到的衰减高频部分的方法就是在一个称为"截止频率"的位置"截断"所有的高频部分，可以将图像频谱中所有高于这一截止频率的频谱部分设为 0，而低于这一截止频率的频谱部分则保持不变。能够达到这种效果的滤波器如图 6.16 所示，我们称之为理想低通滤波器。如果图像的宽度为 M、高度为 N，那么理想低通滤波器可形式化地描述为

$$H(u,v) = \begin{cases} 1 & \left[\left(u - \dfrac{M}{2}\right)^2 + \left(v - \dfrac{N}{2}\right)^2\right] \leqslant D_0 \\[2ex] 0 & \left[\left(u - \dfrac{M}{2}\right)^2 + \left(v - \dfrac{N}{2}\right)^2\right] > D_0 \end{cases} \tag{6-50}$$

其中，D_0 表示理想低通滤波器的截止频率，滤波器的频域原点在频谱图像的中心位置。以截止频率为半径的圆形区域之内的滤波器元素全部为 1，而该圆形区域之外的滤波器元素全部为 0。理想低通滤波器的频率特性是在截止频率处十分陡峭，无法用硬件实现，这也是我们称之为"理想"的原因，但其软件编程的模拟实现较为简单。

理想低通滤波器可在一定程度上去除图像噪声，但由此带来的图像边缘和细节的模糊效应也较为明显，其滤波效果类似于 5.3.1 小节中的平均平滑。实际上，理想低通滤波器是一个与频谱图像具有同样尺寸的二维矩阵，通过将该矩阵中对应较高频率的部分设为 0，而将对应较低频率的部分（靠近中心）设为 1，

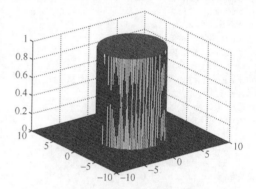

图 6.16 理想低通滤波器的曲面图

便可在与频谱图像相乘后有效去除频谱的高频部分（由于是将矩阵中的对应元素相乘，因此相当于将频谱的高频部分与滤波器中的 0 相乘）。其中，0 与 1 的交界处即对应滤波器的截止频率。

2. MATLAB 实现

利用编写的 imidealflpf 函数，我们可以得到截止频率为 freq 的理想低通滤波器。
imidealflpf 函数的完整实现如下。

```
function out = imidealflpf(I, freq)
% imidealflpf 函数              构造理想的频域低通滤波器
% 参数 I                        输入的灰度图像
% 参数 freq                     低通滤波器的截止频率
% 返回值 out                    指定的理想低通滤波器
[M,N] = size(I);
out = ones(M,N);
for i=1:M
    for j=1:N
        if (sqrt(((i-M/2)^2+(j-N/2)^2))>freq)
            out(i,j)=0;
        end
    end
end
end
```

下面仍以我们在第 5 章中讲解图像平滑时使用过的婴儿照片 baby_noise.bmp 为例，使用频域的理想低通滤波器对其进行处理，相应的 MATLAB 代码如例 6.3 所示。

[例 6.3]　理想低通滤波的 MATLAB 实现。

```matlab
I = imread('../baby_noise.bmp'); % 读取图像

% 生成滤波器
ff = imidealflpf(I, 20);
% 应用滤波器
out = imfreqfilt(I, ff);

figure (1);
subplot(2,2,1);
imshow(I);
title('原图');

% 计算 FFT 并显示
temp = fft2(double(I));
temp = fftshift(temp);
temp = log(1 + abs(temp));
figure (2);
subplot(2,2,1);
imshow(temp, []);
title('原图');

figure (1);
subplot(2,2,2);
imshow(out);
title('Ideal LPF, freq=20');

% 计算 FFT 并显示
temp = fft2(out);
temp = fftshift(temp);
temp = log(1 + abs(temp));
figure (2);
subplot(2,2,2);
imshow(temp, []);
title('Ideal LPF, freq=20');

% 生成滤波器
ff = imidealflpf(I, 40);
% 应用滤波器
out = imfreqfilt(I, ff);

figure (1);
subplot(2,2,3);
imshow(out);
title('Ideal LPF, freq=40');

% 计算 FFT 并显示
temp = fft2(out);
temp = fftshift(temp);
temp = log(1 + abs(temp));
figure (2);
subplot(2,2,3);
imshow(temp, []);
title('Ideal LPF, freq=40');

% 生成滤波器
ff = imidealflpf(I, 60);
% 应用滤波器
```

```
out = imfreqfilt(I, ff);

figure (1);
subplot(2,2,4);
imshow(out);
title('Ideal LPF, freq=60');

% 计算 FFT 并显示
temp = fft2(out);
temp = fftshift(temp);
temp = log(1 + abs(temp));
figure (2);
subplot(2,2,4);
imshow(temp, []);
title('Ideal LPF, freq=60');
```

上述程序的运行效果如图 6.17 和图 6.18 所示。

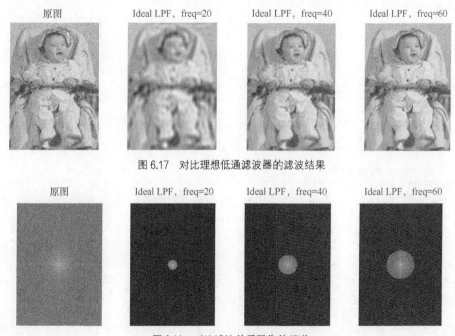

图 6.17   对比理想低通滤波器的滤波结果

图 6.18   对比滤波前后图像的频谱

从图 6.17 和图 6.18 可以看出，当截止频率非常低时，只有非常靠近原点的低频部分能够通过，图像模糊严重。截止频率越高，通过的频率部分就越多，图像的模糊程度越小，所获得的图像也就越接近原始图像。但是，理想低通滤波器并不能很好地兼顾噪声滤除与细节保留，这与在空域中采用平均模板进行滤波的情形比较类似。下面我们将介绍频域的高斯低通滤波器，并比较其与理想低通滤波器的处理效果。

6.5.2   高斯低通滤波器及其实现

1．理论基础

高斯低通滤波器的频域二维形式可由下式给出：

$$H(u,v) = e^{-[(u-\frac{M}{2})^2 + (v-\frac{N}{2})^2]/2\sigma^2}$$

（6-51）

高斯函数具有相对简单的形式，而且其傅里叶变换和傅里叶反变换都是高斯函数。为了简单起见，下面仅给出一个一维高斯函数的傅里叶变换和傅里叶反变换的例子，式（6-52）则告诉我们一维高斯函数的傅里叶变换和傅里叶逆变换仍为高斯函数。至于式（6-52）的证明，我们留给有兴趣的读者自行完成（提示：可以利用高斯分布的概率密度函数在定义域上积分为 1 的性质）。

$$H(u) = A\mathrm{e}^{-\frac{u^2}{2\sigma^2}} \xleftrightarrow{\text{FFT}} h(x) = \sqrt{2\pi}\sigma A^{-2\pi^2\sigma^2 x^2} \qquad （6\text{-}52）$$

其中：σ 是高斯曲线的标准差。

频域和与之对应的空域一维高斯函数的图形如图 6.19 所示。

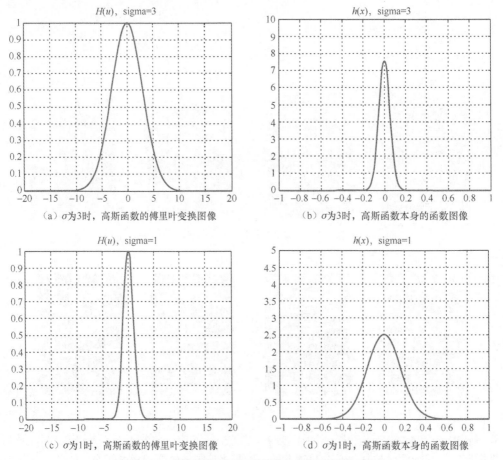

图 6.19　高斯函数本身的函数图像与其傅里叶变换图像

从图 6.19 中可以发现，当 σ 增大时，$H(u)$ 的图像变宽，而 $h(x)$ 的图像变窄和变高，这体现了频域和空域的对应关系。频域滤波器越窄，滤除的高频部分越多，图像越平滑（模糊）；而在空域中，对应的滤波器就越宽，相应的卷积模板越平坦，平滑（模糊）效果越明显。

我们在图 6.20 中分别给出了 σ 为 3 和 1 时频域二维高斯滤波器的三维曲面，可以看出，频域下的二维高斯滤波器同样具有一维情况时的特点。

2. MATLAB 实现

根据上面二维高斯低通滤波器的内容，我们可以编写高斯低通滤波器的生成函数，如下所示。

```
function out = imgaussflpf(I, sigma)
```

```
%  imgaussflpf 函数              构造频域的高斯低通滤波器
%  参数 I                        输入的灰度图像
%  参数 sigma                    高斯函数的σ参数

[M,N] = size(I);
out = ones(M,N);
for i=1:M
    for j=1:N
        out(i,j) = exp(-((i-M/2)^2+(j-N/2)^2)/2/sigma^2);
    end
end
```

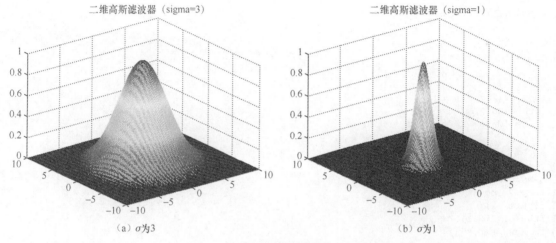

图 6.20　频域二维高斯滤波器的三维曲面

下面的例 6.4 给出了针对图像 baby_noise.bmp，当参数 sigma 取不同值时高斯低通滤波的 MATLAB 实现。

[例 6.4] 高斯低通滤波的 MATLAB 实现。

```
I = imread('../baby_noise.bmp'); % 读取图像

% 生成滤波器
ff = imgaussflpf (I, 20);
% 应用滤波器
out = imfreqfilt(I, ff);

figure (1);
subplot(2,2,1);
imshow(I);
title('原图');

% 计算 FFT 并显示
temp = fft2(double(I));
temp = fftshift(temp);
temp = log(1 + abs(temp));
figure (2);
subplot(2,2,1);
imshow(temp, []);
title('原图');

figure (1);
```

```matlab
subplot(2,2,2);
imshow(out);
title('Gauss LPF, sigma=20');

% 计算 FFT 并显示
temp = fft2(out);
temp = fftshift(temp);
temp = log(1 + abs(temp));
figure (2);
subplot(2,2,2);
imshow(temp, []);
title('Gauss LPF, sigma=20');

% 生成滤波器
ff = imgaussflpf (I, 40);
% 应用滤波器
out = imfreqfilt(I, ff);

figure (1);
subplot(2,2,3);
imshow(out);
title('Gauss LPF, sigma =40');

% 计算 FFT 并显示
temp = fft2(out);
temp = fftshift(temp);
temp = log(1 + abs(temp));
figure (2);
subplot(2,2,3);
imshow(temp, []);
title('Gauss LPF, sigma =40');

% 生成滤波器
ff = imgaussflpf (I, 60);
% 应用滤波器
out = imfreqfilt(I, ff);

figure (1);
subplot(2,2,4);
imshow(out);
title('Gauss LPF, sigma =60');

% 计算 FFT 并显示
temp = fft2(out);
temp = fftshift(temp);
temp = log(1 + abs(temp));
figure (2);
subplot(2,2,4);
imshow(temp, []);
title('Gauss LPF, sigma =60');
```

上述程序运行后得到的滤波效果如图 6.21 所示。

图 6.21 中各幅图像对应的频谱如图 6.22 所示。显然，应用高斯低通滤波器后图像的频谱在截止频率处不是陡峭的。

高斯低通滤波器在 sigma 参数为 40 的时候可以较好地处理被高斯噪声污染的图像，相比理想低通滤波器而言，处理效果更加明显。高斯低通滤波器在有效抑制噪声的同时，图像的模糊程度更轻，对图像边缘带来的混叠程度更小，这使高斯低通滤波器在通常情况下能够得到相比理想低通滤波器更为广泛的应用。

原图　　　Gauss LPF，sigma=20　　Gauss LPF，sigma=40　　Gauss LPF，sigma=60

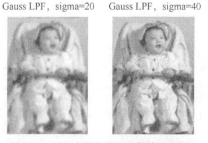

图 6.21　对比高斯低通滤波器的滤波结果

原图　　　Gauss LPF，sigma=20　　Gauss LPF，sigma=40　　Gauss LPF，sigma=60

图 6.22　对比滤波前后图像的频谱

6.6 频域高通滤波器

图像锐化可以通过衰减图像频谱中的低频部分来实现，这就建立了空域图像锐化与频域高通滤波之间的对应关系。

6.6.1　高斯高通滤波器及其实现

1. 理论基础

观察 6.5.2 小节展示的高斯低通滤波器中 $H(u)$ 的图像，可以发现滤波器中心频率处的值即为最大值 1。如果需要执行相反的滤波操作——滤除低频部分而留下高频部分，则可以考虑简单地使用如下公式来获得一个高斯高通滤波器。

$$H(u,v) = 1 - e^{-\left((u-\frac{M}{2})^2+(v-\frac{N}{2})^2\right)/2\sigma^2}\qquad(6\text{-}53)$$

因此，高斯高通滤波器的频域特性曲线如图 6.23 所示（仍以一维情况为例）。

2. MATLAB 实现

根据上面一维高斯高通滤波器的内容，我们可以编写高斯高通滤波器的生成函数，如下所示。

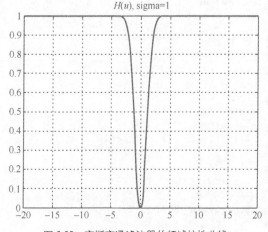

图 6.23　高斯高通滤波器的频域特性曲线

```
function out = imgaussfhpf(I, sigma)
% imgaussfhpf 函数          构造频域的高斯高通滤波器
% 参数 I                    输入的灰度图像
```

```
%  参数 sigma                     高斯函数的σ参数
[M,N] = size(I);
out = ones(M,N);
for i=1:M
    for j=1:N
        out(i,j) = 1 - exp(-((i-M/2)^2+(j-N/2)^2)/2/sigma^2);
    end
end
```

下面的例 6.5 给出了针对 MATLAB 示例图像 coins.png，当参数 sigma 取不同值时高斯高通滤波的 MATLAB 实现。

[例 6.5]　高斯高通滤波的 MATLAB 实现。

```
I = imread('coins.png');

%  生成滤波器
ff = imgaussfhpf (I, 20);
%  应用滤波器
out = imfreqfilt(I, ff);

figure (1);
subplot(2,2,1);
imshow(I);
title('原图');

%  计算 FFT 并显示
temp = fft2(double(I));
temp = fftshift(temp);
temp = log(1 + abs(temp));
figure (2);
subplot(2,2,1);
imshow(temp, []);
title('原图');

figure (1);
subplot(2,2,2);
imshow(out);
title('Gauss HPF, sigma=20');

%  计算 FFT 并显示
temp = fft2(out);
temp = fftshift(temp);
temp = log(1 + abs(temp));
figure (2);
subplot(2,2,2);
imshow(temp, []);
title('Gauss HPF, sigma=20');

%  生成滤波器
ff = imgaussfhpf (I, 40);
%  应用滤波器
out = imfreqfilt(I, ff);

figure (1);
subplot(2,2,3);
imshow(out);
title('Gauss HPF, sigma=40');
```

```
% 计算 FFT 并显示
temp = fft2(out);
temp = fftshift(temp);
temp = log(1 + abs(temp));
figure (2);
subplot(2,2,3);
imshow(temp, []);
title('Gauss HPF, sigma=40');

% 生成滤波器
ff = imgaussfhpf(I, 60);
% 应用滤波器
out = imfreqfilt(I, ff);

figure (1);
subplot(2,2,4);
imshow(out);
title('Gauss HPF, sigma=60');

% 计算 FFT 并显示
temp = fft2(out);
temp = fftshift(temp);
temp = log(1 + abs(temp));
figure (2);
subplot(2,2,4);
imshow(temp, []);
title('Gauss HPF, sigma=60');
```

上述程序运行后得到的滤波效果如图 6.24 所示。

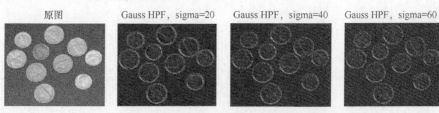

图 6.24　对比高斯高通滤波器的滤波结果

滤波前后图像的频谱如图 6.25 所示。

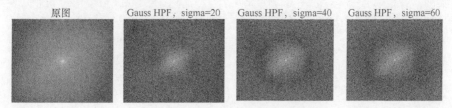

图 6.25　对比滤波前后图像的频谱

高斯高通滤波器可以较好地提取图像中的边缘信息，sigma 参数的值越小，边缘提取越不精确，包含的非边缘信息越多；sigma 参数的值越大，边缘提取越精确，但有可能包含不完整的边缘信息。

6.6.2　频域拉普拉斯滤波器及其实现

1. 理论基础

频域拉普拉斯算子的推导可以从一维开始，由傅里叶变换的性质可知

$$\text{FFT}\left[\frac{\mathrm{d}^n f(x)}{\mathrm{d}x^n}\right] = (\mathrm{i}u)^n F(u) \tag{6-54}$$

因此，拉普拉斯算子的傅里叶变换计算如下

$$\text{FFT}\left[\frac{\partial^2 f(x,y)}{\partial x^2} + \frac{\partial^2 f(x,y)}{\partial y^2}\right] = (\mathrm{i}u)^2 F(u,v) + (\mathrm{i}v)^2 F(u,v) = -(u^2+v^2)F(u,v) \tag{6-55}$$

另外，由于下式成立

$$\text{FFT}[\nabla^2 f(x,y)] = -(u^2+v^2)F(u,v) \tag{6-56}$$

因此频域的拉普拉斯滤波器为

$$H(u,v) = -(u^2+v^2) \tag{6-57}$$

根据频谱图像中频率原点的平移规律，可将式（6-57）改写为

$$H(u,v) = -[(u-\frac{M}{2})^2 + (v-\frac{N}{2})^2] \quad (M \text{ 和 } N \text{ 分别为图像的宽和高}) \tag{6-58}$$

2. MATLAB 实现

根据式（6-58），我们可以编写频域拉普拉斯滤波器的生成函数，如下所示。

```
function out = imlapf(I)
% imlapf 函数              构造频域的拉普拉斯滤波器
% 参数 I                   输入的灰度图像

[M,N] = size(I);
out = ones(M,N);
for i=1:M
    for j=1:N
        out(i,j) = -((i-M/2)^2+(j-N/2)^2);
    end
end
```

下面的例 6.6 给出了针对 MATLAB 示例图像 coins.png 进行频域拉普拉斯滤波的 MATLAB 实现。

[例 6.6]　拉普拉斯滤波的 MATLAB 实现。

```
I = imread('coins.png');

ff = imlapf (I);
out = imfreqfilt(I, ff);

figure (1);
subplot(1,2,1);
imshow(I);
title('原图');

temp = fft2(double(I));
temp = fftshift(temp);
temp = log(1 + abs(temp));
figure (2);
subplot(1,2,1);
imshow(temp, []);
title('原图');

figure (1);
```

```
subplot(1,2,2);
imshow(out);
title('拉普拉斯滤波器');

temp = fft2(out);
temp = fftshift(temp);
temp = log(1 + abs(temp));
figure (2);
subplot(1,2,2);
imshow(temp, []);
title('拉普拉斯滤波器');
```

上述程序运行后得到的滤波效果如图 6.26 所示。

原图　　　　　　　　　　　拉普拉斯滤波器

图 6.26　对比拉普拉斯滤波器的滤波结果

滤波前后图像的频谱如图 6.27 所示。

原图　　　　　　　　　　　拉普拉斯滤波器

图 6.27　对比滤波前后图像的频谱

6.7 MATLAB 综合案例——利用频域带阻滤波器消除周期噪声

6.5 节和 6.6 节介绍了几种典型的频域滤波器，实现了频域中的低通和高通滤波，它们均可在空域中通过采用平滑和锐化算子来实现。本节准备给出一个特别适合在频域中完成的滤波案例，即利用频域带阻滤波器消除图像中的周期噪声。下面我们就来看一下这个在空域中几乎不可能完成的任务是如何在频域中完成的。

6.7.1　频域带阻滤波器

顾名思义，所谓"带阻"，就是阻止频谱中某一频带范围的分量通过，其他频率则不受影响。常见的带阻滤波器有理想带阻滤波器和高斯带阻滤波器两种。

1. 理想带阻滤波器

理想带阻滤波器的表达式为

$$H(u,v) = \begin{cases} 0 & |D - D_0| \leqslant W \\ 1 & |D - D_0| > W \end{cases} \tag{6-59}$$

其中：D_0 是阻塞频带中心到频域原点的距离；W 是阻塞频带的宽度；D 是点(u,v)到频域原点的距离。于是，理想带阻滤波器的频域特性曲面如图 6.28 所示。

2．高斯带阻滤波器

下面直接给出高斯带阻滤波器的表达式。

$$H(u,v) = 1 - e^{-\frac{1}{2}\left[\frac{D^2(u,v)-D_0{}^2}{D(u,v)W}\right]^2} \tag{6-60}$$

其中：D_0 是阻塞频带中心到频域原点的距离；W 是阻塞频带的宽度；D 是点(u,v)到频域原点的距离。于是，高斯带阻滤波器的频域特性曲面如图 6.29 所示。

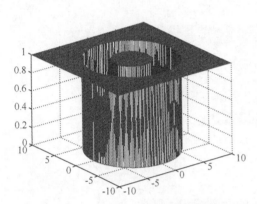

图 6.28　理想带阻滤波器的频域特性曲面

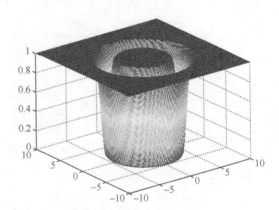

图 6.29　高斯带阻滤波器的频域特性曲面

3．高斯带阻滤波器的 MATLAB 实现

根据式（6-60），我们可以编写高斯带阻滤波器的生成函数，如下所示。

```
function out = imgaussfbrf(I, freq, width)
% imgaussfbrf 函数        构造高斯带阻滤波器
% 参数 I                  输入的灰度图像
% 参数 freq               阻塞频带中心频率
% 参数 width              阻塞频带的宽度

[M,N] = size(I);
out = ones(M,N);
for i=1:M
    for j=1:N
        out(i,j) = 1-exp(-0.5*(((((i-M/2)^2+(j-N/2)^2)-freq^2)/(sqrt(i.^2+j.^2)*width))^2);
    end
end
```

6.7.2　利用带阻滤波器消除周期噪声

带阻滤波器常用于处理含有周期噪声的图像。周期噪声可能由多种因素造成，例如图像获取系统中的电子元件等。在本案例中，我们人为地生成了一幅带有周期噪声的图像，而后通过观察并分析其频谱特征，选择合适的高斯带阻滤波器进行频域滤波。

1．得到周期噪声图像

通常情况下，可以使用正弦平面波来描绘周期噪声。为 MATLAB 示例图片 pout.tif 添加周期噪声的程序如下。

```
O = imread('pout.tif'); % 读取图像
[M,N] = size(O);
I = O;
for i=1:M
for j=1:N
  I(i,j)=I(i,j)+20*sin(20*i)+20*sin(20*j); % 添加周期噪声
end
end

subplot(1,2,1);
imshow(O);
title('原图');

subplot(1,2,2);
imshow(I);
title('添加周期噪声后');
```

示例图片 pout.tif 添加周期噪声前后的区别如图 6.30 所示。

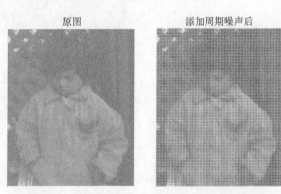

图 6.30 示例图片 pout.tif 添加周期噪声前后的区别

2. 频谱分析

在使用高斯带阻滤波器之前，我们首先需要对即将处理的图像的频谱有一定的了解。使用下面的命令可得到图 6.30 所示两幅图像的频谱。

```
i_f=fft2(I);
i_f=fftshift(i_f);
i_f=abs(i_f);
i_f=log(1+i_f);

o_f=fft2(O);
o_f=fftshift(o_f);
o_f=abs(o_f);
o_f=log(1+o_f);

figure(1);
imshow(o_f, [ ]); % 得到图 6.31 (a)
title('原图');

figure(2);
imshow(i_f, [ ]); % 得到图 6.31 (b)
title('添加周期噪声后');
```

上述程序的运行结果如图 6.31（a）和图 6.31（b）所示。

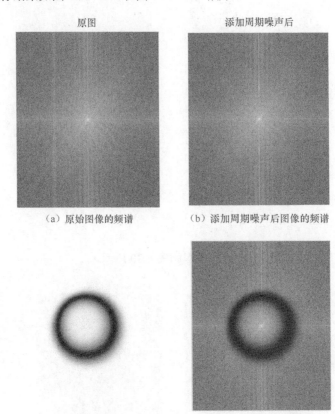

图 6.31　对比高斯带阻滤波器的滤波结果以及滤波前后图像的频谱

3．带阻滤波

观察图 6.31（b），可以发现含有周期噪声的图像的傅里叶频谱中有两对相对于坐标轴对称的亮点，它们分别对应图像中水平和垂直方向的正弦噪声。我们在构造高斯带阻滤波器的时候，需要考虑尽可能滤除含有这些亮点对应的频率的正弦噪声。注意这 4 个点位于以频谱原点为中心、以 50mm 为半径的圆周上。因此，可以设置带阻滤波器中心频率为 50mm、频带宽度为 5mm，如图 6.31（c）所示，滤波后的频谱效果如图 6.31（d）所示。

相应的程序如下。

```
ff = imgaussfbrf(I, 50, 5);  % 构造高斯带阻滤波器
figure, imshow(ff, []);      % 得到图 6.31（c）

out = imfreqfilt(I, ff);     % 进行带阻滤波
figure, imshow(out, []);     % 得到图 6.31（d）

subplot(1,2,1);
imshow(I);
title('原图');

subplot(1,2,2);
imshow(out);
title('滤波后');
```

上述程序运行后的效果如图 6.32 所示，可以看到周期噪声被很好地消除，但这样的效果在空域滤波中是很难实现的。

原图　　　　　　　　滤波后

图 6.32　对比高斯带阻滤波器的滤波结果

6.8 频域滤波器与空域滤波器之间的内在联系

我们在 6.4.1 小节探讨了频域滤波与空域滤波的关系。本节将进一步研究频域滤波器与空域滤波器之间的内在联系。

频域滤波较空域滤波而言更为直观，频域滤波器表达了一系列空域处理（平滑、锐化等）的本质——将高于/低于某一特定频率的灰度变化信息予以滤除，而其他的灰度变化信息基本保持不变。这种直观性增加了频域滤波器的合理性，使得我们更容易设计出针对特定问题的频域滤波器，就如在 6.7 节中我们利用频域带阻滤波器实现了对图像中周期噪声的滤除；但如果想直接在空域中设计出能够完成此滤波任务的滤波器（卷积模板），则是相当困难的。

为了得到合适的空域滤波器，我们很自然地想到首先设计频域滤波器 $H(u, v)$，而后根据式（6-61）将 $H(u, v)$ 反变换至空域，得到空域滤波中需要使用的卷积模板 $h(x, y)$，从而解决空域滤波器的设计难题。

然而，通过直接反变换得到的空域卷积模板 $h(x, y)$ 与 $H(u, v)$ 等大，因而与图像 $f(x, y)$ 具有相同的尺寸。但模板操作十分耗时，计算这么大的模板与图像的卷积是非常低效的。在第 3 章中，我们使用的都是很小的模板（尺寸有 3×3、5×5、7×7 等），因为这样的模板在空域中具有滤波效率上的优势。一般来说，如果空域卷积模板中非零元素的数目小于 132，则直接在空域中计算卷积较为合适，否则直接利用 $H(u, v)$ 在频域中滤波更为合适。

在实践中我们发现，利用以全尺寸的空域滤波器 $h(x, y)$ 为指导设计出的形状与之类似的小空域卷积模板，同样可以取得类似频域滤波器 $H(u, v)$ 的滤波效果。这就为我们从频域出发，最终设计出具有实用价值的空域模板提供了一种较好的解决方案。

式（6-52）给出的高斯低通滤波器 $H(u)$ 以及用来与其构成傅里叶变换对的空域高斯模板 $h(x)$ 正好印证了上述结论。从图 6.19 可以看出，$H(u)$ 越窄，$h(x)$ 就越宽。频域低通滤波器 $H(u)$ 越窄，说明能够通过的频率越低，被截断的高频部分也就越多，从而使滤波处理后的原函数 $f(x)$ 变得平滑；在空域中，以越宽的模板 $h(x)$ 与函数 $f(x)$ 进行卷积则同样会产生平滑的效果。进一步以 $h(x)$ 的形状为指导，我们就可以得到曾在高斯平滑中使用的高斯模板。

1. 傅里叶级数的收敛性

傅里叶级数的收敛性是指能够使用满足狄利赫里条件的周期函数表示成的傅里叶级数都收敛。狄利赫里条件如下：

（1）在任何周期内，$x(t)$ 都必须绝对可积。

（2）在任何有限区间中，$x(t)$ 只能取有限个最大值或最小值。

（3）在任何有限区间中，$x(t)$ 只能包含有限个第一类间断点。

2. 傅里叶级数的三角形式和复指数形式之间的转换

利用欧拉公式

$$\cos t = \frac{e^{it} + e^{-it}}{2}, \quad \sin t = \frac{e^{it} - e^{-it}}{2i} \tag{6-61}$$

式（6-61）可转换为

$$\begin{aligned}
&\frac{a_0}{2} + \sum_{n=1}^{+\infty}\left[\frac{a_n}{2}(e^{in2\pi ux} + e^{-in2\pi ux}) - \frac{ib_n}{2}(e^{in2\pi ux} - e^{-in2\pi ux})\right] \\
&= \frac{a_0}{2} + \sum_{n=1}^{+\infty}\left[\frac{a_n - ib_n}{2}e^{in2\pi ux} + \frac{a_n + ib_n}{2}e^{-in2\pi ux}\right]
\end{aligned} \tag{6-62}$$

令 $c_0 = \dfrac{a_0}{2}, \quad c_n = \dfrac{a_n - ib_n}{2}, \quad c_{-n} = \dfrac{a_n + ib_n}{2}, \quad n = 1, 2, 3, \cdots$

则式（6-62）可表示为

$$c_0 + \sum_{n=1}^{\infty} c_n e^{in2\pi ux} + c_{-n} e^{in2\pi ux} \tag{6-63}$$

将式（6-63）合并，即可得到傅里叶级数的复数形式

$$\sum_{n=-\infty}^{\infty} c_n e^{in2\pi ux}$$

为了求系数 c_n，将式（6-62）代入式（6-63），得到

$$c_0 = \frac{a_0}{2} = \frac{1}{T}\int_{-T/2}^{T/2} f(x)\mathrm{d}x$$

$$\begin{aligned}
c_n = \frac{a_n - ib_n}{2} &= \frac{1}{2}\left[\frac{2}{T}\int_{-T/2}^{T/2} f(x)\cos(n2\pi ux)\mathrm{d}x - \frac{2i}{T}\int_{-T/2}^{T/2} f(x)\sin(n2\pi ux)\mathrm{d}x\right] \\
&= \frac{1}{T}\int_{-T/2}^{T/2} f(x)(\cos(n2\pi ux) - i\sin(n2\pi ux))\mathrm{d}x \\
&= \frac{1}{T}\int_{-T/2}^{T/2} f(x)e^{-in2\pi ux}\mathrm{d}x \qquad n = 1, 2, 3, \cdots
\end{aligned}$$

$$c_{-n} = \frac{a_n + ib_n}{2} = \frac{1}{T}\int_{-T/2}^{T/2} f(x)e^{in2\pi ux}\mathrm{d}x \qquad n = 1, 2, 3, \cdots$$

同样，可将结果合并为 $c_n = \dfrac{1}{T}\int_{-T/2}^{T/2} f(x)e^{-in2\pi ux}\mathrm{d}x$，其中 $n = 0, \pm 1, \pm 2, \pm 3, \cdots$

以上即为傅里叶系数的复数形式。

其中的 u 表示 $f(x)$ 的频率。因为 $u = \dfrac{1}{T}$，所以 $\omega_0 = \dfrac{2\pi}{T} = 2\pi u$。

3. 傅里叶级数的复指数形式和余弦形式之间的转换

复指数形式的傅里叶级数如下。

$$\hat{f}(x) = \sum_{n=-\infty}^{\infty} c_n \mathrm{e}^{in2\pi ux}$$

$$= c_0 + \sum_{n=1}^{\infty} (c_n \mathrm{e}^{in2\pi ux} + c_{-n} \mathrm{e}^{i(-n)2\pi ux})$$

因为 $c_n = |c_n| \mathrm{e}^{i\theta_n}$，其中 $\theta_n = \arg\tan \dfrac{\mathrm{Im}(c_n)}{\mathrm{Re}(c_n)}$；所以 c_n 的虚部为 n 次频率的谐波的相位。

又因为 $|c_{-n}| = |c_n|$，而 $\theta_{-n} = -\theta_n$；所以 $c_n = |c_n| \mathrm{e}^{-i\theta_n}$，从而 $\hat{f}(x) = c_0 + \sum_{n=1}^{\infty} |c_n| (\mathrm{e}^{i(n2\pi ux+\theta_n)} + \mathrm{e}^{-i(n2\pi ux+\theta_n)})$。

根据欧拉公式展开其中的两个复指数项，即可得到傅里叶级数的复指数形式。

$$\hat{f}(x) = c_0 + \sum_{n=1}^{\infty} 2|c_n| \cos(n2\pi ux + \theta_n)$$

第7章　小波变换

近年来，随着人们对图像压缩、边缘和特征检测以及纹理分析的需求的提高，一种新的变换（即小波变换）悄然出现。傅里叶变换一直是频域图像处理的基石，它能用正弦函数之和表示任何分析函数，而小波变换基于一些有限宽度的基小波，这些基小波不仅在频率上是变化的，而且具有有限的持续时间。比如对于一张乐谱，小波变换不仅能提供要演奏的音符，而且能说明何时演奏等细节信息。但是傅里叶变换只提供了音符，局部信息在变换中会丢失。

本章的知识和技术热点
- 多分辨率框架。
- 分解与重构的实现。
- Gabor 多分辨率分析。
- 常见小波分析。
- 高维小波。

本章的典型案例分析
- 基于多贝西小波的二维图像的分解与重构。

7.1　多分辨率分析

多分辨率理论是一种全新而有效的信号处理与分析方法。正如其名字所表达的，多分辨率理论与多种分辨率下的信号（或图像）表示和分析有关。其优势很明显，某种分辨率下无法发现的特性在另一种分辨率下将很容易被发现。本节将从多分辨率的角度审视小波变换，并简单介绍多分辨率的相关概念和信号（或图像）的分解与重构算法。

7.1.1　多分辨率框架

多分辨率分析又称为多尺度分析，是小波分析中的重要部分，它将多种学科中的技术有效地统一在一起，如信号处理的子带编码、数字语音识别的积分镜像过滤以及金字塔图像处理。多分辨率分析的作用是将信号分解成不同的部分，此外还提供了一种构造小波的统一框架。在观察图像时，对于图像中不同大小的物体，往往采用不同的分辨率，若物体不仅尺寸有大有小，而且对比度有强有弱，则采用多分辨率进行分析明显具有一定的优势。

小波变换正是沿着多分辨率这条"线"发展起来的。与时域分析一样，这里的信号也是用二维空间表示的，不过纵轴是尺度而不是频率，如图 7.1 所示。根据时域分析和频域分析，信号的每个瞬态分量被映射到时间—频率平面上的位置对应分量主要频率和发生的时间。

图 7.2 所示的乐谱可以看作一个二维的时频空间。频率（音高）从层次的底部向上增加，时间（节拍）则向右"发展"。乐谱中的每一个音符对应一个即将出现在这首歌的演出记录中的小波分量（音调猝发）。每一个小波的持续宽度都用音符的类型来编码，而不是通过音符的水平延伸来编码。假设要分析一次音乐演出的记录并写出相应的乐谱，这个过程就可以说是小波变换。同样，一首歌的演奏录音可看作一种小波逆变换，因为整个过程是用时频来重构信号的。

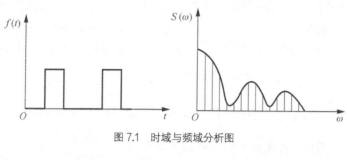

图 7.1 时域与频域分析图

图 7.2 音乐演出时频图

多分辨率分析从空间上形象地说明了小波的多分辨率特性。在介绍多分辨率分析之前，我们需要先了解一下关于小波变换的一些基本概念，这对于理解多分辨率分析有重要作用。

下面我们介绍与小波分析有关的泛函分析的基础知识。泛函分析是 20 世纪初发展起来的一个重要数学分支，其中一个非常重要的基本概念就是函数空间。函数空间就是由函数构成的集合。常用的函数空间包括距离空间、线性空间、赋范（线性）空间、巴拿赫空间以及希尔伯特空间等，在此就不一一详述了。本书主要以线性空间为例进行简单说明。

设 X 为一非空集合，若在 X 中规定了线性运算，即元素的加法和数乘运算，并且满足相应的加法或数乘运算的结合律及分配律，则称 X 为线性空间或向量空间。对于线性空间中的任意向量，可使用范数来定义其长度。

介绍完函数空间的概念后，下面讨论函数空间的基以及函数展开的问题。在构造小波函数和进行小波变换的分析及处理过程中，我们会遇到正交基的概念问题。

所谓基，就是由函数序列组成的空间。设 $e_k(t)$ 为函数序列，X 表示 $e_k(t)$ 所有可能的线性函数序列组合构成的集合，即

$$X = \left\{ \sum_k a_k e_k(t) \mid t, a_k \in R, k \in Z \right\} \tag{7-1}$$

则称 X 为序列 $e_k(t)$ 组成的线性空间，即 $X=\text{span}\{e_k\}$，也即对于任意 $g(t)$

$$g(t) = \sum_k a_k e_k(t) \tag{7-2}$$

如果 $e_k(t)$ 线性无关，则对于任意 $g(t)$，式（7-2）中的系数 a_k 可以取唯一的值，这时称 $\{e_k(t)\}_{k \in Z}$ 为空间 X 的一个基底。

设 x 和 y 为内积空间 X 中的两个元素，若 $(x,y)=0$，则称 x 和 y 正交。若 X 中的元素列 $\{e_k\}$ 满足

$$\langle e_m, e_n \rangle = \begin{cases} 0 & m \neq n \\ 1 & m = n \end{cases} \tag{7-3}$$

则称 $\{e_k\}$ 为 X 中的标准正交系。

在小波分析中，多分辨率分析的核心就是 V_j 和 W_j 空间的正交归一基 $\phi_{j,k}(t)$ 和 $\varphi_{j,k}(t)$，其中

$k \in Z, j \in Z$（k 为整数位移，j 为分辨率的级数）。只要它们已知，就可以将待分析函数 $x(t)$ 投影到不同分辨率的函数空间进行分析。在了解了这些概念后，下面引入小波的概念。

在小波分析中，主要讨论的函数空间为 $L^2(R)$。$L^2(R)$ 指 R 上平方可积函数构成的函数空间，即

$$f(t) \in L^2(R) \Leftrightarrow \int_R |f(t)|^2 \, \mathrm{d}t < +\infty$$

若 $f(t) \in L^2(R)$，则称 $f(t)$ 为能量有限的信号。$L^2(R)$ 也常常被称为能量有限的信号空间。

令 $\phi(t) \in L^2(R)$，若傅里叶变换 $\hat{\phi}(w)$ 满足允许条件 $C_\phi = \int_R \dfrac{|\hat{\phi}(w)|^2}{|w|} \mathrm{d}w < \infty$，则称 $\phi(t)$ 为一个基小波或母小波。可以证明，小波一定满足这样的性质。

$$\int_{-\infty}^{\infty} \phi(t)\mathrm{d}t = 0$$

这也是我们称之为"小波"的意义所在。

将母函数伸缩和平移后，就可以得到小波序列

$$\phi_{a,b}(t) = \frac{1}{\sqrt{|a|}} \phi\left(\frac{t-b}{a}\right) \quad a,b \in R \text{且} a \neq 0 \tag{7-4}$$

任意函数 $f(t) \in L^2(R)$ 的连续小波变换为

$$W_f(a,b) = \langle f, \phi_{a,b} \rangle = \frac{1}{\sqrt{|a|}} \int_R f(t)\overline{\phi\left(\frac{t-b}{a}\right)}\mathrm{d}t \tag{7-5}$$

记 $\phi_a(t) = \phi\left(\dfrac{t}{a}\right)$，可以看出，连续小波变换就是该信号函数与小波函数的卷积。小波函数事实上就是信号处理中的一个滤波器，其逆变换为

$$f(t) = \frac{1}{C_\phi} \int_{R^+} \int_R \frac{1}{a^2} W_f(a,b)\phi\left(\frac{t-b}{a}\right)\mathrm{d}a\mathrm{d}b \tag{7-6}$$

小波变换的实质就是将 $L^2(R)$ 空间中的任意函数 $f(t)$ 表示成该函数在不同伸缩因子和平移因子上的投影的叠加。与傅里叶变换（仅将 $f(t)$ 投影到频域）所不同的是，小波变换是将一维时域函数映射到二维的"时间-尺度"域，因此 $f(t)$ 在小波基的展开上具有多分辨率特性。通过调整伸缩因子和平移因子，可以得到具有不同时频宽度的小波以匹配原始信号的任意位置，从而达到对信号的时频进行局部化分析的目的。

我们不妨通过如下粗略的比喻来解释小波变换的作用。用镜头观察目标 $f(t)$，$\phi(t)$ 代表镜头所起的作用（如滤波或卷积），b 的作用相当于使镜头相对于目标平行移动，t 的作用相当于使镜头向目标推进或远离。由此可见，b 仅影响时频窗口在相平面时间轴上的位置，而 t 不仅影响时频窗口在频率轴上的位置，也影响窗口的形状。这样小波变换对不同的频率在时域中的取样步长便是可调节的，也就是多分辨率。

在式（7-5）中，对参数 a 和 b 进行展开后，就得到了任何时刻、任意精度的频谱，但是对于实际计算来讲，计算量太大，所以我们考虑将其离散化。

离散小波函数可表示为

$$\phi_{j,k}(t) = a_0 \phi(a_0^{-j}t - kb_0) \tag{7-7}$$

离散小波系数可表示为

$$W_{j,k}(t) = \int_{-\infty}^{\infty} f(t)\overline{\phi_{j,k}(t)}\, dt \tag{7-8}$$

若选取 $a_0 = \dfrac{1}{2}$、$b_0 = 1$，则称之为二进小波。

从理论上可以证明，将连续小波变换离散成离散小波变换后，信号的基本信息并不会丢失。相反，由于小波基函数的正交性，小波空间中两点之间因冗余度造成的关联得以消除、计算的误差更小，变换结果更能反映信号本身的性质。

为了更好地理解小波变换，我们在将其与第 6 章的傅里叶变换做对比后，可以得出以下结论。

（1）傅里叶变换的实质是把能量有限的信号 $f(t)$ 分解到以 $\{e^{jwt}\}$ 为正交基的空间中，而小波变换的实质是把该信号分解到 W_j 构成的空间中。

（2）傅里叶变换用到的基本函数只有 $\sin(wt)$，而小波函数具有不唯一性。

（3）在频域中，傅里叶变换具有较好的局部化能力，特别是对于频率成分比较简单的确定性信号，傅里叶变换很容易把信号变为各频率成分的叠加和的形式；但在时域中，傅里叶变换没有局部化能力。

（4）在小波分析中，a 的值越小相当于傅里叶变换中 w 的值越小。

多分辨率分析理论建立在函数空间的概念之上。在数学中，函数空间是从集合 X 到集合 Y 的给定种类的函数的集合。将平方可积的函数 $f(t) \in L^2(R)$ 看成某一逐级逼近的极限情况，每一级逼近都是用某一低通平滑函数 $\phi(t)$ 对 $f(t)$ 做平滑的结果，在逐级逼近时平滑函数 $\phi(t)$ 也做逐级伸缩，这就是"多分辨率"，即使用不同的分辨率逐级逼近待分析函数 $f(t)$。

对空间做逐级二分解将产生一组逐级包含的子空间：

$$\cdots, V_1 = V_0 \oplus W_0, V_2 = V_1 \oplus W_1, \cdots, V_{j+1} = V_j \oplus W_j, \cdots \tag{7-9}$$

j 是从 $-\infty$ 到 $+\infty$ 的整数，j 值越小，空间越大，记号 $\oplus$ 表示子空间之和的关系。当 $j = 4$ 时，函数空间的划分如图 7.3 所示。

由图 7.3 可见，空间剖分是完整的，当 $j \to -\infty$ 时，$V_j \to L^2(R)$，包含整个平方可积的实变函数空间。

$$\bigcup_{j \in Z} V_j = L^2(R) \tag{7-10}$$

当 $j \to +\infty$ 时，$V_j \to 0$，将空间最终剖分到空集为止。

$$\bigcap_{j \in Z} V_j = \{0\} \tag{7-11}$$

这种剖分方式使得空间 V_j 与空间 W_j 正交，各个 W_j 之间也正交。

$$V_j \perp W_j, \quad W_j \perp W_i \qquad j \neq i \tag{7-12}$$

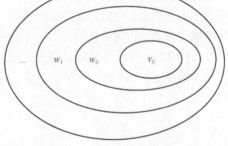

图 7.3 $j = 4$ 时函数空间的剖分

综上可知，多分辨率分析是指用一串嵌套式子空间逼近序列 $\{V_j\}_{j \in Z}$，该序列满足下列要求。

（1）一致单调性：对于任意的 $j \in Z$，有 $V_{j+1} \subset V_j$。

（2）逼近性：$\bigcap\limits_{j \in Z} V_j = \{0\}$，$\bigcup\limits_{j \in Z} V_j = L^2(R)$。

（3）伸缩性：$f(t) \in V_j \Leftrightarrow f(2^j t) \in V_0$。伸缩性体现了尺度的变化，逼近正交小波函数的变化和空间的变化具有一致性。

（4）平移不变性：对于任意 $k \in Z$，有 $\phi_j(2^{-j/2}t) \in V_j \Rightarrow \phi_j(2^{-j/2}t - k) \in V_j$，其中的 $\phi(t)$ 被称为

尺度函数（后面将详细介绍）。

（5）正交基存在性：存在 $\phi(t) \in V_0$，使得 $\{\phi_j(2^{-j/2}t-k)|\ k \in Z\}$ 能够构成 V_j 的正交基。

假设对于满足多分辨率分析的一系列闭子空间 $\{V_j\}_{j \in Z}$，$\phi_{j,k}(t)$ 是由 $\{V_j\}_{j \in Z}$ 产生的尺度函数，如果使用 $\varphi_{j,k}(t)$ 做小波变换，则相应的补空间为 $\{W_j\}_{j \in Z}$，$V_j = V_{j+1} \oplus W_{j+1}$，$\{W_j\}_{j \in Z}$ 将构成小波空间。任意信号 $f(t) \in L^2(\mathrm{R})$ 可用多分辨率分析公式表示为

$$f(t) = \sum_k c_{j,k} \phi_{j,k}(t) + \sum_j \sum_k d_{j,k} \varphi_{j,k}(t) \qquad (7\text{-}13)$$

其中：j 是任意开始尺度；$c_{j,k}$ 通常称为近似值或尺度系数；$d_{j,k}$ 则称为细节或小波系数。这是因为式（7-13）的第一个和式利用尺度函数提供了 $f(x)$ 在尺度 j 上的近似（除非 $f(x) \in V_j$，此时为精确值）。对于第二个和式中每个较高尺度的 j，更细分辨率的函数则被添加到近似中，以实现细节的增加。如果展开函数形成了一个正交基或紧框架，则展开系数计算如下

$$c_{j,k} = \langle f(x), \phi_{j,k}(x) \rangle = \int f(x) \phi_{j,k}(x) \mathrm{d}x \qquad (7\text{-}14)$$

$$d_{j,k} = \langle f(x), \varphi_{j,k}(x) \rangle = \int f(x) \varphi_{j,k}(x) \mathrm{d}x \qquad (7\text{-}15)$$

如果展开函数是双正交基的一部分，则式（7-14）和式（7-15）中的 ϕ 和 φ 项需要分别用它们的对偶函数和代替。

在上述关于多分辨率分析的概念介绍中，我们提到了尺度函数和小波函数的概念。怎样理解它们的关系？不妨举个例子。事实上，可以假设要在三维空间里表达一个向量，为此需要建立一个三维的坐标系，只要建立了坐标系，我们就可以用 3 个点来简单地表示一个向量。同样，将一个信号设为 $f(t)$，要想表示它，可以首先用一个个正交的简单函数来构建坐标系，然后将 $f(t)$ 映射到这些简单的正交函数并分别产生一个系数，这些系数就等同于 (x,y,z)。也就是说，利用正交的简单函数，构建一个表达信号的空间"坐标系"，然后就可以使用这些系数和正交函数来表示 $f(t)$。

在小波分析中，用来构建坐标系的就是小波函数，但是在使用小波函数表示信号的时候，其实是将信号映射在时频平面内，所以在实现过程中需要一个频域的底座或平台，从而使信号 $f(t)$ 在与之做映射时是在一定的频率分辨率上进行的。这里起底座作用的就是尺度函数，可以在尺度函数这一平台上对频率进行分析，或者说对信号 $f(t)$ 进行表达，这就是小波函数的作用。在滤波实现中，低频滤波起相当于尺度函数的作用，小波函数的实现则是高频滤波器的应用。

[例 7.1] $y = x^2$ 的 Haar 小波序列展开。

考虑图 7.4（a）所示的简单函数。

$$y = \begin{cases} x^2 & 0 \leqslant x < 1 \\ 0 & \text{其他} \end{cases}$$

Haar 尺度函数如下：

$$\phi(x) = \begin{cases} 1 & 0 \leqslant x < 1 \\ 0 & \text{其他} \end{cases}$$

Haar 小波函数如下：

$$\varphi(x) = \begin{cases} 1 & 0 \leqslant x < 0.5 \\ -1 & 0.5 \leqslant x < 1 \\ 0 & \text{其他} \end{cases}$$

根据式（7-6）和式（7-7）计算下列展开系数：

$$c_0(0) = \int_0^1 x^2 \phi_{0,0}(x)\mathrm{d}x = \int_0^1 x^2 \mathrm{d}x = \frac{1}{3}$$

$$d_0(0) = \int_0^1 x^2 \varphi_{0,0}(x)\mathrm{d}x = \int_0^{0.5} x^2 \mathrm{d}x - \int_{0.5}^1 x^2 \mathrm{d}x = -\frac{1}{4}$$

$$d_1(0) = \int_0^1 x^2 \varphi_{1,0}(x)\mathrm{d}x = \int_0^{0.25} x^2 \sqrt{2}\mathrm{d}x - \int_{0.25}^{0.5} x^2 \sqrt{2}\mathrm{d}x = -\frac{\sqrt{2}}{32}$$

$$d_1(1) = \int_0^1 x^2 \varphi_{1,1}(x)\mathrm{d}x = \int_0^{0.75} x^2 \sqrt{2}\mathrm{d}x - \int_{0.5}^{0.75} x^2 \sqrt{2}\mathrm{d}x = -\frac{3\sqrt{2}}{32}$$

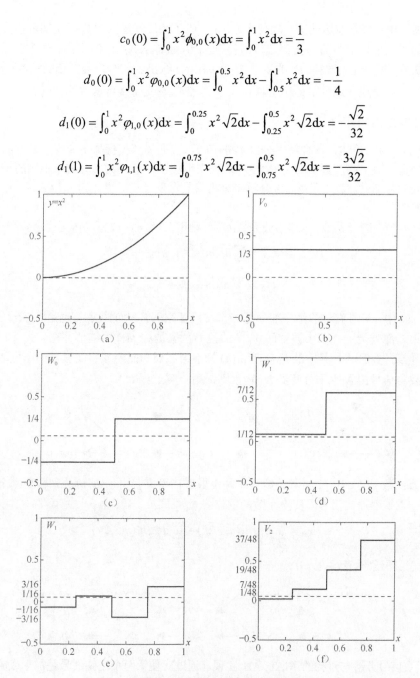

图 7.4　使用 Haar 小波将 $y=x^2$ 的小波序列展开

将这些值代入式（7-5），可以得到如下小波序列展开。

$$y = \underbrace{\frac{1}{3}\varphi_{0,0}(x)}_{V_0} + \underbrace{\left[-\frac{1}{4}\varphi_{0,0}(x)\right]}_{W_0} + \underbrace{\left[-\frac{\sqrt{2}}{32}\varphi_{1,0}(x) - \frac{3\sqrt{2}}{32}\varphi_{1,1}(x)\right]}_{W_1} + \cdots$$

$$\underbrace{\phantom{\frac{1}{3}\varphi_{0,0}(x)\left[-\frac{1}{4}\varphi_{0,0}(x)\right]}}_{V_1 = V_0 \oplus W_0}$$

$$\underbrace{\phantom{\frac{1}{3}\varphi_{0,0}(x)\left[-\frac{1}{4}\varphi_{0,0}(x)\right]\left[-\frac{\sqrt{2}}{32}\varphi_{1,0}(x) - \frac{3\sqrt{2}}{32}\varphi_{1,1}(x)\right]}}_{V_2 = V_1 \oplus W_1 = V_0 \oplus W_0 \oplus W_1}$$

在上述展开中，等号右边的第一项使用 $c_0(0)$ 生成了待展开函数的 V_0 子空间近似值，该近似值是原始函数的平均值，等号右边的第二项则使用 $d_0(0)$ 通过从 W_0 子空间添加一级细节来修饰该近似值。其他级别的细节由子空间 W_1 的系数 $d_1(0)$ 和 $d_1(1)$ 给出。此时，展开函数已经接近原始函数了。越大的尺度被叠加（或细节的级别越高），近似值就越变得接近函数的精确表示。

7.1.2　分解与重构的实现

根据 7.1.1 小节的论述，在理解多分辨率分析时，我们需要把握如下要点：分解的最终目的是力求构造一个在频率上高度逼近的 $L^2(R)$ 空间的正交小波基，这些频率分辨率不同的正交小波基相当于带宽各异的带通滤波器。另外，多分辨率分析只是对低频空间做了进一步分解，使得频率的分辨率越来越高。

根据式（7-5），剩余系数 $c_{j,k}$ 和小波系数 $d_{j,k}$ 可利用分解与重构公式得到。

$$c_{j,k} = \sum_m h_0(m-2k)c_{j-1,m}$$
$$d_{j,k} = \sum_m h_1(m-2k)c_{j-1,m}$$
（7-16）

在式（7-5）中，等号右边的第一部分是 $f(t)$ 在尺度空间 V_j 中的投影，也是对 $f(t)$ 的平滑近似；等号右边的第二部分是 $f(t)$ 在小波空间 W_j 中的投影，也是对 $f(t)$ 的细节补充。式（7-16）是小波分解系数的递推计算公式，其中的 $h_0(k)$ 和 $h_1(k)$ 分别为低通和高通数字滤波器的单位取样响应。

因此，要将信号由 N 水平分解到 $N–M$ 水平，则分解过程为

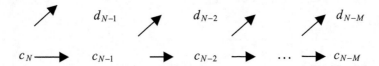

对于任意函数 $f(t) \in V_{j-1}$，将其分解一次并投影到 V_j 和 W_j 空间，即可分别得到剩余系数 $c_{j,k}$ 和小波系数 $d_{j,k}$ 以重建原始信号。变换系数的重建公式如下：

$$c_{j-1,m} = \sum_k c_{j,k}h_0(m-2k) + \sum_k d_{j-k}h_1(m-2k)$$
（7-17）

重构过程可形象地表示为

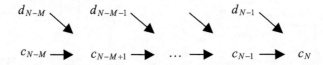

[**例 7.2**]　信号分解与重构的 MATLAB 实现。通过对使用两个正弦信号叠加形成的信号进行分解与重构，我们可以了解信号分解与重构的过程怎样用 MATLAB 来实现。

```
% 定义信号函数
  %  1 定义正弦波
  f1=50;            %  频率 1
  f2=100;           %  频率 2
  fs=2*(f1+f2);     %  采样频率
  Ts=1/fs;          %  采样间隔
  N=120;            %  采样点数
  n=1:N;
```

```
    y=sin(2*pi*f1*n*Ts)+sin(2*pi*f2*n*Ts);    %   信号函数

% 2 使用小波滤波器进行谱分析
    h=wfilters('db30','l');              %   低通
    g=wfilters('db30','h');              %   高通

    h=[h,zeros(1,N-length(h))];          %   补零（圆周卷积，且增大分辨率以便于观察）
    g=[g,zeros(1,N-length(g))];          %   补零（圆周卷积，且增大分辨率以便于观察）

% 3 MALLAT 分解算法 (圆周卷积的快速傅里叶变换实现)
    sig1=ifft(fft(y).*fft(h));           %   低通（低频分量）
    sig2=ifft(fft(y).*fft(g));           %   高通（高频分量）

% 4 MALLAT 重构算法
    sig1=dyaddown(sig1);                 %   抽取
    sig2=dyaddown(sig2);                 %   抽取

    sig1=dyadup(sig1);                   %   插值
    sig2=dyadup(sig2);                   %   插值

    sig1=sig1(1,[1:N]);                  %   去掉最后一个零
    sig2=sig2(1,[1:N]);                  %   去掉最后一个零

    hr=h(end:-1:1);                      %   重构低通
    gr=g(end:-1:1);                      %   重构高通

    hr=circshift(hr',1)';                %   位置调整，将圆周右移一位
    gr=circshift(gr',1)';                %   位置调整，将圆周右移一位

    sig1=ifft(fft(hr).*fft(sig1));       %   低频
    sig2=ifft(fft(gr).*fft(sig2));       %   高频

    sig=sig1+sig2;          %   原始信号
```

上述程序的运行结果如图 7.5 所示。从图 7.5 中可以看出，原始信号是两个正弦信号的叠加，在经过高通和低通滤波分解后，得到两个信号 sig1 和 sig2；在经过重构后，最终又恢复成原始信号。

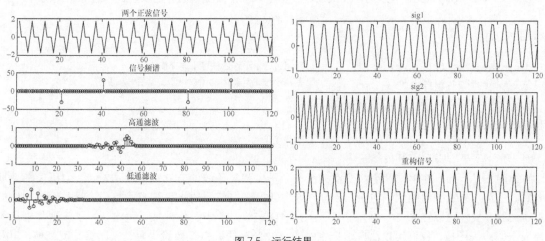

图 7.5 运行结果

7.1.3　图像处理中分解与重构的实现

前面讲述了一维信号的多分辨率分解与合成算法，对于二维的图像信号，我们可以从滤波器的角度来理解多分辨率分析。先对图像"逐行"做一维小波变换，分解为低通滤波 L 和高通滤波 H 两个分量；之后再"逐列"做一维小波变换，分解为 LL、LH、HL、HH 共 4 个分量。L 和 H 分别表示低通和高通滤波输出。

相应地，二维尺度函数 $\varphi(x,y) = \varphi(x)\varphi(y)$。

二维小波函数有 3 个，分别对应不同方向上的高通/低通滤波特性。

$$\begin{cases} \varphi^1(x,y) = \varphi(x)\varphi(y), LH \\ \varphi^2(x,y) = \varphi(x)\varphi(y), HL \\ \varphi^3(x,y) = \varphi(x)\varphi(y), HH \end{cases}$$

分解的结果是，在 2^j 层次上有 $A_j f$（逼近）以及 $D_j^1 f$、$D_j^2 f$、$D_j^3 f$ 共 3 个细节信号。所以每"上"一层，近似图像就会被分解为 4 个分量。若原始图像为 A_0、分解的总层数为 J，则共有 $3J+1$ 幅子图像。分解和合成过程可以表示为

分解：$A_{j+1} f \rightarrow (A_j f, (D_j^1 f, D_j^2 f, D_j^3 f))$。

合成：$A_{j+1} f = A_j f + D_j^1 f + D_j^2 f + D_j^3 f$。

图像的快速小波分解如图 7.6 所示。

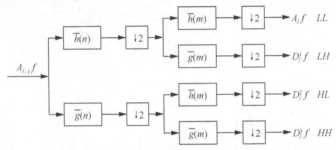

图 7.6　图像的快速小波分解

[例 7.3]　图像处理中小波变换的应用。

图 7.7（a）为测试图，通过这幅图我们可以看出二维小波变换的方向敏感性和边缘检测的有效性。

```
f=imread('D:\1.jpg');              % 读取图像
imshow(f);                         % 显示图像的灰度图

[c,s]=wavefast(f,1,'sym4');        % 利用 sym4 小波做快速小波变换
figure;wave2gray(c,s,-6);          % 利用小波工具箱中的函数显示变换后的灰度图

[nc,y]=wavecut('a',c,s);           % 利用小波工具箱中的函数将近似系数置 0
figure; wave2gray(nc,s,-6);
edges=abs(waveback(nc,s,'sym4'));  % 边缘图像的重构
figure; imshow(mat2gray(edges));
```

针对图 7.7（a）的单尺度小波变换的水平、垂直和对角线的方向性在图 7.7（b）中可以清楚地看到。注意，原始图像的水平边缘出现在图 7.7（b）右上部分的水平细节系数中。对于原始图像的垂直边缘，我们可以在图 7.7（b）左下部分的垂直细节系数中类似地加以确定。为了将这些信息合并成一幅边缘图像，我们可以简单地把生成的小波变换的近似系数设为零，先计算其反变换，再对

其取绝对值。修改过的变换和得到的边缘图像分别显示在图 7.7（c）和图 7.7（d）中。类似的过程还可用于隔离垂直边缘或水平边缘。

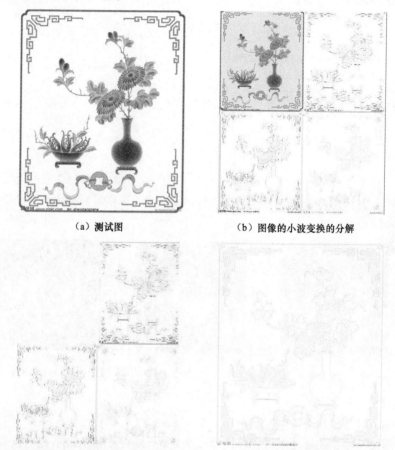

（a）测试图 　　　　　　　　　　（b）图像的小波变换的分解

（c）将所有近似系数设置为 0 之后的变换 　　　（d）重构得到的边缘图像

图 7.7　图像处理中用于边缘检测的小波变换

[例 7.4]　利用小波分析对图像去噪。

读入一幅图像并对其添加噪声，然后利用小波分析对添加噪声后的图像进行分解并观察滤波效果，程序如下。

```
% 读取图像
load tire;

% 生成噪声
init=3718025452;
rand('seed',init);
Xnoise=X+18*(rand(size(X)));

% 显示原始图像以及添加噪声后的图像
colormap(map);
subplot(2,2,1);image(wcodemat(X,192));
title('原始图像')
axis square
subplot(2,2,2);image(wcodemat(Xnoise,192));
title('添加噪声后的图像');
```

```
axis square

% 利用 sym5 小波对图像进行二层分解
[c,s]=wavedec2(X,2,'sym5');

% 对图像做去噪处理
% 使用 ddencmp 函数计算去噪的默认阈值和熵标准
% 使用 wdencmp 函数实现图像的压缩
[thr,sorh,keepapp]=ddencmp('den','wv',Xnoise);
[Xdenoise,cxc,lxc,perf0,perfl2]=wdencmp('gbl',c,s,'sym5',2,thr,sorh,keepapp);

% 显示去噪后的图像
subplot(2,2,3);image(Xdenoise);
title('去噪后的图像');
axis square
```

　　运行结果如图 7.8 所示，对比原始图像和去噪后的图像，可以发现利用小波分析去噪后，图像相比原始图像更亮了。

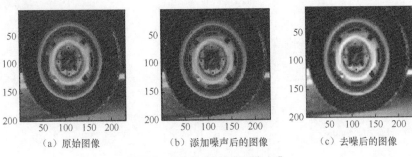

（a）原始图像　　　　　　　（b）添加噪声后的图像　　　　　　　（c）去噪后的图像

图 7.8　将小波分析用于图像去噪

　　[例 7.5]　将小波变换用于图像压缩。

　　读入一幅图像，利用 Haar 小波对图像进行三层分解，然后使用 wdcbm 函数获取压缩阈值，并使用 wdencmp 函数对图像进行压缩。在本例中，图像将被分解为低频信息和高频信息，图像的主要成分包含在低频信息中。因此，我们需要对低频信息进行两次小波分解并对图像进行压缩，最后分别获取两次压缩后的图像。

　　程序如下。

```
% 读取图像
load nelec;
indx=1:1024;
x=nelec(indx);

% 利用 Haar 小波对图像进行三层分解
[c,l]=wavedec(x,3,'haar');
alpha=1.5;

% 获取图像的压缩阈值
[thr,nkeep]=wdcbm(c,l,alpha);

% 对图像进行压缩
[xd,cxd,lxd,perf0,perfl2]=wdencmp('lvd',c,l,'haar',3,thr,'s');
subplot(2,1,1);
plot(indx,x);
title('原始图像');
```

```
subplot(2,1,2);
plot(indx,xd);
title('压缩后的图像');
```

```
>> % 读取图像
load tire
```

```
% 生成噪声
init=3718025452;
rand('seed',init);
Xnoise=X+18*(rand(size(X)));
```

```
% 显示原始图像以及添加噪声后的图像
colormap(map);
subplot(2,2,1);image(wcodemat(X,192));
title('原始图像')
axis square
subplot(2,2,2);image(wcodemat(Xnoise,192));
title('添加噪声后的图像');
axis square
```

```
% 利用 sym5 小波对图像进行二层分解
[c,s]=wavedec2(X,2,'sym5');
```

```
% 对图像做去噪处理
% 使用 ddencmp 函数计算去噪的默认阈值和熵标准
% 使用 wdencmp 函数实现图像的压缩
[thr,sorh,keepapp]=ddencmp('den','wv',Xnoise);
[Xdenoise,cxc,lxc,perf0,perfl2]=wdencmp('gbl',c,s,'sym5',2,thr,sorh,keepapp);
% 显示去噪后的图像
subplot(2,2,3);image(Xdenoise);
title('去噪后的图像');
axis square
```

```
>> % 读取图像
load wbarb;
% 显示图像
subplot(2,2,1);image(X);colormap(map)
title('原始图像');
axis square
```

```
disp('压缩前图像 X 的大小:');
whos('X')
```

```
% 利用 bior3.7 小波对图像进行二层分解
[c,s]=wavedec2(X,2,'bior3.7');
```

```
% 提取小波分解结构中第一层的低频系数和高频系数
ca1=appcoef2(c,s,'bior3.7',1);
ch1=detcoef2('h',c,s,1);
cv1=detcoef2('v',c,s,1);
cd1=detcoef2('d',c,s,1);
```

```
% 分别对各频率成分进行重构
a1=wrcoef2('a',c,s,'bior3.7',1);
h1=wrcoef2('h',c,s,'bior3.7',1);
v1=wrcoef2('v',c,s,'bior3.7',1);
d1=wrcoef2('d',c,s,'bior3.7',1);
```

```
c1=[a1,h1;v1,d1];

% 显示分解后各频率成分的信息
subplot(2'2'2);image(c1);
axis square
title('分解后的低频和高频信息');

% 对图像做压缩处理
% 保留小波分解结构中第一层的低频信息, 对图像进行压缩
% 第一层的低频信息为 ca1, 显示第一层的低频信息
% 首先对第一层信息进行量化编码
ca1=appcoef2(c,s,'bior3.7',1);
ca1=wcodemat(ca1,440,'mat',0);

% 改变图像的高度
ca1=0.5*ca1;
subplot(2,2,3);image(ca1);colormap(map);
axis square
title('第一次压缩');
disp('第一次压缩后图像的大小: ');
whos('ca1')

% 保留小波分解结构中第二层的低频信息, 对图像进行压缩, 此时压缩比更大
% 第二层的低频信息为 ca2, 显示第二层的低频信息
ca2=appcoef2(c,s,'bior3.7',2);

% 首先对第二层信息进行量化编码
ca2=wcodemat(ca2,440,'mat',0);
% 改变图像的高度
ca2=0.25*ca2;
subplot(2,2,4);image(ca2);colormap(map);
axis square
title('第二次压缩');
disp('第二次压缩后图像的大小: ');
whos('ca2')
```

　　输出结果如下所示。

```
压缩前图像 X 的大小:
  Name        Size           Bytes   Class      Attributes

  X           256x256        524288  double


第一次压缩后图像的大小:
  Name        Size           Bytes   Class      Attributes

  ca1         135x135        145800  double


第二次压缩后图像的大小:
  Name        Size           Bytes   Class      Attributes

  ca2         75x75          45000   double
```

　　运行结果如图 7.9 所示。图 7.9（b）显示了经过分解后的低频和高频信息。上述程序先对低频信息进行了压缩, 而后对低频信息进行了二次分解, 之后又再次进行了压缩, 图 7.9（c）和图 7.9（d）分别显示了第一次压缩和第二次压缩后的情况。可以看出, 第一次压缩提取的是原始图像的小波分解结构中第一层的低频信息, 此时压缩效果较好, 压缩程度比较小; 第二次压缩提取的是第一

层分解中低频部分的低频部分（即小波分解结构中第二层的低频部分），压缩程度比较大，压缩效果在视觉上一般，这种简单的压缩方法只保留原始图像中的低频信息，不经过其他处理即可获得较好的压缩效果。在上面这个例子中，我们还可以只提取小波分解结构中第 3 层和第 4 层的低频信息。从理论上说，我们可以获得任意压缩比的压缩图像。

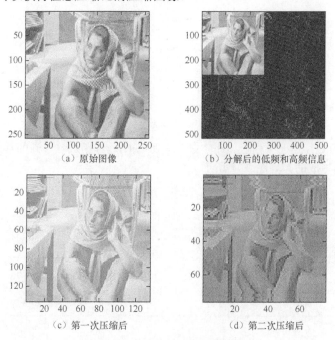

(a) 原始图像 (b) 分解后的低频和高频信息

(c) 第一次压缩后 (d) 第二次压缩后

图 7.9 利用小波分解进行图像压缩

7.2 Gabor 多分辨率分析

前面讲到，傅里叶变换能将信号的时域特征和频域特征联系起来，并且能分别对信号的时域特征和频域特征进行分析，但傅里叶变换却不能把二者有机地结合起来，这是因为信号的时域波形中不包含任何频域信息，而频域波形中又不包含任何时域信息。也就是说，傅里叶变换是时域与频域完全分离的一种处理方式，对于傅里叶频谱中的某一频率，我们无法知道这个频率是什么时候产生的。傅里叶变换在时域和频域局部化的问题上表现出自身的局限性。

早在 1946 年，Gabor 就注意到傅里叶变换在表示非平稳信号方面的不足，他通过将傅里叶变换与量子力学中的不确定性原理做类比，发现并证明了一维信号的不确定性原理，即一个同时用时间和频率来刻画的信号的特征受信号带宽与持续时间乘积的下限所限制。他为此提出了一种新的变换——Gabor 变换。这种变换的基本思想是把信号的时域划分成许多小的时间间隔，然后使用傅里叶变换分析每一个时间间隔内的信号，以便确定信号在该时间间隔上的频率。

下面我们从 Gabor 展开的基本概念来说明其原理。对于一个一维信号，可以用二维的时频平面上离散栅格处的点来表示，即

$$x(t) = \sum_{m=-\infty}^{\infty} \sum_{n=-\infty}^{\infty} C_{m,n} h_{m,n}(t)$$

$$= \sum_{m=-\infty}^{\infty} \sum_{n=-\infty}^{\infty} C_{m,n} h(t-na) e^{j2\pi mbt}$$

（7-18）

其中：a 和 b 为常数，a 代表栅格的时间长度，b 代表栅格的频率长度，如图 7.10 所示。

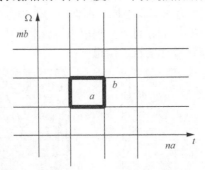

图 7.10　Gabor 展开的抽样栅格

式（7-18）中的 $C_{m,n}$ 是一维信号 $x(t)$ 的展开系数，$h(t)$ 是母函数，展开的基函数 $h_{m,n}(t)$ 是通过对 $h(t)$ 进行移位和调制生成的，如图 7.11 所示。

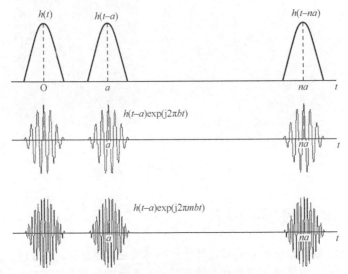

图 7.11　移位与调制后的图像

Gabor 最初选择高斯函数作为母函数 $h(t)$，因为高斯函数的傅里叶变换也是高斯函数，这可以保证时域和频域的能量都相对较为集中。高斯信号的时宽—带宽积满足不确定性原理，这保证了使用高斯信号可以得到较好的时间、频率分辨率。后续的研究表明，不止高斯函数，其他的窗函数也都可以用来构成式（7-18）中的基函数。

可以证明，如果 $ab>1$，即栅格过稀，我们将缺乏足够的信息来恢复原始信号 $x(t)$。当然，如果 ab 过小，则必然出现信息的冗余，这类似于对一维信号抽样时抽样频率过大的情况。因此，当 $ab = 1$ 时，称为临界抽样；当 $ab>1$ 时，称为欠抽样；当 $ab<1$ 时，称为过抽样。

要想从时频二维空间分析信号，就首先必须构造同时能用时间和频率表示的函数。Gabor 为此提出了一种构造函数——复谱图。

$$F_{\phi,g}(t_0,w_0) = \left\langle \phi(t), g(t-t_0)e^{jw_0t} \right\rangle = \int_{-\infty}^{\infty} \phi(t)g^*(t-t_0)e^{-jw_0t}\mathrm{d}t \qquad （7-19）$$

其中：$\phi(t)$ 为原始信号；$g(t)$ 为窗函数；$\int_{-\infty}^{+\infty}|g(t)|^2\,\mathrm{d}t = 1$。我们构造的是 $\phi(t)$ 与 $g(t)$ 的时间平移 $g(t-t_0)$ 和频率调制形式 e^{-jw_0t} 的复数共轭的内积。$F_{\phi,g}(t_0,w_0)$ 其实是 $\phi(t)g^*(t-t_0)$ 的傅里叶变

换。利用求逆公式，可以从复谱图中重构原始信号 $\phi(t)$ 。

$$\phi(t) = \frac{1}{2\pi} \int_{-\infty}^{\infty} \int_{-\infty}^{\infty} F_{\phi,g}(t_0, w_0) g(t - t_0) e^{jw_0 t} dt_0 dw_0 \qquad (7\text{-}20)$$

在重构原始信号 $\phi(t)$ 时，我们并不需要知道全部复谱图，而是只需要知道复谱图在一组网格点（$t_0 = mT$，$w_0 = n\Omega$，m、n 为整数）的值即可，其中 $\Omega T = 2\pi$（临界采样）。

复谱图在网格点的取值 f_{mn} 可以如下计算：

$$f_{mn} = \frac{1}{T} \int_{-\infty}^{\infty} \phi(t) g^*(t - mT) e^{-jn\Omega t} dt \qquad (7\text{-}21)$$

由于欠抽样存在固有的缺点，因此人们很少研究它。Gabor 最早提出的想法是使用高斯窗并取临界抽样。但是，Gabor 展开的这一想法长期没有得到人们重视，主要原因是展开系数计算困难。直到 1980 年，在 Bastiaans 提出通过建立辅助函数和对偶函数来求解展开系数的方法之后，Gabor 展开才引起人们的关注。

从理论上讲，Gabor 展开的讨论和时频分布、滤波器组、小波变换等新的信号处理理论密切相关。因此，这些新的信号处理理论的应用也涉及 Gabor 展开的应用。Gabor 展开在信号和图像的表示以及语音分析、目标识别、信号的瞬态检测等方面取得了较好的应用成果。

下面介绍对于连续信号 Gabor 展开系数的计算方法。

令

$$g_{m,n}(t) = g(t - na) e^{j2\pi mbt} \qquad (7\text{-}22)$$

并令

$$C_{m,n} = \langle x(t), g_{m,n}(t) \rangle = \int x(t) g^*(t - na) e^{-j2\pi mbt} dt \qquad (7\text{-}23)$$

比较式（7-22）与式（7-23），可立即发现

$$C_{m,n}(t) = \text{STFT}_x(m, n) \qquad (7\text{-}24)$$

这说明 Gabor 系数是在离散栅格上求出的 STFT。通常，式（7-23）被称为 Gabor 变换，式（7-22）被称为 Gabor 展开。

将式（7-24）代入式（7-22），得到

$$\begin{aligned}
x(t) &= \sum_m \sum_n \langle x(t), g_{m,n}(t) \rangle h_{m,n}(t) \\
&= \sum_{m,n} [\int x(t') g_{m,n}^*(t') dt'] h_{m,n}(t) \qquad (7\text{-}25) \\
&= \int x(t') [\sum_m \sum_n g_{m,n}^*(t') h_{m,n}(t)] dt'
\end{aligned}$$

若想式（7-25）的右边等于 $x(t)$，则必有

$$\sum_m \sum_n g_{m,n}(t') h_{m,n}(t) = \delta(t - t') \qquad (7\text{-}26)$$

式（7-26）给出了为保证能从 $C_{m,n}$ 恢复 $x(t)$、$h_{m,n}(t)$ 和 $g_{m,n}(t)$ 所应遵循的条件。满足该条件的 $h_{m,n}(t)$ 被称为是完备的。

由式（7-26）还可以引申出母函数 $h(t)$ 与其对偶母函数 $g(t)$ 的关系，如下所示。

$$\int g(t) h^*(t - na) e^{-j2\pi mbt} dt = \delta_m \delta_n \qquad (7\text{-}27)$$

式（7-27）表明了 $g(t)$ 和 $h(t)$ 存在双正交关系。显然，若 m 和 n 中有一个不为零，则式（7-27）所示的积分即为零。若 $m = n = 0$，则

$$\int g(t)h^*(t)\mathrm{d}t = 1 \tag{7-28}$$

以上给出的关系是在 $ab = 1$（即临界抽样）的情况下得到的。由上面的讨论，我们可以得到如下求解 Gabor 系数的方法。

（1）选择一个母函数（或基函数）$h(t)$。

（2）求其对偶函数 $g(t)$。

（3）按照式（7.2.9）做内积，从而得到 $C_{m,n}$。

上面的分析表明，任意能够用高斯函数调制的复正弦形式表示的信号都可以达到时域和频域联合不确定关系的下限，并且可以同时在时域和频域中获得最佳的分辨率，这种表示是 Gabor 函数的最初形式。

最近二三十年，随着神经生理学和小波变换技术的发展，Gabor 函数逐渐演变为二维小波的形式。二维 Gabor 小波变换是图像的多尺度表示和分析的有力工具，作为唯一能够取得空域和频域联合不确定关系下限的 Gabor 函数经常被用作小波基函数来对图像进行各种分析。7.1 节讲述的内容让我们知道了小波变换是用一组滤波器函数与给定信号的卷积来表示或逼近另一个信号。二维 Gabor 滤波器的函数形式可以表示为

$$\varphi_j(x) = \frac{\|\boldsymbol{k}_j\|^2}{\sigma^2} \exp\left(-\frac{\|\boldsymbol{k}_j\|^2\|\boldsymbol{x}\|^2}{2\sigma^2}\right)\left[\exp(\mathrm{i}\boldsymbol{k}_j\boldsymbol{x}) - \exp\left(-\frac{\sigma^2}{2}\right)\right] \tag{7-29}$$

$$\boldsymbol{k}_j = \begin{pmatrix} K_{jx} \\ k_{jy} \end{pmatrix} = \begin{pmatrix} k_v\cos\varphi_u \\ k_v\sin\varphi_u \end{pmatrix} \tag{7-30}$$

其中：$\boldsymbol{x}$ 为给定位置的图像坐标；$\boldsymbol{k}_j$ 为滤波器的中心频率；φ_u 体现了滤波器的方向选择性。在自然图像中，$\dfrac{\|\boldsymbol{k}_j\|^2}{\sigma^2}$ 用来补偿由频率决定的能量谱衰减。$\exp\left(-\dfrac{\|\boldsymbol{k}_j\|^2\|\boldsymbol{x}\|^2}{2\sigma^2}\right)$ 用来约束平面波的高斯包络函数。$\exp(\mathrm{i}\boldsymbol{k}_j\boldsymbol{x})$ 为复数值平面波，其实部为余弦平面波 $\cos(\boldsymbol{k}_j\boldsymbol{x})$、虚部为正弦平面波 $\sin(\boldsymbol{k}_j\boldsymbol{x})$；由于余弦平面波关于高斯窗口中心偶对称，因此在高斯包络函数的约束范围内，其积分值不为 0；而正弦平面波关于高斯窗口奇对称，在高斯包络函数的约束范围内，其积分值为 0。为了消除图像的直流成分对二维 Gabor 小波变换的影响，可以将复数值平面波的实部减去 $\exp\left(-\dfrac{\sigma^2}{2}\right)$，这样二维 Gabor 小波变换就不再受图像灰度绝对数值的影响了，并且对图像的光照变化不敏感。

二维 Gabor 滤波器是带通滤波器，它在空域和频域中均有较好的分辨能力——在空域中有良好的方向选择性，在频域中则有良好的频率选择性。二维 Gabor 小波可以提取图像的不同频率尺度和纹理方向的信息。二维 Gabor 小波滤波器组的参数不仅体现了其在空域和频域中的采样方式，而且决定了其对信号的表达能力。

二维 Gabor 小波是由二维 Gabor 滤波器函数通过尺度伸缩和旋转生成的一组滤波器，其参数的选择通常放在频率空间中考虑。为了对一幅图像的整个频率进行采样，可以采用具有多个中心频率和方向的 Gabor 滤波器组来描述图像。参数 k_ϕ、φ_u 分别体现了二维 Gabor 小波在频率空间和方向空间中的采样方式。参数 σ 决定滤波器的带宽，两者的关系为

$$\sigma = \sqrt{2\ln 2}\left(\frac{2^\phi + 1}{2^\phi - 1}\right) \tag{7-31}$$

其中：ϕ 为使用倍频程表示的半峰带宽，当 ϕ 为 0.5 倍频程时，$\sigma \approx 2\pi$；当 ϕ 为 1 倍频程时，$\sigma \approx \pi$；当 ϕ 为 1.5 倍频程时，$\sigma \approx 2.5$。

7.3 常见小波分析

小波变换的基本思想是用一组小波函数或基函数表示一个函数或信号。信号分析一般是为了获得时间和频域之间的相互关系，傅里叶变换提供了有关频域的信息，但时间方面的局部化信息基本丢失。与傅里叶变换不同，小波变换通过平移母小波或基小波来获得信号的时间信息，并通过缩放小波的宽度或尺度来获得信号的频率特性。在小波变换中，近似值是大的缩放因子产生的系数，表示信号的低频分量；而细节值是小的缩放因子产生的系数，表示信号的高频分量。

与标准的傅里叶变换相比，小波分析中用到的小波函数具有不唯一性，即小波函数具有多样性。小波分析在应用中的一个十分重要的问题就是最优小波基的选择问题，因为使用不同的小波基分析同一个信号会产生不同的结果。目前我们主要通过计算使用小波分析方法处理信号的结果与理论结果之间的误差来判定小波基的好坏，并由此决定小波函数。

根据不同的标准，小波函数具有不同的类型。常见的标准有如下 3 个。

（1）$\varphi(t)$、$\varphi(w)$、$\phi(t)$ 和 $\phi(w)$ 的支撑长度，也就是当时间或频率趋向无穷大时，$\varphi(t)$、$\varphi(w)$、$\phi(t)$ 和 $\phi(w)$ 能够从一个有限值收敛到 0（注意：$\phi(t)$ 为尺度函数，小波函数 $\varphi(t)$ 可以通过 $\phi(t)$ 求出来）。

（2）对称性，也就是在图像处理中能够很有效地避免移相。

（3）正则性，也就是对于信号或图像的重构具有较好的平滑效果。

具有对称性的小波不产生相位畸变；具有好的正则性的小波则易于获得光滑的重构曲线和图像，从而可以减小误差。

在本节中，我们主要介绍常用的 Haar 小波和 Daubechies 小波。

7.3.1 Haar 小波

Haar 函数是小波分析中最早用到的一个具有紧支撑的正交小波函数，并且也是最简单的小波函数。Haar 函数是支撑域为 $t \in [0,1]$ 的单个矩形波，定义如下：

$$\varphi(t) = \begin{cases} 1 & 0 \leqslant t \leqslant \dfrac{1}{2} \\ -1 & \dfrac{1}{2} \leqslant t \leqslant 1 \\ 0 & \text{其他} \end{cases} \tag{7-32}$$

Haar 小波的形状如图 7.12 所示。

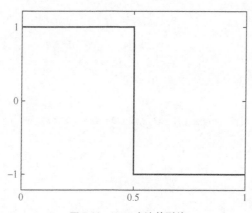

图 7.12　Haar 小波的形状

Haar 小波在时域中是不连续的，所以作为基小波，Haar 小波的性能不是特别好，但 Haar 小波也有自己的优点，具体如下。

（1）计算简单。

（2）$\varphi(t)$ 不但与 $\varphi(2^j t)(j \in Z)$ 正交 $(\int \varphi(t)\varphi(2^j t)\mathrm{d}t = 0)$，而且与自己的整数位移正交 $(\int \varphi(t) \varphi(t-k)\mathrm{d}t = 0, k \in Z)$。

因此，在 $a = 2^j$ 的多分辨率系统中，使用 Haar 小波可以构成一组最简单的正交归一的小波族。

例如，假设要对只有 4 个像素的一维图像进行 Haar 小波变换（见表 7.1）。原始图像对应的像素值为[11 9 5 7]，使用 Haar 小波进行变换的过程就是计算相邻像素对的平均值，得到一幅分辨率为原始图像二分之一的新图像，新图像对应的像素值为[10 6]。这时，图像信息已经部分丢失，为了能从 2 个像素组成的新图像中重构出 4 个像素组成的原始图像，必须把每个像素对的第一个像素值减这个像素的平均值作为图像的细节系数保存下来。因此，原始图像可以用 2 个平均值、2 个细节系数表示：[10 6 1 −1]。接下来，可以对第一步变换得到的图像做进一步变换，原始图像的两级变换过程如表 7.1 所示。

表 7.1　　　　　　　　　　　　　　　Haar 小波变换过程

精　　度	平　均　值	细　节　值
4	[11 9 5 7]	
2	[10 6]	[1 −1]
1	[8]	[2]

Haar 小波变换实际上是使用求平均值和差值的方法对函数或图像进行分解，对于上面的例子，我们可以进行最多两层的分解。

对于二维图像，同样可以通过依次对行列进行小波变换得到图像的分解方法。这时，经过一次小波变换得到的是二维图像的近似值以及水平、垂直和对角细节分量。显然，从二维图像的近似值以及水平、垂直和对角细节分量可以重构出原来的二维图像。

[例 7.6]　利用 Haar 小波对信号进行分解并压缩。

首先使用 wdcbm 函数获取信号的压缩阈值，然后使用 wdencm 函数实现信号的压缩，具体过程如下。

```
% 载入信号
load nelec;
indx=1:1024;
x=nelec(indx);

% 利用 Haar 小波对信号进行三层分解
[c,l]=wavedec(x,3,'haar');

alpha=1.5;
% 获取信号的压缩阈值
[thr,nkeep]=wdcbm(c,l,alpha);

% 对信号进行压缩
[xd,cxd,lxd,perf0,perfl2]=wdencmp('lvd',c,l,'haar',3,thr,'s');
subplot(2,1,1);
plot(indx,x);
title('原始信号');

subplot(2,1,2);
plot(indx,xd);
title('压缩后的信号');
```

运行结果如图 7.13 所示，从图 7.13 中可以看出，压缩后的信号相比原始信号明显包含更少的细节信息。

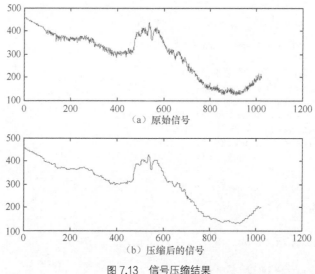

（a）原始信号

（b）压缩后的信号

图 7.13 信号压缩结果

7.3.2 Daubechies 小波

Daubechies 小波是由小波分析学者 Inrid Daubechies 构造的，一般写成 db$N$，N 是小波的阶数。小波函数 $\varphi(t)$ 和尺度函数 $\phi(t)$ 的支撑域为 $t = 0 \sim 2N-1$，$\varphi(t)$ 的消失矩为 N。除 $N = 1$ 外，db$N$ 不具有对称性（即相位非线性）。db$N$ 没有明确的表达式（除 $N = 1$ 外），但转换函数 h 的平方模是很明确的。

令 $P(y) = \sum_{k=0}^{N-1} C_k^{N-1+k} y^k$，其中 C_k^{N-1+k} 为二项式的系数，则有

$$|m_0(w)|^2 = (\cos^2 \frac{w}{2})^N P(\sin^2 \frac{w}{2})$$

其中：$m_0(w) = \dfrac{1}{\sqrt{2}} \sum_{k=0}^{2N-1} h_k e^{-jkw}$。

Daubechies 小波具有以下特点。

（1）$\varphi(t)$ 在时域中是有限支撑的，即 $\varphi(t)$ 长度有限；而且 $\varphi(t)$ 的高阶原点矩 $\int t^p \varphi(t)dt = 0$，$p = 0 \sim N$。$N$ 越大，$\varphi(t)$ 的长度就越大。

（2）在频域中，$\varphi(w)$ 在 $w = 0$ 处有 N 阶零频点。

（3）$\varphi(t)$ 与其整数位移正交归一，即 $\int \varphi(t)\varphi(t-k)dt = \delta_k$。

（4）小波函数 $\varphi(t)$ 可以由尺度函数 $\phi(t)$ 求出来。尺度函数 $\phi(t)$ 为低通函数，长度有限，支撑域为 $t = 0 \sim 2N-1$。

[例 7.7] 利用 db1 小波对图像进行分解与重构。

二维离散小波变换只提供了一个 swt2 函数，因为不对分解系数进行下采样，所以单层分解和多层分解的结果是一样的，程序如下。

```
load noiswom
[swa,swh,swv,swd]=swt2(X,3,'db1');
```

```
% 利用 db1 小波对 noiswom 图像进行三层静态小波分解
whos
colormap(map)
kp=0;
for i=1:3
subplot(3,4,kp+1),image(wcodemat(swa(:,:,i),192));
title(['Approx,cfs,level',num2str(i)])
% 显示第 i 层近似系数图像，以 192 字节为单位编码
subplot(3,4,kp+2),image(wcodemat(swh(:,:,i),192));
title(['Horiz.Det.cfs level',num2str(i)])
subplot(3,4,kp+3),image(wcodemat(swv(:,:,i),192));
 title(['Vert.Det.cfs level',num2str(i)])
subplot(3,4,kp+4),image(wcodemat(swd(:,:,i),192));
title(['Diag.Det.cfs level',num2str(i)])
kp=kp+4;
end % 图像分解结束

% 图像重构
load noiswom
[swa,swh,swv,swd]=swt2(X,3,'db1');

% 利用 db1 小波对 noiswom 图像进行三层小波分解
mzero=zeros(size(swd));
A=mzero;
A(:,:,3)=iswt2(swa,mzero,mzero,mzero,'db1');

% 使用 iswt2 函数的滤波功能，重建第 3 层的近似系数，为了避免发生 iswt 函数的合成
% 运算，注意在重建过程中，应保证其他各项系数为 0
H=mzero;V=mzero;D=mzero;
for i=1;3
swcfs=mzero;swcfs(:,:,i)=swh(:,:,i);
H(:,:,i)=iswt2(mzero,swcfs,mzero,mzero,'db1');
swcfs=mzero;swcfs(:,:,i)=swv(:,:,i);
V(:,:,i)=iswt2(mzero,mzero,swcfs,mzero,'db1');
swcfs=mzero;swcfs(:,:,i)=swh(:,:,i);
H(:,:,i)=iswt2(mzero,mzero,mzero,swcfs,'db1');
end

% 分别重建第 1~3 层的各个细节系数，同样在重建某一系数的时候，需要令其他系数为 0
A(:,:,2)=A(:,:,3)+H(:,:,3)+V(:,:,3)+D(:,:,3);
A(:,:,1)=A(:,:,2)+H(:,:,2)+V(:,:,2)+D(:,:,2);

% 使用递推的方法建立第 1 层和第 2 层的近似系数
colormap(map)
kp=0;
for i=1:3
subplot(3,4,kp+1),image(wcodemat(A(:,:,i),192));
title(['第',num2str(i),'层近似系数图像'],'fontsize',6)
subplot(3,4,kp+2),image(wcodemat(H(:,:,i),192));
title(['第',num2str(i),'层水平细节系数图像'],'fontsize',6)
subplot(3,4,kp+3),image(wcodemat(V(:,:,i),192));
title(['第',num2str(i),'层垂直细节系数图像'],'fontsize',6)
subplot(3,4,kp+4),image(wcodemat(D(:,:,i),192));
title(['第',num2str(i),'层对角细节系数图像'],'fontsize',6)
kp=kp+4;
end
```

运行结果如图 7.14 所示，由于分解过程中没有改变信号的长度，因此在显示近似系数和细节系数时不需要重建（见图 7.15）。

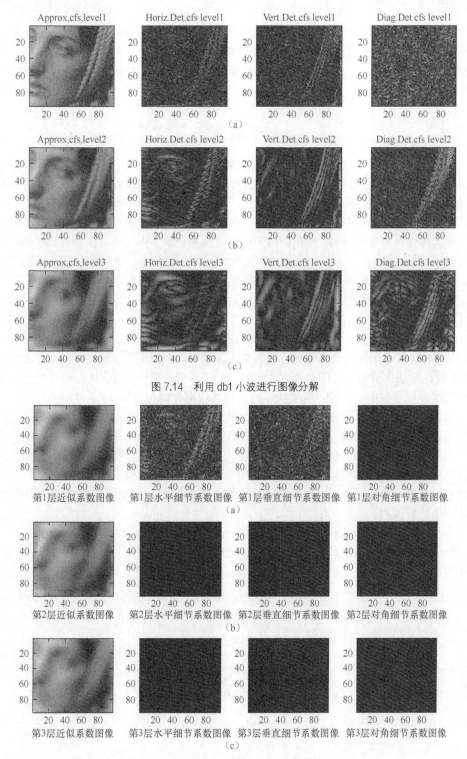

图 7.14　利用 db1 小波进行图像分解

图 7.15　利用 db1 小波对图像进行各级静态小波重建

7.4　高维小波

一维情况下的小波理论具有丰富的成果，基于小波变换的多分辨率分析，我们知道了分解过程实际上需要对滤波后的信号进行抽样，而重建过程需要对子带信号进行插值并滤波。对于一维信号，这类抽样与插值较容易实现，但对于二维和多维情形则复杂得多。由于对多维信号进行抽样实际上是对输入样本的下标进行处理并保留部分样本输出，因此下标的处理一般是使用一个抽样矩阵来实现的，即

$$y(K) = x(D \cdot K), K \in Z^2 \tag{7-33}$$

其中：x 为输入信号；y 为输出信号；抽样矩阵 D 的行列式的绝对值 $|\det(D)| = N$，表示抽样率，也就是从 N 个输入样本中抽取一个样本作为输出。在不分离的多分辨率分析中，抽样矩阵为对角阵且各维的特征值均相等，即 $D = 2 \cdot I$，其中的 2 为维数，I 为二维单位矩阵。

在多维的多分辨率分析中，三维多分辨率分析是最具实用意义的，因为三维信息能为我们认识宏观或微观客体提供真实的资料，而我们每天都要完成大量的三维信号加工和处理工作。典型的三维信号有如下两种。

（1）关于时间轴的视频信号或图像序列，其中的每帧图像是二维的，而各帧图像之间的关系是时序的。我们进行此类三维图像处理的目的通常是对客体的运动轨迹和运动速度做出估计，或实现序列图像的压缩存储和传输。

（2）关于 z 轴实现计算机断层成像（CT）的图像序列，如医用和工业用 CT 以及医用 MR 等成像设备，它们输出的每帧图像是二维的，而各帧图像之间的关系关于 z 轴是序列的，它们是真正的三维图像，相比时间序列的三维图像要复杂得多。我们进行此类三维图像处理的目的通常是计算客体的三维形状、尺寸和中心位置，或实现序列图像的压缩存储与传输。

一般来说，在三维序列图像中，空间维（二维）与时间维（一维）的特性差异较大，因而是可以分离并进行多分辨率分析的，而真正的三维图像原则上难以分离。幸运的是，我们面对的通常是数字序列图像，不管是每帧图像（二维）还是序列图像（三维），它们都可以按可分离情形来处理，并且能取得令人满意的结果，从而为我们的工作带来极大的便利。

既然不管在哪一种情形下都认为三维序列图像是可分离的，我们不妨利用分解框图给出其中一级的多分辨率分析过程。

- 关于 z 轴的三维序列图像的一级多分辨率分析如图 7.16 所示。
- 关于 t 轴的三维序列图像的一级多分辨率分析如图 7.17 所示。

对于有限序列信号 $f(x, y, \theta) \in L^2(R^2 \times \theta)$，$\theta = z$ 或 t，如果闭子空间序列 $\{V_j^3\}_{j \in z} \in L^2(R^2 \times \theta)$ 满足 7.1 节中提到的进行多分辨率分析的 5 项要求，就说闭子空间序列 $\{V_j^3\}_{j \in z} \in L^2(R^2 \times \theta)$ 支持进行三维多分辨率分析。与此类似，对于三维尺度函数

$$\phi(x, y, \theta) = \phi(x)\phi(y)\phi(\theta) \qquad \forall j \in Z$$

其平移系

$$\phi_{j,k_1,k_2,k_3} = \{\phi_{j,k_1}\phi_{j,k_2}\phi_{j,k_3} \mid k_1, k_2, k_3 \in Z^3\}$$

构成 V_j^3 的标准正交基。

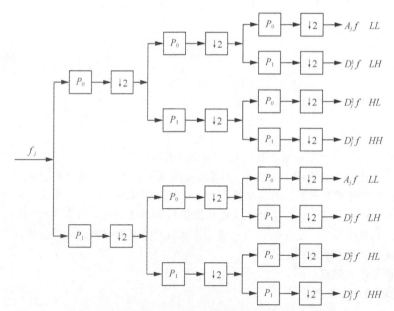

图 7.16　关于 z 轴可分离三维多分辨率分析（一级）

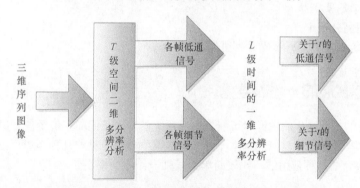

图 7.17　关于 t 轴可分离三维多分辨率分析（一级）

相应的 8 个三维小波函数为

$$\varphi^{(1)} = \phi(x)\phi(y)\phi(\theta)$$

$$\varphi^{(2)} = \varphi(x)\phi(y)\phi(\theta)$$

$$\varphi^{(3)} = \phi(x)\varphi(y)\phi(\theta)$$

$$\varphi^{(4)} = \phi(x)\phi(y)\varphi(\theta)$$

$$\varphi^{(5)} = \phi(x)\varphi(y)\varphi(\theta)$$

$$\varphi^{(6)} = \varphi(x)\phi(y)\varphi(\theta)$$

$$\varphi^{(7)} = \varphi(x)\varphi(y)\phi(\theta)$$

$$\varphi^{(8)} = \varphi(x)\phi(y)\varphi(\theta)$$

它们的伸缩平移系

$$\{\varphi^{(a)}_{j,k,l,m} \mid j,k,l,m \in Z^4, \ a = 1,2,\cdots,8\}$$

构成 $L^2(R^2 \times \theta)$ 的标准正交基。其他内容我们不再一一表述。

第8章 图像复原

在成像过程中，由于受各种因素的影响，图像质量可能降低（即"退化"）。与图像增强相似，图像复原的目的也是改善图像质量。但是，图像复原试图利用退化过程的先验知识使已退化的图像恢复本来面目；而图像增强试图利用某种试探的方式改善图像质量，以适应人的视觉与心理。引起图像退化的因素包括由光学系统、运动等造成的图像模糊以及源自电路和光学的噪声等。图像复原是基于图像退化的数学模型，复原的方法也建立在比较严格的数学推导之上。因此，涉及较多而复杂的数学运算是本章的一大特点。

本章的知识和技术热点

- 图像复原的基本概念。
- 图像复原的一般模型。
- 实用的图像复原技术。

本章的典型案例分析

- 利用图像复原方法复原模糊噪声图像。

8.1 图像复原的一般理论

图像复原的目的是使退化的图像尽可能恢复成原来的样子，因而了解图像复原的一般理论显得尤为重要。本节主要讲述图像复原的基本概念、基本模型以及常见的几种噪声，在介绍完这几种噪声后，本节将继续介绍几种常用的、比较简单的线性一维不变模型。

8.1.1 图像复原的基本概念

图像复原与图像增强相似，两者都旨在得到从某种意义上可接受的图像，或者说希望改善输入图像的质量。两者的不同之处在于：图像增强一般基于人的视觉特性来处理图像，以取得看起来较好的视觉效果；而图像复原则认为图像在某种情况下退化或恶化了（图像质量下降了），现在需要根据相应的退化模型和知识重建或恢复原始图像。尽管两者存在交叉的地方，但图像增强基本上是一个主观的过程，而图像复原大部分是一个客观的过程。也就是说，图像复原是将图像退化的过程模型化，并据此采取相反的过程以得到原始图像。

图像复原的前提是图像退化，图像退化是指图像在形成、记录、处理、传输过程中由于成像系统、记录设备、处理方法和传输介质的不完善，导致图像质量下降。具体来说，常见的退化原因大致有成像系统的像差、孔径有限或存在衍射以及成像系统的离焦、成像系统与景物的相对运动、底片感光特性曲线的非线性特性、显示器显示时的失真、遥感成像中的大气散射和大气扰动、遥感摄像机的运动和扫描速度不稳定、系统各个环节的噪声干扰、模拟图像数字化引入的误差等。

将图像部分复原可以起到不同的作用：既可能像化妆品一样只起修饰作用，也可能起到决定成败的作用，例如太空研究中月球和行星图像的获取。图像的退化过程可以看作变换 T，若原始图像为 $f(x,y)$、退化图像为 $g(x,y)$，则有 $T[f(x,y)] \to g(x,y)$。图像复原就是由 $g(x,y)$ 求 $f(x,y)$，即进行逆变换 T^{-1}，使得 $T^{-1}[g(x,y)] \to f(x,y)$。

8.1.2 图像复原的一般模型

对于退化的图像，一般可以采用两种方法来复原。

（1）若对原始图像缺乏已知信息，则可以对退化过程（模糊和噪声）建立模型并进行描述，进而找到一种去除或削弱其影响的过程。这种方法由于试图估计图像受一些相对良性的退化过程影响以前的情况，因此是一种估计方法。

（2）若对原始图像有足够的已知信息，则可以对原始图像建立一个数学模型并根据这个数学模型对退化的图像进行拟合。例如，假设已知图像中仅含有确定大小的圆形图案（如星辰、颗粒、细胞等），由于原始图像只有很少的几个参数（数目、位置、幅度等）未知，因此这是一个检测问题。

在进行图像复原时，还有许多其他选择。首先，问题既可以用连续数学进行处理，也可以用离散数学进行处理。其次，处理既可以在空域中进行，也可以在频域中进行。此外，当复原必须以数字方法进行时，处理既可以通过空域的卷积来实现，也可以通过频域的相乘来实现。

1. 图像的退化和复原模型

下面以图 8.1 所示的系统作为图像的退化和复原模型。退化过程可以模型化为一个退化函数和一个加性噪声项，对一幅输入图像 $f(x,y)$ 进行处理，产生一幅退化图像 $g(x,y)$。给定 $g(x,y)$ 和关于退化函数 H 的一些信息并外加噪声项 $n(x,y)$，图像复原的目的是获得关于原始图像的近似估计 $\hat{f}(x,y)$。通常我们希望这一估计尽可能接近原始输入图像，并且 H 和 n 的信息知道越多，得到的 $\hat{f}(x,y)$ 就越接近 $f(x,y)$。

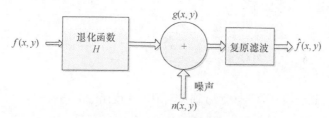

图 8.1 图像的退化和复原模型

如果退化函数 H 是线性且位置不变性的，那么我们在空域中给出的退化图像可由下式表示。

$$g(x,y) = h(x,y) * f(x,y) + n(x,y) \tag{8-1}$$

其中：$h(x,y)$ 是退化函数的空间描述；"$*$" 表示空间卷积。由于空域中的卷积等同于频域中的乘积，因此式（8-1）所示模型的等价频域描述如下。

$$G(u,v) = H(u,v)F(u,v) + N(u,v) \tag{8-2}$$

式（8-2）中的大写字母项是式（8-1）中相应项的傅里叶变换。

2. 噪声模型

数字图像的噪声主要来源于图像的获取和传输过程。图像传感器的工作受各种因素的影响，如图像获取过程中的环境条件和传感器自身的质量。例如，当使用电荷耦合器件（Charge Coupled Device，CCD）摄像机获取图像时，光照强度和传感器的温度是导致生成的图像中产生大量噪声的主要因素。图像在传输过程中则主要由于所用传输信道被干扰而受到噪声污染。例如，通过无线网络传输的图像可能会因为光或其他因素的干扰而被污染。下面介绍一些重要噪声的概率密度函数。

（1）高斯噪声

在空域和频域中，由于高斯噪声在数学上的易处理性，这种噪声模型经常被用于实践中。事实上，这种非常方便的"易处理性"使得高斯模型经常被用于临界情况下。

高斯随机变量 z 的概率密度函数如下。

$$p(z) = \frac{1}{\sqrt{2\pi}\sigma} \mathrm{e}^{-(z-\mu)^2/2\sigma^2} \tag{8-3}$$

其中：z 表示灰度值；μ 表示 z 的平均值或期望值；σ 表示 z 的标准差。标准差的平方 σ^2 被称为 z 的方差。

（2）瑞利噪声

瑞利噪声的概率密度函数如下。

$$p(z) = \begin{cases} \dfrac{2}{b}(z-a)\mathrm{e}^{-(z-a)^2/b} & z \geqslant a \\ 0 & z < a \end{cases} \tag{8-4}$$

其概率密度函数的均值和方差分别为

$$\mu = a + \sqrt{\pi b / 4} \tag{8-5}$$

和

$$\sigma^2 = \frac{b(4-\pi)}{4} \tag{8-6}$$

（3）伽马噪声

伽马噪声的概率密度函数如下。

$$p(z) = \begin{cases} \dfrac{a^b z^{b-1}}{(b-1)!} \mathrm{e}^{-az} & z \geqslant 0 \\ 0 & z < 0 \end{cases} \tag{8-7}$$

其中：$a>0$，b 为正整数，"!" 表示阶乘。其概率密度函数的均值和方差分别为

$$\mu = \frac{b}{a} \tag{8-8}$$

和

$$\sigma^2 = \frac{b}{a^2} \tag{8-9}$$

（4）指数分布噪声

指数分布噪声的概率密度函数如下。

$$p(z) = \begin{cases} a\mathrm{e}^{-az} & z \geqslant 0 \\ 0 & z < 0 \end{cases} \tag{8-10}$$

其中：$a>0$。其概率密度函数的期望值和方差分别为

$$\mu = \frac{1}{a} \tag{8-11}$$

和

$$\sigma^2 = \frac{1}{a^2} \tag{8-12}$$

注意，指数分布噪声的概率密度函数是当 $b=1$ 时伽马噪声的概率密度分布函数的特殊情况。

（5）均匀分布噪声

均匀分布噪声的概率密度函数如下。

$$p(z) = \begin{cases} \dfrac{1}{b-a} & b \geqslant z \geqslant a \\ 0 & z < 0 \end{cases} \tag{8-13}$$

其概率密度函数的期望值和方差分别为

$$\mu = \frac{a+b}{2} \tag{8-14}$$

和

$$\sigma^2 = \frac{(b-a)^2}{12} \tag{8-15}$$

（6）脉冲噪声

脉冲噪声（椒盐噪声）的概率密度函数如下。

$$p(z) = \begin{cases} P_a & z = a \\ P_b & z = b \\ 0 & \text{其他} \end{cases} \tag{8-16}$$

若 P_a 或 P_b 为零，则称脉冲噪声为单极脉冲。如果 P_a 和 P_b 均不为零，尤其当它们近似相等时，脉冲噪声将类似于随机分布在图像上的胡椒和盐粒。正因为如此，脉冲噪声也称为椒盐噪声。另外，脉冲噪声有时也称为散粒噪声或尖峰噪声。

脉冲噪声可以是正的，也可以是负的。标定通常是图像数字化过程的一部分。与图像信号的强度相比，脉冲干扰通常较大，因此在一幅图像中，脉冲噪声总是数字化为最小值或最大值（纯黑或纯白）。通常假设 a 和 b 是饱和值，从某种意义上讲，在数字化图像中，它们等于所允许的最小值和最大值。出于这一原因，负脉冲以黑点出现在图像中，正脉冲以白点出现在图像中。

上述概率密度函数为我们在实践中模型化宽带噪声干扰状态提供了有用的工具。例如，在一幅图像中，高斯噪声源于电子电路噪声以及由低照明或高温带来的传感器噪声。瑞利噪声的概率密度函数对于在图像范围内特征化噪声现象非常有用。指数分布噪声的概率密度函数和伽马噪声的概率密度函数在激光成像中有一些应用。脉冲噪声主要表现在成像中的短暂停留，例如错误的开关操作。均匀分布噪声可能在实践中被描述得最少，然而均匀分布噪声的概率密度函数作为模拟随机数产生器的基础是非常有用的。

[例 8.1] 用 MATLAB 绘制噪声的概率密度图。

根据以上几种噪声的分布原理，用函数 show_noise_pdf 产生它们各自的概率密度函数。show_noise_pdf 函数的返回值可以用来绘制概率密度函数的曲线图。show_noise_pdf 函数的代码如下，详见本书配套资源的 "chapter8/code/" 路径下的 show_noise_pdf.m 文件。

```
function Y = show_noise_pdf(type, x, a, b)
% 产生不同噪声的概率密度函数
% type:   字符串，取值随噪声类型而定
% 高斯噪声：   'gaussian'，参数为(x,y)，默认值为(0,10)
% 瑞利噪声：   'rayleigh'，参数为 x，默认值为 30
% 伽马噪声：   'gamma'，参数为(x,y)，默认值为(2,10)
% 指数噪声：   'exp'，参数为 x，默认值为 15
```

```
%   均匀分布:       'uniform', 参数为(x,y), 默认值为(-20,20)
%   椒盐噪声:       'salt & pepper', 强度为 x, 默认值为 0.02
%   示例:
%   x=0:.1:10;
%   Y=show_noise_pdf('gamma',2,5,x);
%   plot(x,Y)

%   设置默认噪声类型
if nargin == 1
    type='gaussian';
end

%   开始处理
switch lower(type)
        %   高斯噪声的情况
    case 'gaussian'
            if nargin<4
                b=10;
            end
            if nargin <3
                a=0;
            end
            Y=normpdf(x,a,b);

            %   均匀噪声的情况
    case 'uniform'
            if nargin<4
                b=3;
            end
            if nargin <3
                a=-3;
            end
            Y=unifpdf(x,a,b);

            %   椒盐噪声的情况
    case 'salt & pepper'
            Y=zeros(size(x));
            Y(1)=0.5;
            Y(end)=0.5;

            %   瑞利噪声的情况
    case 'rayleigh'
            if nargin < 3
                a = 30;
            end
            Y=raylpdf(x,a);

            %   指数噪声的情况
    case 'exp'
            if nargin < 3
                a = 15;
            end
            Y=exppdf(x,a);

            %   伽马噪声的情况
    case 'gamma'
            if nargin <4
                b=10;
            end
```

```
        if nargin<3
            a=2;
        end
        Y=gampdf(x,a,b);

    otherwise
        error('Unknown distribution type')
end
```

在 MATLAB 的命令行窗口中输入如下命令以绘制概率密度图，结果如图 8.2 所示。

```
>> x=-4:.1:4;
>> subplot(321)
>> Y1=show_noise_pdf('gaussian',x, 0, 1);
>> plot(x,Y1);
>> title('高斯');
>> subplot(322)
>> Y2=show_noise_pdf('uniform',x, -3, 3);
>> plot(x,Y2);
>> title('均匀');
>> subplot(323)
>> Y3=show_noise_pdf('salt & pepper',x);
>> plot(x,Y3);
>> title('椒盐');
>> subplot(324)
>> Y4=show_noise_pdf('rayleigh',x,1);
>> plot(x,Y4);
>> title('瑞利');
>> subplot(325)
>> Y5=show_noise_pdf('exp',x,1);
>> plot(x,Y5);
>> title('指数');
>> subplot(326)
>> Y6=show_noise_pdf('gamma',x,2,5);
>> plot(x,Y6);
>> title('伽马');
```

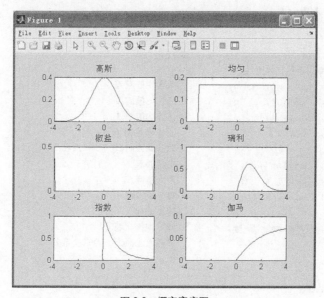

图 8.2　概率密度图

3. 空间滤波复原

当一幅图像中存在的唯一退化是噪声时，式（8-1）和式（8-2）将分别变成

$$g(x, y) = f(x, y) + n(x, y) \tag{8-17}$$

和

$$G(u, v) = F(u, v) + N(u, v) \tag{8-18}$$

由于噪声项是未知的，我们不能从 $g(x,y)$ 或 $G(u,v)$ 中减去它们；但在包含周期噪声的情况下，通常利用 $G(u,v)$ 的频谱来估计 $N(u,v)$ 是可行的。

在只有加性噪声存在的前提下，我们可以选择使用空间滤波方法。下面介绍几种常见的用于减少噪声的空间滤波器。

（1）均值滤波器

针对图像中待处理的像素，我们可以给定一个模板，这个模板包含了待处理像素周围的邻近像素。使用模板中全体像素的均值代替原来像素值的方法就是均值滤波，包括算术均值滤波、几何均值滤波、谐波均值滤波以及逆谐波均值滤波等。

均值滤波器将所有的点都同等对待，因而在将噪声点分摊的同时，也会将景物的边界点分摊，导致图像变得模糊。为了改善效果，可以采用加权平均的方式来构造滤波器，但滤波效果是有限的。为了有效改善这种状况，必须改变滤波器的设计思路，统计排序滤波是一种比较有效的方法。

（2）统计排序滤波器

统计排序滤波器是一种非线性的空间滤波器，其响应基于图像滤波器包围的图像区域内像素的排序结果——用统计排序结果决定的值代替中心像素的值。最常见的统计滤波器是中值滤波器，中值滤波器在 5.4 节中已经详细介绍过，这里不再介绍。

[例 8.2]　图像的空域滤波。

下面我们利用编写的 split 函数对图像进行空域滤波，此函数既可以进行线性滤波，也可以进行非线性滤波。本例涉及多种滤波方式，如中值滤波、最大值/最小值滤波、中点滤波以及修剪均值滤波等。由于图像增强部分已经介绍过相应的滤波函数，并且还利用这几种滤波器进行了滤波；因此本例在将一幅图像分别用胡椒噪声和盐粒噪声污染后，选择利用不同 Q 值的逆谐波均值滤波器来滤波并观察滤波效果。

```
% f 用来描述函数
function f = spfilt(g, type, m, n, parameter)
% 我们将要设计的滤波器主要包括以下几种
%     f = spfilt(g, 'amean', m, n)          算术均值滤波
%     f = spfilt(g, 'gmean', m, n)          几何均值滤波
%     f = spfilt(g, 'hmean', m, n)          谐波均值滤波
%     f = spfilt(g, 'chmean', m, n, Q)      逆谐波均值滤波
%                                           默认滤波阶数 Q = 1.5
%     f = spfilt(g, 'median', m, n)         中值滤波
%     f = spfilt(g, 'max', m, n)            最大值滤波
%     f = spfilt(g, 'min', m, n)            最小值滤波
%     f = spfilt(g, 'midpoint', m, n)       中点滤波
%     f = spfilt(g, 'atrimmed', m, n, d)    修剪均值滤波
%                                           参数 d 必须是一个非负数
%                                           默认 d = 2
%
%   默认 m = n = 3、Q = 1.5、d = 2
```

```
% 处理输入
if nargin == 2
   m = 3; n = 3; Q = 1.5; d = 2;
elseif nargin == 5
   Q = parameter; d = parameter;
elseif nargin == 4
   Q = 1.5; d = 2;
else
   error('Wrong number of inputs.');
end

% 开始滤波
switch type
% 算术均值滤波的情况
case 'amean'
   w = fspecial('average', [m n]);
   f = imfilter(g, w, 'replicate');

% 几何均值滤波的情况
case 'gmean'
   f = gmean(g, m, n);

% 谐波均值滤波的情况
case 'hmean'
   f = harmean(g, m, n);

% 逆谐波均值滤波的情况
case 'chmean'
   f = charmean(g, m, n, Q);

% 中值滤波的情况
case 'median'
   f = medfilt2(g, [m n], 'symmetric');

% 最大值滤波的情况
case 'max'
   f = ordfilt2(g, m*n, ones(m, n), 'symmetric');

% 最小值滤波的情况
case 'min'
   f = ordfilt2(g, 1, ones(m, n), 'symmetric');

% 中点滤波的情况
case 'midpoint'
   f1 = ordfilt2(g, 1, ones(m, n), 'symmetric');
   f2 = ordfilt2(g, m*n, ones(m, n), 'symmetric');
   f = imlincomb(0.5, f1, 0.5, f2);

% 修剪均值滤波的情况
case 'atrimmed'
   if (d <= 0) | (d/2 ~= round(d/2))
      error('d must be a positive, even integer.')
   end
   f = alphatrim(g, m, n, d);

% 其他情况
otherwise
   error('Unknown filter type.')
end
```

```
% 下面是一些具体的函数，用于实现相应的滤波
function f = gmean(g, m, n)
% 设置几何均值滤波器
inclass = class(g);
g = im2double(g);

warning off;
f = exp(imfilter(log(g), ones(m, n), 'replicate')).^(1 / m / n);
warning on;
f = changeclass(inclass, f);

%-------------------------------------------------------------------%
function f = harmean(g, m, n)
% 设置谐波均值滤波器
inclass = class(g);
g = im2double(g);
f = m * n ./ imfilter(1./(g + eps),ones(m, n), 'replicate');
f = changeclass(inclass, f);

%-------------------------------------------------------------------%
function f = charmean(g, m, n, q)
% 设置逆谐波均值滤波器
inclass = class(g);
g = im2double(g);
f = imfilter(g.^(q+1), ones(m, n), 'replicate');
f = f ./ (imfilter(g.^q, ones(m, n), 'replicate') + eps);
f = changeclass(inclass, f);

%-------------------------------------------------------------------%
function f = alphatrim(g, m, n, d)
% 设置修剪均值滤波器
inclass = class(g);
g = im2double(g);
f = imfilter(g, ones(m, n), 'symmetric');
for k = 1:d/2
    f = imsubtract(f, ordfilt2(g, k, ones(m, n), 'symmetric'));
end
for k = (m*n - (d/2) + 1):m*n
    f = imsubtract(f, ordfilt2(g, k, ones(m, n), 'symmetric'));
end
f = f / (m*n - d);
f = changeclass(inclass, f);

% 下面读入一幅图像并将其污染，然后利用前面设置的逆谐波均值滤波器进行滤波
% 从内存中读入一幅图像
f=imread('D:\3.jpg');
subplot(3,2,1);
imshow(f);% 显示这幅图像

[M,N]=size(f);
R=imnoise2('salt & pepper',M,N,0.1,0);% 这幅图像被概率密度为 0.1 的胡椒噪声污染了
c=find(R==0);
gp=f;
gp(c)=0;
subplot(3,2,2);
imshow(gp);% 显示污染后的图像

R=imnoise2('salt & pepper',M,N,0,0.1);% 这幅图像被概率密度为 0.1 的盐粒噪声污染了
```

```
c=find(R==1);
gs=f;
gs(c)=255;
subplot(3,2,3);
imshow(gs)% 显示污染后的图像

fp=spfilt(gp,'chmean',3,3,1.5);% 使用 Q 值为正的逆谐波均值滤波器过滤胡椒噪声
subplot(3,2,4);
imshow(fp);

fs=spfilt(gs,'chmean',3,3,-1.5);% 使用 Q 值为负的逆谐波均值滤波器过滤盐粒噪声
subplot(3,2,5);
imshow(fs);
```

运行结果如图 8.3 所示。其中，图 8.3（a）是原始图像，图 8.3（b）是原始图像被概率密度只有 0.1 的胡椒噪声污染后的图像，图 8.3（c）是原始图像被概率密度只有 0.1 的盐粒噪声污染后的图像。过滤胡椒噪声的较好办法是使用 Q 值为正的逆谐波均值滤波器，效果如图 8.3（d）所示；而过滤盐粒噪声的较好办法是使用 Q 值为负的滤波器，效果如图 8.3（e）所示。

（a）原始图像 　（b）被概率密度为 0.1 的胡椒噪声污染后的图像 　（c）被概率密度为 0.1 的盐粒噪声污染后的图像

（d）使用 Q = 1.5 的 3×3 逆谐波均值滤波器对图（b）滤波后的结果 　（e）使用 Q = −1.5 的 3×3 逆谐波均值滤波器对图（c）滤波后的结果

图 8.3　运行结果

4. 线性空间不变退化模型

由上述内容可知，在复原前，图 8.1 中的输入输出关系可以表示为式（8-17）的形式。现在，假设 $n(x,y) = 0$，则 $g(x,y) = H[f(x,y)]$。若下式成立：

$$H[af_1(x, y) + bf_2(x, y)] = aH[f_1(x, y)] + bH[f_2(x, y)] \tag{8-19}$$

则 H 是一个线性系统。这里，a 和 b 是比例常数，$f_1(x,y)$ 和 $f_2(x,y)$ 是任意两幅输入图像。

若 $a = b = 1$，则式（8-19）变为

$$H[f_1(x, y) + f_2(x, y)] = H[f_1(x, y)] + H[f_2(x, y)] \tag{8-20}$$

这就是所谓的加性。这一特性简单地表明：如果 H 为线性算子，那么两个输入之和的响应等于两个输入的响应之和。

若 $f_2(x, y) = 0$，则式（8-19）变为

$$H[af_1(x, y)] = aH[f_1(x, y)] \qquad (8-21)$$

这就是均匀性。式（8-20）和式（8-21）表明任何与乘数相乘的输入的响应都等于将输入的响应乘以相同的常数，换言之，线性算子具有加性和均匀性。

对于任意的 $f(x, y)$、α 和 β，若下式成立：

$$H[f(x - \alpha, y - \beta)] = g(x - \alpha, y - \beta) \qquad (8-22)$$

则称具有输入输出关系 $g(x, y) = H[f(x, y)]$ 的系统为空间不变系统。这个定义说明图像中任意一点的响应只取决于该点的输入值，而与该点的位置无关。

在图像复原中，许多退化过程可近似表示为线性空间不变过程。这一方法的优点在于广泛的线性系统理论工具对于解决图像复原问题很实用。与位置有关的非线性技术虽然更普遍，但它们会带来很多难题，常常没有解，或者解决计算问题时非常困难。由于退化模型为卷积的结果，并且图像复原需要滤波器，因此图像复原又称为图像去卷积。

20 世纪 60 年代中期，去卷积（逆滤波）开始被广泛应用于数字图像复原。比如，Nathan 使用二维去卷积方法来处理由"漫游者"和"探索者"等探测器发送回来的图像。由于与噪声相比，信号的频谱随着频率升高而下降较快，因此高频部分主要是噪声。Nathan 采用的是限定去卷积传递函数最大值的方法。

在同一时期，Harris 采用点扩散函数的解析模型对通过望远镜得到的图像中由大气扰动造成的模糊部分进行去卷积处理，McGlamery 则采用由实验确定的点扩散函数对图像中由大气扰动造成的模糊部分进行去卷积处理。从那以后，去卷积就成了图像复原的一种标准技术。

（1）维纳去卷积

在大部分图像中，邻近的像素通常是高度相关的，而距离较远的像素相关性较弱。由此可以认为，典型图像的自相关函数通常随着与原点距离的增加而下降。由于图像的功率谱是由自相关函数的傅里叶变换得到的，因此可以认为图像的功率谱会随着频率的升高而下降。

一般情况下，噪声源往往具有"平坦"的功率谱，即便不是如此，其功率谱随频率升高而下降的趋势也要比典型的图像功率谱慢得多。因此，可以料想功率谱的低频部分以信号为主，高频部分则主要被噪声占据。由于去卷积滤波器的幅值通常随着频率的升高而增大，因此高频部分的噪声会被增强。早期的去卷积多采用就事论事结合直接判断的方法来处理噪声问题。

Helstrom 通过采用最小均方差估计法，提出了具有如下二维传递函数的维纳去卷积滤波器：

$$G(u, v) = \frac{H^*(u, v) P_f(u, v)}{|H(u, v)|^2 P_f(u, v) + P_n(u, v)} \qquad (8-23)$$

上面的式子也可写成

$$G(u, v) = \frac{H^*(u, v)}{|H(u, v)|^2 + P_n(u, v) / P_f(u, v)} \qquad (8-24)$$

其中：P_f 和 P_n 分别为信号和噪声的功率谱。

Slepian 则将维纳去卷积推广用于处理随机点扩散函数的情况（比如由大气扰动引起的噪声）。之后，Pratt 和 Habib 提出了提高维纳去卷积计算效率的方法。

维纳去卷积提供了一种在有噪声的情况下导出去卷积传递函数的较好方法，但如下 3 个问题限制了其有效性。

其一，当图像复原的目的是供人观察时，均方误差准则并不是一条特别好的优化准则。这是因为该准则对所有误差（而不管它们在图像中的位置如何）都赋予同样的权值，而人眼对暗处和高梯度区域的误差相比对其他区域的误差具有较大的容忍性。由于能使均方误差最小化，维纳滤波器实现了以一种并非适合人眼观察的方式对图像进行平滑处理。

其二，经典的维纳去卷积不能处理具有空间可变点扩散函数的情况（例如存在彗差、像散差、表面像场弯曲以及含有旋转的运动模糊等）。

其三，这种技术不能处理有着非平稳信号和噪声的一般情形。大多数图像都是高度非平稳的，有着被陡峭边缘分开的大块平坦区域。此外，许多重要的噪声源是与局部灰度有关的。

（2）功率谱均衡

Cannon 证明了使用如下形式的滤波器可将退化图像的功率谱的幅度复原至其原先的幅度。

$$G(u,v) = \left[\frac{P_f(u,v)}{|H(u,v)|^2 + P_f(u,v) + P_n(u,v)} \right]^{1/2} \qquad (8\text{-}25)$$

和维纳滤波器类似，这种点扩散函数（功率谱均衡）滤波器也是无相移的（实偶函数），可用于无相移的或相移可用其他方法确定的模糊传递函数。

点扩散函数滤波器与维纳滤波器之间的相似性是十分明显的。当无噪声时，这两种滤波器都可简化为直接去卷积；当无信号时，这两种滤波器则完全截止。然而，与维纳滤波器不同的是，点扩散函数滤波器在模糊传递函数 $F(u,v)$ 为零处并不截止到零。

点扩散函数滤波器具有相当强的图像复原能力，在某些情况下其性能优于维纳滤波器。点扩散函数滤波器有时也叫作同态滤波器。

（3）几何均值滤波器

观察如下形式的复原滤波器传递函数。

$$G(u,v) = \left[\frac{H^*(u,v)}{|H(u,v)|^2} \right]^a \left[\frac{H^*(u,v)}{|H(u,v)|^2 + \gamma P_n(u,v)/P_f(u,v)} \right]^{1-a} \qquad (8\text{-}26)$$

其中：a 和 γ 为正的实常数。这种滤波器是前面讨论过的几种滤波器的一般形式，其传递函数具有参数 a 和 γ。注意，当 $a=1$ 时，式（8-26）就会成为去卷积滤波器。

通过进一步观察，我们还将注意到当 $a=1/2$ 时，式（8-26）定义的是普通去卷积和维纳去卷积的几何平均。因此，式（8-25）定义的滤波器还可叫作几何均值滤波器，但我们通常选择将式（8-26）定义的更一般的滤波器称为几何均值滤波器。

当式（8-26）中的 $a=0$ 时，便可得到参数化的维纳滤波器。

$$G(u,v) = \frac{H^*(u,v)}{|H(u,v)|^2 + \gamma P_n(u,v)/P_f(u,v)} \qquad (8\text{-}27)$$

当 $\gamma=1$ 时，式（8-27）就变成了式（8-24）所示的维纳去卷积滤波器；而当 $\gamma=0$ 时，式（8-27）则变成单纯的去卷积滤波器。一般来说，可通过选择 γ 的值来获得所希望的维纳平滑效果。

式（8-26）代表的是一般的复原滤波器，可用于具有线性、空间不变的模糊函数以及加性、不相关噪声的情形。Andrews 和 Hunt 对式（8-26）在轻微模糊的适度噪声条件下定义的滤波器的复原能力进行了研究。结果表明，在上述条件下，单纯去卷积的效果最差，维纳滤波器则会产生超出预料的、严重的低通滤波效应；而 $\gamma<1$ 的参数化维纳滤波器和几何均值滤波器却似乎能给出更令人满意的结果。

[例 8.3]　对比普通的 FIR 滤波和维纳滤波效果。

本例将采用基本滤波方法，输入正弦信号并添加高斯噪声，然后通过求概率密度函数与功率谱曲线，对比普通的 FIR 滤波和维纳滤波效果，程序如下。

```
% 输入信号
A=1;                      % 信号的幅值
f=1000;                   % 信号的频率
fs=10^5;                  % 采样频率
t=(0:999);                % 采样点
Mlag=100;                 % 相关函数长度变量

x=A*cos(2*pi*f*t/fs);     % 输入正弦信号
xmean=mean(x);            % 正弦信号均值
xvar=var(x,1);            % 正弦信号方差
xn=awgn(x,5);             % 为正弦信号输入信噪比为 20dB 的高斯白噪声
figure(1);
plot(t,xn)                % 绘制输入信号图像
title('输入信号图像');
xlabel('x 轴单位：t/s','color','b');
ylabel('y 轴单位：f/Hz','color','b');

xnmean=mean(xn);          % 计算添加噪声后的信号均值
xnvar=var(xn,1);          % 方差
xnms=mean(xn.^2);         % 均方值
Rxn=xcorr(xn,Mlag,'biased'); % 自相关函数
figure(2)
subplot(221);
plot((-Mlag:Mlag),Rxn)    % 绘制自相关函数图像
title('输入信号的自相关函数图像')
[f,xi]=ksdensity(xn);     % 计算输入信号的概率密度函数
subplot(222);
plot(xi,f);               % 绘制概率密度图像
title('输入信号的概率密度图像')

X=fft(xn);                % 计算输入信号的快速傅里叶变换
Px=X.*conj(X)/600;        % 计算信号频谱
subplot(223)
semilogy(t,Px)            % 绘制半对数坐标系下的频谱图像
title('输入信号在半对数坐标系下的频谱图像');
xlabel('x 轴单位:w/rad','color','b');
ylabel('y 轴单位:w/Hz','color','b');

pxx=periodogram(xn);      % 计算输入信号的功率谱密度
subplot(224);
semilogy(pxx);            % 绘制半对数坐标系下的功率谱密度图像
title('输入信号在半对数坐标系下的功率谱密度图像');
xlabel('x 轴单位:w/rad','color','b');
ylabel('y 轴单位:w/Hz','color','b');

% FIR 滤波
wp=0.4*pi;                % 通带截止频率
ws=0.6*pi;                % 阻带截止频率
DB=ws*wp;                 % 过渡带宽
N0=ceil(6.6*pi/DB);
M=N0+mod(N0+1,2);         % 计算 FIR 滤波器的阶数
wc=(wp+ws)/2/pi;          % 计算理想低通滤波器的通带截止频率
```

```
hn=fir1(M,wc);
y1n=filter(hn,1,xn);        %  使输入信号通过 FIR 滤波器
figure(3)
plot(y1n);
title('经过 FIR 滤波后的信号图像');
xlabel('x 轴单位:f/Hz','color','b');
ylabel('y 轴单位:A/V','color','b');

y1nmean=mean(y1n);
y1nms=mean(y1n.^2);
y1nvar=var(y1n,1);
Ry1n=xcorr(y1n,Mlag,'biased');
figure(4);
subplot(221);
plot((-Mlag:Mlag),Ry1n)
title('经过 FIR 滤波后，信号的自相关函数图像');
[f,y1i]=ksdensity(y1n);
subplot(222);
plot(y1i,f);
title('经过 FIR 滤波后，信号的概率密度函数图像');

Y1=fft(y1n);
Py1=Y1.*conj(Y1)/600;
subplot(223);
semilogy(t,Py1);
title('经过 FIR 滤波后，信号在半对数坐标系下的频谱图像');
xlabel('x 轴单位:w/rad','color','b');
ylabel('y 轴单位:w/Hz','color','b');

py1n=periodogram(y1n);
subplot(224);
semilogy(py1n);
title('经过 FIR 滤波后，信号在半对数坐标系下的功率谱密度图像');
xlabel('x 轴单位:w/rad','color','b');
ylabel('y 轴单位:w/Hz','color','b');

%  维纳滤波
N=100;                          %  维纳滤波器的长度
Rxnx=xcorr(xn,x,Mlag,'biased');  %  产生输入信号与原始信号的互相关函数
rxnx=zeros(N,1);
rxnx(:)=Rxnx(101:101+N-1);
Rxx=zeros(N,N);
Rxx=diag(Rxn(101)*ones(1,N));
for i=2:N
    c=Rxn(101+i)*ones(1,N+1-i);
    Rxx=Rxx+diag(c,i-1)+diag(c,-i+1);
end
Rxx;
h=zeros(N,1);
h=inv(Rxx)*rxnx;
yn=filter(h,1,xn);
figure(5);
plot(yn)
title('经过维纳滤波后的信号图像');
xlabel('x 轴单位:f/Hz','color','b');
ylabel('y 轴单位:A/V','color','b');

ynmean=mean(yn);
ynms=mean(yn.^2);
```

```
ynvar=var(yn,1);
figure(6);
subplot(221);
plot((-Mlag:Mlag),Rxnx);
title('经过维纳滤波后，信号的自相关函数图像');
[f,yi]=ksdensity(yn);
subplot(222);
plot(yi,f);
title('经过维纳滤波后，信号的概率密度图像');

Y=fft(yn);
Py=Y.*conj(Y)/600;
subplot(223);
semilogy(t,Py);
title('经过维纳滤波后，信号在半对数坐标系下的频谱图像');
xlabel('x 轴单位:w/rad','color','b');
ylabel('y 轴单位:w/Hz','color','b');

pyn=periodogram(yn);
subplot(224);
semilogy(pyn);
title('经过维纳滤波后，信号在半对数坐标系下的功率谱密度图像');
xlabel('x 轴单位:w/rad','color','b');
ylabel('y 轴单位:w/Hz','color','b');
```

　　运行结果如图 8.4 所示。从图 8.4 中可以看出，在为信号图像添加相应的噪声后，即可从自相关函数图像、概率密度函数图像、频谱图像、功率谱密度图像等多个角度对 FIR 滤波和维纳滤波的效果进行对比，结果表明使用维纳滤波的效果要比使用 FIR 滤波的效果好一些，经过 FIR 滤波后的信号去噪效果不太明显。

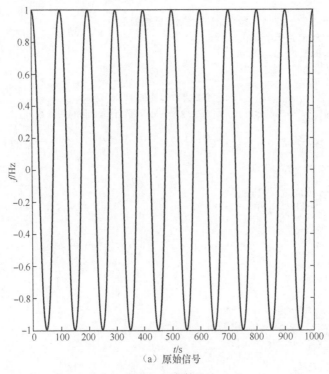

（a）原始信号

图 8.4　运行结果

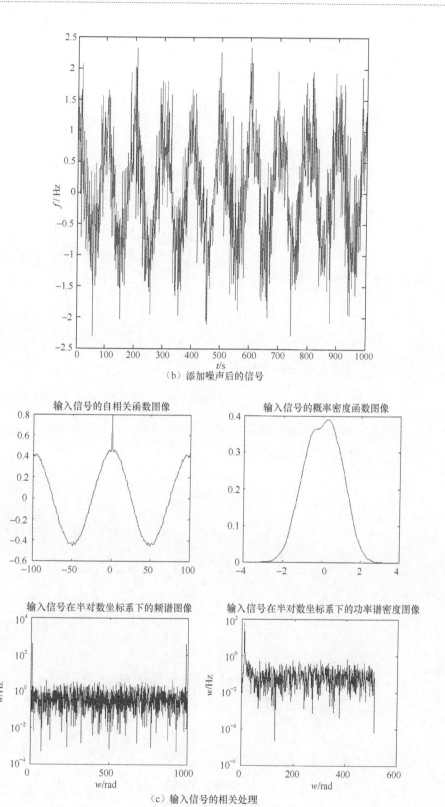

（b）添加噪声后的信号

（c）输入信号的相关处理

图8.4 运行结果（续）

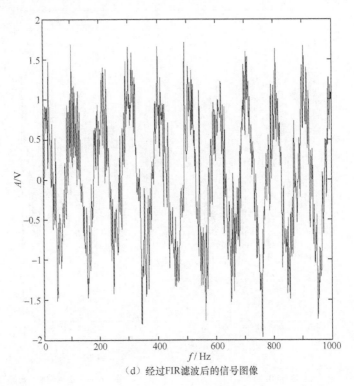

（d）经过FIR滤波后的信号图像

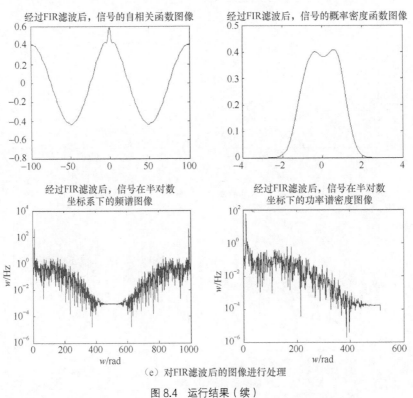

（e）对FIR滤波后的图像进行处理

图 8.4　运行结果（续）

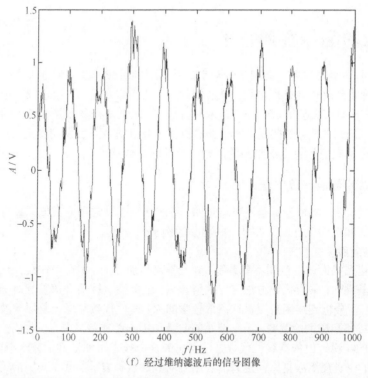

（f）经过维纳滤波后的信号图像

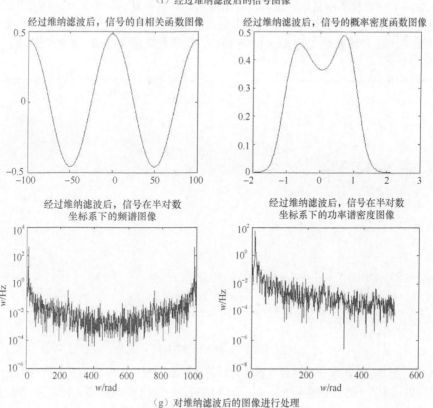

（g）对维纳滤波后的图像进行处理

图 8.4 运行结果（续）

实用的图像复原技术

图像复原技术早期的成果主要归功于数字信号处理领域一些技术和方法的引入，如逆滤波技术。随后一些学者发现退化问题可以利用状态空间、非线性参数辨识、自适应理论等方法很好地描述和解决，这些方法具有典型的现代控制技术的特点。控制技术在复原技术领域的成功应用推动了复原技术的发展。在此之前，图像复原所依据的数值计算方法也是实现图像复原技术的关键。本节主要介绍图像复原的数值计算方法与图像复原中涉及的几何变换。

8.2.1　图像复原的数值计算方法

在图像复原过程中，数值计算是不可避免的。下面介绍 3 种常用的数值计算方法——线性代数复原、无约束复原和有约束复原，并举一些相关的例子。

1. 线性代数复原

如果图像退化系统为线性空间不变系统，并且噪声是加性的，则可以在线性代数范畴内建立的图像退化模型的基础上，采用代数方法进行数值计算。这可能比较适合那些相对于积分运算更喜欢矩阵运算，或相对于分析连续函数更喜欢离散数学的人。线性代数复原为复原滤波器的数值计算提供了统一的设计思路和透彻的解释。由于涉及的向量和矩阵都非常复杂，因此线性代数方法可能无法给出一种高效的实现，但依据线性代数方法得出的复原技术可通过其他方法得以高效地实现。

图 8.5 给出了在研究离散复原问题时需要用到的线性代数复原模型。其中的第 1 行显示了我们希望的情形，也就是使用理想量化器对代表未退化的景物图像的连续函数 $f(x,y)$ 进行操作以得到数字化图像，这将产生行堆叠形式的 $N^2 \times 1$ 列向量 f，用于代表所需的 $N \times N$ 数字图像。

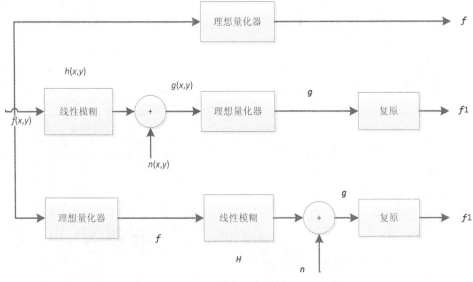

图 8.5　线性代数复原模型

图 8.5 中的第 2 行给出了一幅图像在被量化和存储时实际发生的情况。景物图像 $f(x,y)$ 在被线性函数 $h(x,y)$ 模糊后，叠加一幅二维噪声图像 $n(x,y)$，得到 $g(x,y)$；随后由理想量化器产生行堆叠形式的向量 g，用于代表被观察的 $N \times N$ 数字图像；最后对这幅图像进行复原操作，以产生对原始图像的估计 $f1$。

模糊虽然是线性的，但却可能是位移不变的。如果模糊是位移不变的，则相当于 $f(x,y)$ 与点扩散函数 $h(x,y)$ 的卷积。如果成像链中包含不止一个操作环节，那么它们的影响可统一通过 $h(x,y)$ 来体现。与此类似，多个噪声源则可以使用 $n(x,y)$ 来表示。由于未考虑各种非线性以及信号相关的噪声，因此这种情况显得仍不够全面。

图 8.5 中的第 3 行给出了这里将要分析的情况。理想量化器生成的向量 f 受到离散线性操作 H 的作用；同时，一幅离散的、堆叠成列向量形式的噪声图像 n 被加到 f 上，形成列向量形式的被观察图像 g；最后通过离散的复原操作得到对原始图像的估计。

至此，被观察图像的形成过程可以简单地表示为

$$g = Hf + n \qquad (8\text{-}28)$$

其中：g、f 和 n 都是 N^2 维的列向量；H 为 $N^2 \times N^2$ 的矩阵。若模糊是位移不变的，则 H 为块循环矩阵。和前面一样，待处理的数字图像应根据需要用 0 填充至 $N \times N$ 大小。

需要注意的是，当使用离散操作模拟图像的退化时，具体包括两个方面。

其一，既然可以对退化过程进行设计并加以精确实现，那么自然就应该能够利用这个模型产生令人深刻印象的仿真结果。例如，若选择一个可逆的退化过程，复原将仅仅是对数字技术的一次练习。可以先对其进行退化，之后再进行复原，从而得到处在允许的误差范围之内的原始图像。

其二，现在的任务是用离散操作模拟连续的退化过程。这与早先要求对采样数据的离散处理必须保证确实能保留连续函数的完整性这一情况类似。图像复原的有效性取决于描述退化过程的模型的精确性。

2. 无约束复原

若 $n = 0$ 或者对于噪声一无所知，则可以使用如下方法把复原问题当作一个最小二乘问题来解决。令 $e(f1)$ 为 $f1$ 与其近似向量 f 之间的残差向量，则式（8-28）变为

$$g = Hf = Hf1 + e(f) \text{ 或 } e(f1) = g - Hf1 \qquad (8\text{-}29)$$

我们的目标是使目标函数

$$W(f1) = \| ef1 \|^2 = \| g - Hf1 \|^2 = (g - Hf1)^{\mathrm{T}}(g - Hf1) \qquad (8\text{-}30)$$

最小化。其中，$\| a \| = \sqrt{a^{\mathrm{T}}a}$ 代表一个向量的欧几里得范数，即这个向量中各元素平方和的平方根。

这意味着我们希望这样来选择 $f1$，使它被 H 模糊后得到的结果与观察到的图像 g 的差的均方尽可能小。由于 g 本身就是由 f 经 H 模糊得到的，因此可以想象，这是一种令人满意的方法。若 f 和 $f1$ 被 H 模糊的结果接近相等，则 $f1$ 很可能就是对 f 的一个良好估计。

令 $W(f1)$ 对 $f1$ 的导数等于零，得到

$$\frac{\partial W(f1)}{\partial f1} = -2H^{\mathrm{T}}(g - Hf1) = 0 \qquad (8\text{-}31)$$

求解 $f1$，得到

$$f1 = (H^{\mathrm{T}}H)^{-1}H^{\mathrm{T}}g = H^{-1}g \qquad (8\text{-}32)$$

由于 H 为方阵，因此式（8-32）成立。

式（8-32）给出的就是逆滤波器。对于位移不变的模糊，H 为块循环矩阵。这可以通过在频域中进行卷积来说明，公式如下：

$$\hat{F}(u,v) = \frac{G(u,v)}{H(u,v)} \qquad (8\text{-}33)$$

若 $H(u,v)$ 有零值，则 H 为奇异矩阵，H^{-1} 和（$H^{\mathrm{T}}H$）$^{-1}$ 都不存在。

3. 有约束复原

重写式（8-28）为

$$g - Hf = n \qquad (8\text{-}34)$$

考虑噪声项的一种方法是在极小化过程中引入要求式（8-27）两端范数相等的约束，得到

$$\| \boldsymbol{g} - \boldsymbol{Hf}1 \|^2 = \| \boldsymbol{n} \|^2 \tag{8-35}$$

现在，可以将问题归结为最小化如下目标函数：

$$W(\boldsymbol{f}1) = \| \boldsymbol{Qf}1 \|^2 + \lambda(\| \boldsymbol{g} - \boldsymbol{Hf}1 \|^2 - \| \boldsymbol{n} \|^2) \tag{8-36}$$

其中：$\boldsymbol{Q}$ 是选来对 $\boldsymbol{f}1$ 进行某种运算的矩阵；λ 为常数，叫作拉格朗日乘数。通过指定不同的 $\boldsymbol{Q}$，可以达到不同的复原目标。

令 $W(\boldsymbol{f}1)$ 对 $\boldsymbol{f}1$ 的导数为零，得到

$$\frac{\partial W(\boldsymbol{f}1)}{\partial \boldsymbol{f}1} = 2\boldsymbol{Q}^{\mathrm{T}}\boldsymbol{Qf}1 - 2\lambda\boldsymbol{H}^{\mathrm{T}}(\boldsymbol{g} - \boldsymbol{Hf}1) = 0 \tag{8-37}$$

解得

$$\boldsymbol{f}1 = (\boldsymbol{H}^{\mathrm{T}}\boldsymbol{H} + \gamma\boldsymbol{Q}^{\mathrm{T}}\boldsymbol{Q})^{-1}\boldsymbol{H}^{\mathrm{T}}\boldsymbol{g} \tag{8-38}$$

其中：$\gamma = 1/\lambda$ 为必须经过调整以使式（8-35）成立的常数。这是求有约束最小二乘复原的解的通用方程式。

[例 8.4] 利用有约束的最小二乘方滤波复原模糊噪声图像。

有约束的最小二乘方滤波在 MATLAB 中是通过 deconvreg 函数来实现的，本例展示如何利用该函数复原模糊噪声图像，程序如下。

```
% 生成标准棋盘测试图像
f=checkerboard(8);

% 产生空间滤波器
PSF=fspecial('motion',7,45);

>> PSF

PSF =

         0         0         0         0         0    0.0145         0
         0         0         0         0    0.0376    0.1283    0.0145
         0         0         0    0.0376    0.1283    0.0376         0
         0         0    0.0376    0.1283    0.0376         0         0
         0    0.0376    0.1283    0.0376         0         0         0
    0.0145    0.1283    0.0376         0         0         0         0
         0    0.0145         0         0         0         0         0

gb=imfilter(f,PSF,'circular');

% 产生噪声模式
noise=imnoise(zeros(size(f)),'gaussian',0,0.001);
g=gb+noise;
subplot(1,3,1);

% 将原始图像放大到 512×512 并显示
imshow(pixeldup(f,8),[]);
subplot(1,3,2);

% 将噪声图像放大到 512×512 并显示
imshow(pixeldup(g,8),[]);

% 利用 deconvreg 函数复原模糊噪声图像
```

```
fr=deconvreg(g,PSF,0.4,[1e-7 1e7]);
subplot(1,3,3);
imshow(pixeldup(fr,8),[])
```

运行结果如图 8.6 所示。对比使用噪声污染后的图像（见图 8.6（b））和复原后的图像（见图 8.6（c）），可以看出，有约束的最小二乘方滤波一定程度上能改善模糊噪声图像的质量。

（a）生成的测试图像　　　　　（b）使用噪声污染后的图像　　　（c）使用有约束的最小二乘方复原后的图像

图 8.6　运行结果

8.2.2　非线性复原

在现实中，除了前面讨论的线性空间不变系统之外，还有许多不受这些条件限制的系统。本小节主要讲述这些系统的图像非线性复原方法。

1. 随空间改变的系统

如果说光学离焦与线性运动模糊是具有空间不变性的线性操作，那么像散差、彗差、像场弯曲以及旋转运动等则是随空间改变的退化，纠正这些退化的一种直接而有效的复原方法是进行坐标变换复原。背后的思想是：首先通过对退化图像进行几何变换，使得到的函数具有空间不变性；然后采用普通的空间不变复原方法对图像进行复原；最后使用一个和先前几何变换相反的逆变换将图像恢复成原来的样子。

2. 时变模糊

200 英寸（1 英寸约等于 2.54 厘米）的望远镜的衍射极限分辨率为 0.05 弧秒。然而在恶劣条件下，大气扰动会使分辨率降低到 2 弧秒。通过扰动的大气层观察星星，就仿佛通过一扇运动的浴室门上的花玻璃观察点光源一样。

在曝光时间较短的情况下，由于望远镜上非均匀的大气层造成的相位扭曲，将会产生一幅斑点图案；而在曝光时间较长的情况下，由于大气层在变化，扰动的大气层将使旧的斑点图案"游动"。因此，长时间的曝光会使这些游动的光斑累积成远远超过望远镜的衍射极限点扩散的模糊效果。由于在拍摄暗淡星体的照片时必须长时间曝光，大气扰动将会限制地面观测的分辨率。

在空域中进行时间平均等效于在频域中对复频谱进行平均。得到的时间平均传递函数将在远低于望远镜衍射极限的频率处下降至零，因此在有随机相位畸变的情况下，时间平均带来的坏处比好处多。

Labeyrie 通过实验证明了点星体图像的时间平均功率谱将一直分布到衍射极限以外，这意味着大气层的相位随机波动在图像的功率谱中被平均掉了。他为此采用了如下复原技术：首先获得欲观测的未知天体与参照的点星体的时间平均功率谱；然后通过将未知天体的功率谱除以点星体的功率谱实现了去卷积，所得结果就是对未知天体的衍射极限功率谱的估计；最后进行逆变换处理，即可得到未知天体的自相关函数。虽然相位信息在功率谱中丢失了，天体无法准确地重建，但通过自相关函数足以认清我们可能感兴趣的天体。

Knox 对 Labeyrie 提出的方法做了进一步推广，实现了复原相位信息，这样即使在相对恶劣的观察条件下，也能得到衍射极限图像。与 Labeyrie 类似，Knox 使用短时曝光功率谱的整体平均来确定目标的功率谱，相位信息则通过即时功率谱的整体自相关来获得。

3. 非平稳信号与噪声

前面讨论的滤波器均假设信号和噪声是平稳的。平稳对于图像来说意味着局部（算出的）功率谱在整幅图像上是相同或近似相同的。不过现实中通常并非如此——实际上，大多数图像是高度不平稳的。以一张人脸照片为例，显然前额区的功率谱相比眼睛处的功率谱含有较少的高频分量。很多图像可以认为是由一些相对平坦的区域组成的，这些区域则被梯度相对高的边缘隔开。

在实践中，有几种常见的噪声也不能使用平稳随机过程来精确建模。比如，底片的颗粒噪声在底片的低密度区几乎不存在，但随着密度的增加噪声也相应增强；密度量化器由于在强度传感器后接有对数放大器，而对数放大器的弱信号增益是最大的，因此在较暗区域就会产生相对较强的噪声。

4. 使用 Lucky-Richardson 算法的迭代非线性复原

Lucky-Richardson（L-R）算法是图像非线性复原中一种典型的算法。L-R 算法是从最大似然公式中引出来的，在最大似然公式中，图像是用泊松统计加以模型化的。当迭代收敛时，模型的最大似然函数可以得到如下令人满意的方程：

$$\hat{f}_{k+1}(x,y) = \hat{f}_k(x,y)\left[h(-x,-y) * \frac{g(x,y)}{h(x,y) * \hat{f}_k(x,y)} \right] \qquad (8-39)$$

其中："*" 代表卷积，$\hat{f}$ 是对未退化图像的估计。L-R 算法的迭代本质显而易见，但其非线性本质是由方程的右边以 $\hat{f}$ 作为除数体现出来的。

就像大多数非线性方法一样，关于什么时候停止 L-R 算法，我们通常很难回答。

[例 8.5]　使用 L-R 算法复原模糊噪声图像。

对于前面提到的系统，我们一般采用迭代非线性复原的方法。本例在 MATLAB 工具箱中选择的算法是 L-R 算法，L-R 算法是由名为 deconvlucy 的函数完成的，程序如下。

```
% 产生标准测试图像，64×64 像素
f=checkerboard(8);
subplot(3,2,1);
% 放大显示
imshow(pixeldup(f,8));

% 产生大小为 7×7 且标准偏差为 10 的高斯滤波器
PSF=fspecial('gaussian',7,10);

% 使用上述滤波器模糊图像 f，为其添加均值为 0、标准偏差为 0.01 的高斯噪声
SD=0.01;
g=imnoise(imfilter(f,PSF),'gaussian',0,SD^2);
subplot(3,2,2);
imshow(pixeldup(g,8));

% 使用 Lucy-Richardson 算法进行图像复原
DAMPAR=10*SD;
LIM=ceil(size(PSF,1)/2);
WEIGHT=zeros(size(g));

% WEIGHT 数组的大小是 64×64，并且拥有值为 0 的 4 像素宽的边界，其余像素都是 1
WEIGHT(LIM+1:end-LIM,LIM+1:end-LIM)=1;

% 设置迭代次数为 5
NUMIT=5;
```

```
% 利用 deconvlucy 函数实现图像复原
f5=deconvlucy(g,PSF,NUMIT,DAMPAR,WEIGHT);
subplot(3,2,3);
imshow(pixeldup(f5,8));

% 设置迭代次数为 10
NUMIT=10;
f6=deconvlucy(g,PSF,NUMIT,DAMPAR,WEIGHT);
subplot(3,2,4)
imshow(pixeldup(f6,8));

% 设置迭代次数为 20
NUMIT=20;
f7=deconvlucy(g,PSF,NUMIT,DAMPAR,WEIGHT);
subplot(3,2,5);
imshow(pixeldup(f7,8));

% 设置迭代次数为 100
NUMIT=100;
f8=deconvlucy(g,PSF,NUMIT,DAMPAR,WEIGHT);
subplot(3,2,6);
imshow(pixeldup(f8,8));
```

运行结果如图 8.7 所示。其中：图 8.7（c）显示了经过 5 次迭代之后的结果，虽然图像已经稍微有些改进，但仍旧模糊；图 8.7（d）和图 8.7（e）分别显示了迭代 10 次和 20 次之后的结果，进一步增加迭代次数对于改进复原结果无显著效果；图 8.7（f）显示了迭代 100 次之后的结果，这幅图像只是比经过 20 次迭代后获得的图像稍微清晰和明亮了一些。

（a）测试图像

（b）经高斯噪声污染和模糊后的图像

（c）使用 L-R 算法迭代 5 次之后的复原图像

（d）使用 L-R 算法迭代 10 次之后的复原图像

（e）使用 L-R 算法迭代 20 次之后的复原图像

（f）使用 L-R 算法迭代 100 次之后的复原图像

图 8.7　运行结果

第 9 章　彩色图像处理

随着基于互联网的图像处理应用不断增多，彩色图像处理与我们的工作和生活越来越密切。本章以介绍色彩模型为主，顺带介绍数字域彩色图像处理方面的基本概念与常识。

本章的知识和技术热点

- 色彩基础。
- 色彩模型及其相互转换。
- 全彩色图像处理。

本章的典型案例分析

- 彩色补偿与色彩平衡。

9.1　色彩基础

大千世界，光彩绚丽，色彩让世界变得更加迷人。那么，色彩是什么呢？色彩又有什么特性呢？17 世纪 60 年代，人们普遍认为白光是一种纯的、没有其他颜色的光，而彩色光是一种不知何故发生变化的光。为验证该假设，牛顿想办法让一束太阳光透过一个三棱镜，太阳光在墙上被分解为 7 种不同的颜色——红、橙、黄、绿、蓝、靛、紫，后世称之为光谱，如图 9.1 所示。

图 9.1　牛顿发现光谱现象

9.1.1　什么是色彩

色彩是物体的一种属性，就像纹理、形状、重量一样。通常，色彩依赖于如下 3 个因素。

（1）光源——照射光的谱性质或谱能量分布。

（2）物体——被照射物体的反射性质。

（3）成像接收器（眼睛或成像传感器）——光谱能量吸收性质。

光的特性是颜色科学的核心。假设光是没有颜色的（消色的，如观察者看到的黑白电视在播放节目时发出的光），那么光仅有亮度。可以使用灰度值来描述亮度，范围是从黑到灰，最后到白。

对于彩色光，我们通常使用 3 个基本量来描述光源的质量：辐射功率、光通量和亮度。

- 辐射功率是单位时间从光源流出的能量的总和，通常用瓦特（W）度量。
- 光通量用流明度量，它给出了观察者从光源接收的辐射功率总和的度量。
- 亮度是彩色的明亮程度。

辐射功率与光强往往没有必然的联系。例如，在进行 X 光检查时，光从 X 射线源中发出，这种光具有实际意义上的能量。但由于这种光并非可见光，因此作为观察者我们很难凭肉眼看到。对于我们来说，这种光的光通量几乎为 0。

9.1.2　人眼中的色彩

人类能够感受到的物体的颜色是由物体的反射性质决定的，如图 9.2 所示，其中的可见光是由电磁波谱中较窄的波段组成的。一个物体反射的光如果在所有可见光的波长范围内是平衡的，则站在观察者的角度它就是白色的；如果物体仅对有限的可见光谱进行反射，则物体表现为某种特定颜色。例如，反射波长范围是 450～500nm 的物体呈现蓝色，因为它吸收了其他波长的光的能量；如果物体吸收了所有的入射光，它将呈现为黑色。

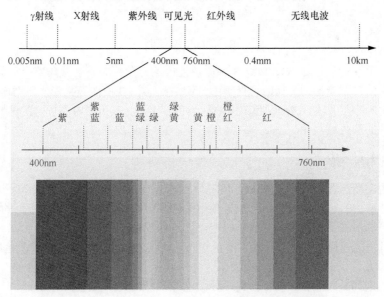

图 9.2　可见光的波长范围

9.1.3　三原色

根据详细的实验结果可知，人眼中负责色彩感知的细胞中约有 65% 对红光敏感，有 33% 对绿光敏感，而只有 2% 对蓝光敏感。人眼的这个特性决定了我们看到的色彩是原色红（Red，R）、绿（Green，G）、蓝（Blue，B）的各种组合。国际照明委员会规定以红（波长为 700nm）、绿（波长为 546.1nm）、蓝（波长为 435.8nm）作为主原色，红、绿、蓝也因此被称为三原色。

在图 9.3 所示的 CIE 色度图中，最外围的轮廓对应所有的可见光谱色，其边缘上还标出了对应的波长（以 nm 为单位），该轮廓之内的区域则包含了所有的可见颜色。如果将 CIE 色度图中的三色点两两连接成一个三角形，则该三角形内的任何颜色都可以由这 3 种原色混合产生。

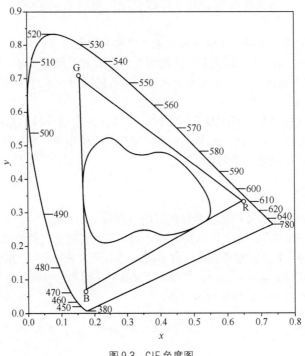

图 9.3　CIE 色度图

可以看到，图 9.3 中由 R、G、B 这 3 种原色连成的三角形并不能覆盖整个可见颜色区域，这说明仅使用三原色并不能得到所有的可见颜色。事实上，图 9.3 中的三角形区域对应着典型的 RGB 监视器所能产生的颜色范围，这个颜色范围被称为色彩全域。三角形内不规则的区域则表示高质量的彩色打印设备的彩色域。

9.1.4　计算机中颜色的表示

在计算机中，显示器显示的任何颜色（色彩全域）都可以由红、绿、蓝组成，这 3 种颜色被称为三基色。每种基色的取值范围是 0～255。任何颜色都可以用这 3 种颜色按不同的比例混合而成，这就是三原色原理。在计算机中，三原色原理可以这样解释。

（1）计算机中的任何颜色都可以由三基色按不同的比例混合而成，而每种颜色都可以分解成 3 种基本颜色。

（2）三原色之间是相互独立的，任何一种颜色都不能由其余两种颜色组成。

（3）混合色的饱和度由 3 种颜色的比例决定，混合色的亮度为 3 种颜色的亮度之和。

形成任何特殊颜色所需要的红、绿、蓝分量被称为三色值，它们可以用三色值系数 X、Y 和 Z 来分别表示。此时，一种颜色可由三色值系数定义为

$$x = \frac{X}{X+Y+Z}$$

$$y = \frac{Y}{X+Y+Z}$$

$$z = \frac{Z}{X+Y+Z}$$

显然

$$x + y + z = 1$$

9.2 色彩模型

色彩模型也称色彩空间或色彩系统，是用来精确标定和生成各种颜色的一套规则和定义，主要用途是在某些标准下采用人们通常可接受的方式简化色彩规范。色彩模型通常可以采用坐标系统来描述，而位于色彩系统中的每种颜色都可以用坐标空间中的单个点来表示。

如今我们使用的大部分色彩模型都是面向应用或面向硬件的，比如众所周知的针对色彩监视器的 RGB（红、绿、蓝）模型以及面向彩色打印机的 CMY（青、洋红、黄）和 CMYK（青、洋红、黄、黑）模型，HSI（色调、饱和度、亮度）模型则反映了人的视觉系统感知色彩的方式。此外，目前使用广泛的色彩模型还有 HSV 模型、YUV 模型、YIQ 模型、Lab 模型等。下面分别介绍这些色彩模型并给出它们与最为常用的 RGB 模型之间的转换方式。

9.2.1 RGB 模型

RGB 模型是工业领域的一种颜色标准，主要通过红、绿、蓝 3 种原色的亮度变化来表示颜色。RGB 模型几乎包括了人类视觉所能感知的所有颜色，是目前应用最广的颜色模型。

1. 理论基础

RGB 色彩空间对应的坐标系统是图 9.4 所示的立方体。红、绿、蓝位于立方体的 3 个顶点上；青、洋红、黄位于另外 3 个顶点上；黑色在原点上，白色则位于距离原点最远的顶点上，灰度级沿这两点的连线分布；不同的颜色都处在立方体上或其内部，因此可以用一个三维向量来表示。例如，在所有颜色均已归一化至范围[0,1]的情况下，蓝色可表示为 (0,0,1)，而灰色则可以用向量（0.5,0.5,0.5）来表示。

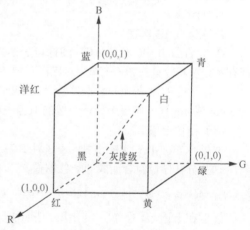

图 9.4　RGB 色彩空间模型

RGB 图像是由 3 个分量图像组成的，每一个分量图像都是其原色图像，如图 9.5 所示。当送入 RGB 显示器时，这 3 个分量图像便在 RGB 显示器上混合产生一幅彩色图像。

在 RGB 色彩空间中，用以表示每个像素的位数叫作像素深度。RGB 图像的红、绿、蓝 3 个分量图像都是 8 位的，因而每一个彩色像素都有 24 位的深度。RGB 模型常用来定义 24 位的彩色图像，颜色总数是$(2^8)^3 = 16\ 777\ 216$。

RGB 模型最常见的用途就是显示器系统，彩色阴极射线管和彩色光栅图形显示器都使用 R、G、B 值来驱动 R、G、B 电子枪发射电子，并分别激发荧光屏上的红、绿、蓝 3 种颜色的荧光粉发出不同亮度的光线，最后通过混合产生各种颜色。扫描仪则通过吸收原稿经反射或透射后所发出光线的红、绿、蓝成分来表示原稿的颜色。由于 RGB 色彩空间与设备相关，因此使用不同的扫描仪扫描同一幅图像会得到不同色彩的图像数据，而使用不同型号的显示器显示同一幅图像也会得到不同的色彩显示结果。

（a）原始图像 rgb.tif

（b）红色分量图像

（c）绿色分量图像

（d）蓝色分量图像

图 9.5　RGB 图像的 3 个分量图像，注意 RGB 图像的不同颜色在其分量图像中对应的强度是不同的

> **注意**　显示器和扫描仪使用的 RGB 色彩空间与 CIE 标准中的 RGB 真实三原色彩色系统空间是不同的，后者与设备无关。

2. MATLAB 实现

在 MATLAB 中，一幅 RGB 图像可表示为一个 $M \times N \times 3$ 的三维矩阵。其中的每一个彩色像素都在特定空间位置的彩色图像中对应红、绿、蓝 3 个分量。分量图像的数据类型决定了它们的取值范围。若一幅 RGB 图像的数据类型为 double，则每个分量图像的取值范围是[0, 1]；而如果数据类型为 uint8 或 uint16，则每个分量图像的取值范围分别是[0, 255]或[0, 65 535]。

（1）图像合成

如果令 PR、PG、PB 分别代表 3 种 RGB 分量，那么一幅 RGB 图像就是利用 cat（级联）操作符将这些分量图像组合而成的彩色图像。

```
RGB_image=cat(3, PR, PG, PB); % 对 PR、PG、PB 在第 3 个维度上进行级联
```

注意在上述 cat 操作中，图像应按照 R、G、B 的顺序放置。如果所有的分量图像都相等，那么结果将是一幅灰度图像。

（2）分量提取

如果令 RGB_image 代表一幅 RGB 图像，那么使用下面的命令可以提取 3 个分量图像。

```
PR=RGB_image(:,:,1);
PG=RGB_image(:,:,2);
PB=RGB_image(:,:,3);
```

9.2.2　CMY/CMYK 模型

1. CMY 模型

CMY 模型采用青（Cyan，C）、洋红（Magenta，M）、黄（Yellow，Y）3 种基本原色按一定比例合成颜色。由于色彩并不直接来自光线，而是由光线在被物体吸收掉一部分后反射回来的剩余光线产生的，因此 CMY 模型又称为减色法混色模型。当光线都被吸收时显示为黑色，而当光线都被

反射时显示为白色。

像 CMY 模型这样的减色法混合模型适用于彩色打印机和复印机这类需要在纸上沉积彩色颜料的设备，因为颜料不是像显示器那样发出颜色，而是反射颜色。例如，当使用白光照射青色颜料涂覆的表面时，从该表面反射的不是红光，而是从反射的白光中减去红光后得到的青光（白光本身是等量的红光、绿光和蓝光的组合）。CMY 模型的颜料混合效果如图 9.6 所示，注意这里的混合色由原色相减而得，这与 RGB 模型的混合方式正好相反。

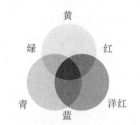

图 9.6　CMY 模型的颜色混合（原色相减）效果

2. CMYK 模型

由图 9.6 可见，等量的颜料原色（青、洋红和黄）可以混合产生黑色。然而在实践中，通过这些颜色混合产生的黑色是不纯的。因此，为产生真正的黑色（黑色在打印中起主要作用），可以专门在 CMY 模型中加入第 4 种颜色——黑色，从而得到 CMYK 模型。当出版商提到"四色印刷"时，指的就是在 CMY 模型的 3 种原色的基础上再加上黑色。

3. RGB 模型与 CMY 模型之间的转换及其实现

（1）转换关系

RGB 模型与 CMY 模型之间的转换公式如下。

$$\begin{bmatrix} C \\ M \\ Y \end{bmatrix} = \begin{bmatrix} 1 \\ 1 \\ 1 \end{bmatrix} - \begin{bmatrix} R \\ G \\ B \end{bmatrix} \qquad \begin{bmatrix} R \\ G \\ B \end{bmatrix} = \begin{bmatrix} 1 \\ 1 \\ 1 \end{bmatrix} - \begin{bmatrix} C \\ M \\ Y \end{bmatrix}$$

其中，假设所有的颜色值都已经归一化至范围[0,1]。

（2）MATLAB 实现

在 MATLAB 中，可以通过 imcomplement 函数方便地实现 RGB 图像和 CMY 图像之间的相互转换。

```
cmy = imcomplement (rgb);
rgb = imcomplement (cmy);
```

[例 9.1]　从 RGB 模型转换到 CMY 模型。

```
I = imread('../plane.bmp');
cmy = imcomplement(I);
figure, imshow(cmy);
```

上面的代码能够将 RGB 图像 plane.bmp 转换为 CMY 图像，结果如图 9.7 所示。为了观察效果，图 9.7（b）所示的图像将 CMY 分量直接以 RGB 格式来显示，而事实上，转换结果只是同一幅图像在另一不同色彩空间中的表示，就像同一幅图像可以在空域和频域中描述一样。

（a）原图 plane.bmp　　　　　　　　　（b）转换后的 CMY 图像（以 RGB 格式显示）

图 9.7　将 RGB 图像转换为 CMY 图像

9.2.3 HSI 模型

HSI 模型从人的视觉系统出发，直接使用颜色三要素——色调（Hue）、饱和度（Saturation）和亮度（Intensity，有时也译作密度或灰度）来描述颜色。

（1）亮度是指人眼感觉到的光的明暗程度。光的能量越大，亮度越大。

（2）色调是色彩最重要的属性，决定颜色的本质，由物体反射光线中占优势的波长决定，不同的波长会产生不同的颜色。

（3）饱和度是指颜色的深浅程度，饱和度越高，颜色越深。饱和度的高低和白色的比例有关，白色的比例越大，饱和度越低。

HSI 色彩空间可以用两个底面合在一起的圆锥来描述，如图 9.8 所示。色调和饱和度统称为色度，用来表示颜色的类别与深浅程度。在图 9.8 中，中间的圆是色度圆，而圆锥向上或向下延伸的便是亮度分量。

由于人的视觉系统对亮度的敏感程度远强于对颜色浓淡的敏感程度，为了便于处理和识别颜色，人们常采用 HSI 色彩空间来描述人类视觉系统对颜色感知的情况，HSI 色彩空间相比 RGB 色彩空间更符合人的视觉特性。此外，HSI 色彩空间中的亮度和色度具有可分离特性，这使得图像处理和机器视觉中大量的灰度处理算法都可以在 HSI 色彩空间中方便地使用。

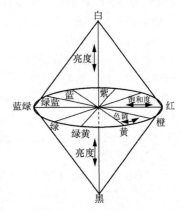

图 9.8　HSI 色彩空间模型

HSI 色彩空间和 RGB 色彩空间只是同一物理量的不同表示法，因而它们之间存在着转换关系。

1. 从 RGB 模型到 HSI 模型的转换及其实现

（1）转换关系

给定一幅 RGB 格式的图像，每一个 RGB 像素和 H 分量可用下面的公式得到。

$$H = \begin{cases} \theta & B \leqslant G \\ 360 - \theta & B > G \end{cases} \tag{9-1}$$

此处

$$\theta = \arccos\left\{ \frac{\frac{1}{2}\left[(R-G)+(R-B)\right]}{\left[(R-G)^2 + (R-B)(G-B)\right]^{1/2}} \right\}$$

饱和度分量由下式给出

$$S = 1 - \frac{3}{(R+G+B)}\left[\min(R,G,B)\right] \tag{9-2}$$

最后，亮度分量为

$$I = \frac{1}{3}(R+G+B) \tag{9-3}$$

假设 RGB 值已归一化至范围[0,1]，则色调可以通过使用式（9-1）得到的值除以 360°归一化至范围[0,1]，而其他两个 HSI 分量的范围已经是[0,1]。

（2）MATLAB 实现

下面给出一个实现了将 RGB 图像转换为 HSI 图像的 MATLAB 函数 rgb2hsi。

```
function hsi = rgb2hsi(rgb)
% rgb2hsi 函数的作用是把一幅 RGB 图像转换为 HSI 图像
% 输入图像是一个 M×N×3 的数组
% 其中的每一个彩色像素都在特定空间位置的彩色图像中对应红、绿、蓝 3 个分量
% 如果所有的 RGB 分量都是均衡的，那么 HSI 转换就是未定义的
% 输入图像的类型可能是 double（取值范围是[0,1]）、uint8 或 uint16
%
% 输出的 HSI 图像是 double 类型
% 其中的 hsi(:, :, 1)是色调分量，范围是除以 2×pi 后的[0,1]
% hsi(:, :, 2)是饱和度分量，范围是[0,1]
% hsi(:, :, 3)是亮度分量，范围是[0,1]

% 抽取图像分量
rgb = im2double(rgb);
r = rgb(:, :, 1);
g = rgb(:, :, 2);
b = rgb(:, :, 3);

% 执行转换
num = 0.5*((r - g) + (r - b));
den = sqrt((r - g).^2 + (r - b).*(g - b));
theta = acos(num./(den + eps)); % 防止除数为 0

H = theta;
H(b > g) = 2*pi - H(b > g);
H = H/(2*pi);

num = min(min(r, g), b);
den = r + g + b;
den(den == 0) = eps; % 防止除数为 0
S = 1 - 3.* num./den;

H(S == 0) = 0;

I = (r + g + b)/3;

% 将 3 个分量合成为 HSI 图像
hsi = cat(3, H, S, I);
```

　　下面的代码通过调用 rgb2hsi 函数，实现了将 RGB 图像 plane.bmp 转换为 HSI 图像。

```
>>figure;
subplot(1,2,1);
rgb=imread('plane.bmp');
imshow(rgb);title('rgb');
subplot(1,2,2);
hsi=rgb2hsi(rgb);
imshow(hsi);title('hsi');
```

　　转换效果如图 9.9（b）所示。

2. 从 HSI 模型到 RGB 模型的转换及其实现

（1）转换关系

　　在范围[0,1]内给出 HSI 值，为了在相应的值域内找到 RGB 值，需要利用 H 分量的计算公式。将原始色分割成 3 个相隔 120°的扇形，如图 9.10 所示。从把 H 乘以 360°开始，色调值将返回至原来的范围[0, 360]。

（a）RGB 原图

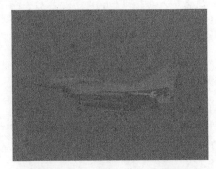
（b）转换后的 HSI 图像（以 RGB 格式显示）

图 9.9 将 RGB 图像转换为 HSI 图像

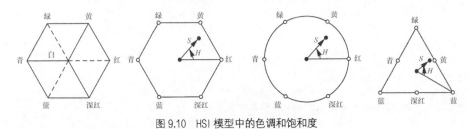

图 9.10 HSI 模型中的色调和饱和度

RG 扇区($0° \leqslant H < 120°$)：当 H 位于这一扇区时，RGB 分量为

$$B = I(1-S)$$

$$R = I\left[1 + \frac{S\cos H}{\cos(60° - H)}\right]$$

$$G = 3I - (R + B)$$

GB 扇区($120° \leqslant H < 240°$)：当 H 位于这一扇区时，首先从 H 中减去 $120°$

$$H = H - 120°$$

然后 RGB 分量为

$$R = I(1-S)$$

$$G = I\left[1 + \frac{S\cos H}{\cos(60° - H)}\right]$$

$$B = 3I - (R + G)$$

BR 扇区($240° \leqslant H < 360°$)：当 H 位于这一扇区时，首先从 H 中减去 $240°$

$$H = H - 240°$$

然后 RGB 分量为

$$G = I(1-S)$$

$$B = I\left[1 + \frac{S\cos H}{\cos(60° - H)}\right]$$

$$R = 3I - (G + B)$$

（2）MATLAB 实现

下面给出一个实现了将 HSI 图像转换为 RGB 图像的 MATLAB 函数 hsi2rgb。

```
function rgb = hsi2rgb(hsi)
% hsi2rgb 函数的作用是把一幅 HSI 图像转换为 RGB 图像
% 其中的 hsi(:, :, 1) 是色调分量，范围是除以 2×pi 后的 [0,1]
% hsi(:, :, 2) 是饱和度分量，范围是 [0,1]
% hsi(:, :, 3) 是亮度分量，范围是 [0,1]
%

% 抽取图像分量
hsi = im2double(hsi);
H = hsi(:, :, 1) * 2 * pi;
S = hsi(:, :, 2);
I = hsi(:, :, 3);

% 执行转换
R = zeros(size(hsi, 1), size(hsi, 2));
G = zeros(size(hsi, 1), size(hsi, 2));
B = zeros(size(hsi, 1), size(hsi, 2));

% RG 扇形 (0 <= H < 2*pi/3)
idx = find( (0 <= H) & (H < 2*pi/3));
B(idx) = I(idx) .* (1 - S(idx));
R(idx) = I(idx) .* (1 + S(idx) .* cos(H(idx)) ./ ...
cos(pi/3 - H(idx)));
G(idx) = 3*I(idx) - (R(idx) + B(idx));

% BG 扇形 (2*pi/3 <= H < 4*pi/3)
idx = find( (2*pi/3 <= H) & (H < 4*pi/3) );
R(idx) = I(idx) .* (1 - S(idx));
G(idx) = I(idx) .* (1 + S(idx) .* cos(H(idx) - 2*pi/3) ./ ...
cos(pi - H(idx)));
B(idx) = 3*I(idx) - (R(idx) + G(idx));

% BR 扇形
idx = find( (4*pi/3 <= H) & (H <= 2*pi));
G(idx) = I(idx) .* (1 - S(idx));
B(idx) = I(idx) .* (1 + S(idx) .* cos(H(idx) - 4*pi/3) ./ ...
cos(5*pi/3 - H(idx)));
R(idx) = 3*I(idx) - (G(idx) + B(idx));

% 将 3 个分量合成为 RGB 图像
rgb = cat(3, R, G, B);
rgb = max(min(rgb, 1), 0);
```

下面的代码通过调用 hsi2rgb 函数，实现了将 HSI 图像转换为 RGB 图像。

```
>>figure;
subplot(1,2,1);
hsi=imread('hsi.jpg');
imshow(hsi);title('hsi');
subplot(1,2,2);
rgb=hsi2rgb(hsi);
imshow(rgb);title('rgb');
```

转换效果如图 9.11 所示。

（a）HSI 原图（以 RGB 格式显示）　　　　　（b）转换后的 RGB 图像

图 9.11　将 HSI 图像转换为 RGB 图像

9.2.4　HSV 模型

HSV 模型是人们在从调色板或颜色轮中挑选颜色（如颜料、墨水等）时采用的色彩系统之一。HSV 表示色相（Hue，H）、饱和度（Saturation，S）和明度（Value，V）。HSV 系统相比 RGB 系统更接近人们的经验和对色彩的感知。在绘画术语中，色相、饱和度和明度是用色泽、明暗和亮度来表达的。

HSV 模型可以使用一个倒立的六棱锥来描述，如图 9.12 所示。顶面是一个正六边形，沿 H 方向表示色相的变化，$0°\sim360°$ 是可见光的全部色谱。这个正六边形的 6 个角分别代表红、黄、绿、青、蓝、洋红 6 种颜色的位置，每种颜色之间相隔 $60°$。由中心向六边形边界（S 方向）表示颜色的饱和度 S 的变化，S 的值将从 0 变化到 1，越接近六边形的外框，颜色的饱和度越高。处于六边形外框的颜色饱和度最高，即 $S=1$；处于六边形中心的颜色饱和度最低，即 $S=0$。这个倒立的六棱锥的高（即中心轴）用 V 表示，从下至上表示由黑到白：V 的底端是黑色，即 $V=0$；V 的顶端是白色，即 $V=1$。

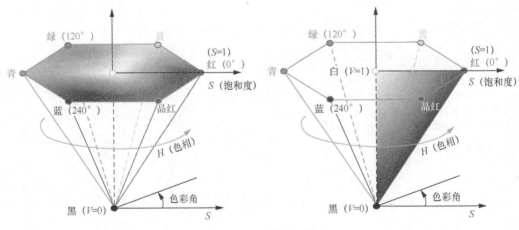

图 9.12　HSV 色彩空间模型

1. 从 RGB 模型到 HSV 模型的转换及其实现

（1）转换关系

假设所有的颜色值都已经归一化至范围[0,1]。在 RGB 图像的 3 个分量中，假设最大的为 MAX、最小的为 MIN。从 RGB 模型到 HSV 模型的转换公式为

$$H = \begin{cases} \dfrac{G-B}{\text{MAX}-\text{MIN}} \times 60^\circ & R = \text{MAX} \\[3mm] \left(2 + \dfrac{B-R}{\text{MAX}-\text{MIN}}\right) \times 60^\circ & G = \text{MAX} \\[3mm] \left(4 + \dfrac{R-G}{\text{MAX}-\text{MIN}}\right) \times 60^\circ & B = \text{MAX} \end{cases}$$

$$S = \frac{\text{MAX}-\text{MIN}}{\text{MAX}}$$

$$V = \text{MAX}$$

在计算结果中，H 值的范围为 $0^\circ \sim 360^\circ$，S 值和 V 值的范围为 $0 \sim 1$。

如果 MAX = MIN，则图像是纯灰色的。

如果 $H < 0^\circ$，则 H 值还需要再加上 360°。

如果 MAX = 0，则图像没有色彩。

如果 $V = 0$，则图像是纯黑色的。

（2）MATLAB 实现

在 MATLAB 中，用于将 RGB 图像转换为 HSV 图像的 rgb2hsv 函数的调用语法如下。

```
hsv = rgb2hsv(rgb);
```

输入的 RGB 图像可以是 uint8、uint16 或 double 类型的。

输出的 HSV 图像则可以是 $M \times N \times 3$ 的 double 型数组。

转换效果如图 9.13（b）所示。

（a）RGB 原图　　　　　　　（b）转换后的 HSV 图像（以 RGB 格式显示）

图 9.13　将 RGB 图像转换为 HSV 图像

2. 从 HSV 模型到 RGB 模型的转换及其实现

（1）转换关系

假设已经对 HSV 值的范围做了如下转换——H 值的范围为 $0^\circ \sim 360^\circ$，S 值和 V 值的范围为 $0 \sim 1$，那么从 HSV 模型到 RGB 模型的转换公式如下。

若 $S = 0$，则 RGB 值的计算公式为

$$R = G = B = V$$

若 $S \neq 0$，则 RGB 值的计算公式为

$$i = \left[\frac{H}{60}\right]$$

$$f = \frac{H}{60} - i$$

$$p = V(1-S)$$

$$q = V(1-fS)$$

$$t = V[1-(1-f)S]$$

$$R = V, G = t, B = p \qquad i = 0$$

$$R = q, G = V, B = p \qquad i = 1$$

$$R = q, G = V, B = t \qquad i = 2$$

$$R = p, G = q, B = V \qquad i = 3$$

$$R = t, G = p, B = V \qquad i = 4$$

$$R = V, G = p, B = q \qquad i = 5$$

在计算结果中，RGB 值的范围为 0～1。

（2）MATLAB 实现

在 MATLAB 中，用于将 HSV 图像转换为 RGB 图像的 hsv2rgb 函数的调用语法如下。

```
rgb = hsv2rgb(hsv); //输入图像和输出图像均为 double 类型
```

转换效果如图 9.14（b）所示。

（a）HSV 原图　　　　　　　　　　　（b）转换后的 RGB 图像

图 9.14　将 HSV 图像转换为 RGB 图像

与 HSI 模型转 RGB 模型的效果相比，HSV 模型转 RGB 模型的效果明显更好，并且可以快速、高效地实现。因此在实践中，RGB 模型和 HSV 模型的可逆转换往往要比 RGB 模型和 HSI 模型的可逆转换用得多。

9.2.5　YUV 模型

YUV 是欧洲电视系统广泛采用的一种颜色编码方法，也是 PAL 和 SECAM 模拟彩色电视制式采用的颜色空间。其中的字母 Y、U、V 不是英文单词的简写，Y 代表亮度，U 和 V 代表色差，它们是构成色彩的两个分量。

彩色图像信号经分色和分别放大校正后得到 RGB 图像，再经过矩阵变换电路得到亮度信号 Y 和两个色差信号 U 和 V，最后由发送端对亮度和色差信号分别进行编码并用同一信道发送出去。这就是 YUV 模型。

YUV 模型的一个主要优势就在于它的亮度信号 Y 和色差信号 U、V 是分离的。如果只有 Y 分量而没有 U、V 分量，那么这样表示的图像就是黑白灰度图。彩色电视机采用 YUV 色彩空间正是为了利用亮度信号 Y 解决彩色电视机与黑白电视机的兼容问题，使黑白电视机也能接收彩色图像信号，如图 9.15 所示。

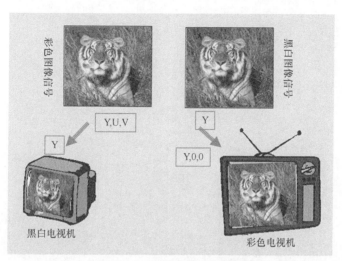

图 9.15　YUV 模型的应用示意图

当白光的亮度用 Y 来表示时，白光和红、绿、蓝三色光的关系可用如下方程来描述——$Y = 0.299R + 0.587G + 0.114B$，这就是我们常用的亮度公式。色差 U、V 是由 $B-Y$ 和 $R-Y$ 按不同比例压缩而成的。如果要从 YUV 模型转换成 RGB 模型，只需要进行相反的逆运算即可。

1. 从 RGB 模型到 YUV 模型的转换及其实现

（1）转换关系

$$Y = 0.299R + 0.587G + 0.114B$$
$$U = 0.567(B - Y)$$
$$V = 0.713(R - Y)$$

（2）MATLAB 实现

下面编写函数 rgb2yuv，用于实现从 RGB 图像向 YUV 图像的转换。

```
function yuv = rgb2yuv(rgb)
% rgb2yuv 函数的作用是把一幅 RGB 图像转换为 YUV 图像
% 输入图像是一个 M×N×3 的数组
% 其中的每一个彩色像素都在特定空间位置的彩色图像中对应红、绿、蓝 3 个分量
% 如果所有的 RGB 分量都是均衡的，那么 YUV 转换就是未定义的
% 输入图像的类型可能是 double（取值范围是 0~1）、uint8 或 uint16
% 输出的 YUV 图像是 uint8 类型的
rgb = im2double(rgb);
r = rgb(:, :, 1);
g = rgb(:, :, 2);
b = rgb(:, :, 3);

% 执行转换
y = 0.299*r + 0.587*g + 0.114*b;
u = 0.567*(b - y);
v = 0.713*(r - y);
```

```
% 防止溢出
if(y < 0)
    y = 0;
end;
if(y > 1.0)
    y = 1.0;
end;
if(u < 0)
    u = 0;
end;
if(u > 1.0)
    u = 1.0;
end;
if(v < 0)
    v = 0;
end;
if(v > 1.0)
    v = 1.0;
end;

% 将 3 个分量合成为 YUV 图像
y = y*255;
u = u*255;
v = v*255;
yuv = cat(3, y, u, v);
yuv = uint8(yuv);
```

转换效果如图 9.16（b）所示。

（a）RGB 原图　　　　　　　　（b）转换后的 YUV 图像（以 RGB 格式显示）

图 9.16　将 RGB 图像转换为 YUV 图像

2．从 YUV 模型到 RGB 模型的转换及其实现

（1）转换关系

$$R = Y + 1.402V$$
$$G = Y - 0.344U - 0.714V$$
$$B = Y + 1.772U$$

（2）MATLAB 实现

下面编写函数 yuv2rgb，用于实现从 YUV 图像向 RGB 图像的转换。

```
function rgb = yuv2rgb(yuv)
% yuv2rgb 函数的作用是把一幅 YUV 图像转换为 RGB 图像
% 输入图像是一个 M×N×3 的数组
% 其中的每一个彩色像素都在特定空间位置的彩色图像中对应红、绿、蓝 3 个分量
```

```
% 如果所有的 RGB 分量都是均衡的，那么 YUV 转换就是未定义的
% 输入图像的类型可能是 double（取值范围是 0～1）、uint8 或 uint16
% 输出的 RGB 图像是 uint8 类型的
yuv = im2double(yuv);
y = yuv(:, :, 1);
u = yuv(:, :, 2);
v = yuv(:, :, 3);

% 执行转换
r = y + 1.402*v;
g = y - 0.344*u - 0.714*v;
b = y + 1.772*u;

% 防止溢出
if(r < 0)
    r = 0;
end;
if(r > 1.0)
    r = 1.0;
end;
if(g < 0)
    g = 0;
end;
if(g > 1.0)
    g = 1.0;
end;
if(b < 0)
    b = 0;
end;
if(b > 1.0)
    b = 1.0;
end;

% 将 3 个分量合并为 RGB 图像
r = r*255;
g = g*255;
b = b*255;
rgb = cat(3, r, g, b);
rgb = uint8(rgb);
```

转换效果如图 9.17（b）所示。

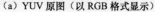

（a）YUV 原图（以 RGB 格式显示）　　　　　　（b）转换后的 RGB 图像

图 9.17　将 YUV 图像转换为 RGB 图像

9.2.6　YIQ 模型

YIQ 模型主要用于美国的电视系统，这种模型和 YUV 模型相比拥有同样的优势：灰度信息和

彩色信息是分离的。在 YIQ 模型中，Y 代表亮度，I 代表色调，Q 则代表饱和度。其中，亮度表示灰度，而色调和饱和度则用来存储彩色信息。

1. 从 RGB 模型到 YIQ 模型的转换及其实现

（1）转换关系

$$\begin{bmatrix} Y \\ I \\ Q \end{bmatrix} = \begin{bmatrix} 0.299 & 0.587 & 0.114 \\ 0.596 & -0.274 & -0.322 \\ 0.211 & -0.523 & 0.312 \end{bmatrix} \begin{bmatrix} R \\ G \\ B \end{bmatrix}$$

在上面的式子中，第 1 行的和为 1，第 2 和第 3 行的和分别为 0。

（2）MATLAB 实现

在 MATLAB 中，可以利用 rgb2ntsc 函数实现从 RGB 图像向 YIQ 图像的转换，调用语法如下。

```
yiq = rgb2ntsc(rgb);
```

输入的 RGB 图像可以是 uint8、uint16 或 double 类型的。

输出的 YIQ 图像则是一个 $M \times N \times 3$ 的 double 型数组。

转换效果如图 9.18（b）所示。

（a）RGB 原图　　　　　　　　　　（b）转换后的 YIQ 图像（以 RGB 格式显示）

图 9.18　将 RGB 图像转换为 YIQ 图像

2. 从 YIQ 模型到 RGB 模型的转换及其实现

（1）转换关系

$$\begin{bmatrix} R \\ G \\ B \end{bmatrix} = \begin{bmatrix} 1.000 & 0.956 & 0.621 \\ 1.000 & -0.272 & -0.647 \\ 1.000 & -1.106 & 1.703 \end{bmatrix} \begin{bmatrix} Y \\ I \\ Q \end{bmatrix}$$

（2）MATLAB 实现

在 MATLAB 中，可以利用 ntsc2rgb 函数实现从 YIQ 图像向 RGB 图像的转换，调用语法如下。

```
rgb = ntsc2rgb(yiq);
```

其中，输入图像和输出图像均为 double 类型。

转换效果如图 9.19（b）所示。

（a）YIQ 原图　　　　　　　　　　　（b）转换后的 RGB 图像

图 9.19　将 YIQ 图像转换为 RGB 图像

9.2.7　Lab 模型

　　Lab 模型是由 CIE 制定的一种色彩模型，这种模型与设备无关。Lab 模型弥补了 RGB 模型和 CMYK 模型必须依赖于设备颜色特性的不足。此外，自然界中的任何色彩都可以在 Lab 模型中表达出来，这意味着 RGB 模型以及 CMYK 模型所能描述的颜色信息在 Lab 图像中都能得以描述。

　　Lab 模型的示意图如图 9.20 所示。其中：L 代表亮度；a 的正数代表红色，负数代表绿色；b 的正数代表黄色，负数代表蓝色。

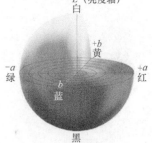

　　缘于与设备无关的特点，Lab 模型在彩色图像检索中应用较为广泛。另外，当希望在图像处理中保留尽量宽阔的色域和丰富的色彩时，可以选择在 Lab 模型下进行工作，处理后再根据输出的需要转换成 RGB 模型（显示用）或 CMYK 模型（打印及印刷用）。这样做的好处是能够在最终的设计成果中，获得相比任何色彩模型中的色彩都更加优质的效果。

图 9.20　Lab 色彩空间模型

9.3　全彩色图像处理基础

　　本节介绍全彩色图像处理技术。总的来说，全彩色图像处理技术可以分为两大类。

　　（1）对 3 个平面分量单独进行处理，然后将处理过的 3 个分量合成为彩色图像。针对每个分量的处理技术也可以应用于灰度图像的处理，但是这种通道式的独立处理技术忽略了通道之间的相互影响。

　　（2）直接对彩色像素进行处理。因为全彩色图像至少有 3 个分量，所以彩色像素实际上是向量。直接处理就是同时对所有分量进行无差别的处理。这时彩色图像的 3 个分量可以使用向量形式来表示，对于彩色图像中的任意一个像素点 $c(x, y)$，有

$$c(x, y) = [R(x, y);G(x, y);B(x, y)]$$

　　对像素点(x, y)进行操作实际上相当于同时对 R、G、B 这 3 个分量进行操作。不过，通常大多数图像处理技术是对每个分量单独进行处理。接下来我们讲述全彩色图像处理的两种常用技术：彩色补偿和彩色平衡。

9.3.1　彩色补偿及其 MATLAB 实现

　　有些图像处理任务的目标是根据颜色分离出不同类型的物体，但由于常用的彩色成像设备具

有较宽且相互覆盖的光谱敏感区，加之待拍摄图像的色彩是变化的，因此很难在 3 个分量图像中将物体分离出来，这种现象被称为颜色扩散。彩色补偿的作用就是通过不同的颜色通道提取不同的目标物。

1. 理论基础

彩色补偿算法如下。

（1）在画面上找到视觉上纯红、纯绿、纯蓝的 3 个点（若能根据硬件知道频段的覆盖，则无须这样做）。

$$P_1 = (R_1, G_1, B_1)$$
$$P_2 = (R_2, G_2, B_2)$$
$$P_3 = (R_3, G_3, B_3)$$

它们的理想值为 ⟹

$$P_1^* = (R^*, 0, 0)$$
$$P_2^* = (0, G^*, 0)$$
$$P_3^* = (0, 0, B^*)$$

（2）计算 R^*、G^*、B^* 的值。考虑到进行彩色补偿之后图像的亮度不变，R^*、G^*、B^* 可以计算为

$$R^* = 0.30 \times R_1 + 0.59 \times G_1 + 0.11 \times B_1$$
$$G^* = 0.30 \times R_2 + 0.59 \times G_2 + 0.11 \times B_2$$
$$B^* = 0.30 \times R_3 + 0.59 \times G_3 + 0.11 \times B_3$$

（3）构造变换矩阵。将得到的 3 个点的 RGB 值分别按如下关系构造彩色补偿前后的两个矩阵 A_1 和 A_2。

$$A_1 = \begin{bmatrix} R_1 & R_2 & R_3 \\ G_1 & G_2 & G_3 \\ B_1 & B_2 & B_3 \end{bmatrix}$$

$$A_2 = \begin{bmatrix} R^* & 0 & 0 \\ 0 & G^* & 0 \\ 0 & 0 & B^* \end{bmatrix}$$

（4）进行彩色补偿。设 $S(x,y) = \begin{bmatrix} R_s(x,y) \\ G_s(x,y) \\ B_s(x,y) \end{bmatrix}$，$F(x,y) = \begin{bmatrix} R_F(x,y) \\ G_F(x,y) \\ B_F(x,y) \end{bmatrix}$ 分别为新旧图像的像素值。

则 $S(x,y) = C^{-1} * F(x,y)$。其中，$C = A_1 * A_2^{-1}$。

2. MATLAB 实现

根据上述彩色补偿算法编写的 MATLAB 实现代码如下。

```
% compensate.m
% 彩色补偿

im=double(imread('plane.bmp'));
subplot(1,2,1);
imshow(uint8(im));
title('原始图像');
[m,n,p]=size(im);
[h1,k1]=min(255-im(:,:,1)+im(:,:,2)+im(:,:,3));
[j1,minx]=min(h1);
 i1=k1(j1);% 提取图像中最接近红色的点，这个点在 im 中的坐标为(i1,j1)
 r1=im(i1,j1,1);
```

```
  g1=im(i1,j1,2);
  b1=im(i1,j1,3);
 R=0.30*r1+0.59*g1+0.11*b1;

 [h2,k2]=min(255-im(:,:,2)+im(:,:,1)+im(:,:,3));
 [j2,minx]=min(h2);
  i2=k2(j2);% 提取图像中最接近绿色的点，这个点在 im 中的坐标为(i2,j2)
  r2=im(i2,j2,1);
  g2=im(i2,j2,2);
  b2=im(i2,j2,3);
 G=0.30*r2+0.59*g2+0.11*b2;

 [h3,k3]=min(255-im(:,:,3)+im(:,:,1)+im(:,:,2));
 [j3,minx]=min(h3);
  i3=k3(j3);% 提取图像中最接近蓝色的点，这个点在 im 中的坐标为(i3,j3)
  r3=im(i3,j3,1);
  g3=im(i3,j3,2);
  b3=im(i3,j3,3);
 B=0.30*r3+0.59*g3+0.11*b3;

 A1=[r1 r2 r3
    g1 g2 g3
    b1 b2 b3];
 A2=[R 0 0
    0 G 0
    0 0 B];
 C=A1*inv(A2);

 for i=1:m
    for j=1:n

        imR=im(i,j,1);
        imG=im(i,j,2);
        imB=im(i,j,3);
        temp=inv(C)*[imR;imG;imB];
        S(i,j,1)=temp(1);
        S(i,j,2)=temp(2);
        S(i,j,3)=temp(3);
    end
end
S=uint8(S);
subplot(1,2,2);
imshow(S);
title('补偿后');
```

利用上面的程序对 RGB 图像 plane.bmp 进行彩色补偿处理，效果如图 9.21（b）所示。

（a）原始图像　　　　　　　　　　（b）进行彩色补偿后

图 9.21　彩色补偿效果

9.3.2　彩色平衡及其 MATLAB 实现

一幅彩色图像在经过数字化之后，在显示时颜色经常看起来有些不正常。这种现象是颜色通道的不同敏感度、增光因子和偏移量导致的，我们称其为三基色不平衡，将之校正的过程就是彩色平衡。

1. 理论基础

彩色平衡算法如下。

（1）从画面中选出两个灰色点，设为

$$F_1 = (R_1, G_1, B_1)$$
$$F_2 = (R_2, G_2, B_2)$$

（2）若以 G 分量为基准匹配 R 和 B 分量，则有

$$F_1 = (R_1, G_1, B_1) \qquad\Longrightarrow\qquad F_1^* = (R_1, G_1, B_1)$$
$$F_2 = (R_2, G_2, B_2) \qquad\qquad\qquad F_2^* = (R_2, G_2, B_2)$$

（3）由 $R_1^* = k_1 * R_1 + k_2$ 和 $R_2^* = k_1 * R_2 + k_2$ 求出 k_1 和 k_2，并由 $B_1^* = l_1 * B_1 + l_2$ 和 $B_2^* = l_1 * B_2 + l_2$ 求出 l_1 和 l_2。

（4）使用如下式子处理后得到的图像就是彩色平衡后的效果。

$$R(x, y)^* = k_1 * R(x, y) + k_2$$
$$B(x, y)^* = l_1 * B(x, y) + l_2$$
$$G(x, y)^* = G(x, y)$$

2. MATLAB 实现

根据上述彩色平衡算法编写的 MATLAB 实现代码如下。

```
% colorBalance.m
% 彩色平衡

im=double(imread('plane.bmp'));
[m,n,p]=size(im);
F1=im(1,1,:);
F2=im(1,2,:);
F1_(1,1,1)=F1(:,:,2);
F1_(1,1,2)=F1(:,:,2);
F1_(1,1,3)=F1(:,:,2);
F2_(1,1,1)=F2(:,:,2);
F2_(1,1,2)=F2(:,:,2);
F2_(1,1,3)=F2(:,:,2);
K1=(F1_(1,1,1)-F2_(1,1,1))/(F1(1,1,1)-F2(1,1,1));
K2=F1_(1,1,1)-K1*F1(1,1,1);
L1=(F1_(1,1,3)-F2_(1,1,3))/(F1(1,1,3)-F2(1,1,3));
L2=F1_(1,1,3)-L1*F1(1,1,3);
for i=1:m
    for j=1:n
        new(i,j,1)=K1*im(i,j,1)+K2;
        new(i,j,2)=im(i,j,2);
        new(i,j,3)=L1*im(i,j,3)+L2;
    end
end
im=uint8(im);
new=uint8(new);
```

```
subplot(1,2,1);
imshow(im);
title('原始图像');
subplot(1,2,2);
imshow(new);
title('进行彩色平衡后');
```

利用上面的程序对 RGB 图像 plane.bmp 进行彩色平衡，效果如图 9.22 所示。

（a）原始图像　　　　　　　　　　　　（b）进行彩色平衡后

图 9.22　彩色平衡效果

第 10 章　形态学图像处理

形态学即数学形态学（Mathematical Morphology），它是图像处理中应用十分广泛的技术之一，其主要应用是从图像中提取对于表达和描绘区域形状有意义的图像分量，使后续的识别工作能够抓住目标对象最为本质或最具区分（most discriminative）能力的形状特征，如边界和连通区域等；同时，像细化、像素化和修剪毛刺等技术也常常被用于图像的预处理和后处理中，成为图像增强技术的有力补充。

本章的知识和技术热点
- 二值图像中的基本形态学运算，包括腐蚀、膨胀、开运算和闭运算。
- 二值形态学的经典应用，包括击中与击不中变换、边界提取与跟踪、区域填充、连通分量提取、细化和像素化以及凸壳等。
- 灰度图像中的形态学运算，包括灰度腐蚀、灰度膨胀、灰度开运算和灰度闭运算。

本章的典型案例分析
- 在人脸局部图像中定位嘴部中心。
- 计数显微镜下图像中的细菌。
- 利用顶帽（top-hat）变换技术解决光照不均问题。

10.1　预备知识

在数字图像处理中，形态学是借助集合论来描述的，本章后面的各节内容均以本节介绍的集合论为基础。

在数字图像处理的形态学运算中，常常把一幅图像或者图像中我们感兴趣的区域称作**集合**，用大写字母 A、B、C 等来表示。**元素**通常是指单个的像素，并用该像素在图像中的整型位置坐标 $z = (z_1, z_2)$ 来表示，这里 $z \in Z^2$，其中 Z^2 为二元整数序偶对的集合。

下面介绍集合论中的一些重要关系。

1. 集合与元素

属于：对于某一集合（图像区域）A，若点 a 在 A 之内，则称 a 为 A 的元素，a 属于 A，记作 $a \in A$；反之，若点 b 不在 A 之内，称 b 不属于 A，记作 $b \notin A$；如图 10.1（a）所示。

2. 集合与集合

并集：$C = \{z \mid z \in A \text{ 或 } z \in B\}$，记作 $C = A \cup B$，即 A 与 B 的并集 C 包含集合 A 与集合 B 的所有元素，如图 10.1（b）所示。

交集：$C = \{z \mid z \in A, x \in B\}$，记作 $C = A \cap B$，即 A 与 B 的交集 C 包含同时属于集合 A 与集合 B 的所有元素，如图 10.1（c）所示。

补集：$A^c = \{z \mid z \notin A\}$，即 A 的补集是不包含于 A 中的所有元素组成的集合，如图 10.1（d）所示。

差集：$A - B = \{z \mid z \in A, z \notin B\} = A \cap B^c$，即 A 与 B 的差集由所有属于 A 但不属于 B 的元素构成，如图 10.1（e）所示。

包含：若集合 A 的每个元素都是另一个集合 B 的元素，则称 A 为 B 的子集，记作 $A \subseteq B$，如图 10.1（f）所示。

3. 反射和平移

反射：又称对称，定义为 $\hat{B} = \{z | z = -b, b \in B\}$，记作 $\hat{B}$，如图 10.1（g）所示。

平移：将集合 B 平移到点 $z = (z_1, z_2)$，定义为 $(B)_z = \{x | x = b + z, b \in B\}$，记作 $(B)_z$，如图 10.1（h）所示。

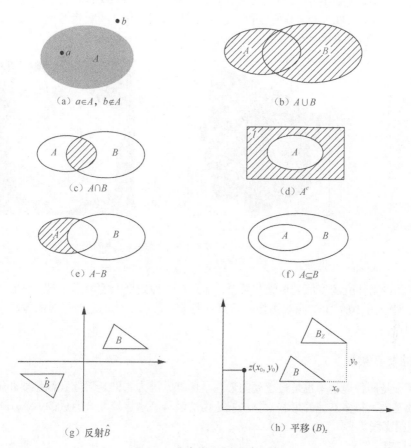

（a）$a \in A$，$b \notin A$　　　　（b）$A \cup B$

（c）$A \cap B$　　　　（d）A^c

（e）$A - B$　　　　（f）$A \subseteq B$

（g）反射 $\hat{B}$　　　　（h）平移 $(B)_z$

图 10.1　集合的关系和集合运算

4. 结构元素

假设有两幅图像 A、S。若 A 是要处理的图像，而 S 是用来处理 A 的图像，则称 S 为结构元素（structure element）。结构元素通常是一些比较小的图像，A 与 S 的关系类似于滤波中图像与模板的关系。

10.2 二值图像中的基本形态学运算

本节介绍二值图像中的基本形态学运算，包括腐蚀、膨胀以及开运算和闭运算。

由于所有的形态学运算都是针对图像中的前景物体进行的，因此在运算之前，需要对图像前景和背景的认定给出必要的说明。

对于大多数图像来说，相对于背景而言物体的颜色（灰度）更深，在经过二值化之后，物体会成为黑色，背景则成为白色。因此，我们通常更习惯于将物体用黑色（灰度值 0）表示，而将背景用白色（灰度值 255）表示，本章所有的算法示意图都遵从这种约定。在二值图像的形态学处理中，MATLAB 默认白色的（二值图像中灰度值为 1 的像素，或灰度图像中灰度值为 255 的像素）是前景（物体），黑色的为背景，因而本章涉及 MATLAB 的所有程序实例又都遵从 MATLAB 本身的这种前景认定习惯。图 10.2 中的两幅图像对于这两种不同的认定习惯来说，在形态学处理的意义上是等同的。

(a)　　　　　　　　　　　　　　　　(b)

图 10.2　两种常见的对于图像前景与背景的认定

实际上，无论以什么灰度值为前景和背景，都只是一种处理上的习惯而已，与形态学算法本身无关。例如，对于图 10.2 中的两幅图像，只需要在进行形态学处理之前先对图像反色，就可以在两种认定之间自由切换。

10.2.1　腐蚀及其实现

腐蚀和膨胀是两种最基本也是最重要的形态学运算，因为它们是后续我们将要介绍的很多高级形态学处理的基础，很多其他的形态学算法就是由这两种基本运算复合而成的。本小节介绍腐蚀，10.2.2 小节介绍膨胀。

1. 理论基础

对 Z^2 平面上元素的集合 A 和 S，使用 S 对 A 进行腐蚀，记作 $A \ominus S$，这可以形式化地表示为

$$A \ominus S = \{z | (S)_z \subseteq A\} \tag{10-1}$$

让原本位于图像原点的结构元素 S 在整个 Z^2 平面上移动，如果当 S 的原点平移至 z 点时 S 能够完全包含于 A 中，则所有这样的 z 点构成的集合即为 S 对 A 的腐蚀图像，如图 10.3 所示。

采用原点位于中心的 3×3 对称结构元素的腐蚀运算效果如图 10.4 所示。读者可以通过运行本书提供的程序来实现这种效果。本章所有的形态学运算效果均可使用 MorphSimulator 工具来模拟，该工具的使用方法非常简单（详见相同目录下的 help.txt 文件）。MorphSimulator 能够将形态学运算的效果放大，然后使用 1 个方格代表 1 个像素，从而让人非常直观地感受运算效果，帮助初学者更快地理解各种形态学运算。

下面我们来看一个使用非对称结构元素腐蚀图像的示例，如图 10.5 所示，非对称结构元素的原点已在图中用 "O" 标出。

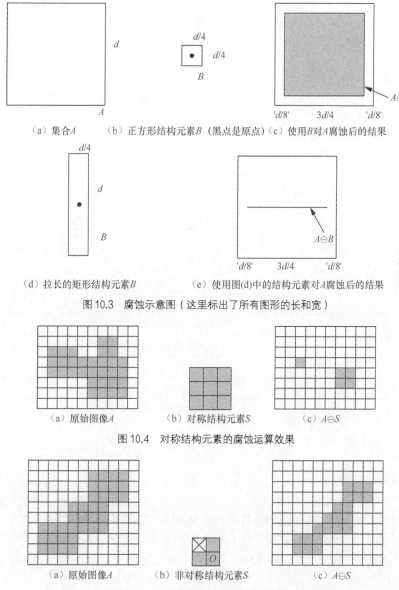

（a）集合A　　（b）正方形结构元素B（黑点是原点）（c）使用B对A腐蚀后的结果

（d）拉长的矩形结构元素B　　（e）使用图(d)中的结构元素对A腐蚀后的结果

图 10.3　腐蚀示意图（这里标出了所有图形的长和宽）

（a）原始图像A　　（b）对称结构元素S　　（c）A⊖S

图 10.4　对称结构元素的腐蚀运算效果

（a）原始图像A　　（b）非对称结构元素S　　（c）A⊖S

图 10.5　非对称结构元素的腐蚀运算效果

在图 10.5（b）中，像素方格内的"O"表示原点，"×"表示该位置的值我们并不关心，稍后我们会对"×"的意义进行解释。

形态学运算的结果不仅与结构元素的形状有关，而且与结构元素的原点位置密切相关。请读者思考如下问题：同样对于图 10.4 中的原始图像 A，如果保持结构元素的形状不变，而只是将原点放在第 3 行中间的那个元素位置，则会得到什么样的结果呢？

2．MATLAB 实现

MATLAB 中与腐蚀相关的两个常用函数为 imerode 和 strel。

（1）imerode 函数用于完成对图像的腐蚀，调用语法如下。

```
I2 = imerode(I, SE);
```

215

参数说明
- I 为原始图像，可以是二值图像或灰度图像（对应灰度腐蚀）。
- SE 是由 strel 函数返回的自定义或预设的结构元素。

返回值
- I2 为腐蚀后的输出图像。

（2）strel 函数用于为各种常见的形态学运算生成结构元素，当用于生成供二值形态学使用的结构元素时，strel 函数的调用语法如下。

```
SE = strel(shape,parameters);
```

参数说明
- shape 用于指定结构元素的形状，常见的合法值如表 10.1 所示。

表 10.1   shape 参数的常见合法值

合 法 值	功 能 描 述
'arbitrary'或为空	任意自定义的结构元素
'disk'	圆形结构元素
'square'	正方形结构元素
'rectangle'	矩形结构元素
'line'	线形的结构元素
'pair'	包含两个点的结构元素
'diamond'	菱形的结构元素
'octagon'	八角形的结构元素

- parameters 是与指定的结构元素形状有关的一系列参数。

返回值
- SE 为得到的结构元素。

下面结合一些典型情况做具体说明。

（1）SE = strel('arbitrary',NHOOD)将返回一个由 NHOOD 指定的结构元素。其中，NHOOD 为一个只包含"0"和"1"的矩阵，这个矩阵规定了结构元素的形状。结构元素的中心位于 NHOOD 矩阵的中心，即 floor((size(NHOOD)+1)/2)。也可省略第一个参数，写为 SE = strel(NHOOD)。

（2）SE = strel('disk',R)将返回一个半径为 R 的圆形结构元素。

（3）SE = strel('pair',OFFSET)将返回一个只包含两个"1"的结构元素。其中一个"1"位于原点，另一个"1"相对于原点的位置则由 OFFSET 向量指定。OFFSET 是一个长度为 2 的向量，OFFSET(1) 是 x 轴正方向的偏移量，OFFSET(2)是 y 轴正方向的偏移量。

（4）SE = strel('rectangle',MN)将返回一个高度和宽度均由向量 MN 指定的矩形结构元素。MN 是一个长度为 2 的向量，MN(1)是结构元素的高度，MN(2)是结构元素的宽度。

> 💡提示   由于形态学运算中的结构元素通常具有一定的尺寸，因此当结构元素位于图像边缘时，其中的某些元素很可能位于图像之外，这时需要对边缘附近的操作单独进行处理，以免引用本不属于图像的无意义的值。这有些类似于滤波操作中的边界处理问题（见 5.2.2 小节）。MATLAB 可以自动处理边界问题。

3. 腐蚀的作用

顾名思义，腐蚀能够消融物体的边界，而具体的腐蚀结果则与图像本身和结构元素的形状有关：如果物体在整体上大于结构元素，则腐蚀的结果是物体变"瘦"一圈。这一圈到底有多大是由结构元素决定的。如果物体本身小于结构元素，则腐蚀后物体将完全消失；如果物体只是部分区域小于结构元素（如细小的连通），则腐蚀后物体会在细的连通处断裂，分离为两部分。例 10.1 说明了几种不同情况下的腐蚀效果。

[例 10.1] 不同结构元素的腐蚀效果。

在图 10.6（a）所示的原始图像中，两个主要的区域（圆形区域和矩形区域）是用一个宽度为 5 像素的条形连通带连接的，原始图像的顶部是一个横向长度和纵向长度均为 3 像素的十字，位于原始图像底部的 3 个正方形的边长分别为 3 像素、5 像素和 6 像素。

采用不同的结构元素对图 10.6（a）进行腐蚀的 MATLAB 程序如下。

```
>> I = imread('../erode_dilate.bmp'); % 读入 8 位的灰度图像
% 在二值形态学处理中，灰度图像中的所有非零值都将被看作 1，也就是看作前景物体

>> figure, imshow(I);        % 得到图 10.6（a）
>> se = strel('square', 3) % 3×3 的正方形结构元素
se =
Flat STREL object containing 9 neighbors.
Neighborhood:
    1    1    1
    1    1    1
    1    1    1
>> Ib= imerode(I, se); % 腐蚀
>> figure, imshow(Ib); % 得到图 10.6（b）
>>
>> se = strel([0 1 0; 1 1 1; 0 1 0]) % 3×3 的十字形结构元素
 se =
Flat STREL object containing 5 neighbors.
Neighborhood:
    0    1    0
    1    1    1
    0    1    0
>> Ic= imerode(I, se); % 腐蚀
>> figure, imshow(Ic); % 得到图 10.6（c）
>>
>> se = strel('square', 5) ;% 5×5 的正方形结构元素
>> Id= imerode(I, se); % 腐蚀
>> figure, imshow(Id); % 得到图 10.6（d）
>>
>> se = strel('square', 6); % 6×6 的正方形结构元素
>> Ie= imerode(I, se); % 腐蚀
>> figure, imshow(Ie); % 得到图 10.6（e）
>>
>> se = strel('square', 7) ;% 7×7 的正方形结构元素
>> If= imerode(I, se); % 腐蚀
>> figure, imshow(If); % 得到图 10.6（f）
```

上述程序的运行效果如图 10.6（b）～图 10.6（f）所示。

在图 10.6（b）中，原始图像在经过 3×3 的正方形结构元素腐蚀后，由于图像顶部的十字形物体无法完全包含结构元素，因此完全消失；图像底部的第一个正方形同结构元素的大小和形状完全一致，刚好

能够包含结构元素，因此在经过腐蚀后，留下 1 个中心像素；其余物体的边界均"瘦"了 1 像素。

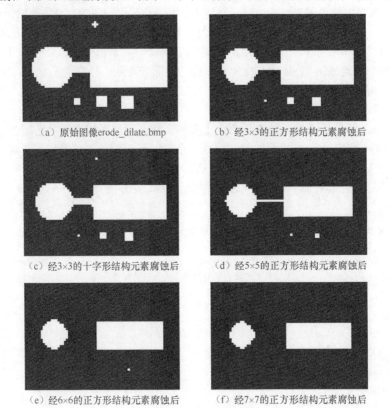

(a) 原始图像erode_dilate.bmp　　　　　（b) 经3×3的正方形结构元素腐蚀后

(c) 经3×3的十字形结构元素腐蚀后　　　（d) 经5×5的正方形结构元素腐蚀后

(e) 经6×6的正方形结构元素腐蚀后　　　（f) 经7×7的正方形结构元素腐蚀后

图 10.6　腐蚀对不同物体的影响（为使前景物体更加明显，这里对原图放大 3 倍显示）

为了比较效果，我们在图 10.6（c）中换用了 3×3 的十字形结构元素，这时图 10.6（b）中消失的十字形物体因为可以正好包含结构元素而被保留 1 个中心像素，读者需要注意连通带的连接端与图 10.6（b）中的区别。

在图 10.6（d）中采用 5×5 的正方形结构元素之后，所有物体的边界继续缩小，而小于结构元素的物体都完全消失，原始图像中 5 像素宽的连通带刚好剩下中间的 1 像素宽的连通线。

在图 10.6（e）中，当正方形结构元素增大到 6×6 之后，原本 5 像素宽的连通带再也无法包含整个结构元素，因而在腐蚀后的图像中彻底消失，图像的底部只有原本 6×6 的正方形物体还保留 1 个中心像素。

在采用 7×7 的正方形结构元素腐蚀之后，图 10.6（f）中只剩下两个主要的物体，而且圆形物体和矩形物体的边界都分别缩减了 3 像素。

在例 10.1 中，随着腐蚀用的结构元素逐步增大，小于结构元素的物体相继消失。腐蚀运算由于具备这样的特点，可以用于滤波。通过选择适当大小和形状的结构元素，可以滤除所有不能完全包含结构元素的噪声点。然而，利用腐蚀滤除噪声点存在如下不足：在滤除噪声点的同时，对图像中前景物体的形状也会有影响。但是，当我们只关心物体的位置或个数时，这便不会有什么问题。

10.2.2　膨胀及其实现

1．理论基础

对 Z^2 平面上元素的集合 A 和 S，使用 S 对 A 进行膨胀，记作 $A \oplus S$，这可以形式化地表示为

$$A \oplus S = \{ z | (\hat{S})_z \bigcap A \neq \phi \} \tag{10-2}$$

让原本位于图像原点的结构元素 S 在整个 Z^2 平面上移动，如果当 S 的原点平移至 z 点时，S 相对于自身原点的映像 $\hat{S}$ 和 A 有公共的交集，即 $\hat{S}$ 和 A 至少有 1 个像素是重叠的，则所有这样的 z 点构成的集合即为 S 对 A 的膨胀图像，如图 10.7 所示。

实际上，膨胀和腐蚀对于集合的求补和反射运算是彼此对偶的，即

$$(A \ominus B)^c = A^c \oplus \hat{B} \tag{10-3}$$

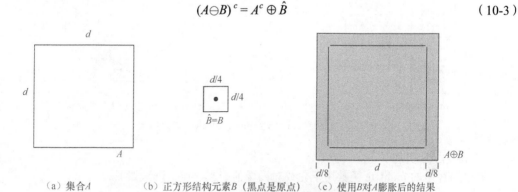

（a）集合 A　　　（b）正方形结构元素 B（黑点是原点）　　（c）使用 B 对 A 膨胀后的结果

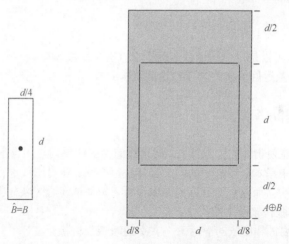

（d）拉长的矩形结构元素 B　　（e）使用图 (d) 中的结构元素对 A 膨胀后的结果

图 10.7　膨胀示意图（图中标出了所有图形的长和宽）

采用原点位于中心的 3×3 对称结构元素的膨胀运算效果如图 10.8 所示，物体之间小于 3 像素的缝隙都可通过膨胀来弥合。

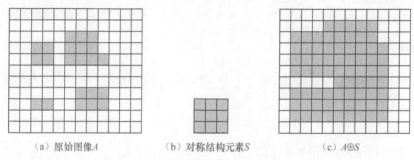

（a）原始图像 A　　　（b）对称结构元素 S　　　（c）$A \oplus S$

图 10.8　对称结构元素的膨胀运算效果

这里需要注意的是，膨胀定义中要求和 A 拥有公共交集的不是结构元素 S 本身，而是 S 的反射集 $\hat{S}$，是不是觉得有些熟悉？这种形式很容易让我们想起卷积运算，而腐蚀在形式上更像相关运算。由于图 10.8 中使用的是对称结构元素，因此使用 S 和 $\hat{S}$ 的膨胀结果相同。但是，对于图 10.9 所示的非对称结构元素，则会产生完全不同的膨胀结果，因此在实现膨胀运算时一定要先计算 $\hat{S}$。

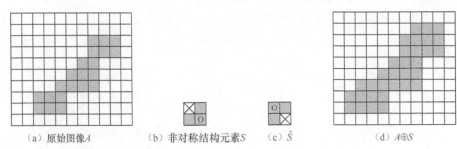

（a）原始图像 A　　　　（b）非对称结构元素 S　（c）$\hat{S}$　　　　（d）$A \oplus S$

图 10.9　非对称结构元素的膨胀运算效果

2. MATLAB 实现

MATLAB 中的 imdilate 函数用于完成对图像的膨胀，调用语法如下。

```
I2 = imdilate(I, SE);
```

参数说明
- I 为原始图像，可以是二值图像或灰度图像（对应灰度膨胀）。
- SE 是由 strel 函数返回的自定义或预设的结构元素。

返回值
- I2 为膨胀后的输出图像。

3. 膨胀的作用

和腐蚀相反，膨胀能使物体的边界扩大，而具体的膨胀结果则与图像本身和结构元素的形状有关，膨胀常用于将图像中原本断裂开来的同一物体桥接起来。在对图像进行二值化之后，图像中的物体很容易断裂为两部分，而这会给后续的图像分析（如基于连通区域分析统计物体的个数）带来不便，此时就可借助膨胀桥接断裂的物体。

[例 10.2]　形态学腐蚀和膨胀的应用——文字的断裂与桥接。

相应的程序如下。

```
>> I = imread('../starcraft.bmp');                % 读入图像
>> figure, imshow(I);     % 得到图 10.10（a）
>> Ie1 = imerode(I, [1 1 1; 1 1 1; 1 1 1]) ;      % 用 3×3 的正方形结构元素腐蚀图像
>> figure, imshow(Ie1);   % 得到图 10.10（b）
>> Ie2 = imerode(Ie1, [0 1 0; 1 1 1; 0 1 0]);     % 用 3×3 的十字形结构元素腐蚀图像
>> figure, imshow(Ie2);   % 得到图 10.10（c）
>> Id1 = imdilate(Ie2, [1 1 1; 1 1 1; 1 1 1]);    % 用 3×3 的正方形结构元素膨胀图像
>> figure, imshow(Id1);   % 得到图 10.10（d）
>> Id2 = imdilate(Id1, [1 1 1; 1 1 1; 1 1 1]);    % 用 3×3 的正方形结构元素膨胀图像
>> figure, imshow(Id2);   % 得到图 10.10（e）
>> Id3 = imdilate(Id2, [0 1 0; 1 1 1; 0 1 0]);
>> figure, imshow(Id3);   % 得到图 10.10（f）        % 用 3×3 的十字形结构元素膨胀图像
```

上述程序的运行结果如图 10.10 所示。

（a）原始图像 starcraft.bmp

（b）图（a）经 3×3 的正方形结构元素腐蚀后

（c）图（b）经 3×3 的十字形结构元素腐蚀后

（d）图（c）经 3×3 的正方形结构元素膨胀后

（e）图（d）经 3×3 的正方形结构元素膨胀后

（f）图（e）经 3×3 的十字形结构元素膨胀后

图 10.10　形态学腐蚀和膨胀的应用

10.2.3　开运算及其实现

开运算和闭运算都由腐蚀和膨胀复合而成，开运算是先腐蚀后膨胀，而闭运算是先膨胀后腐蚀。本小节介绍开运算，10.2.4 小节介绍闭运算。

1.　理论基础

使用结构元素 S 对图像 A 进行开运算，记作 $A \circ S$，可表示为

$$A \circ S = (A \ominus S) \oplus S \tag{10-4}$$

一般来说，开运算能使图像的轮廓变得光滑，同时断开狭窄的连接并消除细小的毛刺。

在图 10.11 中，开运算断开了原始图像中两个小区域之间 2 像素宽的连接（断开狭窄的连接），同时还去除了右侧物体顶部突出的一块小于结构元素的 2×2 大小的区域（消除细小的毛刺）。与腐蚀不同的是，图像大的轮廓并没有产生整体上的收缩，物体的位置也没有发生任何变化。

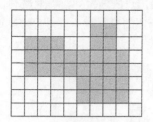

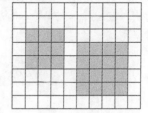

（a）原始图像 A　　　　　（b）结构元素 S　　　　　（c）$A \circ S$

图 10.11　开运算效果模拟

图 10.12 可以帮助读者更好地理解开运算的特点。为了便于比较，我们在图 10.12 中标出了相应的腐蚀运算的结果。

在图 10.12（a）中，让结构元素 S 紧贴 A 的内边界滚动，在滚动过程中始终保证 S 完全包含于 A，此时 S 中的点所能达到的最靠近 A 的内边界的位置就构成了图 10.12（c）所示的开运算的外边界。在这个意义上，开运算可以表示为 $A \circ S = \bigcup \{(S)_z \mid (S)_z \subseteq A\}$。另外，此时 S 的中心所能达到的最靠近 A 的内边界的位置就构成了 S 对 A 的腐蚀的外边界（图 10.12（a）中的虚线轮廓）。

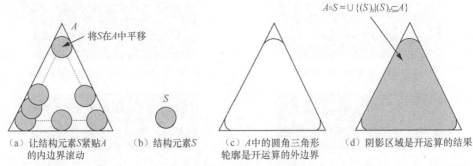

（a）让结构元素 S 紧贴 A　　（b）结构元素 S　　（c）A 中的圆角三角形　　（d）阴影区域是开运算的结果
　　的内边界滚动　　　　　　　　　　　　　　　轮廓是开运算的外边界

图 10.12　开运算的示意图

2. MATLAB 实现

根据定义，以相同的结构元素先后调用 imerode 和 imdilate 函数即可实现开运算。此外，MATLAB 直接提供了开运算函数 imopen，调用语法如下。

```
I2 = imopen(I, SE);
```

参数说明

- I 为原始图像，可以是二值图像或灰度图像。
- SE 是由 strel 函数返回的自定义或预设的结构元素。

返回值

- I2 为进行开运算后的输出图像。

利用 imopen 函数对例 10.1 中的图像 erode_dilate.bmp 进行开运算的 MATLAB 程序如下。

```
>> I = imread('erode_dilate.bmp');
>> figure, imshow(I, []);        % 显示图 10.13（a）
>> Io = imopen(I, ones(6, 6));   % 使用 6×6 的正方形结构元素进行开运算
>> figure, imshow(Io, []);       % 显示图 10.13（b）
```

上述程序的运行结果如图 10.13 所示。

从图 10.13 中可以看出，与腐蚀相比，开运算在过滤噪声点的同时并没有对物体的形状和轮廓造成明显的影响，这是其一大优势。但是，当我们只关心物体的位置或个数时，物体形状的改变并不会给我们带来困扰，此时使用腐蚀具有处理速度上的优势（同开运算相比少了一次膨胀运算）。

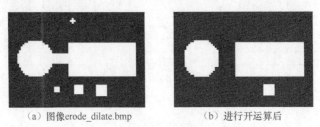

（a）图像 erode_dilate.bmp　　　　（b）进行开运算后

图 10.13　运行结果

10.2.4　闭运算及其实现

1. 理论基础

使用结构元素 S 对图像 A 进行闭运算，记作 A · S，可表示为

$$A \cdot S = (A \oplus S) \ominus S \tag{10-5}$$

闭运算同样能使轮廓变得光滑，但与开运算相反，闭运算通常用于弥合狭窄的间断并填充小的孔洞。

与图 10.8 所示的膨胀运算效果不同，图 10.14 所示的闭运算在前景物体整体位置和轮廓不变的情况下，弥合了物体之间宽度小于 3 像素的缝隙。

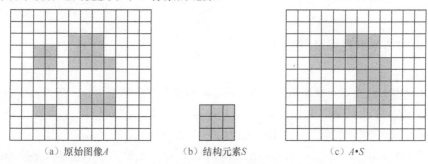

（a）原始图像 A 　　　　（b）结构元素 S 　　　　（c）$A \bullet S$

图 10.14　闭运算效果模拟

图 10.15 可以帮助读者更好地理解闭运算的特点，为了便于比较，我们在图 10.15 中标出了相应的膨胀运算的结果。

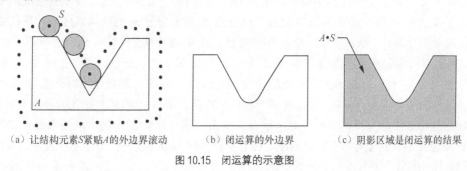

（a）让结构元素 S 紧贴 A 的外边界滚动　　（b）闭运算的外边界　　（c）阴影区域是闭运算的结果

图 10.15　闭运算的示意图

在图 10.15（a）中，让结构元素 S 紧贴 A 的外边界滚动，在滚动过程中始终保证 S 不完全离开 A （$(S)_z \bigcap A \neq \varphi$），此时 S 中的点所能达到的最靠近 A 的外边界的位置就构成了图 10.15（b）所示的闭运算的外边界，而此时 S 的中心所能达到的最靠近 A 的内边界的位置就构成了 S 对 A 的膨胀的外边界（图 10.15（a）中的虚线轮廓）。

通过对比图 10.12 和图 10.15 还可以看出，在圆形结构元素的作用下：开运算使得物体的小于 $180°$ 的拐角变得圆滑，但大于 $180°$ 的拐角则没有变化，腐蚀运算则刚好与开运算相反；闭运算则使得物体的大于 $180°$ 的拐角变得圆滑，但小于 $180°$ 的拐角没有变化，膨胀运算则刚好与闭运算相反。

最后需要说明的是：开运算和闭运算也是对偶的，然而与腐蚀和膨胀不同的是，对一幅图像多次进行开运算或闭运算与只进行一次开运算或闭运算的效果相同，换言之

$$(A \circ B) \circ B = A \circ B, \quad (A \bullet B) \bullet B = A \bullet B \qquad (10\text{-}6)$$

2. MATLAB 实现

根据定义，以相同的结构元素先后调用 imdilate 和 imerode 函数即可实现闭运算。此外，MATLAB 直接提供了闭运算函数 imclose，其用法与 imopen 函数类似，这里不再赘述。

10.3 二值图像中的形态学应用

本节将介绍一些非常经典的形态学应用，它们都是通过将 10.2 节中的基本运算按照特定次序组合起来，并且采用一些特殊的结构元素来实现的。

　　10.3.1 小节将要介绍的击中与击不中变换主要用于图像中某种特定形状的精确定位，本章后面将要讨论的很多形态学应用，如边界提取与跟踪、细化以及像素化等都有助于我们抓住物体最本质的特征（轮廓、形状或位置），这些特征都是强有力的图像描绘子，经处理后可作为后续的图像识别任务所需的特征。

10.3.1　击中与击不中变换及其实现

1. 理论基础

　　形态学中的击中与击不中变换常用于图像中某种特定形状的精确定位，是一种检测形状的基本工具，记作 $A \circledast S$，可表示为

$$A \circledast S = (A \ominus S_1) \bigcap (A \ominus S_2) \tag{10-7}$$

　　其中，$S_1 \bigcap S_2 = \phi$ 且 $S = S_1 \bigcup S_2$，实际上，S_1 代表 S 中我们感兴趣的物体（要检测的形状）对应的集合，而 S_2 为 S 中背景部分对应的集合。

　　分析式（10-7），击中与击不中变换首先用我们感兴趣的物体 S_1 腐蚀图像 A，得到的结果是使 S_1 完全包含于 A 中前景部分时其中心点的集合 U_1，可以将 U_1 看作 S_1 在 A 中所有匹配的中心点的集合。为了在 A 中精确地定位 S_1 并排除那些仅包含 S_1 但不同于 S_1 的物体或区域，有必要引入和 S_1 相关的背景部分 S_2。一般来说，S_2 是 S_1 周围包络着 S_1 的背景部分，S_1 和 S_2 合在一起便组成了 S。式（10-7）的后一半则计算图像 A 的背景 A^c 和 S 的背景部分 S_2 的腐蚀，得到的结果 U_2 是使 S 的背景部分 S_2 完全包含于 A^c 时 S 的中心点的集合。U_1 和 U_2 的交集自然就是这样一些点（用 p 表示）的集合：当 S 的中心位于点 p 时，S 的前景（物体）部分 S_1 和 A 中的某个前景部分完全重合，而 S 的背景部分也和 A 中的某个背景部分完全重合，而 S_1 又是包络在 S_2 中的，从而保证我们感兴趣的物体 S_1 在图像 A 的 p 点处有一个精确匹配。读者可结合例 10.3 体会击中与击不中变换的原理。

　　[例 10.3]　应用击中与击不中变换。

　　下面的程序首先生成图 10.16（a）所示的原始图像，其中的最左侧为一个 70×60 的矩形物体 X，处于居中靠下位置的为一个 50×50 的正方形 Y，右上方的正方形 Z 的边长为 30；然后生成图 10.16（b）所示的结构元素 S 和物体 S_1；最后根据式（10-7）计算 I 与 S 的击中与击不中变换 $I \circledast S$。

```
>> % 生成原始图像
>> I = zeros(120, 180);
>> I(11:80, 16:75) = 1;
>> I(56:105, 86:135) = 1;
>> I(26:55, 141:170) = 1;
>> figure, imshow(I);          % 得到图 10.16 (a)
>>
>> % 生成结构元素 S (代码中用 se 表示)
>> se = zeros(58, 58);
>> se(5:54, 5:54) = 1;         % 得到物体 S₁
>> figure, imshow(se);         % 得到图 10.16 (b)
>>
>> % 计算击中与击不中变换
>> Ie1 = imerode(I, se);       % 腐蚀物体
>> figure, imshow(Ie1);        % 得到图 10.16 (c)
>> Ic = 1-I;                   % 得到 I 的补集
>> figure, imshow(Ic);         % 得到图 10.16 (d)
>> S2 = 1-se;
>> figure, imshow(S2);         % 得到图 10.16 (e)
```

```
>> Ie2 = imerode(Ic, S2);      % 腐蚀背景，得到图10.16(f)
>> Ihm = Ie1 & Ie2;            % 两次腐蚀的交集
>> figure, imshow(Ihm);        % 得到图10.16(g)
```

上述程序的运行结果如图 10.16 所示。

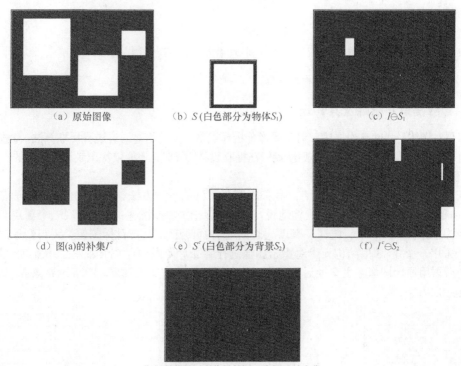

（a）原始图像　　（b）S（白色部分为物体 S_1）　　（c）$I \ominus S_1$

（d）图(a)的补集 I^c　　（e）S^c（白色部分为背景 S_2）　　（f）$I^c \ominus S_2$

（g）最终的匹配位置是图(c)和图(f)的交集

图 10.16　击中与击不中变换的应用效果

图 10.16（g）给出了击中与击不中变换的最终结果。为了便于观察，每幅图像在显示时周围都环绕着一圈黑色边框，注意该边框并不是图像本身的一部分。

> **注意**　对于结构元素 S，我们感兴趣的物体 S_1 之外的背景 S_2 不能选择得太宽，因为这里使 S 包含背景 S_2 的目的仅仅是定义出物体 S_1 的外轮廓，以便在图像中找到准确的完全匹配位置。从这个意义上讲，物体 S_1 的周围有 1 像素宽的背景环绕就足够了。我们在例 10.3 中选择了 4 像素宽的背景，这是为了使结构元素的背景部分 S_2 看起来比较明显，但如果背景部分过大，则会影响击中与击不中变换的计算结果。例如，在例 10-3 中，中间的正方形 Y 与右上方的正方形 Z 之间的水平距离为 6 像素，如果在定义 S 时，S_2 的宽度超过 6 像素，则最终的计算结果将是空集。

根据式（10-3）给出的对偶关系，式（10-7）还可表示为如下形式，然而式（10-7）更为直观，也更易于理解。

$$A \circledast S = (A \ominus S_1) \bigcap (A \oplus \hat{S}_2) = (A \ominus S_1) - (A \oplus \hat{S}_2) \qquad (10\text{-}8)$$

2. MATLAB 实现

在 MATLAB IPT（图像处理工具箱）中，用于实现击中与击不中变换的函数是 bwhitmiss，调用语法如下。

```
Ihm = bwhitmiss(I, S1, S2);
```

参数说明

- `I` 为输入图像。
- `S1` 和 `S2` 为式（10-7）中对应的结构元素 S_1 和 S_2。

返回值

- `Ihm` 是击中与击不中变换后的结果图像。

如果使用 bwhitmiss 函数来完成例 10.3，则只需要下面的一行代码。

```
Ihm = bwhitmiss(I, se, S2); % se 和 S2 的意义与它们在例 10.3 中时相同
```

10.3.2　边界提取与跟踪及其实现

轮廓是对物体形状的有力描述，对于图像分析和识别十分有用。通过边界提取算法，我们可以得到物体的边界轮廓；而边界跟踪算法则使我们在提取边界的同时，还能依次记录边界像素的位置信息。

1. 边界提取算法

要在二值图像中提取物体的边界，我们很容易想到的一种方法就是将物体内部所有的点删除（将物体内部的点设置为背景色）。具体地说，可以逐行扫描原始图像。如果发现一个黑点（图 10.17 中的黑点为前景点）的 8 个邻域都有黑点，则该点为内部点，于是在目标图像中将其删除。实际上，这相当于采用一个 3×3 的结构元素对原始图像进行腐蚀，使得只有 8 个邻域都有黑点的内部点被保留，之后再用原始图像减去腐蚀后的图像，从而恰好删除这些内部点。留下边界像素，这一过程可参见图 10.17。

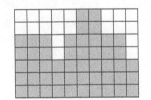 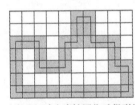

　（a）原始图像 A　　　（b）用于腐蚀 A 的结构元素 S　　（c）A 被 S 腐蚀后　　　　（d）用 A 减去腐蚀图像后得到的
　　边界图像，其中贯穿像素中心的
　　一条黑线标出了 1 像素宽的边界

图 10.17　边界提取效果模拟

[例 10.4]　提取边界轮廓。

采用上述方法提取二值人脸图像边界轮廓的 MATLAB 程序如下。

```
>> I = imread('../head_portrait.bmp');    % 读入原始图像
>> figure, imshow(I);                     % 得到图 10.18（a）
>> se = strel('square', 3);               % 3×3 的正方形结构元素
>> Ie = imerode(I, se);                   % 通过腐蚀得到内部点
>> Iout = I - Ie;                         % 减去内部点，留下边界像素
>> figure, imshow(Iout);                  % 得到图 10.18（b）
```

上述程序的运行结果如图 10.18 所示。

2. 边界跟踪算法

为了依次记录边界上的各个像素，边界跟踪算法会首先按照某种扫描规则找到目标物体边界上的一个像素，然后以该像素为起始点，根据某种顺序（如顺时针或逆时针顺序）依次找出物体边界上的其余像素，直至回到起始点，从而完成对整条边界的跟踪。

（a）人脸侧面轮廓的二值图像head_portrait.bmp

（b）边界提取后的图像

图 10.18 边界提取效果

例如，我们可以按照从左到右、从上到下的顺序扫描图像，这会使我们首先找到目标物体最左上方的边界点 P_0。显然，这个点的左侧以及上方都不可能存在边界点（否则左侧或上方的边界点就会成为第一个被扫描到的边界点），因此不妨从左下方向逆时针开始探查，若左下方的点是黑点，就直接跟踪至此边界点，否则将探查方向逆时针旋转 45°，直至找到第一个黑点，跟踪至此边界点。找到边界点后，在当前探查方向的基础上顺时针回转 90°，继续使用上述方法搜索下一个边界点，直至探查回到初始的边界点 P_0，从而完成对整条边界的跟踪。整个跟踪过程如图 10.19 所示。

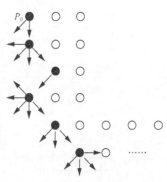

图 10.19 边界跟踪算法的示意图

10.3.3 区域填充

区域填充可视为边界提取的反过程，它是一种在边界已知的情况下得到边界包围的整个区域的形态学技术。

问题的描述如下：已知某一 8 连通边界和边界内部的某个点，要求从该点开始填充整个边界包围的区域。这一过程也称为"种子"填充，填充的开始点被称为"种子"。

4 连通边界围成的内部区域是 8 连通的，而 8 连通边界围成的内部区域却是 4 连通的，如图 10.20 所示。

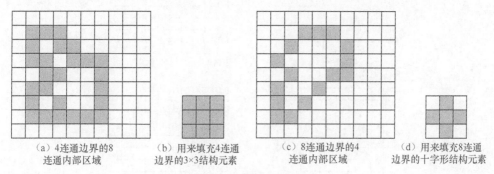

（a）4连通边界的8　　（b）用来填充4连通　　（c）8连通边界的4　　（d）用来填充8连　　连通内部区域　　　　边界的3×3结构元素　　连通内部区域　　　　通边界的十字形结构元素

图 10.20 区域填充效果模拟

为了填充 4 连通边界，我们应选用图 10.20（b）所示的 3×3 结构元素；而为了在 8 连通边界内从种子点得到区域，我们应该选用图 10.20（d）所示的十字形结构元素 S 对初始时仅为种子点的图像 B 进行膨胀。十字形结构元素 S 能够保证只要 B 在边界 A 的内部（不包括边界本身），每次膨胀后就不会产生边界之外的点（新膨胀出来的点要么在边界内部，要么落在边界上）。这样的话，只需要将每次膨胀的结果图像和边界的补图像 A^c 相交，就能把膨胀限制在边界内部。随着对 B 不断进行膨胀，B 的区域不断"生长"，但每次膨胀后，通过与 A^c 进行相交，又将 B 限制在了边界 A 的内部，就这样一直到 B 充满 A 的整个内部区域，B 的区域才停止生长。此时，B 与 A 的并集为最终的区域填充结果。

　　算法概要如下。

初始化：$B_0 =$ 种子点
循环：Do $B_{i+1} = (B_i \oplus S) \cap A^c$
　　　Until　$B_{i+1} == B_i$

　　图 10.21（d）～图 10.21（j）形象地模拟了整个区域填充过程。

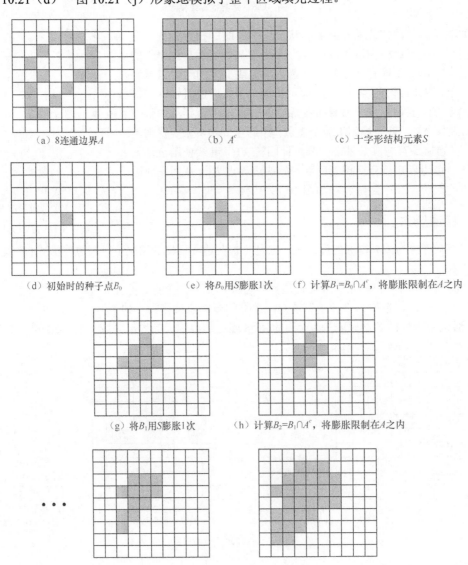

（a）8 连通边界 A　　　　　　　（b）A^c　　　　　（c）十字形结构元素 S

（d）初始时的种子点 B_0　　　（e）将 B_0 用 S 膨胀 1 次　　（f）计算 $B_1 = B_0 \cap A^c$，将膨胀限制在 A 之内

（g）将 B_1 用 S 膨胀 1 次　　（h）计算 $B_2 = B_1 \cap A^c$，将膨胀限制在 A 之内

（i）最终的膨胀结果（$B_{i+1} = B_i$）（j）计算最终的膨胀结果 B 与边界 A 的并集（$B \cup A$）

图 10.21　区域填充过程

　　在 MATLAB 中，可以使用 bwmorph 函数方便地实现区域填充。bwmorph 函数将在 10.3.8 小节中介绍。以种子点设置于图像中心的图 10.22（a）为例，区域填充效果如图 10.22（b）所示。

（a）原始图像　　　　　　　　　　（b）区域填充效果

图 10.22　种子点设置于图像中心的区域填充效果

10.3.4　连通分量提取及其实现

连通分量的概念我们在 1.3.1 小节中介绍过。在二值图像中提取连通分量是许多自动图像分析应用中的核心任务。提取连通分量的过程实际上也是标注连通分量的过程，通常的做法是给原图中的每个连通区分配一个唯一代表该区域的编号，此时输出图像中该连通区内所有像素的像素值就被赋值为该区域的编号，我们称这样的输出图像为标注图像。

1．理论基础

这里介绍一种基于形态学的膨胀操作的连通分量提取方法，另一种递归的方法我们将在 10.3.6 小节的像素化算法中给出。以 8 连通的情况为例，对于图 10.23（a）所示的内含多个连通分量的图像 A，从仅为连通分量 A_1 内部的某个点的图像 B 开始，不断采用图 10.23（c）所示的结构元素 S 进行膨胀。由于其他连通分量与 A_1 之间至少有一条 1 像素宽的空白缝隙（图 10.23（a）中的虚线），因此 3×3 的结构元素能够保证只要 B 在区域 A_1 的内部，则每次膨胀后就不会产生位于 A 中其他连通区之内的点，从而只需要将每次膨胀后的结果图像和原始图像 A 相交，就能把膨胀限制在 A_1 的内部。随着对 B 不断进行膨胀，B 的区域不断"生长"，但每次膨胀后，通过与 A 进行相交，又将 B 限制在了连通分量 A_1 的内部，直至 B 充满整个连通分量 A_1，对连通分量 A_1 的提取才结束。

算法概要如下。

初始化：$B_0 =$ 连通分量 A_1 中的某个点
循环：Do $B_{i+1} = (B_i \oplus S) \bigcap A$
　　　Until　$B_{i+1} == B_i$

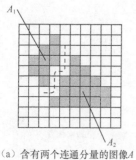　　　　

（a）含有两个连通分量的图像 A　　　（b）使用 A 的连通分量标注图像　　（c）3×3 的结构元素 S

图 10.23　连通分量提取结果

连通分量提取算法与区域填充算法十分相似，只需要改变膨胀用的结构元素（8 连通使用 3×3 的正方形结构元素，4 连通使用 3×3 的十字形结构元素）并且把每次膨胀后同 A^c 相交改为同 A 相交即可。

2. MATLAB 实现

在 MATLAB 中，连通分量的相关操作主要通过 IPT 函数 bwlabel 来实现，调用语法如下。

```
[L num] = bwlabel(Ibw, conn)
```

参数说明

- Ibw 为一幅输入的二值图像。
- conn 为可选参数，用于指明将要提取的连通分量是 4 连通的还是 8 连通的，默认为 8 连通的。

返回值

- L 为类似于图 10.23（b）的标注图像。
- num 为二值图像 Ibw 中连通分量的个数。

连通分量提取的应用十分广泛，利用标注图像可以方便地进行很多基于连通区的操作。例如，要计算某一连通分量的大小，只需要扫描一遍标注图像，对像素值为该区域编号的像素进行计数即可；又如，要计算某一连通分量的质心，只需要扫描一遍标注图像，找出所有像素值为该区域编号的像素的横纵坐标，然后计算它们的平均值即可。

下面结合两个 MATLAB 实例来加以说明。

[例 10.5]　在人脸局部图像中定位嘴部中心。

我们希望在图 10.24（a）所示的图像中定位嘴部中心，假设我们已经掌握了输入图像中的某些经验知识，即嘴部占据图像的大部分区域并且从灰度上易于与周围的皮肤分离开来。于是，我们便可针对性地拟定在二值图像中寻找最大连通区域中心的解决方案，具体步骤如下。

（1）对输入图像进行二值化处理。

（2）标注二值图像中的连通分量。

（3）找出最大的连通分量。

（4）计算并显示最大连通分量的中心。

依照上述思路实现的 MATLAB 代码如下。

```
% locateMouth.m

I = imread('../mouth.bmp'); % 读入图像
Id = im2double(I);
figure, imshow(Id)              % 得到 10.24（a）
Ibw = im2bw(Id, 0.38);          % 以 0.38 为阈值对图像进行二值化
Ibw = 1 - Ibw;                  % 为了在 MATLAB 中进行处理，将图像反色
figure, imshow(Ibw)             % 得到 10.24（b）
hold on
[L, num] = bwlabel(Ibw, 8); % 标注连通分量
disp(['图中共有'num2str(num)'个连通分量'])

% 找出最大的连通分量
max = 0;                        % 当前最大连通分量的大小
indMax = 0;                     % 当前最大连通分量的索引
for k = 1:num
    [y x] = find(L == k);       % 找出编号为 k 的连通区的行索引集合 y 和列索引集合 x

    nSize = length(y);          % 计算该连通区的像素数目
    if(nSize > max)
        max = nSize;
        indMax = k;
    end
```

```
end

if indMax == 0
    disp('没有找到连通分量')
    return
end

% 计算并显示最大连通分量的中心
[y x] = find(L == indMax);
yMean = mean(y);
xMean = mean(x);
plot(xMean, yMean, 'Marker', 'o', 'MarkerSize', 14, 'MarkerEdgeColor', 'w', 'MarkerFace
Color', 'w');
plot(xMean, yMean, 'Marker', '*', 'MarkerSize', 12, 'MarkerEdgeColor', 'k'); % 得到10.24(c)
```

上述程序的运行结果如图 10.24 所示。

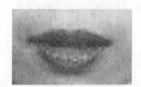

（a）人脸局部图像 mouth.bmp   （b）图像经二值化后   （c）基于上述方法定位嘴部中心，用*标出

图 10.24   定位嘴部中心

我们发现，在以 0.38 为阈值对图像进行二值化之后，得到的图 10.24（b）所示的二值图像共有 4 个连通分量，结合经验知识，可以认为最大的连通分量对应嘴部。语句 [y x] = find(L = = k) 用来在标注图像 L 中找出编号为 k 的连通区的行索引集合 y 和列索引集合 x，找出所有连通区中最大的那个，计算 y 和 x 的平均值，得到的即为该区域中心的坐标。图 10.24（c）使用*标出了嘴部中心。

[例 10.6] 细菌计数。

假设要对图 10.25（a）中显微镜下的细菌进行计数，我们的思路是在二值化后的黑白图像中统计连通区的个数，从而确定细菌的个数。为此，我们可以首先对原始图像进行二值化处理，得到图 10.25（b）所示的二值图像，注意图像底部的一个细菌出现了"断裂"，这可能是由于阈值选择不当（这里是由于阈值偏高）或图像整体灰度不均造成了根本不存在一个能够正确分离出所有物体的阈值。

事实上，"断裂"和"合并"都会给计数带来困扰。针对图 10.25（b）因阈值偏高易产生"断裂"的特点，我们对图 10.25（b）所示的二值图像采用 3×3 的结构元素进行膨胀。在膨胀后的图 10.25（c）中，我们看到"断裂"被成功"接合"，同时没有发生不同细菌的"合并"。最后统计图 10.25（c）所示的二值图像中连通分量的数目，即可得到细菌的准确计数。

相应的 MATLAB 代码如下。

```
>> I = imread('../bw_bacteria.bmp');    % 读入二值化后的细菌图像
>> figure, imshow(I)                    % 得到图 10.25(b)
>> [L, num] = bwlabel(I, 8);            % 直接统计 10.25(b)中连通区的个数
>> num                                  % 显示细菌个数，由于存在"断裂"，因此显示的数目比实际数目多 1

num =

    22
>> Idil = imdilate(I, ones(3,3));       % 采用 3×3 的结构元素进行膨胀
>> figure, imshow(Idil)                 % 得到图 10.25(c)
>> [L, num] = bwlabel(Idil, 8);         % 统计图 10.25(c)中连通区的个数
```

```
>> num                                  % 实际的细菌个数

num =

    21
```

上述程序的运行结果如图 10.25 所示。

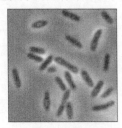
（a）显微镜下的细菌图像

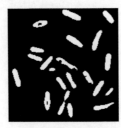
（b）图像经二值化后

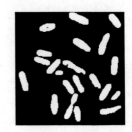
（c）对图（b）采用 3×3 的结构元素进行膨胀

图 10.25 统计细菌个数

10.3.5 细化算法

"骨架"是指一幅图像的骨骼部分，用于描述物体的几何形状和拓扑结构，是重要的图像描绘子之一。计算骨架的过程一般称为"细化"或"骨架化"，在包括文字识别、工业零件形状识别以及印制电路板自动检测在内的很多应用中，细化过程都发挥着关键作用。通常情况下，通过对感兴趣的目标物体进行细化有助于突出目标物体的形状特点和拓扑结构，并且减少冗余信息。

[例 10.7] 手写数字字符的细化。

同类物体会由于线条粗细不同而显得差别很大（比如图 10.26（a）和图 10.26（c）中的"7"），这无疑会给后续的识别任务带来不便。例如，对于图 10.26 中的图像来说，识别程序很可能会认为图 10.26（a）中的"7"更像图 10.26（b）中的"1"而不是图 10.26（c）中的"7"。但是，在将它们的形状细化之后，比如归一化为相同的宽度，如 1 像素宽度，就会发现图 10.26（d）～图 10.26（f）中的 3 幅数字骨架图像所体现出来的完全是数字本身的几何形状，在这些细化后的图像中选择适当的特征进行分类即可得到理想的结果。

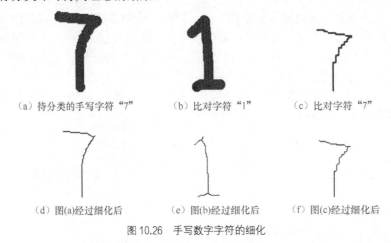

（a）待分类的手写字符"7"　　（b）比对字符"1"　　（c）比对字符"7"

（d）图(a)经过细化后　　（e）图(b)经过细化后　　（f）图(c)经过细化后

图 10.26 手写数字字符的细化

下面我们来看一下细化算法的实现思路。

考虑某图像中一块 3×3 的邻域，对其中各点标记名称 $P1,P2,\cdots,P9$，如图 10.27（a）所示。这里规定以 1 表示黑色、以 0 表示白色。若中心 $P1=1$（黑点）且下面 4 个条件同时得到满足，就删

除 $P1$（令 $P1=0$）。

（1）$2 \leq NZ(P1) \leq 6$。

（2）$Z0(P1)=1$。

（3）$P2 \times P4 \times P8=0$ 或者 $Z0(P1) \neq 1$。

（4）$P2 \times P4 \times P6=0$ 或者 $Z0(P4) \neq 1$。

标记 $NZ(P)$ 表示 P 点的 8 邻域中 1 的数目，而 $Z0(P)$ 可按照如下方式计算。

（1）令 nCount = 0

（2）如果 $P_{-1,0}=0$ 并且 $P_{-1,-1}=1$
　　　nCount ++

（3）如果 $P_{-1,-1}=0$ 并且 $P_{0,-1}=0$
　　　nCount ++

（4）如果 $P_{0,-1}=0$ 并且 $P_{1,-1}=1$
　　　nCount ++

（5）如果 $P_{1,-1}=0$ 并且 $P_{1,0}=1$
　　　nCount ++

$P_{-1,-1}$	$P_{-1,0}$	$P_{-1,1}$
$P_{0,-1}$	P	$P_{0,1}$
$P_{1,-1}$	$P_{1,0}$	$P_{1,1}$

（6）如果 $P_{1,0}=0$ 并且 $P_{1,1}=1$
　　　nCount ++

（7）如果 $P_{1,1}=0$ 并且 $P_{0,1}=1$
　　　nCount ++

（8）如果 $P_{0,1}=0$ 并且 $P_{-1,1}=1$
　　　nCount ++

（9）如果 $P_{-1,1}=0$ 并且 $P_{-1,0}=1$
　　　nCount ++

（10）$Z0(P)=$ nCount

对图像中的每一个点重复上述步骤，直到所有的点都不可删除为止。图 10.27 给出了细化算法的示意图。

$P3$	$P2$	$P9$
$P4$	$P1$	$P8$
$P5$	$P6$	$P7$

1	1	0
1	$P1$	1
0	0	0

1	0	1
0	$P1$	0
1	1	1

0	0	0
1	$P1$	0
0	0	0

（a）3×3 邻域　　（b）删除 $P1$ 会分割区域　　（c）删除 $P1$ 会缩短边缘　　（d）虽然满足 $2 \leq NZ(P1) \leq 6$，但 $P1$ 不可删除

图 10.27　细化算法的示意图

在 MATLAB 中，可以使用 bwmorph 函数方便地实现图像的细化。bwmorph 函数将在 10.3.8 小节中介绍。图像细化的示例效果如图 10.28 所示。

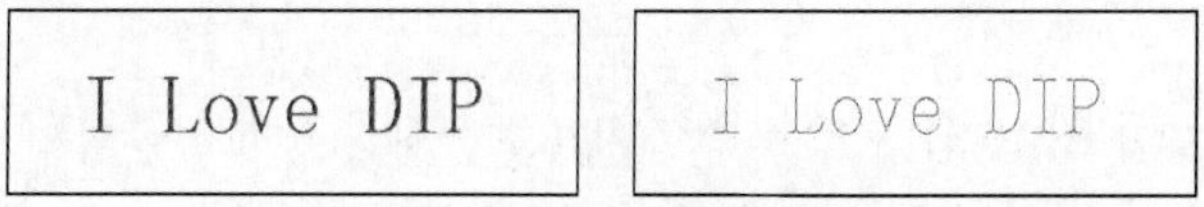

图 10.28　图像细化的示例效果

10.3.6　像素化算法

细化算法适用于和物体拓扑结构或形状有关的应用，如上述手写数字字符的识别。但有时我们

关心的是目标对象是否存在、它们的位置关系或个数如何，这时在预处理中加入像素化操作就会给后续的图像分析带来极大便利。

像素化操作的过程是首先找到二值图像中所有的连通区，然后将这些连通区的质心作为它们各自的代表，也就是分别将每个连通区像素化为位于它们各自质心位置的 1 个像素。

有时也可以进一步引入低阈值 lowerThres 和高阈值 upperThres，它们用来指出图像中我们感兴趣的对象连通数（连通分量中的像素数目）的大致范围，从而只像素化图像中大小在 lowerThres 和 upperThres 之间的连通区，而连通数低于 lowerThres 或高于 upperThres 的对象都将被滤除，这就相当于使像素化算法同时具有了过滤噪声的能力，如图 10.29 所示。

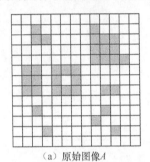
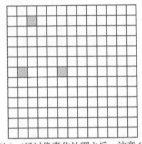

（a）原始图像 *A* 　　　（b）*A* 经过像素化处理之后，注意 *A* 中小于 lowerThres 和大于 upperThres 的连通区都被滤除了，其他区域则被像素化到它们各自的质心

图 10.29　像素化效果模拟（lowerThres = 3，upperThres = 10）

实现像素化算法的核心是找到连通区，接下来只需要根据 lowerThres 和 upperThres 参数把内含像素数不满足要求的连通区滤除，并计算保留的连通区的几何中心即可。连通区的 MATLAB 实现已在 10.3.4 小节中给出，上述实现过程留给读者作为练习。

10.3.7　凸壳

如果连接物体 *A* 内任意两点的直线段都在 *A* 的内部，则称 *A* 是凸的。任意物体 *A* 的**凸壳** *H* 是指包含 *A* 的最小凸物体。

我们总是希望像素化算法能够找到物体的质心以代表该物体，但在实践中，光照不均等因素可能导致图像在二值化后，物体本身形状发生缺损，使得像素化算法无法找到物体真正的质心。此时可适当地进行凸壳处理，弥补凹损，进而找到包含原始形状的最小凸多边形，如图 10.30 所示。

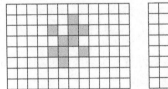
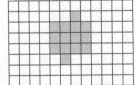

图 10.30　凸壳效果模拟

令 S^i（$i=1,2,3,4$）表示图 10.31 中的 4 个结构元素，则凸壳的计算过程如下。

$$X_k^i=(X_{k-1}^i \ominus S^i)\cup A \quad i=1,2,3,4;\ k=1,2,3,\cdots$$

其中，$X_0^i=A$。现在，令 $D^i=X_{\text{conv}}$，这里的下标 conv 表示在 $X_k^i=X_{k-1}^i$ 时收敛。*A* 的凸壳为

$$C(A)=\bigcup_{i=1}^{4}D^i$$

使用结构元素 S^1 对 A 反复进行击中与击不中变换，直到不再发生进一步变化时，求与 A 的并集，将结果记作 D^1。通过对结构元素 S^i(i=2,3,4) 和 A 进行相同的运算，可得 D^i(i=2,3,4)。最后，D^1、D^2、D^3、D^4 的并集便组成了 A 的凸壳。

为确保在上述生长过程中凸壳不会超出凸性所需的最小尺寸很多，可以限制其生长，从而确保凸壳不会超出初始时包含物体 A 的最小矩形。

凸壳的处理效果如图 10.32 所示。

S^1 S^2 S^3 S^4 (a) 原始图像   (b) 图 (a) 的凸壳

图 10.31 凸壳计算中的 4 个结构元素（图中的 × 表示不关心该像素的值）　　　　图 10.32 凸壳的处理效果

10.3.8 bwmorph 函数

本章的很多形态学操作都可使用 IPT 函数 bwmorph 来实现，调用语法如下。

```
Iout = bwmorph(I, operation, n);
```

参数说明

- `I` 为输入的二值图像。
- `operation` 是一个用来指定操作类型的字符串，常见的合法值如表 10.2 所示。
- 可选参数 n 是一个正整数，用于指定将要重复的操作次数，默认为 1。当 n=Inf 时，表示重复执行操作直到图像停止改变为止。

返回值

- `Iout` 为经过 n 次由 `operation` 参数指定的形态学操作后的输出图像。

表 10.2　　　　　　　　　　　　　operation 参数的常见合法值

合 法 值	功 能 描 述
'bridge'	桥接由单个像素缝隙分隔的前景像素
'clean'	清除孤立的前景像素
'diag'	围绕对角线相连的前景像素进行填充
'fill'	填充单个像素的孔洞
'hbreak'	去掉前景中的 "H" 形连接
'majority'	若点 P 的 8 邻域中一半以上的像素为前景像素，则 P 也是前景像素，否则使 P 为背景像素
'remove'	去除内部像素（无背景像素相邻的前景像素）
'shrink'	将物体收缩为一个点或者带洞的环形
'skel'	骨骼化图像
'spur'	去除 "毛刺"
'thicken'	粗化物体
'thin'	将物体细化成最低限度相连的线形

10.4 灰度图像中的基本形态学运算

本节将把二值图像的形态学处理扩展到灰度图像的基本操作，包括灰度膨胀、灰度腐蚀、灰度开运算和灰度闭运算。此外，我们还将在 10.4.4 小节介绍灰度形态学的一个经典应用——顶帽（top-hat）变换，以解决图像中的光照不均问题。

10.4.1　灰度膨胀及其实现

1．理论基础

令 F 表示灰度图像，S 为结构元素，使用 S 对 F 进行膨胀，记作 $F \oplus S$，这可以形式化地表示为

$$(F \oplus S)(x, y) = \max\{F(x - x', y - y') + S(x', y') \mid (x', y') \in D_S\} \tag{10-9}$$

其中：D_S 是 S 的定义域。

计算过程相当于让结构元素 S 关于原点的镜像 $\hat{S}$ 在图像 F 的所有位置滑过，在此过程中，我们需要保证点 $(x+x', y+y')$ 始终在灰度图像 F 内。膨胀结果 $F \oplus S$ 在 S 的定义域内每一点 (x, y) 处的取值是以点 (x,y) 为中心，在 $\hat{S}$ 规定的局部邻域内 F 与 $\hat{S}$ 之和的最大值。例如，对于正方形结构元素 S（$-x_0 \sim x_0, -y_0 \sim y_0$，中心为点 $(0, 0)$），膨胀结果为 F 与 $\hat{S}$ 之和在局部邻域 $[x-x_0, x+x_0; y-y_0, y+y_0]$ 内的最大值。注意这一过程与卷积有许多相似之处，区别只是用最大值运算代替卷积求和，而用加法运算代替卷积乘积。

与二值形态学不同的是，$F(x,y)$ 和 $S(x,y)$ 不再是只代表形状的集合，而是二维函数，它们的定义域指明了其形状，此外它们还有高度信息，由函数值表示。

图 10.33 给出了一维灰度膨胀的示意图。如图 10.33（c）所示，$F \oplus S(x_0)$ 在 x_0 处的值为 $\max\{F(x_0 - x') + S(x') \mid -x_0 < x' < x_0\}$，具体到这里应为 $h + F(x_0 + x_0)$；而在 t 处，$F \oplus S(t) = \max\{F(t - x') + S(x') \mid -x_0 < x' < x_0\} = F(t) + h$。注意，造成 $F \oplus S(x)$ 中间部分呈水平走势的原因是 $F(x)$ 在 $x = t$ 处达到局部最大值。

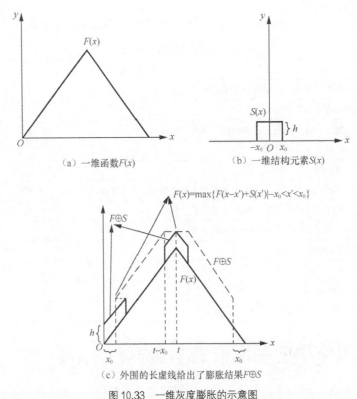

（a）一维函数 $F(x)$　　　　　（b）一维结构元素 $S(x)$

（c）外围的长虚线给出了膨胀结果 $F \oplus S$

图 10.33　一维灰度膨胀的示意图

　　除了具有高度的结构元素之外，实际应用中使用更多的是一种平坦（高度为 0）的结构元素，这种结构元素只能由 0 和 1 组成，为 1 的区域则指明了运算涉及的范围。实际上，二值形态学中的结构元素可视为一种特殊（高度为 0）的灰度形态结构元素。当应用这种结构元素时，灰度膨胀完全变成了局部最大值运算，计算公式可简化为

$$F \oplus S(x, y) = \max\{f(x - x', y - y') \,|\, ((x', y') \in D_S\} \tag{10-10}$$

2.　MATLAB 实现

　　只需要以灰度图像和相应的灰度膨胀结构元素为参数调用 imdilate 函数即可实现灰度膨胀。平坦结构元素的创建方法与二值形态学中的相同，非平坦的结构元素则可通过 strel 函数以如下方式创建。

```
SE = strel(NHOOD, HEIGHT); % 创建非平坦的结构元素
```

参数说明

- NHOOD 是用来指明结构元素定义域的矩阵，只能由 0 和 1 组成。
- HEIGHT 是一个与 NHOOD 具有相同尺寸的矩阵，用来指明对应于 NHOOD 中每个元素的高度。

返回值

- SE 为返回的非平坦结构元素。

下面结合例 10.8 说明 strel 和 imdilate 函数在灰度膨胀中的用法。

[例 10.8]　灰度膨胀。

分别使用高度为 1 的结构元素和平坦的结构元素实现灰度膨胀，并绘制膨胀前后的函数图形。相应的 MATLAB 实现代码如下。

```
>> f = [0 1 2 3 4 5 4 3 2 1 0];
>> figure, h_f = plot(f);
>>
>> seFlat = strel([1 1 1])      % 构造平坦(高度为0)的结构元素
 seFlat =
Flat STREL object containing 3 neighbors.
Neighborhood:
    1    1    1

>> fd1 = imdilate(f, seFlat); % 使用平坦的结构元素进行灰度膨胀
>> hold on, h_fd1 = plot(fd1, '-ro');
>> axis([1 11 0 8])
>>
>> seHeight = strel([1 1 1], [1 1 1]) % 注意此处 strel 函数的用法，第 1 个参数的元素为 0 或 1，表示
                                       % 结构元素的区域范围(形状)；第 2 个参数表示结构元素中各个元
                                       % 素的高度


seHeight =
Nonflat STREL object containing 3 neighbors.
Neighborhood:
    1    1    1
Height:
    1    1    1

>> fd2 = imdilate(f, seHeight); % 使用具有高度的结构元素进行灰度膨胀
>> hold on, h_fd2 = plot(fd2, '-g*');
>> legend('原来的一维灰度图像', '使用平坦的结构元素进行膨胀后', '使用高度为 1 的结构元素进行膨胀后');
```

　　上述程序的运行结果如图 10.34 所示。

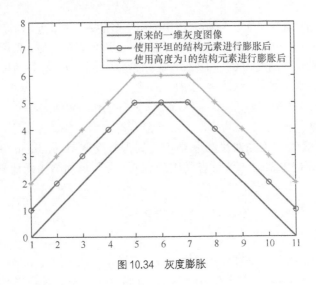

图 10.34　灰度膨胀

10.4.2　灰度腐蚀及其实现

1.　理论基础

令 F 表示灰度图像，S 为结构元素，使用 S 对 F 进行灰度腐蚀，记作 $F\ominus S$，这可以形式化地表示为

$$(F\ominus S)(x, y) = \min\{F(x + x', y + y') - S(x', y') \mid (x', y') \in D_S\} \tag{10-11}$$

其中：D_S 是 S 的定义域。

计算过程相当于让结构元素 S 在图像 F 的所有位置滑过，在此过程中，我们需要保证点$(x+x', y+y')$始终在灰度图像 F 内。腐蚀结果 $F\ominus S$ 在 S 的定义域内每一点(x, y)处的取值是以点(x, y)为中心，在 S 规定的局部邻域内 F 与 S 之差的最小值。

与二值形态学不同的是，$F(x, y)$和$S(x, y)$不再是只代表形状的集合，而是二维函数，它们的定义域指明了形状，它们的值则指明了高度信息。

2.　MATLAB 实现

[例 10.9] 灰度腐蚀。

分别使用高度为 1 的结构元素和平坦的结构元素实现灰度腐蚀，并绘制腐蚀前后的函数图形。

相应的 MATLAB 实现代码如下。

```
f = [0 1 2 3 4 5 4 3 2 1 0];
>> figure, h_f = plot(f);
>> seFlat = strel([1 1 1])      % 构造平坦(高度为 0)的结构元素
seFlat =
Flat STREL object containing 3 neighbors.
Neighborhood:
    1    1    1

>> fe1 = imerode(f, seFlat);  % 使用平坦的结构元素进行灰度腐蚀
>> hold on, h_fe1 = plot(fe1, '-ro');
>> axis([1 11 0 8])
>>
>> seHeight = strel([1 1 1], [1 1 1]) % 注意此处 strel 函数的用法，第 1 个参数的元素为 0 或 1，表示
                                      % 结构元素的区域范围（形状）；第 2 个参数表示结构元素中各个
                                      % 元素的高度


seHeight =
```

```
Nonflat STREL object containing 3 neighbors.
Neighborhood:
    1    1    1
Height:
    1    1    1

>> fe2 = imerode(f, seHeight); % 使用具有高度的结构元素进行灰度腐蚀
>> hold on, h_fe2 = plot(fe2, '-g*');
>> legend('原来的一维灰度图像', '使用平坦的结构元素进行腐蚀后', '使用高度为1的结构元素进行腐蚀后');
```

上述程序的运行结果如图 10.35 所示。

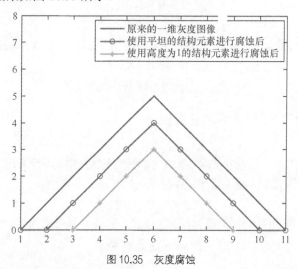

图 10.35　灰度腐蚀

[例 10.10]　比较灰度膨胀和灰度腐蚀的效果。

采用单位高度的 3×3 正方形结构元素对图像 lena.bmp 分别进行灰度膨胀和灰度腐蚀的 MATLAB 实现代码如下。

```
>> I = imread('../lena.bmp');
>> seHeight = strel(ones(3, 3), ones(3, 3)) % 单位高度的 3×3 正方形结构元素
 seHeight =
Nonflat STREL object containing 9 neighbors.
Neighborhood:
    1    1    1
    1    1    1
    1    1    1
Height:
    1    1    1
    1    1    1
    1    1    1

>> Idil = imdilate(I, seHeight);
>> Iero = imerode(I, seHeight);
>> subplot(1, 3, 1), imshow(I)    % 得到图 10.36 (a)
subplot(1, 3, 2), imshow(Idil)    % 得到图 10.36 (b)
subplot(1, 3, 3), imshow(Iero)    % 得到图 10.36 (c)
```

上述程序的运行结果如图 10.36 所示。

可以看出，在结构元素的值均大于零的情况下，灰度膨胀的输出图像在总体上相比输入图像更亮，这是局部最大值运算作用的结果。此外，原图中一些能够包含于结构元素的暗细节（如一部分帽子的

褶皱和尾穗）被完全消除，其余的大部分暗部细节也在一定程度上减少。而灰度腐蚀的作用正好相反，输出图像相比输入图像更暗，如果输入图像中的亮部细节比结构元素小，则亮度会得到削弱。

（a）原图 lena.bmp　　　　　　（b）图（a）经灰度膨胀后　　　　　　（c）图（a）经灰度腐蚀后

图 10.36　比较灰度膨胀与灰度腐蚀的效果

10.4.3　灰度开运算和灰度闭运算及其实现

1. 理论基础

类似于二值形态学，我们可以在灰度腐蚀和灰度膨胀的基础上定义灰度开运算和灰度闭运算。灰度开运算就是先灰度腐蚀后灰度膨胀，而灰度闭运算则是先灰度膨胀后灰度腐蚀。下面分别给出它们的定义。

（1）灰度开运算

使用结构元素 S 对图像 F 进行灰度开运算，记作 $F \circ S$，可表示为

$$F \circ S = (F \ominus S) \oplus S \qquad (10\text{-}12)$$

（2）灰度闭运算

使用结构元素 S 对图像 F 进行灰度闭运算，记作 $F \bullet S$，可表示为

$$F \bullet S = (F \oplus S) \ominus S \qquad (10\text{-}13)$$

假设我们有一个球形的结构元素 S；开运算相当于推动"球"沿着曲线的下侧面滚动，使得球体可以紧贴着下侧面来回移动，直到移动位置覆盖整个下侧面，此时球体的任何部分所能够达到的最高点便构成了开运算 $F \circ S$ 的曲面；闭运算则相当于让球体紧贴曲面的上侧面滚动，此时球体的任何部分所能够达到的最低点便构成了闭运算 $F \bullet S$ 的曲面。图 10.37 形象地说明了这一过程，图 10.37（a）为图像中的一条水平像素线；图 10.37（b）和图 10.37（d）分别给出了球紧贴着这条像素线的下侧和上侧滚动的情况；图 10.37（c）和图 10.37（e）则展示了滚动过程中球的最高点形成的曲线，它们分别是开运算和闭运算的结果。

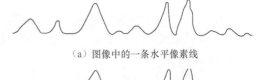

（a）图像中的一条水平像素线

（b）开运算相当于推动球紧贴曲线下侧滚动

（c）开运算的结果

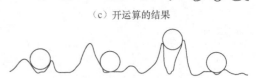

（d）闭运算相当于推动球紧贴曲线上侧滚动

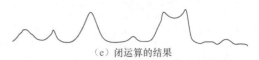

（e）闭运算的结果

图 10.37　灰度开运算和灰度闭运算的示意图

2. MATLAB 实现

利用 imopen 和 imdilate 函数同样可以对灰度图像进行开运算和闭运算，用法与灰度腐蚀和灰度膨胀类似，这里不再专门介绍。

在实际应用中，开运算常常用于去除那些相对于结构元素 S 而言较小的高灰度区域（球滚不上去），而对于较大的亮区域影响不大（球可以滚上去）。对于开运算来说，虽然首先进行的灰度腐蚀会在去除图像细节的同时导致整体灰度下降，但随后的灰度膨胀又会增强图像的整体亮度，因此图像的整体灰度基本保持不变；闭运算常用于去除图像中的暗细节部分，而相对地保留高灰度部分不受影响；如图 10.38 所示。

（a）用灰度开运算处理图像 　　　　　　　　（b）用灰度闭运算处理图像

图 10.38　灰度开运算和灰度闭运算的处理结果

10.4.4　顶帽变换及其实现

1. 理论基础

作为灰度形态学的重要应用之一，下面我们来学习一种非均匀光照问题的解决方案——顶帽变换。图像 F 的顶帽变换 H 被定义为图像 F 与其开运算的差，可表示为

$$H = F - (F \circ S) \tag{10-14}$$

2. MATLAB 实现

[例 10.11]　灰度形态学综合应用——顶帽变换。

图 10.39（a）显示了 MATLAB 自带的米粒图像 rice.png，灰度相对高的米粒分散于整体的暗背景中，注意图像中部的背景明显要比底部的背景亮一些，这正是由成像时不均匀的光照引起的。我们希望能够通过阈值化把物体（米粒）与背景分离开来，从而进一步研究物体的性质，如物体的个数和位置关系等。

然而，在图像整体灰度不均的情况下，直接对图 10.39（a）进行阈值化将难以得到令人满意的效果。图 10.39（b）显示了使用自适应最优阈值法进行分割的结果，可以看到图像底部的一些米粒分割效果较差。为了理解起来更加直观，图 10.39（c）给出了原始图像的三维可视化效果，原始图像中的米粒对应图 10.39（c）中的一个个"山峰"，注意这些"山峰"位于一个"斜坡"上。换言之，它们的"地基"并不处于同一高度，这正是由原始图像中不均匀的背景造成的。

通过运用合适的结构元素 S 与 F 进行开运算可以消除这些峰值。原始图像中的米粒大小几乎相同，因此只要选择直径比米粒的短轴稍大的圆形结构元素就可以达到目的。图 10.39（d）给出了采用半径为 15 的圆形结构元素与 F 进行开运算后得到的图像的三维可视化效果。想象一个人水平地托着一个圆盘从图 10.39（c）所示曲面的下侧走过，在这个过程中始终让圆盘顶着曲面的下侧，最终圆盘最高点形成的就是图 10.39（d）中的曲面。由于圆盘相比米粒凸起的"山峰"略大，这实际上得到的是一个消除了峰值的背景曲面。显然，从原始图像中减去不均匀的背景即可得到亮度比较均匀的米粒图像，如图 10.39（e）所示，对应的三维可视化效果如图 10.39（f）所示，这些"山峰"已经基本处于同一高度。图 10.39（g）给出了图 10.39（e）经灰度拉伸后的效果，图 10.39（h）则给出了对图 10.39（g）进行阈值分割的结果。

相应的 MATLAB 实现代码如下。

```
>> I = imread('rice.png');
>> subplot(2, 4, 1), imshow(I, []);% 得到图 10.39（a）
>> thresh = graythresh(I)          % 自适应确定阈值
thresh =
    0.5137
>> Ibw = im2bw(I, thresh);
>> subplot(2, 4, 2), imshow(Ibw, []);% 得到图 10.39（b）
>> subplot(2, 4, 3), surf(double(I(1:8:end,1:8:end))),zlim([0 255]),colormap gray;
% 显示 I 的三维可视化效果，得到图 10.39（c）
>>
>> bg = imopen(I,strel('disk',15));% 使用半径为 15 的圆形结构元素进行灰度开运算，提取背景曲面
>> subplot(2, 4, 4), surf(double(bg(1:8:end,1:8:end))),zlim([0 255]), colormap gray;
% 显示背景曲面的三维可视化效果，得到图 10.39（d）
>>
>> Itophat = imsubtract(I, bg);      % 顶帽变换
>> subplot(2, 4, 5), imshow(Itophat); % 得到图 10.39（e）
>> subplot(2, 4, 6), surf(double(Itophat(1:8:end,1:8:end))),zlim([0 255]);
% 显示顶帽变换图像的三维可视化效果
>> I2 = imadjust(Itophat);           % 进行对比度拉伸
>> subplot(2, 4, 7), imshow(I2); % 得到图 10.39（f）
>>
>> thresh2 = graythresh(I2)          % 自适应确定阈值
thresh2 =
    0.4843
>> Ibw2 = im2bw(I2, thresh2);        % 得到图 10.39（g）
>> subplot(2, 4, 8), imshow(Ibw2); % 得到图 10.39（h）
```

上述程序的运行结果如图 10.39 所示。

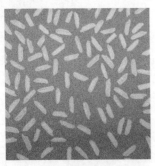

（a）原始图像

（b）原始图像经自适应最优阈值法处理后

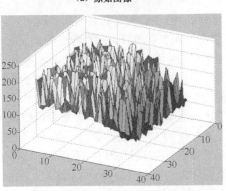

（c）原始图像的三维可视化效果

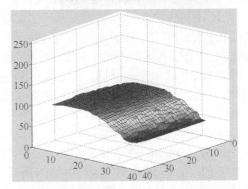

（d）对原始图像进行灰度开运算后得到的背景曲面

图 10.39　使用顶帽变换处理光照不均的图像

（e）顶帽变换图像

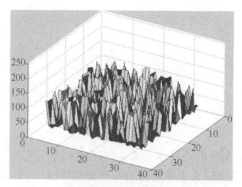

（f）顶帽变换图像的三维可视化效果

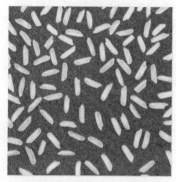

（g）对顶帽变换图像进行灰度拉伸

（h）进行阈值分割的结果

图 10.39　使用顶帽变换处理光照不均的图像（续）

10.5　小结

　　本章不仅介绍了形态学的基本概念，而且讨论了多种常见的形态学算法及其典型应用。合理运用这些技术能够帮助我们从图像中提取感兴趣的特征，这为我们把它们与第 11 章将要介绍的图像分割技术结合在一起，进而得到能够直接用于图像识别的数值或向量特征铺平了道路。事实上，第 11 章还将介绍一些基于形态学的分割算法，如分水岭算法。

第11章 图像分割

图像分割是指将图像中具有特殊意义的不同区域划分开来，这些区域是互不相交的，每个区域满足灰度、纹理、色彩等特征的某种相似性准则。图像分割是图像分析过程中十分重要的步骤之一，分割出的区域可以作为特征提取的目标对象。

本章的知识和技术热点

- 基于梯度的 Sobel 算子、Prewitt 算子和 Roberts 算子的边缘检测。
- LoG 边缘检测算法。
- Canny 边缘检测算法。
- 霍夫变换和直线检测。
- 阈值分割技术。
- 基于区域的图像分割技术。

本章的典型案例分析

- 基于 LoG 算子和 Canny 算子的精确边缘检测。
- 基于霍夫变换的直线检测。
- 图像的四叉树分解。
- 基于形态学分水岭算法的图像分割技术。

11.1 图像分割概述

图像分割的方法和种类有很多，有些图像分割算法可以直接运用于大多数图像，另一些则只适用于特殊类别的图像，要视具体情况而定。一般采用的方法有边缘检测（edge detection）、边界跟踪（edge tracing）、区域生长（region growing）、区域分裂与合并等。

图像分割算法一般基于图像灰度值的不连续性或相似性。不连续性基于图像灰度的不连续变化分割图像，例如图像的边缘检测、边界跟踪等算法；相似性依据事先定好的准则将图像分割为相似的区域，如阈值分割、区域生长等，如图 11.1 所示。

图像分割在实际的科学研究和工程技术领域有着广泛的应用：在工业上，应用于矿藏分析、无接触式检测、产品的精度和纯度分析等；在生物医学上，应用于计算机

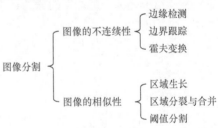

图 11.1 图像分割的分类

断层扫描（CT）、X 光透视、核磁共振、病毒细胞的自动检测和识别等；在交通上，应用于车辆检测、车种识别、车辆跟踪等。另外，图像分割在机器视觉、神经网络、身份鉴定、图像传输等领域也有着广泛的应用。

11.2 边缘检测

图像的边缘是图像的基本特征，边缘点是指图像中周围像素灰度有阶跃变化或屋顶变化的像素点，即灰度值导数较大或极大的像素点。图像属性的显著变化通常反映了其重要意义和特征。

边缘检测是图像处理和计算机视觉中的基本问题，边缘检测的目的是标识数字图像中亮度变化明显的点。我们曾在 5.5 节中讨论了一些可以用于增强边缘的图像锐化算法，本节介绍如何将它们用于边缘检测。此外，我们还将学习一种专门用于边缘检测的 Canny 算法。

11.2.1 边缘检测概述

边缘检测可以大幅地减少数据量并且剔除那些被认为不相关的信息，而保留图像重要的结构属性。

1. 边缘检测的基本步骤

边缘检测的基本步骤如图 11.2 所示。

（1）平滑滤波：由于梯度计算易受噪声影响，因此第一步是用平滑滤波去除噪声。但是，降低噪声的平滑能力越强，边界强度的损失越大。

（2）锐化滤波：为了检测边界，必须确定某点的邻域内像素点灰度的变化情况。锐化操作加强了存在有意义的灰度局部变化位置的像素点。

（3）边缘判定：图像中存在许多梯度不为零的点，但是对于特定的应用，不是所有的点都有意义。

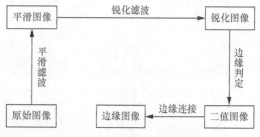

图 11.2 边缘检测的基本步骤

这就要求我们根据具体情况选择和去除处理点，具体的方法包括二值化处理和过零检测等。

（4）边缘连接：将间断的边缘连接成有意义的完整边缘，同时去除假边缘，用到的主要方法是霍夫变换。

2. 边缘检测方法的分类

通常可将边缘检测方法分为两类：基于查找的方法和基于零穿越的方法。除此之外，还有 Canny 边缘检测算法、统计判别方法等。

（1）基于查找的方法通过寻找图像一阶导数中的最大值和最小值来检测边界，通常是将边界定位在梯度最大的方向，是基于一阶导数的边缘检测算法。

（2）基于零穿越的方法通过寻找图像二阶导数为零的穿越点来寻找边界，通常是拉普拉斯过零频点或者非线性差分表示的过零点，是基于二阶导数的边缘检测算法。

基于一阶导数的边缘检测算子包括 Roberts 算子、Sobel 算子、Prewitt 算子等，它们都是梯度算子；基于二阶导数的边缘检测算子主要是 LoG（高斯-拉普拉斯）算子。我们将在 11.2.2 小节中对它们进行介绍。

11.2.2 常用的边缘检测算子

1. 梯度算子

几个较为常用的梯度算子的模板如图 11.3 所示。

Roberts 算子利用局部差分算子寻找边缘，边缘定位精度较高，但容易丢失一部分边缘，同时由于图像未经过平滑处理，因此不具备抑制噪声的能力。该算子对具有陡峭边缘且含噪声少的图像应用效果较好。

Sobel 算子和 Prewitt 算子都考虑了邻域信息，相当于对图像先做加权平滑处理，再做微分运算，所不同的是平滑部分的加权值有些差异，因此对噪声具有一定的抑制能力，但不能完全排除检测结果中出现的假边缘。虽然这两个算子的边缘定位效果不错，但检测出的边缘容易出现多像素宽度。

$$\begin{bmatrix} -1 & 0 \\ 0 & 1 \end{bmatrix} \qquad \begin{bmatrix} 0 & -1 \\ 1 & 0 \end{bmatrix}$$
（a）Roberts算子的模板

2. 高斯-拉普拉斯算子

前面已经介绍了拉普拉斯算子，拉普拉斯算子是一个二阶导数，它对噪声具有无法接受的敏感性，而且其幅值会产生双边缘。另外，边缘方向的不可检测性也是拉普拉斯算子的缺点之一。因此，我们一般不以其原始形式作用于边缘检测。

$$\begin{bmatrix} -1 & -2 & -1 \\ 0 & 0 & 0 \\ 1 & 2 & 1 \end{bmatrix} \qquad \begin{bmatrix} -1 & 0 & 1 \\ -2 & 0 & 2 \\ -1 & 0 & 1 \end{bmatrix}$$
（b）水平（左）和垂直（右）的Sobel算子的模板

为了弥补拉普拉斯算子的缺陷，学者 Marr 提出了一种算法，就是在运用拉普拉斯算子之前进行高斯低通滤波，可表示为

$$\begin{bmatrix} -1 & -1 & -1 \\ 0 & 0 & 0 \\ 1 & 1 & 1 \end{bmatrix} \qquad \begin{bmatrix} -1 & 0 & 1 \\ -1 & 0 & 1 \\ -1 & 0 & 1 \end{bmatrix}$$
（c）水平（左）和垂直（右）的Prewitt算子的模板

图 11.3　几个较为常用的梯度算子的模板

$$\nabla^2[G(x,y) * f(x,y)] \tag{11-1}$$

其中的 $f(x,y)$ 为图像，$G(x,y)$ 为高斯函数，可表示为

$$G(x,y) = \frac{1}{2\pi\sigma^2}\exp\left(-\frac{x^2+y^2}{2\sigma^2}\right) \tag{11-2}$$

其中的 σ 是标准差。我们可以使用高斯函数卷积模糊一幅图像，图像的模糊程度是由 σ 决定的。由于在线性系统中卷积与微分的次序可以交换，因此由式（11-1）可得

$$\nabla^2[G(x,y) * f(x,y)] = \nabla^2 G(x,y) * f(x,y) \tag{11-3}$$

式（11-3）说明了可以先对高斯算子进行微分运算，之后再与图像 $f(x,y)$ 卷积，效果等同于在运用拉普拉斯算子之前进行高斯低通滤波。

计算式（11-2）的二阶偏导式为

$$\frac{\partial^2 G(x,y)}{\partial x^2} = \frac{1}{2\pi\sigma^4}\left(\frac{x^2}{\sigma^2}-1\right)\exp\left(-\frac{x^2+y^2}{2\sigma^2}\right) \tag{11-4}$$

$$\frac{\partial^2 G(x,y)}{\partial y^2} = \frac{1}{2\pi\sigma^4}\left(\frac{y^2}{\sigma^2}-1\right)\exp\left(-\frac{x^2+y^2}{2\sigma^2}\right) \tag{11-5}$$

可得

$$\nabla^2 G(x,y) = -\frac{1}{\pi\sigma^4}\left(1-\frac{x^2+y^2}{2\sigma^2}\right)\exp\left(-\frac{x^2+y^2}{2\sigma^2}\right) \tag{11-6}$$

式（11-6）被称为高斯-拉普拉斯算子，简称 LoG 算子，也称为 Marr 边缘检测算子。

应用 LoG 算子时，高斯函数中标准差参数 σ 的选择很关键，σ 对图像边缘检测结果有很大的影响，对于不同图像应选择不同的 σ。

$$\begin{bmatrix} 0 & 0 & -1 & 0 & 0 \\ 0 & -1 & -2 & -1 & 0 \\ -1 & -2 & 16 & -2 & -1 \\ 0 & -1 & -2 & -1 & 0 \\ 0 & 0 & -1 & 0 & 0 \end{bmatrix}$$

图 11.4　常用的 LoG 算子的模板

LoG 算子克服了拉普拉斯算子抗噪声能力比较差的缺点，但是 LoG 算子在抑制噪声的同时有可能将原来比较尖锐的边缘也平滑掉，造成这些尖锐边缘无法被检测到。

常用的 LoG 算子的模板如图 11.4 所示。

5.5 节曾指出拉普拉斯算子的响应会产生双边缘，这是我们在复杂分割中所不希望的结果，解决的方法是利用拉普拉斯算子对阶跃性边缘的

零交叉性质来定位边缘。

3. Canny 算子

前面介绍的几种算子都是基于微分方法的边缘检测算法，它们只有在图像不含噪声或者首先通过平滑去除噪声的前提下才能正常运用。

在图像边缘检测中，抑制噪声和精确定位边缘是无法同时满足的。一些边缘检测算法在通过平滑滤波去除噪声的同时，也会增加边缘定位的不确定性；而我们在提高边缘检测算子对边缘敏感性的同时，也会提高对噪声的敏感性。Canny 算子试图在抗噪声干扰和精确定位之间寻求最佳折中方案。

Canny 在对边缘检测质量进行分析时，提出了如下 3 个准则。

（1）信噪比准则：对边缘的错误检测率要尽可能低，并尽可能检测出图像的真实边缘，同时尽可能减少检测出的假边缘，从而获得一个较好的结果。在数学上，就是使信噪比 SNR 尽量大。输出信噪比越大，错误率越小（见式 11-7）。

$$\text{SNR} = \frac{\left| \int_{-\omega}^{+\omega} G(-x) f(x) \mathrm{d}x \right|}{n_0 \left[\int_{-\omega}^{+\omega} f^2(x) \mathrm{d}x \right]^{\frac{1}{2}}} \qquad (11\text{-}7)$$

其中：$f(x)$ 是边界为 $[-\omega, \omega]$ 的有限滤波器的脉冲响应；$G(x)$ 代表边缘；n_0 是高斯噪声的均方根。

（2）定位精度准则：检测出的边缘要尽可能接近真实边缘。在数学上，就是寻求滤波函数 $f(x)$ 以使式（11-8）中的 Loc 尽量大。

$$\text{Loc} = \frac{\left| \int_{-\omega}^{+\omega} G'(-x) f'(x) \mathrm{d}x \right|}{n_0 \left[\int_{-\omega}^{+\omega} f'^2(x) \mathrm{d}x \right]^{\frac{1}{2}}} \qquad (11\text{-}8)$$

其中：$G'(-x)$ 和 $f'(x)$ 分别是 $G(-x)$ 和 $f(x)$ 的一阶导数。

（3）单边缘响应准则：对同一边缘要有低的响应次数，也就是说，对于单边缘最好只有一个响应。滤波器对边缘响应的极大值之间的平均距离为

$$d_{\max} = 2\pi \left[\frac{\int_{-\omega}^{+\omega} f'^2(x) \mathrm{d}x}{\int_{-\omega}^{+\omega} f''^2(x) \mathrm{d}x} \right]^{\frac{1}{2}} \approx kW \qquad (11\text{-}9)$$

因此在 $2W$ 宽度内，极大值的数目为

$$N = \frac{2W}{kW} = \frac{2}{k} \qquad (11\text{-}10)$$

显然，只要固定了 k，也就固定了极大值的数目。

有了以上 3 个准则，寻找最优滤波器的问题就变成了泛函的约束优化问题，问题的解可以用高斯一阶导数来逼近。

Canny 边缘检测的基本思想就是首先对图像选择一定的高斯滤波器进行平滑滤波，然后采用非极值抑制技术进行处理并得到最后的边缘图像。步骤如下。

（1）使用高斯滤波器平滑图像。

这里使用一个省略了系数的高斯函数 $H(x, y)$。

$$H(x, y) = \exp\left(-\frac{x^2 + y^2}{2\sigma^2} \right) \qquad (11\text{-}11)$$

$$G(x, y) = f(x, y) * H(x, y) \tag{11-12}$$

其中的 $f(x, y)$ 是图像数据。

（2）使用一阶偏导的有限差分计算梯度的幅值和方向。

一阶差分卷积模板如下。

$$H_1 = \begin{vmatrix} -1 & -1 \\ 1 & 1 \end{vmatrix} \qquad H_2 = \begin{vmatrix} 1 & -1 \\ 1 & -1 \end{vmatrix}$$

$$\varphi_1(x, y) = f(x, y) * H_1(x, y) \qquad \varphi_2(x, y) = f(x, y) * H_2(x, y)$$

得到的幅值如下。

$$\varphi(x, y) = \sqrt{\varphi_1{}^2(x, y) + \varphi_2{}^2(x, y)} \tag{11-13}$$

得到的方向如下。

$$\theta_\varphi = \tan^{-1} \frac{\varphi_2(x, y)}{\varphi_1(x, y)} \tag{11-14}$$

（3）对梯度的幅值进行非极大值抑制。

仅得到全局的梯度并不足以确定边缘，为了确定边缘，必须保留局部梯度最大的点并抑制非极大值，也就是将非局部极大值点置零以得到细化的边缘。

在图 11.5 中，4 个扇区的标号为 0~3，分别对应 3×3 邻域的 4 种可能组合。

在每一点上，对邻域的中心像素 M 与沿着梯度线的两个像素做比较，如果 M 的梯度值不比沿梯度线的两个相邻像素的梯度值大，则令 $M=0$。

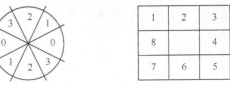

图 11.5　抑制非极大值

（4）使用双阈值算法检测和连接边缘。

通过使用两个阈值 T_1 和 $T_2(T_1 < T_2)$，我们可以得到阈值边缘图像 $N_1[i, j]$ 和 $N_2[i, j]$。$N_2[i, j]$ 由于使用高阈值，因而含有很少的假边缘，但有间断（不闭合）。双阈值算法要求在 $N_2[i, j]$ 中把边缘连接成轮廓，当到达轮廓的端点时，就在 $N_1[i, j]$ 的 8 邻点位置寻找可以连接到轮廓的边缘，就这样不断地在 $N_1[i, j]$ 中收集边缘，直到将 $N_2[i, j]$ 连接起来为止。T_2 用来寻找每条线段，T_1 用来在这些线段的两个方向上延伸寻找边缘的断裂处并连接这些边缘。

11.2.3　MATLAB 实现

使用 MATLAB 的 IPT 函数 edge 可以方便地实现 11.2.2 小节介绍的边缘检测方法。edge 函数的作用是检测灰度图像中的边缘，并返回一幅带有边缘信息的二值图像，其中的黑色表示背景、白色表示原始图像中的边缘部分。

1. 基于梯度算子的边缘检测

使用 edge 函数进行基于梯度算子的边缘检测的调用语法如下。

```
BW = edge(I,type,thresh,direction,'nothinning')
```

参数说明

- `I` 是需要检测边缘的输入图像。
- `type` 用于指定梯度算子，合法值及其代表的梯度算子如表 11.1 所示。

表 11.1　　　　　　　　　　　　　type 参数的合法值及其代表的梯度算子

合　法　值	代表的梯度算子
'sobel'	Sobel 算子
'prewitt'	Prewitt 算子
'robert'	Roberts 算子

- thresh 是敏感度阈值，任何灰度值低于敏感度阈值的边缘都不会被检测到。thresh 参数的默认值是空矩阵，此时算法会自动计算敏感度阈值。
- direction 用于指定我们感兴趣的边缘方向，edge 函数只检测指定方向的边缘。direction 参数的合法值及其代表的边缘方向如表 11.2 所示。

表 11.2　　　　　　　　　　　direction 参数的合法值及其代表的边缘方向

合　法　值	代表的边缘方向
'horizontal'	水平方向
'vertical'	垂直方向
'both'	所有方向

- 当指定可选参数'nothinning'时，可以通过跳过边缘细化算法来加快运行速度。默认情况下，使用的可选参数是'thinning'，表示进行边缘细化。

返回值

- BW 为返回的二值图像，其中的 0（黑色）为背景部分，1（白色）为边缘部分。

2. 基于高斯-拉普拉斯算子的边缘检测

使用 edge 函数进行基于高斯-拉普拉斯算子的边缘检测的调用语法如下。

```
BW = edge(I,'log',thresh,sigma)
```

参数说明

- I 是待处理的图像。
- 'log'表示采用高斯-拉普拉斯算子。
- thresh 是敏感度阈值，任何灰度值低于敏感度阈值的边缘都不会被检测到。thresh 参数的默认值是空矩阵，此时算法会自动计算敏感度阈值。如果将 thresh 参数设为 0，则输出的边缘图像将包含一条围绕所有物体的闭合的轮廓线，因为这样的运算会包括输入图像中所有的过零频点。
- sigma 用来指定生成高斯滤波器时使用的标准差。默认时，标准差为 2。滤波器的大小为 $n \times n$，n 的计算方法是：n=ceil(sigma×3) ×2+1。

返回值

- BW 为返回的二值图像，其中的 0（黑色）为背景部分，1（白色）为边缘部分。

3. 基于 Canny 算子的边缘检测

使用 edge 函数进行基于 Canny 算子的边缘检测的调用语法如下。

```
BW = edge(I,'canny',thresh,sigma)
```

参数说明

- I 是待处理的图像。
- 'canny'表示采用 Canny 算子。
- thresh 是敏感度阈值，默认为空矩阵。与前面的算子不同，Canny 算子的敏感度阈值是一个列向量，因为需要为算法指定阈值的上下限。在指定阈值矩阵时，第 1 个元素为阈值下限，第 2 个元素为阈值上限。如果只指定一个阈值元素，那么这个直接指定的值会被作为阈值上限，而它与 0.4 的积则被作为阈值下限。如果阈值参数没有被指定，那么算法会自行确定敏感度阈值的上限和下限。

- sigma 用来指定生成平滑用的高斯滤波器时使用的标准差。默认时，标准差为 1。滤波器的大小为 $n \times n$，n 的计算方法是：$n = \text{ceil}(sigma \times 3) \times 2 + 1$。

返回值

- BW 为返回的二值图像，其中的 0（黑色）为背景部分，1（白色）为边缘部分。

[例 11.1] 对同一幅图像分别使用上述 5 种边缘检测算法进行处理，在这里，参数使用的都是默认值，最后将输出结果显示在同一窗口中以便进行比较。

相应的 MATLAB 实现代码如下。

```
intensity = imread('circuit.tif'); % 读入原始图像

bw1 = edge(intensity, 'sobel');
bw2 = edge(intensity, 'prewitt');
bw3 = edge(intensity, 'roberts');
bw4 = edge(intensity, 'log');
bw5 = edge(intensity, 'canny');

subplot(3,2,1); imshow(intensity); title('a');   % 图 11.6(a)
subplot(3,2,2); imshow(bw1); title('b');          % 图 11.6(b)
subplot(3,2,3); imshow(bw2); title('c');          % 图 11.6(c)
subplot(3,2,4); imshow(bw3); title('d');          % 图 11.6(d)
subplot(3,2,5); imshow(bw4); title('e');          % 图 11.6(e)
subplot(3,2,6); imshow(bw5); title('f');          % 图 11.6(f)
```

上述程序的运行结果如图 11.6 所示。

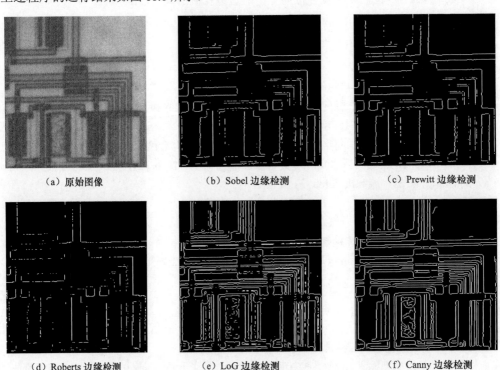

（a）原始图像　　　　　（b）Sobel 边缘检测　　　　　（c）Prewitt 边缘检测

（d）Roberts 边缘检测　　　　　（e）LoG 边缘检测　　　　　（f）Canny 边缘检测

图 11.6　比较 5 种边缘检测算法的结果

从图 11.6 中可以看出，不同算法得到的结果存在很大差异，下面我们进行简要的分析。

（1）从边缘定位的精度看

Roberts 算子和 LoG 算子的定位精度较高。

Roberts 算子简单直观，LoG 算子则利用二阶导数的零交叉特性检测边缘，但 LoG 算子只能获得边缘的位置信息，而无法得到边缘的方向信息等。

（2）从对不同边缘方向的响应看

Sobel 算子和 Prewitt 算子检测斜向阶跃边缘的效果较好，Roberts 算子检测水平和垂直边缘的效果较好。LoG 算子则不具备边缘方向检测能力。Sobel 算子可以提供精确的边缘方向估计。

（3）从去噪能力看

Roberts 算子和 LoG 算子的定位精度虽然较高，但受噪声影响大。

Sobel 算子和 Prewitt 算子的模板相对较大，因而去噪能力较强，具有平滑作用，能滤除一些噪声，去掉部分假边缘，但同时也会平滑真正的边缘，这也正是它们的定位精度不高的原因。

从总体效果看，Canny 算子在边缘定位和抗噪声干扰之间取得了较好的折中。

> **注意**　以上验证结果及分析是基于阶跃变化这一假设前提进行的，但真实的灰度变化不一定都是阶跃的，有可能发生在很宽的灰度范围内且存在灰度的起落。因此，我们应当在根据工程实际对各种算子进行比较后加以选用。

11.3 霍夫变换

11.2 节介绍了边缘检测的一些有效方法，但在实际应用中由于噪声和光照不均等因素的影响，我们在很多情况下获得的边缘点是不连续的，因而必须通过边缘连接将它们转换为有意义的边缘。一般的做法是对经过边缘检测的图像进一步使用连接技术，从而将边缘像素组合成完整的边缘。

霍夫（Hough）变换是一种非常重要的检测间断点边界形状的方法。这种方法通过将图像的坐标空间变换到参数空间来实现直线和曲线的拟合。

11.3.1 直线检测

1. 直角坐标参数空间

在图像坐标空间 x-y 中，可将经过点 (x_i, y_i) 的直线表示为

$$y_i = ax_i + b \tag{11-15}$$

其中：a 为斜率；b 为截距。

经过点 (x_i, y_i) 的直线有无数条，它们对应不同的 a 值和 b 值并且都满足式（11-15）。

如果将 x_i 和 y_i 视为常数，而将原本的参数 a 和 b 看作变量，则可以将式（11-15）表示为

$$b = -x_i a + y_i \tag{11-16}$$

这样就变换到了参数空间 a-b。这就是直角坐标系中对点 (x_i, y_i) 的霍夫变换。这条直线是图像坐标空间中的点 (x_i, y_i) 在参数空间中的唯一方程。考虑图像坐标空间中的另一点 (x_j, y_j)，它在参数空间中也有相应的一条直线，可表示为

$$b = -x_j a + y_j \tag{11-17}$$

这条直线与点 (x_i, y_i) 在参数空间中的直线相交于点 (a_0, b_0)，如图 11.7 所示。

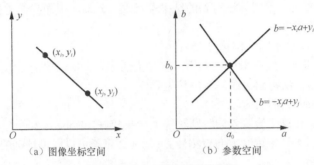

图 11.7　直角坐标中的霍夫变换

图像坐标空间中经过点(x_i, y_i)和点(x_j, y_j)的直线上的每一点在参数空间 a-b 中各自对应一条直线，这些直线都相交于点(a_0, b_0)，而 a_0、b_0 就是图像坐标空间 x-y 中点(x_i, y_i)和点(x_j, y_j)确定的直线的参数。反之，在参数空间中相交于同一点的所有直线，在图像坐标空间中也都有共线的点与之对应。根据这个特性，给定图像坐标空间中的一些边缘点，就可以通过霍夫变换确定连接这些点的直线方程。

在计算时，可将参数空间视为离散的。建立二维累加数组 $A(a, b)$，其中第一维的范围是图像坐标空间中直线斜率的可能取值范围，第二维的范围是图像坐标空间中直线截距的可能取值范围。刚开始时，将 $A(a, b)$初始化为 0，然后对于图像坐标空间的每一个前景点(x_i, y_i)，将参数空间中每一个 a 的离散值代入式（11-16），从而计算出对应的 b。每计算出一个(a, b)值，就将对应的数组元素 $A(a, b)$ 加 1。所有的计算都结束后，在参数空间的表决结果中找到 $A(a, b)$的最大峰值，对应的 a_0、b_0 就是原始图像中共线点数目最多（共 $A(a_0, b_0)$个共线点）的直线方程的参数。接下来可以继续寻找次峰值、第 3 峰值和第 4 峰值等，它们对应原图中共线点数目略少一些的直线。

> **注意**　原图中的直线往往具有一定的像素宽度，它们实际上相当于多条参数极其接近的单像素宽的直线，对应参数空间中相邻的多个累加器单元。因此，每找到一个当前最大的峰值点后，就需要将该点及其附近的点清零，以防止算法检测出多条极其邻近的"假"直线。

以图 11.7 所示的霍夫变换为例，对应的参数空间情况如图 11.8 所示。

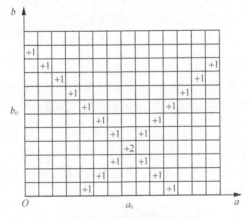

图 11.8　参数空间情况

这种利用二维累加器的离散化方法极大简化了霍夫变换的计算，参数空间 a-b 中的细分程度决定了最终找到的直线上点的共线精度。上述二维累加数组 A 也常常被称为霍夫矩阵。

2. 极坐标参数空间

在极坐标系中，我们使用如下参数方程来表示一条直线。

$$\rho = x\cos\theta + y\sin\theta \tag{11-18}$$

其中：ρ 代表直线到原点的垂直距离；θ 代表 x 轴到直线垂线的角度，取值范围为$[-90°, 90°]$。直线的参数式表示如图 11.9 所示。

与直角坐标系类似，极坐标系中的霍夫变换也是将图像坐标空间中的点变换到参数空间中。在极坐标表示形式下，图像坐标空间中共线的点在变换到参数空间中之后，在参数空间中将会相交于同一点，此时得到的 ρ、θ 即为所求直线的极坐标参数。与直角坐标不同的是，用极坐标表示时，图像坐标空间中共线的两点(x_i, y_i)和(x_j, y_j)映射到参数空间的是两条曲线，相交于点(ρ_0, θ_0)，如图 11.10 所示。

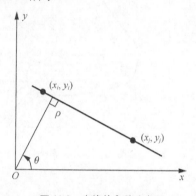

图 11.9 直线的参数式表示

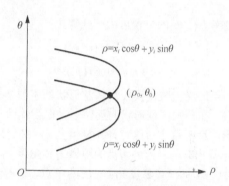

图 11.10 将笛卡儿坐标映射到参数空间

具体计算时，与直角坐标系中类似，也要在参数空间中建立二维累加数组 A，只是取值范围不同。对于一幅大小为 $D \times D$ 的图像，通常 ρ 的取值范围为$[-\sqrt{2}D/2, \sqrt{2}D/2]$，$\theta$ 的取值范围为$[-90°, 90°]$。计算方法与直角坐标系中二维累加器的计算方法相同，最后得到的是最大的 A 对应的极坐标点(ρ, θ)。

11.3.2 曲线检测

霍夫变换同样适用于方程已知的曲线检测。对于图像坐标空间中一条已知的曲线，也可以建立相应的参数空间。由此，图像坐标空间中的一点，在参数空间中就可以映射为相应的轨迹曲线或曲面。若参数空间中对应的各个间断点的曲线或曲面能够相交，则能够找到参数空间的极大值以及对应的参数；若参数空间中对应的各个间断点的曲线或曲面不能相交，则说明间断点不符合已知曲线。

在利用霍夫变换做曲线检测时，最重要的是写出图像坐标空间到参数空间的变换公式。例如，对于已知的圆方程，其在直角坐标系中对应的一般方程为

$$(x-a)^2 + (y-b)^2 = r^2 \tag{11-19}$$

其中的(a, b)为圆心坐标，r 为圆的半径，它们是图像的参数。相应的参数空间可以表示为$(a, b,$

r)，图像坐标空间中的一个圆对应参数空间中的一个点。

具体计算时，与前面讨论的方法相同，只是数组累加器是三维的 $A(a, b, r)$。计算过程是让 a、b 在取值范围内增加，解出满足式（11-19）的 r 值，每计算出一个 (a, b, r) 值，就将对应的数组元素 $A(a, b, r)$ 加 1。计算结束后，找到最大的 $A(a, b, r)$ 峰值对应的 a、b、r，它们就是所求的圆的参数。

与直线检测一样，曲线检测也可以通过极坐标形式来计算。

> **注意** 在利用霍夫变换做曲线检测时，参数空间的大小将随着参数个数的增加呈指数上升趋势，因而在实际使用时要尽量减少描述曲线的参数数目。这种曲线检测方法只对检测参数较少的曲线有意义。

11.3.3 任意形状的检测

这里所说的任意形状的检测是指利用广义霍夫变换检测某一任意形状边界的图形。过程如下：首先选取图形中的任意点 (a, b) 为参考点，然后针对图形的边缘上的每一点，计算其切线方向 ϕ、到参考点 (a, b) 的位置偏移矢量 r 以及 r 与 x 轴的夹角 α，如图 11.11 所示。

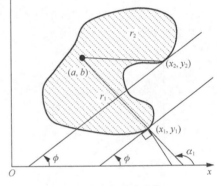

参考点 (a, b) 的位置可由下式算出

$$a = x + r(\phi)\cos(\alpha(\phi)) \tag{11-20}$$

$$b = x + r(\phi)\sin(\alpha(\phi)) \tag{11-21}$$

利用广义霍夫变换检测任意形状的主要步骤如下。

（1）在预知区域形状的条件下，将物体边缘形状编成参考表。针对每个边缘点计算梯度角 ϕ_i，并针对每一个梯度角 ϕ_i 算出其与对应参考点的距离 r_i 和角度 α_i。例如，在图 11.11 中，同一个梯度角 ϕ 对应两个点，参考表可表示为

图 11.11 广义霍夫变换

$$\phi: \quad (r_1, \alpha_1) \ (r_2, \alpha_2)$$

同理，我们可以表示出其他梯度角 ϕ_i 对应的参考表。

（2）在参数空间中建立二维累加数组 $A(a, b)$，初始值为 0。针对边缘上的每一点，计算出该点处的梯度角，然后计算出每一个可能的参考点的位置值，将对应的数组元素 $A(a, b)$ 加 1。

（3）计算结束后，具有最大值的数组元素 $A(a, b)$ 对应的 a 值和 b 值即为图像坐标空间中所求的参考点。求出参考点后，整个目标的边界就可以确定了。

11.3.4 利用霍夫变换做直线检测的 MATLAB 实现

利用霍夫变换在二值图像中检测直线需要执行如下 3 个步骤。

（1）利用 hough 函数进行霍夫变换，得到霍夫矩阵。

（2）利用 houghpeaks 函数在霍夫矩阵中寻找峰值点。

（3）利用 houghlines 函数在上述结果的基础上得到原来的二值图像中的直线信息。

1. 进行霍夫变换

利用 hough 函数对一幅二值图像进行霍夫变换，得到霍夫矩阵，调用语法如下。

```
[H, theta, rho] = hough(BW,param1,val1,param2,val2)
```

参数说明

- BW 是边缘检测后的二值图像。
- 可选参数对 param1、value1 以及 param2、value2 的合法值及其含义如表 11.3 所示。

表 11.3 可选参数对的合法值及其含义（一）

合法值	含 义
'ThetaResolution'	霍夫矩阵中 θ 轴方向上单位区间的长度（以 "度" 为单位），可取区间(0, 90)内的实数，默认为 1
'RhoResolution'	霍夫矩阵中 ρ 轴方向上单位区间的长度，可取区间(0, norm(size(BW)))内的实数，默认为 1

返回值

- H 是变换得到的霍夫矩阵。
- theta 和 rho 为分别对应于霍夫矩阵每一列和每一行的 θ 值和 ρ 值组成的向量。

2. 寻找峰值

houghpeaks 函数用于在霍夫矩阵中寻找指定数目的峰值点，调用语法如下。

```
peaks = houghpeaks(H,numpeaks, param1,val1,param2,val2)
```

参数说明

- H 是使用 hough 函数得到的霍夫矩阵。
- numpeaks 是要寻找的峰值点的数目，默认为 1。
- 可选参数对 param1、val1 以及 param2、val2 的合法值及其含义如表 11.4 所示。

表 11.4 可选参数对的合法值及其含义（二）

合法值	含 义
'Threshold'	峰值的阈值，只有大于该阈值的点才被认为是可能的峰值点。其取值大于 0，默认为 0.5×max(H(:))
'NHoodSize'	在每次检测出一个峰值点后，NHoodSize 指出了在该峰值点周围需要清零的邻域信息。其取值以向量[M N]的形式给出，其中的 M、N 均为正的奇数，默认为大于或等于 size(H)/50 的最小奇数

返回值

- peaks 是一个 $Q \times 2$ 的矩阵，其中每一行的两个元素分别为某一峰值点在霍夫矩阵中的行索引和列索引，Q 为找到的峰值点的数目。

3. 提取直线段

houghlines 函数用于根据霍夫矩阵的峰值检测结果提取直线段，调用语法如下。

```
lines = houghlines(BW,theta, rho, peaks, param1, val1, param2, val2)
```

参数说明

- BW 是边缘检测后的二值图像。
- theta 和 rho 为分别对应于霍夫矩阵每一列和每一行的 θ 值和 ρ 值组成的向量，由 hough 函数返回。
- peaks 是包含峰值点信息的一个 $Q \times 2$ 的矩阵，由 houghpeaks 函数返回。
- 可选参数对 param1、val1 以及 param2、val2 的合法值及其含义如表 11.5 所示。

表 11.5 可选参数对的合法值及其含义（三）

合法值	含 义
'FillGap'	线段合并的阈值：如果对应霍夫矩阵中某个单元格（θ 和 ρ 相同）的两条线段之间的距离小于 FillGap，则合并为一条直线段。默认值为 20
'MinLength'	检测出的直线段的最小长度阈值：如果检测出的直线段在长度上大于 MinLength，则保留该直线段；否则丢弃所有长度小于 MinLength 的直线段。默认值为 40

返回值

- lines 是一个结构体数组，这个数组的长度等于找到的直线条数，而每一个数组元素（直线段结构体）的域及其含义如表 11.6 所示。

表 11.6　　　　　　　　　　　　　　　　　直线段结构体的域及其含义

域	含　义
point1	直线段的端点 1
point2	直线段的端点 2
theta	对应霍夫矩阵中的 θ
rho	对应霍夫矩阵中的 ρ

[例 11.2]　利用霍夫变换对 MATLAB 示例图片 circuit.tif 进行直线检测，显示霍夫矩阵和检测到的峰值点，并在原图中标出符合要求的所有直线段。

相应的 MATLAB 实现代码如下。

```
I   = imread('circuit.tif'); % 读取图像

% 旋转图像并寻找边缘
rotI = imrotate(I,33,'crop');
BW = edge(rotI,'canny');

% 进行霍夫变换并显示霍夫矩阵
[H,T,R] = hough(BW);
imshow(H,[],'XData',T,'YData',R,'InitialMagnification','fit'); % 得到图 11.12 ( a )
xlabel('\theta'), ylabel('\rho');
axis on, axis normal, hold on;

% 在霍夫矩阵中寻找前 5 个大于霍夫矩阵中最大值 0.3 倍的峰值点
P   = houghpeaks(H,5,'threshold',ceil(0.3*max(H(:))));
x = T(P(:,2)); y = R(P(:,1));   % 将行列索引转换成实际坐标
plot(x,y,'s','color','white'); % 在霍夫矩阵图像中标出峰值位置

% 找到并绘制直线
lines = houghlines(BW,T,R,P,'FillGap',5,'MinLength',7); % 合并距离小于 5 的直线段，丢弃所有
                                                        % 长度小于 7 的直线段

figure, imshow(rotI), hold on
max_len = 0;
for k = 1:length(lines) % 依次标出各条直线段
   xy = [lines(k).point1; lines(k).point2];
   plot(xy(:,1),xy(:,2),'LineWidth',2,'Color','green');

   % 绘制线段端点
   plot(xy(1,1),xy(1,2),'x','LineWidth',2,'Color','yellow');
   plot(xy(2,1),xy(2,2),'x','LineWidth',2,'Color','red');

   % 确定最长的线段
   len = norm(lines(k).point1 - lines(k).point2);
   if ( len > max_len)
      max_len = len;
      xy_long = xy;
   end
end
```

```
% 高亮显示最长线段
plot(xy_long(:,1),xy_long(:,2),'LineWidth',2,'Color','cyan'); % 得到图 11.12（b）
```

上述程序的运行结果如图 11.12 所示。

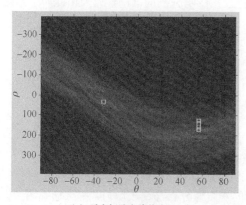 

（a）霍夫矩阵和峰值点　　　　　　　　　　（b）检测出的直线段

图 11.12　霍夫变换效果（'FillGap'=5）

在执行 houghpeaks 函数后，一共得到 5 个峰值点，然而图 11.12（b）所示的结果中却出现 8 条直线段，这正是 houghlines 函数中 'FillGap' 参数的作用。将'FillGap'设为 80 即可合并原本共线（θ 和 ρ 相同）的各条直线段，得到的结果如图 11.13 所示。

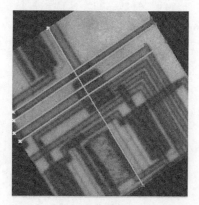

图 11.13　检测出的直线段（'FillGap'=80）

⚡注意　　　霍夫变换只能处理二值图像，一般在进行霍夫变换前需要对图像执行边缘检测。

11.4　阈值分割

3.5 节讲解了灰度阈值变换的相关知识，利用灰度阈值变换分割图像被称为阈值分割，这是一种基本的图像分割方法。

阈值分割的基本思想是确定一个阈值，然后把每个像素的灰度值和这个阈值做比较，并根据比较的结果把该像素划分为前景或背景。一般来说，阈值分割的过程分成以下 3 步。

（1）确定阈值。

（2）对像素和阈值做比较。

（3）把像素归类。

其中，确定阈值是最重要的。阈值的选择将直接影响分割的准确性以及由此产生的图像描述和分析的正确性。

11.4.1　阈值分割方法

常用的阈值分割方法一般有以下几种。

1. 实验法

实验法是指通过人眼的观察，对已知某些特征的图像试验不同的阈值，然后观察是否满足已知特征。这种方法的缺点是适用范围窄，使用前必须事先知道图像的某些特征，如平均灰度等，而且分割后的图像质量的好坏受主观局限性影响很大。

2. 根据直方图谷底确定阈值

如果一幅图像的前景物体内部和背景区域的灰度值分布都比较均匀，那么这幅图像的灰度直方图具有明显的双峰，此时可以选择两峰之间的谷底作为阈值，如图 11.14 所示。

这可以形式化地表示为

$$g(x) = \begin{cases} 255 & f(x, y) \geqslant T \\ 0 & f(x, y) < T \end{cases} \tag{11-22}$$

其中：$g(x)$为阈值运算后的二值图像。

此种单阈值分割方法简单且易操作，但是当两个波峰相距很远时不适用。另外，这种方法比较容易受到噪声的影响，进而导致选取的阈值有误差。

对于有多个波峰的直方图，可以选取多个阈值，这些阈值的选取一般没有统一的规则，须根据实际情况而定，如图 11.15 所示。

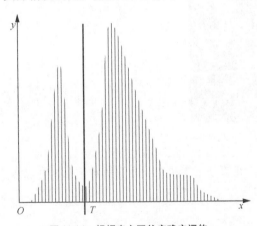

图 11.14　根据直方图谷底确定阈值

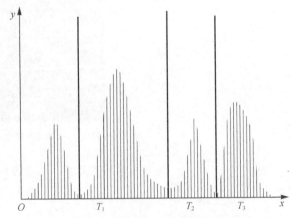

图 11.15　根据多波峰直方图确定阈值

> **注意**　由于直方图是各灰度的像素统计图，其波峰和波谷特性不一定代表目标和背景；因此，如果没有图像其他方面的知识，仅靠直方图进行图像分割不一定准确。

3. 迭代式阈值选择法

迭代式阈值选择法的基本思想是：首先选择一个阈值作为初始估计值，然后按照某种规则不断地更新这一估计值，直到满足给定的条件为止。这个过程的关键是选择什么样的迭代规则。好的迭代规则必须既能够快速收敛，又能够在每一次迭代过程中产生优于上次迭代的结果。迭代式阈值选择法的步骤如下。

（1）选择一个阈值作为初始估计值 T。

（2）利用阈值 T 把图像分为两个区域 R_1 和 R_2。

（3）对区域 R_1 和 R_2 中的所有像素计算平均灰度值 μ_1 和 μ_2。

（4）计算新的阈值：

$$T = \frac{1}{2}(\mu_1 + \mu_2) \tag{11-23}$$

（5）重复步骤（2）～（4），直到某次迭代后得到的 T 值小于事先定义的 T 值为止。

4. 最小均方误差法

最小均方误差法也是常用的阈值分割方法之一。这种方法通常以图像中的灰度为模式特征，假设各模式的灰度是独立分布的随机变量，并假设图像中待分割的模式服从一定的概率分布。一般采用的是正态分布，即高斯分布。

首先假设一幅图像仅包含两个主要的灰度区域——前景和背景。令 z 表示灰度值，$p(z)$ 表示灰度值概率密度函数的估计值。假设一个概率密度函数对应背景的灰度值，另一个概率密度函数对应图像中前景（即对象）的灰度值，则描述图像中整体灰度变换的混合密度函数是

$$p(z) = P_1 p_1(z) + P_2 p_2(z) \tag{11-24}$$

其中的 P_1 是前景中具有 z 值的像素出现的概率，P_2 是背景中具有 z 值的像素出现的概率，两者的关系为

$$P_1 + P_2 = 1 \tag{11-25}$$

也就是说，图像中的像素只能是前景或背景，没有第三种情况。下面选定阈值 T，对图像中的像素进行归类。采用最小均方误差法是为了在选定阈值 T 时，使得对某个给定像素进行归类时出错的概率最小，如图 11.16 所示。

当选定阈值 T 时，将一个背景点当成前景点进行错误分类的概率为

$$E_1(T) = \int_{-\infty}^{T} p_2(z)\mathrm{d}z \tag{11-26}$$

当选定阈值 T 时，将一个前景点当成背景点进行错误分类的概率为

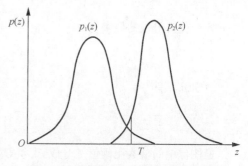

图 11.16　根据最小均方误差法选定阈值 T

$$E_2(T) = \int_{T}^{\infty} p_1(z)\mathrm{d}z \tag{11-27}$$

总错误率为

$$E(T) = P_2 E_1(T) + P_1 E_2(T) \tag{11-28}$$

为了找到出错最少的阈值 T，需要将 $E(T)$ 对 T 求微分并令微分式等于 0，于是

$$P_1 p_1(T) = P_2 p_2(T) \tag{11-29}$$

根据式（11-29）解出的 T 值即为最佳阈值。

下面讨论如何得到 T 的解析式。

要想得到 T 的解析式，我们需要知道两个概率密度函数的解析式。一般假设图像的前景和背景的灰度都满足正态分布，即使用高斯分布的概率密度函数，此时

$$p_1(z) = \frac{1}{\sqrt{2\pi}\sigma_1} \exp\left[-\frac{(z-\mu_1)^2}{2\sigma_1^2}\right] \tag{11-30}$$

$$p_2(z) = \frac{1}{\sqrt{2\pi}\sigma_2} \exp\left[-\frac{(z-\mu_2)^2}{2\sigma_2^2}\right] \tag{11-31}$$

若 $\sigma^2 = \sigma_1^2 = \sigma_2^2$，则单一阈值

$$T = \frac{\mu_1 + \mu_2}{2} + \frac{\sigma^2}{\mu_1 - \mu_2} \ln\left(\frac{P_2}{P_1}\right) \tag{11-32}$$

若 $P_1 = P_2 = 0.5$，则最佳阈值是均值的平均数，即最佳阈值位于曲线 $p_1(z)$ 和 $p_2(z)$ 的交点处。

$$T = \frac{\mu_1 + \mu_2}{2} \tag{11-33}$$

一般来讲，确定能使均方误差最小的参数很复杂，上述讨论的结果仅在图像的前景和背景都为正态分布的条件下才成立。但是，图像的前景和背景是否都为正态分布，也是一个具有挑战性的问题。

5. 最大类间方差法

在对图像进行阈值分割时，选定的分割阈值应使前景区域的平均灰度、背景区域的平均灰度与整幅图像的平均灰度之间差异最大，这种差异可用区域的方差来表示。由此，Otsu 在 1978 年提出了最大类间方差法。最大类间方差法是在分析最小二乘法原理的基础上推导得出的，计算简单，是一种稳定、常用的算法。

假设图像中灰度为 i 的像素数为 n_i，灰度范围为 $0\sim L-1$，则总的像素数为

$$N = \sum_{i=0}^{L-1} n_i \tag{11-34}$$

各灰度值出现的概率为

$$p_i = \frac{n_i}{N} \tag{11-35}$$

对于 p_i，有

$$\sum_{i=0}^{L-1} p_i = 1 \tag{11-36}$$

把图像中的像素用阈值 T 分成 C_0 和 C_1 两类，C_0 由灰度值在 $[0, T-1]$ 区间的像素组成，C_1 由灰度值在 $[T, L-1]$ 区间的像素组成。区域 C_0 和 C_1 的概率分别为

$$P_0 = \sum_{i=0}^{T-1} p_i \tag{11-37}$$

$$P_1 = \sum_{i=T}^{L-1} p_i = 1 - P_0 \tag{11-38}$$

区域 C_0 和 C_1 的平均灰度分别为

$$\mu_0 = \frac{1}{P_0} \sum_{i=0}^{T-1} ip_i = \frac{\mu(T)}{P_0} \tag{11-39}$$

$$\mu_1 = \frac{1}{P_1} \sum_{i=T}^{L-1} ip_i = \frac{\mu - \mu(T)}{1 - P_0} \tag{11-40}$$

其中，μ 是整幅图像的平均灰度。

$$\mu = \sum_{i=0}^{L-1} ip_i = \sum_{i=0}^{t-1} ip_i + \sum_{i=T}^{L-1} ip_i = P_0\mu_0 + P_1\mu_1 \qquad (11\text{-}41)$$

这两个区域的总方差为

$$\sigma_B^2 = P_0(\mu_0 - \mu)^2 + P_1(\mu_1 - \mu)^2 = P_0P_1(\mu_0 - \mu_1)^2 \qquad (11\text{-}42)$$

让 T 在$[0, L-1]$区间内依次取值，使 σ_B^2 最大的 T 值便是区域分割最佳阈值。

最大类间方差法不需要人为设定其他参数，是一种自动选择阈值的方法，而且能得到较好的结果。这种方法不仅适用于包含两个区域的单阈值选择，也适用于多区域的多阈值选择。

11.4.2 MATLAB 实现

1. 最大类间方差法

MATLAB 中与阈值变换相关的两个主要函数是 im2bw 和 graythresh。其中，graythresh 函数实现了 11.4.1 小节介绍的最大类间方差法。它们的用法在 3.5.2 小节中有详细介绍，这里不再赘述。

2. 迭代式阈值选择法

下面给出了根据迭代式阈值选择法原理编写的 MATLAB 函数 autoThreshold。

```
function [Ibw, thres] = autoThreshold(I)
% 使用迭代式阈值选择法实现自动阈值分割
%
% 输入：I - 要进行自动阈值分割的灰度图像
% 输出：Ibw - 分割后的二值图像
%       thres - 自动分割时采用的阈值

thres = 0.5 * (double(min(I(:))) + double(max(I(:)))); % 初始阈值
done = false;               % 结束标志
while ~done
    g = I >= thres;
    Tnext = 0.5 * (mean(I(g)) + mean(I(~g)));
    done = abs(thres - Tnext) < 0.5;
    thres = Tnext;
end;

Ibw = im2bw(I, thres/255); % 二值化
```

下面给出一个利用 autoThreshold 函数对 MATLAB 内置图片 coins.png 进行自动阈值分割的示例。

```
f = imread('coins.png'); % 读入原始图像
[Ibw, thres] = autoThreshold(I);
imshow(Ibw) % 得到图 11.17
thres        % 显示所用阈值
thres =
  126.0522
```

图 11.17　迭代式阈值选择法的自动阈值分割结果

上述程序的运行结果如图 11.17 所示。

11.5　区域分割

前面所讲的图像分割方法都基于像素的灰度进行阈值分割，本节讨论以区域为基础的图像分割

技术。传统的区域分割方法主要有区域生长以及区域分裂与合并两种，其中最为基础的是区域生长。

11.5.1　区域生长及其实现

区域生长是根据事先定义的准则将像素或子区域聚合成更大区域的过程，其基本思想是从一组生长点开始（生长点可以是单个像素，也可以是某个小的区域），将与生长点性质相似的相邻像素或区域与生长点合并，形成新的生长点，重复此过程，直到不能生长为止。生长点和相邻区域的相似性判断依据可以是灰度值、纹理、颜色等多种图像信息。

1. 区域生长算法

区域生长的过程一般分为以下 3 个步骤。

（1）选择合适的生长点。

（2）确定相似性准则，即生长准则。

（3）确定区域生长的停止条件。一般来说，在无像素或者区域满足加入生长区域的条件时，区域生长就会停止。

图 11.18 给出了区域生长的示意图。图 11.18（a）为原始图像的灰度矩阵，数字表示像素的灰度。以灰度为 8 的像素为初始的生长点，记为 $f(i,j)$。在 8 邻域内，生长准则是：待测点的灰度值与生长点的灰度值相差 1 或 0。第一次区域生长后，如图 11.18（b）所示，$f(i-1,j)$、$f(i,j-1)$、$f(i,j+1)$ 与中心点的灰度值都相差 1，因而被合并。第二次区域生长后，如图 11.18（c）所示，$f(i+1,j)$ 被合并。第三次区域生长后，如图 11.18（d）所示，$f(i+1,j-1)$、$f(i+2,j)$ 被合并，至此已经不存在满足生长准则的像素点，区域生长停止。

上面的方法通过比较单个像素与其邻域的灰度特征实现了区域生长，此外还有一种混合型区域生长——把图像分割成若干小区域，比较相邻小区域的相似性，如果相似，则合并。在实践中，在进行区域生长时经常还要考虑生长的"历史"，应当根据区域的尺寸、形状等图像的全局性质来决定区域的合并。

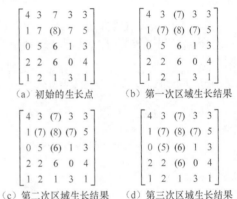

（a）初始的生长点　　（b）第一次区域生长结果
（c）第二次区域生长结果　（d）第三次区域生长结果

图 11.18　区域生长的示意图

2. MATLAB 实现

下面给出一个基于种子点 8-邻域的区域生长的 MATLAB 实现代码。

```
function J = regionGrow(I)
% 区域生长需要以交互方式设定初始的种子点，具体方法是在单击图像中的一点后，按 Enter 键
%
% 输入：I - 原始图像
% 输出：J - 输出图像

if isinteger(I)
    I=im2double(I);
end
figure,imshow(I),title('原始图像')
[M,N]=size(I);
[y,x]=getpts;           % 获得区域生长的起始点
x1=round(x);            % 将横坐标取整
y1=round(y);            % 将纵坐标取整
seed=I(x1,y1);          % 将起始点的灰度值存入 seed
```

```
J=zeros(M,N);                % 建立与原始图像等大的全零图像矩阵 J，作为输出图像
J(x1,y1)=1;                  % 将 J 中与所取点位置对应的点设置为白点
sum=seed;                    % 存储符合区域生长条件的点的灰度值总和
suit=1;                      % 存储符合区域生长条件的点的个数
count=1;                     % 记录每次判断一个点周围的 8 个点时，符合阈值条件的新点的个数
threshold=0.15;              % 设置的阈值需要与使用 double 类型存储的图像相符合
while count>0
    s=0;                     % 记录判断一个点周围的 8 个点时，符合阈值条件的新点的灰度值总和
    count=0;
    for i=1:M
      for j=1:N
        if J(i,j)==1
          if (i-1)>0 & (i+1)<(M+1) & (j-1)>0 & (j+1)<(N+1)    % 判断这个点是否为图像边界上的点
            for u= -1:1                                        % 判断这个点周围的 8 个点是否符合阈值条件
              for v= -1:1
                if  J(i+u,j+v)==0 & abs(I(i+u,j+v)-seed)<=threshold& 1/(1+1/15*abs(I(i+u,
                    j+v)-seed))>0.8
                        J(i+u,j+v)=1;
                % 判断这个点是否尚未标记并且符合阈值条件
                % 若符合以上两个条件，就将 J 中与之位置对应的点设置为白点
                count=count+1;
                s=s+I(i+u,j+v);                    % 将这个点的灰度值加入 s 中
              end
            end
          end
        end
      end
    end
    suit=suit+count;                               % 将 n 加入符合点的计数器中
    sum=sum+s;                                     % 将 s 加入符合点的灰度值总和中
    seed=sum/suit;                                 % 计算新的灰度平均值
end
```

下面给出一个利用 regionGrow 函数对 MATLAB 内置图片 coins.png 进行基于种子点的区域生长的调用示例。

```
>> I = imread('coins.png');
>> J = regionGrow(I);
>> figure,imshow(J), title('分割后的图像')
```

运行上述程序后，将会弹出一个包含原始图像的窗口（见图 11.19（a）），用户可以利用鼠标在其中选取一个种子点并按 Enter 键，区域生长结果如图 11.19（b）所示。

原始图像　　　　　　　　　　分割后的图像

（a）原始图像　　　　　　　　（b）区域生长结果

图 11.19　区域生长示例

11.5.2　区域分裂与合并及其 MATLAB 实现

区域生长是从一组生长点开始的，另一种方法是在开始时将图像分割为一系列任意不相交的区域，然后将它们合并或拆分以满足限制条件，这就是区域分裂与合并。通过分裂，可以将具有不同特征的区域分离开；通过合并，可以将具有相同特征的区域结合在一起。

1. 区域分裂与合并算法

（1）分裂

令 R 代表整个图像区域，P 代表某种相似性准则。一种区域分裂方法是首先将图像等分为 4 个区域，然后将分割得到的子图像也分为 4 个区域，如此反复，直到对于任意 R_i，有 $P(R_i)$=TRUE，这表示区域 R_i 已经满足相似性准则（如区域内的灰度值相等或相近），此时不再进行分裂操作。如果 $P(R_i)$=FALSE，则将 R_i 继续分割为 4 个区域。如此重复下去，直到 $P(R_i)$=TRUE 或者已经分割到单个像素为止。这个过程可使用四叉树形式来表示，如图 11.20（b）所示。

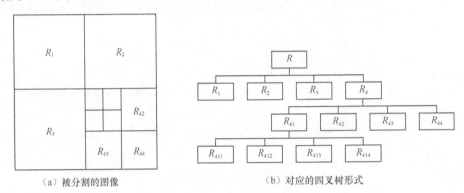

（a）被分割的图像　　　　　（b）对应的四叉树形式

图 11.20　四叉树算法的示意图

图 11.20（a）中未标出的 4 个区域分别为 R_{411}、R_{412}、R_{413} 和 R_{414}。

（2）合并

在分离之后，结果中一般会包含满足相似性条件的邻近区域，这就需要对满足相似性条件的邻近区域进行合并。

可在分裂完成后，也可在分裂的同时，对具有相似特征的邻近区域进行合并。一种方法是将图像中任意两个具有相似特征的邻近区域 R_j、R_k 合并，即如果 $P(R_j \cup R_k)$=TRUE，则合并 R_j、R_k。合并的两个区域可以大小不同，即不在同一层。当无法再进行聚合或拆分时，操作停止。

一个区域分裂与合并的示例如图 11.21 所示。首先将图像分裂为图 11.21（a）所示的区域；第二次分裂时，如图 11.21（b）所示，由于左下角区域满足 $P(R_i)$=TRUE，因此不再进行分裂；第三次分裂时，如图 11.21（c）所示，仅右边的突出部分满足 $P(R_i)$=FALSE，需要进行分裂，其余不变，完成后，分裂停止；最后，对两个邻近区域进行合并，直至得到最后的结果，如图 11.21（d）所示。

区域分裂与合并对于分割复杂的场景图像比较有效，若引入应用领域的知识，则可以更好地提升分割效果。

2. 区域分裂的 MATLAB 实现

在 MATLAB 中，与区域分裂相关的 3 个主要函数是 qtdecomp、qtgetblk 和 qtsetblk。

（1）qtdecomp 函数

使用 MATLAB 的 IPT 函数 qtdecomp 可以进行四叉树分解。过程如下：首先将图像划分成大小相等的 4 块，然后对其中的每一块进行一致性检查。如果不符合一致性标准，就将该块继续划分成

4块，否则不做进一步划分。照此继续，直至其中的每一块都符合一致性标准，分解的最终结果可能会包含许多大小不同的块。

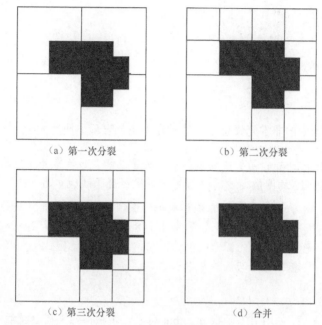

（a）第一次分裂	（b）第二次分裂
（c）第三次分裂	（d）合并

图 11.21　区域分裂与合并

qtdecomp 函数的调用语法如下。

```
S = qtdecomp(I ,threshold,[mindim maxdim])
```

参数说明

- I 为输入的灰度图像。
- threshold 是分割成的子块中允许的阈值，默认为 0。如果子块中最大元素和最小元素的差值小于设置的阈值，就认为满足一致性标准。对于 double 类型的矩阵，threshold 将直接作为阈值；而对于 unit8 和 uint16 类型的矩阵，threshold 将被乘以 255 和 65 535 以作为实际阈值。对于图像而言，threshold 的取值范围是 0~1。
- [mindim maxdim] 是尺度阈值。mindim 参数可以屏蔽函数对尺度小于 mindim 的子块的处理，而不论这个子块是否满足一致性标准。如果参数形式为[mindim maxdim]，则表示既不产生小于 mindim 尺度的子块，也不保留大于 maxdim 尺度的子块，此时 maxdim/mindim 必须是 2 的整数次幂。

返回值

- S 是一个稀疏矩阵，可在每个子块的左上角给出子块的大小。

下面的程序给出了对图像 *I* 进行四叉树分解后的结果矩阵 *S*。

```
>> I = uint8([1 1 1 1 2 3 6 6;...
              1 1 2 1 4 5 6 8;...
              1 1 1 1 7 7 7 7;...
              1 1 1 1 6 6 5 5;...
              20 22 20 22 1 2 3 4;...
              20 22 22 20 5 4 7 8;...
              20 22 20 20 9 12 40 12;...
```

```
                    20  22  20  20  13  14  15  16]);
S = qtdecomp(I,.05); %  进行四叉树分解，子块中允许阈值为 0.05
disp(full(S));          %  显示完整的稀疏矩阵
     4    0    0    0    4    0    0    0
     0    0    0    0    0    0    0    0
     0    0    0    0    0    0    0    0
     0    0    0    0    0    0    0    0
     4    0    0    0    2    0    2    0
     0    0    0    0    0    0    0    0
     0    0    0    0    2    0    1    1
     0    0    0    0    0    0    1    1
```

我们看到，矩阵 *S* 中的非零元素位于子块的左上角，表示子块的大小。

> 　　qtdecomp 函数主要适用于边长是 2 的整数次幂的正方形图像，如 128×128、512×512 的图像，此时分解可一直进行到子块大小为 1×1。
>
> 　　对于长宽不是 2 的整数次幂的图像，分解可能无法进行到底。例如，对于 96×96 的图像，可首先分解为 48×48 的图像，然后是 24×24、12×12、6×6 的图像，最后是 3×3 的图像。由于无法再继续分解，因此必须指定 mindim 参数为 3 或 2 的整数次幂与 3 的乘积。

（2）qtgetblk 函数

在得到稀疏矩阵 *S* 后，利用 IPT 函数 qtgetblk 可进一步获得四叉树分解后所有指定大小的子块的像素及位置信息，调用语法如下。

```
[vals, r, c] = qtgetblk(I, S, dim)
```

参数说明
- I 为输入的灰度图像。
- S 是 I 经 qtdecomp 函数处理后的输出结果。
- dim 是指定的子块大小。

返回值
- vals 是 dim × dim × *k* 的三维矩阵，里面包含 I 中所有符合条件的子块数据。*k* 为符合条件的 dim × dim 大小的子块的个数，vals(:,:,*i*)表示符合条件的第 *i* 个子块的内容。
- r 和 c 分别表示 I 中符合条件的子块左上角的纵坐标（行索引）和横坐标（列索引）。

下面的程序用于寻找给定图像中的 4×4 子块，并返回每个子块的起始点坐标。

```
>> I = [1    1    1    1    2    3    6    6
     1    1    2    1    4    5    6    8
     1    1    1    1   10   15    7    7
     1    1    1    1   20   25    7    7
    20   22   20   22    1    2    3    4
    20   22   22   20    5    6    7    8
    20   22   20   20    9   10   11   12
    22   22   20   20   13   14   15   16];
S = qtdecomp(I,5); %  对于 double 类型的矩阵 I，以 5 作为阈值进行四叉树分解
[vals,r,c] = qtgetblk(I,S,4)
size(vals, 3)         %  查看 4×4 子块的个数
ans =
     2
```

```
%  显示第 1 个 4×4 子块的内容
vals(:,:,1)  =
     1    1    1    1
     1    1    2    1
     1    1    1    1
     1    1    1    1
%  显示第 2 个 4×4 子块的内容
vals(:,:,2)  =
    20   22   20   22
    20   22   22   20
    20   22   20   20
    22   22   20   20

%  显示子块所在位置的左上角坐标
r  =
     1
     5
c  =
     1
     1
```

（3）qtsetblk 函数

在将图像划分为子块后，还需要使用 qtsetblk 函数将四叉树分解后得到的子块中符合条件的部分全部替换为指定的子块。qtsetblk 函数的调用语法如下。

```
J = qtsetblk(I, S, dim, vals)
```

参数说明

- I 为输入的灰度图像。
- S 是 I 经 qtdecomp 函数处理后的结果。
- dim 是指定的子块大小。
- vals 是 $dim \times dim \times k$ 的三维矩阵，里面包含用来替换原有子块的新子块的信息。k 为 I 中大小为 $dim \times dim$ 的子块的个数，vals(:,:,i)表示将要替换的第 i 个子块的内容。

返回值

- J 是经子块替换后的输出图像。

下面的程序根据三维数组 newvals 中的内容替换了给定图像中所有的 4×4 子块。

```
>> I = [1    1    1    1    2    3    6    6
        1    1    2    1    4    5    6    8
        1    1    1    1   10   15    7    7
        1    1    1    1   20   25    7    7
       20   22   20   22    1    2    3    4
       20   22   22   20    5    6    7    8
       20   22   20   20    9   10   11   12
       22   22   20   20   13   14   15   16];
S = qtdecomp(I,5);  %  对于 double 类型的矩阵 I，以 5 作为阈值进行四叉树分解
newvals = cat(3,zeros(4),ones(4));  %  设定想要替换的子块内容
J = qtsetblk(I,S,4,newvals)  %  根据 newvals 中的内容替换 I 中大小为 4×4 的子块
J =
     0    0    0    0    2    3    6    6
     0    0    0    0    4    5    6    8
     0    0    0    0   10   15    7    7
     0    0    0    0   20   25    7    7
     1    1    1    1    1    2    3    4
     1    1    1    1    5    6    7    8
```

```
1      1      1      1      9     10     11     12
1      1      1      1     13     14     15     16
```

大家可以看到，I 中左半部分的两个 4×4 子块分别被替换成了 0 子块和 1 子块（J 的左半部分）。

> **注意**　　sizeof(newvals, 3)必须和 I 中指定大小的子块数目相同，否则 qtsetblk 函数会提示错误信息。

一个区域分割的综合实例如例 11.3 所示。

[例 11.3] 对 MATLAB 示例图片 rice.png 进行四叉树分解，并以图像形式显示所得的稀疏矩阵，同时获得所有子块和符合各种维度条件的子块的数目。

相应的 MATLAB 实现代码如下。

```matlab
I1 = imread('rice.png');    % 读入原始图像
imshow(I1)                  % 得到图 11.22(a)

% 使用阈值 0.2 对原始图像进行四叉树分解
S = qtdecomp(I1,0.2);
% 将原始图像的稀疏矩阵转换为普通矩阵
S2 = full(S);

figure;
imshow(S2);                 % 得到图 11.22(b)

ct = zeros(6, 1);           % 记录子块的数目

% 分别获得不同大小的子块的信息，子块的内容保存在三维数组 vals1~val6 中，子块的数目保存在向量 ct 中
for ii = 1:6
        [vals{ii},r,c] = qtgetblk(I1,S2,2^(ii-1));
        ct(ii) = size(vals{ii},3);
    end
```

上述程序的运行结果如图 11.22 所示。

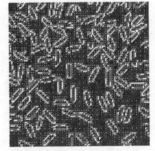

（a）原始图像　　　　　　　（b）四叉树分解结果

图 11.22　四叉树分解算法

11.6　基于形态学分水岭算法的图像分割

我们在第 10 章学习了形态学。实际上，形态学也可以应用于图像分割，而且通常生成的分割结果更稳定。本节主要介绍基于形态学分水岭算法的图像分割。

11.6.1　形态学分水岭算法

分水岭（watershed）算法是一种基于拓扑理论的形态学分割方法，其基本思想是把图像看作测地学上的拓扑地貌，对于图像中的每一点来说，像素的灰度值表示该点的海拔高度，高灰度值对应着山峰，低灰度值对应着山谷。每一个局部极小值及其影响区域被称为集水盆，而集水盆的边界则形成分水岭。

1. 算法原理

分水岭的概念和形成可以通过模拟浸入过程来说明。在每一个局部极小值的表面刺穿一个小孔，然后把整个模型慢慢浸入水中，随着浸入深度的增加，每一个局部极小值的影响域慢慢向外扩展，在两个集水盆汇合处构筑大坝，即形成一个分水岭，这个分水岭就是我们要求的边界。分水岭算法的示意如图 11.23 所示。

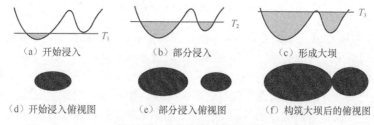

（a）开始浸入　　　　　　（b）部分浸入　　　　　　（c）形成大坝

（d）开始浸入俯视图　　　（e）部分浸入俯视图　　　（f）构筑大坝后的俯视图

图 11.23　分水岭算法的示意图

图 11.23 显示了模型浸入水中时灰度值的截面图，从中我们可以观察模型浸入水中并慢慢形成分水岭的过程。图 11.23（a）显示了模型刚刚浸入水中时，水从模型的最低洼处涌入，在第一个集水盆处慢慢上升，相应的俯视图为图 11.23（d）；图 11.23（b）显示了当模型浸入一定程度时，水分别在第一个和第二个集水盆处上升，相应的俯视图为图 11.23（e）；图 11.23（c）显示了当第一个和第二个集水盆中的水将连未连时的截面图，相应的俯视图为图 11.23（f），此时这两个集水盆的边界就是大坝，大坝的边界就是要求的分割线，即原始图像的边缘。

2. 实现方法

在使用形态学实现分水岭算法时，可以先利用腐蚀将每个粒子腐蚀成一个点而不消失，再利用条件膨胀标记生长出的粒子（条件膨胀就是将膨胀限制在原始集合内，同时当两个粒子靠得很近时不能有连接部分）。

如果将分水岭算法应用于梯度图像的分割，那么集水盆在理论上就对应灰度变化最小的区域，而分水岭就对应灰度变化相对最大的区域，如图 11.24 所示，其中的图 11.24（d）显示了将分水岭叠加在原图之上的分割结果。

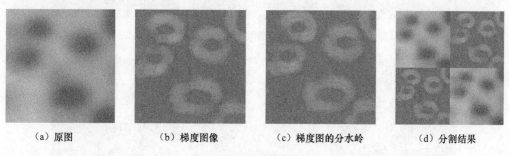

（a）原图　　　　　　（b）梯度图像　　　　　　（c）梯度图的分水岭　　　　　　（d）分割结果

图 11.24　分水岭算法的应用

3. 过度分割问题

分水岭算法对微弱边缘具有良好的响应，能够得到封闭且连续的边缘，这为分析图像的区域特征提供了很大的便利，并且这也是分水岭算法与其他图像分割算法相比的一大主要优势。然而，分水岭算法也有一个致命的缺陷——对于边缘的强响应使得这种算法对噪声和物体表面细微的灰度变化非常敏感，从而经常导致产生过度分割的结果，如图 11.25 所示。

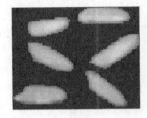

（a）原图　　　　　　　　　（b）分水岭　　　　　　　　（c）分割结果

图 11.25　分水岭算法经常导致过度分割

　　从图 11.25 中可以看出，原本完整的物体被分割成很多更细小的区域，这就是过度分割。显然，这不是我们希望的结果，因此必须采用某些方法来改进分水岭算法。

　　针对这个问题，有很多种改进的分水岭分割技术。综合来讲，主要有以下 3 类。

　　（1）在应用分水岭分割之前对图像进行一些预处理，如除噪、求梯度图像、进行形态学重构、标记前景和背景等。执行这些操作的目的是减少小的集水盆，从而减少过度分割区域的数量。

　　（2）在分割时添加约束，通过约束条件限制分割过程。

　　（3）在应用分水岭分割之后对结果图像进行合并处理。如果初始分割产生了过多小的区域，那么合并处理的运算量会很大，所以后处理的时间复杂度经常较高。此外，合并准则的确定也是一件比较麻烦的事情，通常我们使用的是基于邻近区域的平均灰度信息和边界强度信息的合并准则，使用不同的合并准则会得到不同的分割结果。

　　图 11.26 显示了准确标记的分水岭分割过程。这里通过合并预处理步骤来限制允许存在的区域数量。一个标记就是一幅图像的连通分量。在选择标记时，既要有与重要对象相联系的内部标记，也要有与背景相联系的外部标记。一般来说，首先预处理图像，然后定义一条所有标记都必须遵守的准则，即定义内标记和外标记。

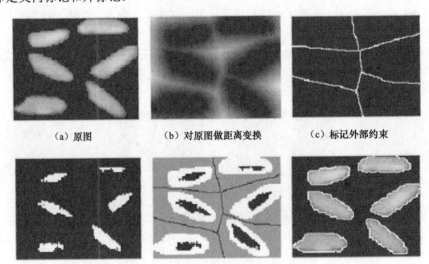

（a）原图　　　（b）对原图做距离变换　　　（c）标记外部约束

（d）标记内部约束　（e）由标记内外部约束重构的梯度图像　　（f）分割结果

图 11.26　准确标记的分水岭分割过程

　　比较图 11.26（f）与图 11.25（c），显然，采用准确标记的分水岭分割后，图像中物体的边界得到准确的检测，对分水岭算法的改进效果显而易见。

11.6.2 MATLAB 实现

MATLAB 提供了原始的分水岭函数 watershed，这个函数虽然提供了基本的分水岭算法处理能力，但也仅限于此。因此，我们需要事先对图像进行必要的处理，否则这个函数返回的将是过度分割的结果。我们首先介绍一下这个函数。

watershed 函数使用 Fernand Meyer 算法对输入图像进行分水岭算法的处理，支持数值矩阵和逻辑矩阵，但不支持以稀疏格式存储的矩阵。这个函数的调用语法如下。

```
L = watershed(A)
L = watershed(A, conn)
```

参数说明

- A 是需要寻找轮廓的原始图像。
- 可选参数 conn 用来指定分水岭算法需要考虑的邻域数量，对于二维图像，这个值可以是 4 或 8。watershed 函数也可以处理三维图像，因此参数 conn 可以有不同的取值。

返回值

- 在输出的矩阵中，数值为 0 的元素表明该元素不属于任何一个划分出的区域，而使用分水岭分割出的区域则用不同的序号来表示。输出的矩阵是 double 类型，因此，如果要举一个简单的示例，只需要直接将输出的矩阵使用 imshow 函数显示即可。数值为 0 的元素显示为黑色，而其他元素（属于某个分区）的值一定大于或等于 1，因此这些元素会显示为白色。

观察下面的程序及其运行结果，如图 11.27 所示。

```
>> i = imread('rice.png');
>> d = watershed(i);
>> subplot(1,2,1); imshow(i); title('原图');
>> subplot(1,2,2); imshow(d); title('分割结果');
```

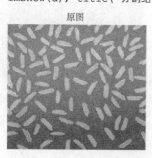

图 11.27　MATLAB 分水岭算法示例

显然，我们得到的是严重过度分割的分水岭算法结果。事实上，我们可以对输入图像进行必要的前期处理以避免这种结果。MATLAB 没有直接将这些前期算法内置到 watershed 函数中，因此需要我们手动执行这些操作。一种前期处理方法是将图像转换为二值图像，之后再进行距离变换。

在 11.7 节中，我们将使用同一个例子进行分水岭算法的处理，读者可以从中体会各种前期处理方法的效果差别。

11.7　MATLAB 综合案例——分水岭算法

虽然前面提到的单纯的分水岭算法存在严重的过度分割问题，但这种算法却是一种很有效的图像分割方法。事实上，只需要为其添加必要的前期处理步骤，就可以极大地改善处理效果。下面我们讲解几种常用的前期处理方法，注意，算法中的参数对于不同的图像有不同的最优值，请读者自行探索调试。

1．前期处理方法：对二值图像进行距离变换

这种方法首先将原始图像用阈值法转换为二值图像，然后对二值图像进行距离变换。MATLAB 提供的用于对二值图像进行距离变换的函数是 bwdist。距离变换的定义很简单，就是将图像中每个像素的值变换为这个像素到离它最近的非零像素的距离。这里的距离是按照指定的方式计算的，通常为 8 邻域概念下的距离度量。显然，在这种定义下，非零像素的距离变换值将为 0，而零像素的距离变换值将为非零值。这里不再单独详细介绍 bwdist 函数的用法，读者可从下面的例子中自行体会。如果理解起来有困难，可以使用 help bwdist 或 doc bwdist 命令获取在线帮助。

在下面的例子中，我们仍使用同一幅示例图片，注意观察使用距离变换对原始图像进行前期处理后分水岭算法的应用效果。

```
i = imread('rice.png');
b = im2bw(i, graythresh(i));
bc = -b;
d = bwdist(bc);
l = watershed(-d);
w = l == 0;
subplot(1,2,1); imshow(i); title('原图');
subplot(1,2,2); imshow(w); title('分割结果');
```

上述程序的运行结果如图 11.28 所示，读者可以将这里的分割结果与前面的过度分割结果做比较，两者的差距非常明显。

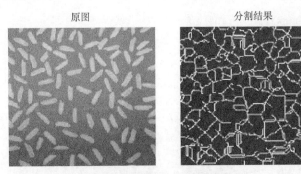

图 11.28　改善的分水岭分割结果

2．前期处理方法：对原始图像进行梯度处理

这种方法使用梯度算子处理原始的灰度图像。对于灰度图像而言，物体边缘部分的梯度值相对较大，其他部分的梯度值相对较小。因此，对使用梯度算子处理后的图像执行分水岭算法，得到的结果将是分水岭线位于图像的边缘上，从而将图像的区域分开。下面通过一个例子来说明这种前期处理方法。

这个例子使用前面提到的 Sobel 梯度算子对图像进行梯度处理。使用特定算子对图像执行滤波操作的函数是 fspecial，调用语法如下。

```
h = fspecial(type, parameters)
```

其中的 `parameters` 为可选参数，`type` 为滤波器的名称。如果想要使用 Sobel 算子执行梯度滤波操作，那么 type 参数的值应为'sobel'。fspecial 函数将返回一个可以用于 imfilter 函数的滤波器。imfilter 函数用于对 N 维图像执行滤波操作，调用语法如下。

```
B = imfilter(A,H,options…)
```

其中的 H 为使用 fspecial 函数指定的滤波器。在这个例子中，我们想要使用 imfilter 函数对图像执行 Sobel 梯度滤波操作。于是，这个例子的 MATLAB 实现代码如下。

```
i = imread('rice.png');
h = fspecial('sobel');
id = im2double(i);
g = sqrt(imfilter(id, h, 'replicate') .^ 2 + imfilter(id, h, 'replicate') .^ 2);
l = watershed(g);
w = l == 0;

subplot(1,2,1); imshow(i); title('原图');
subplot(1,2,2); imshow(w); title('分割结果');
```

上述程序的运行结果如图 11.29 所示。从中可以看出，这种前期处理方法并不一定比前一种方法好，这个例子中出现了明显的过度分割。我们可以尝试改进一下这种梯度处理方法，在使用梯度算子对图像进行处理之前，可以先对图像进行平滑处理，这样就可以尽量减小梯度算子对图像噪声的放大（就像微分运算对高频噪声的放大一样）。

原图 分割结果

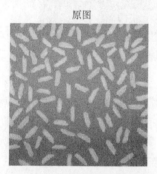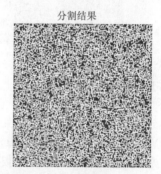

图 11.29　使用梯度算子做预处理的分水岭分割结果

为了达到平滑图像的目的，我们可以在加载图像和应用梯度滤波器之后，对图像进行如下操作。

```
sm = imclose(imopen(g, ones(3,3)), ones(3,3));
```

于是，上面的 MATLAB 实现代码变为：

```
i = imread('rice.png');
h = fspecial('sobel');
id = im2double(i);
g = sqrt(imfilter(id, h, 'replicate') .^ 2 + imfilter(id, h, 'replicate') .^ 2);
sm = imclose(imopen(g, ones(3,3)), ones(3,3));
l = watershed(sm);
w = l == 0;

subplot(1,2,1); imshow(i); title('Source');
subplot(1,2,2); imshow(w); title('Destination');
```

运行结果如图 11.30 所示。从中可以发现，过度分割的情况好了一些，但是仍存在一定的问题。

我们可以通过调整图像平滑算法中的矩阵大小来改善这种情况。图 11.31 显示了使用 7×7 模板平滑后的结果，从中可以看出过度分割的情况有了很大改善。

原图　　　　　　　　　　　　　分割结果

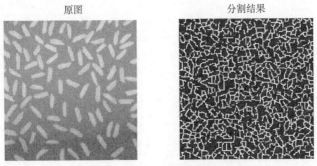

图 11.30　使用 5×5 模板平滑后的结果

原图　　　　　　　　　　　　　分割结果

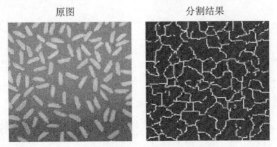

图 11.31　使用 7×7 模板平滑后的结果

3. 前期处理方法：标记约束

前面介绍的两种前期处理方法存在一个共同的缺点，就是难以对图像中的噪声产生足够的"抵抗力"，因而很容易造成图像分割的混乱。另外，这两种方法对过度分割的预防均不甚完善。

为此，我们可以采用标记约束的分水岭算法。下面我们通过一个简单的例子来加以说明。需要注意的是，本例提供的程序对于处理背景仅有噪声而没有明显渐变的图片效果较好，同时为了得到较好的分割结果，原始图像的背景颜色相对前景颜色要浅一些。以下程序的运行结果如图 11.32 所示。

```
f = imread('test.tif');
subplot(2,2,1);imshow(f);title('原图');

h = fspecial('sobel');
fd = double(f);
g = sqrt(imfilter(fd, h, 'replicate') .^ 2 + imfilter(fd, h, 'replicate') .^ 2);
im = imextendedmin(f,50);
fim = f;
fim(im) = 0;
subplot(2,2,2);imshow(fim);title('标记后的图像');

lim = watershed(bwdist(im));
em = lim == 0;
g2 = imimposemin(g, im | em);
subplot(2,2,3);imshow(g2);title('次级输入');

l2 = watershed(g2);
f2 = f;
```

```
f2(l2==0) = 0;
subplot(2,2,4);imshow(f2);title('最终结果');
```

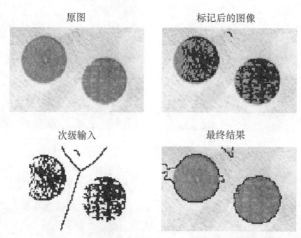

图 11.32 使用标记约束的分水岭算法分割图像

下面我们再给出一个对 rice.png 示例图片进行分水岭变换且效果相对较好的例子。

[例 11.4] 基于分水岭变换分割米粒图像。

```
afm = imread('rice.png');

figure,imshow(afm);                                    % 图 11.33（a）

se = strel('disk', 15) ;
Itop = imtophat(afm , se) ;
figure , imshow(Itop , [ ]) , title('top-hat image');      % 图 11.33（b）

Ibot = imbothat(afm , se) ;
figure , imshow(Ibot , [ ]) , title('bottom-hat image');   % 图 11.33（c）

Ienhance = imsubtract (imadd(Itop , afm) , Ibot) ;
figure , imshow(Ienhance) , title('original + top-hat-bottom-hat');% 图 11.33（d）

Iec = imcomplement (Ienhance) ;
figure , imshow(Iec) , title('complement of enhanced image');  % 图 11.33（e）

Iemin = imextendedmin(Iec , 22) ;
figure , imshow(Iemin) , title('extended minima image');      % 图 11.33（f）

Iimpose = imimposemin ( Iec , Iemin) ;
figure , imshow(Iimpose) , title('imposed minima image');     % 图 11.33（g）

BW = watershed(Iimpose);
imshow(BW);                                            % 图 11.33（g）
```

改进后的分水岭算法的分割结果如图 11.33 所示。

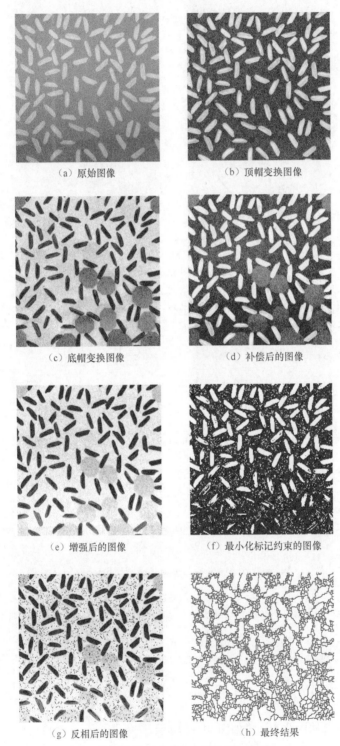

（a）原始图像　　　　　　　　（b）顶帽变换图像

（c）底帽变换图像　　　　　　（d）补偿后的图像

（e）增强后的图像　　　　（f）最小化标记约束的图像

（g）反相后的图像　　　　　　（h）最终结果

图 11.33　使用改进的分水岭算法分割图像

11.8 小结

　　图像分割问题解决起来十分困难，因为分割后的图像是系统目标的一个函数，所以根本不存在理想的或正确的分割。

　　物体及其组成部件的二维表现形式会受到光照条件、透视畸变、观察点变化、遮挡等因素的影响。此外，物体及其组成部件与背景在视觉上可能是无法区分的。因此，人们无法预测从图像中能够抽取出哪些与物体识别相关的初始信息。

　　唯一可以肯定的事情是，这一过程在本质上具有不可靠性。虽然一些有用的信息能够被抽取出来，但同时也会出现许多错误。因此，图像分割在任何应用领域都不存在最优解。分割结果的好坏或者正确与否，目前还没有统一的评价标准，我们大多通过分割的视觉效果和实际的应用场景来加以判断。

第 12 章　特征提取

从本章开始，我们将逐步从数字图像处理向图像识别过渡。严格地说，特征提取属于图像分析的范畴。特征提取不仅是数字图像处理的高级阶段，同时也是图像识别的开始。

本章的知识和技术热点

- 常用的基本统计特征，如周长、面积、均值等区域描绘子以及直方图和灰度共现矩阵等纹理描绘子。
- 主成分分析（Principal Component Analysis，PCA）。
- 局部二进制模式（Local Binary Pattern，LBP）。

本章的典型案例分析

- 基于 PCA 技术的人脸数据集的降维处理。

12.1　图像特征概述

众所周知，计算机"不认识"图像，只"认识"数字。为了使计算机能够"理解"图像，从而具有真正意义上的"视觉"，本章将研究如何从图像中提取有用的数据或信息，得到图像的"非图像"表示或描述，如数值、向量和符号等。这一过程就是**特征提取**，而提取出来的这些"非图像"表示或描述就是特征。有了这些数值或向量形式的特征，我们就可以通过"训练"使计算机认识这些**特征**，从而使计算机具有识别图像的能力。

12.1.1　什么是图像特征

特征是某一类对象区别于其他类对象的相应（本质）特点或特性，抑或这些特点和特性的集合。特征是通过测量或处理能够抽取的数据。对于图像而言，每一幅图像都具有能够区别于其他图像的自身特征，有些是可以直观感受到的特征，如亮度、边缘、纹理和色彩等；有些则是需要通过处理才能得到的特征，如矩、直方图以及主成分等。

12.1.2　图像特征的分类

图像特征的分类有多种标准。例如：根据特征自身的特点，特征可以分为描述物体外形的形状特征和描述物体表面灰度变化的纹理特征；而根据特征提取所采用的方法，特征又可以分为统计特征和结构（句法）特征。由于本书后面的图像识别部分主要着眼于统计模式识别，不涉及句法模式识别的具体内容，因此本章主要讨论图像的统计特征及其获取方法。

12.1.3　特征向量及其几何解释

我们常常将某一类对象的多个或多种特性组合在一起，形成一个特征向量来代表此类对象。如果只有单个数值特征，则特征向量为一维向量；如果是 n 个特性的组合，则特征向量为 n 维向量。特征向量常常被作为识别系统的输入。实际上，一个 n 维特征就是一个位于 n 维空间中的点，而识别（分类）的任务就是找到对这个 n 维空间的一种划分方法，如图 12.1 所示。在后面各章的讨论中，一般将待分类的对象称为**样本**，而将其特征向量称为**样本特征向量**或**样本向量**。

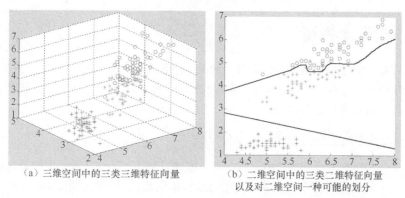

（a）三维空间中的三类三维特征向量　　（b）二维空间中的三类二维特征向量
以及对二维空间一种可能的划分

图 12.1　特征向量的几何解释

假设要区分 3 种不同的鸢尾属植物，我们可以选择其花瓣长度和花瓣宽度作为特征，这样就可以用一个二维特征来表示一个鸢尾属植物对象，比如（5.1, 3.5）。如果再加上萼片长度和萼片宽度，则每个鸢尾属植物对象就可以用一个四维特征来表示，比如（5.1, 3.5, 1.4, 0.2）。

12.1.4　特征提取的一般原则

图像识别实际上是一个分类的过程，为了确定某图像所属的类别，我们需要将它与其他不同类别的图像区分开来。这就要求选取的特征不仅要能够很好地描述图像，而且更重要的是要能够很好地区分不同类别的图像。

我们希望选择那些在同类别的图像之间差异较小（较小的类内距），而在不同类别的图像之间差异较大（较大的类间距）的图像特征，也就是最具区分（most discriminative）能力的特征。此外，在特征提取中先验知识扮演着重要的角色，如何依靠先验知识来帮助我们选择特征也是后面需要持续关注的一个问题。

在对某个图像进行分类时，应如何提取该图像的特征呢？一种最容易想到的方法是提取图像中所有像素的灰度值作为特征，这样就可以提供尽可能多的信息给识别程序（分类器），进而让分类器具有最大的工作自由度（基于神经网络的很多特征提取就是这样做的，见第 14 章）。然而，高维数意味着高计算复杂度，这会为后续的处理和识别带来巨大的困难（见 12.3.1 小节）。此外，很多时候由于我们已经掌握有关样本图像的某些先验知识，这种把全部像素信息都交给分类器的做法显得没有必要。举个例子，如果我们已经知道鼻子、肤色、面部轮廓等信息与表情关联不大，那么在表情识别中就不需要照片中人脸的全部信息，而是可以只拿出眉毛、眼睛和嘴等表情区域作为特征提取的候选区，之后我们可以进一步从表情区域中提取统计特征。

12.1.5　特征的评价标准

一般来说，特征提取应具体问题具体分析，其评价标准具有一定的主观性。但尽管如此，还是有一些可遵循的普遍原则能够作为特征提取实践中的指导，我们总结如下。

（1）特征应当容易提取。换句话说，为了得到这些特征，我们付出的代价不能太大。当然，我们还要与特征的分类能力做权衡考虑。

（2）选取的特征应对噪声和不相关转换不敏感。以识别车牌号码为例，车牌照片可能是从各个角度拍摄的，而我们关心的是车牌上字母和数字的内容，因此就需要得到对几何失真变形等转换不敏感的描绘子，从而得到旋转不变或投影失真不变的特征。

（3）这是最重要的一点，我们应总是试图寻找最具区分能力的特征。

12.2 基本统计特征

本节主要介绍一些常用的基本统计特征，包括一些简单的区域描绘子和直方图及其统计特征，以及灰度共现矩阵等。这些特征具有简单、实用的优势，先学习它们有助于读者理解统计特征的特点，从而更好地把握本章后面的内容。

12.2.1 简单的区域描绘子及其 MATLAB 实现

在经过图像分割得到各种感兴趣的区域之后，便可以利用下面介绍的一些简单区域描绘子作为代表区域的特征。我们通常将这些区域特征组合成特征向量以供分类使用。

常用的简单区域描绘子如下。

（1）周长：区域边界的长度，即位于区域边界上的像素个数。

（2）面积：区域中的像素总数。

（3）致密性：(周长)^2/面积。

（4）区域的质心。

（5）灰度均值：区域中所有像素的平均值。

（6）灰度中值：区域中所有像素的排序中值。

（7）包含区域的最小矩形。

（8）最小或最大灰度值。

（9）大于或小于均值的像素个数。

（10）欧拉数：区域中的对象数减去这些对象的孔洞数。

MATLAB 中的 regionprops 函数是用于计算区域描绘子的有力工具，调用语法如下。

```
D = regionprops(L, properties);
```

参数说明

- L 是一个标记矩阵，可通过 10.3.4 小节介绍的连通区标注函数 bwlabel 得到。
- properties 是一个用逗号分隔的字符串列表，合法值及其含义如表 12.1 所示。

表 12.1　　　　　　　　　　　　　properties 参数的合法值及其含义

合法值	含　义
'Area'	区域中的像素总数
'BoundingBox'	包含区域的最小矩形。1×4 向量：[矩形左上角的 x 坐标，矩形左上角的 y 坐标，x 方向长度，y 方向长度]
'Centroid'	区域的质心。1×2 向量：[质心的 x 坐标，质心的 y 坐标]
'ConvexHull'	包含区域的最小凸多边形。P×2 矩阵：每一行包含这个多边形的 p 个顶点之一的 x 坐标和 y 坐标
'EquivDiameter'	和区域有着相同面积的圆的直径
'EulerNumber'	区域中的对象数减去这些对象的孔洞数

返回值

- D 是一个长度为 max(L(:)) 的结构体数组，其中的域表示每个区域的不同度量，具体取决于 properties 参数指定的将要提取的度量类型。

[例 12.1] 利用 regionprops 函数提取简单的区域特征。

下面提取二值图像 bw_mouth.bmp 中每个区域的面积和质心作为特征，相应的 MATLAB 实现代码如下。

```
>> I = imread('../bw_mouth.bmp'); % 读入二值图像
>> I1 = bwlabel(I);               % 标注连通区，得到标记矩阵 I1
>> D = regionprops(I1, 'area', 'centroid'); % 提取面积和质心
>> D                              % 查看返回的结构体
D =
4x1 struct array with fields:
    Area
    Centroid
>> D.Area                         % 4 个连通区的面积
ans =
    92
ans =
   713
ans =
     1
ans =
     1
>> v1 = [D.Area]                  % 将面积转存为向量
v1 =
    92    713     1     1
>> D.Centroid                     % 4 个连通区的质心
ans =
    5.1304   31.4783
ans =
   29.8597   21.6227
ans =
    10    36
ans =
    63    36
>> v2 = [D.Centroid]              % 将质心转存为向量
v2 =
    5.1304   31.4783   29.8597   21.6227   10.0000   36.0000   63.0000   36.0000
```

12.2.2 直方图及其统计特征

在第 3 章中，我们已经学习过直方图的概念和计算方法，当时直方图更多是作为一种辅助图像分析的工具。直方图也可以作为描述图像纹理的一种有力手段，这样便可将直方图及其统计特征作为描述图像的代表性特征。

我们首先来看看纹理的概念。纹理是图像固有的特征之一，是灰度（对彩色图像而言是颜色）在空间中以一定的形式变换后产生的图案（模式），有时具有一定的周期性。图 12.2（d）～图 12.2（f）显示了 3 种不同特点的纹理：汽车金属表面的平滑纹理、龟壳表面的粗糙无规则纹理以及百叶门图像中具有一定周期性的纹理。既然纹理区域的像素灰度级分布具有一定的形式，而直方图正是描述图像中像素灰度级分布的有力工具，因此使用直方图描述纹理就顺理成章了。

毫无疑问，相似的纹理具有相似的直方图。以上 3 种不同特点的纹理对应着 3 种不同的直方图，如图 12.2（g）～图 12.2（i）所示。这说明直方图与纹理之间存在着一定的对应关系。因此，我们可以将直方图或其统计特征作为图像纹理特征。直方图本身就是向量，向量的维数是直方图统计的灰度级数，因此我们可以直接将这种向量作为代表图像纹理的样本特征向量，从而交给分类器处理。LBP 直方图就常常这样处理（见 12.5 节）。另一种思路是进一步从直方图中提取出能够很好地描述

直方图的统计特征，然后将直方图的这些统计特征组合为样本特征向量，这样做的好处是可以极大降低特征向量的维数。

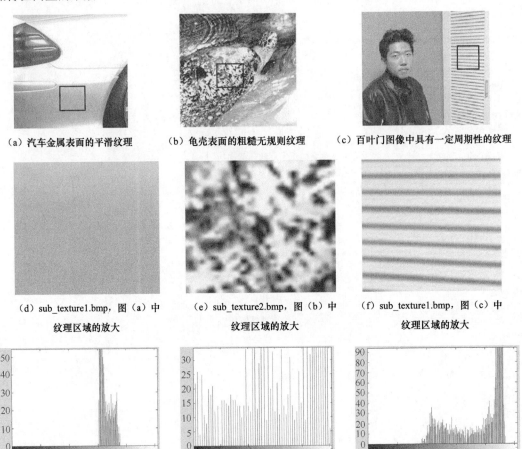

（a）汽车金属表面的平滑纹理　　　　（b）龟壳表面的粗糙无规则纹理　　　（c）百叶门图像中具有一定周期性的纹理

（d）sub_texture1.bmp，图（a）中　　（e）sub_texture2.bmp，图（b）中　　（f）sub_texture1.bmp，图（c）中
　　　纹理区域的放大　　　　　　　　　　　纹理区域的放大　　　　　　　　　　纹理区域的放大

（g）图（d）的直方图　　　　　　　　（h）图（e）的直方图　　　　　　　　（i）图（f）的直方图

图 12.2　3 种不同特点的纹理及其直方图

直方图的常用统计特征包括以下几个。

（1）均值：纹理平均亮度的度量。

$$m = \sum_{i=0}^{L-1} z_i p(z_i) \quad 或 \quad m = \frac{\sum_{i=0}^{L-1} z_i h(z_i)}{\sum_{i=0}^{L-1} h(z_i)} \tag{12-1}$$

其中：L 是灰度级总数；z_i 表示第 i 个灰度级；$p(z_i)$ 是归一化直方图灰度级分布中灰度为 z_i 的概率；$h(z_i)$ 表示直方图中统计的灰度为 z_i 的像素个数（不需要归一化）。

（2）标准差：纹理平均对比度的度量。

$$\sigma = \sqrt{\sum_{i=0}^{L-1} (z_i - m)^2 p(z_i)} \tag{12-2}$$

在这里，根号中的内容实际上是均值的二阶矩 μ_2。一般情况下，均值 m 的 n 阶矩可表示为

$$\mu_n(z) = \sum_{i=0}^{L-1} (z_i - m)^n p(z_i) \tag{12-3}$$

（3）平滑度：纹理亮度的相对平滑度度量。对于灰度一致的区域，平滑度 R 等于 1；对于灰度存在较大差异的区域，平滑度 R 等于 0。

$$R = \frac{1}{1+\sigma^2} \tag{12-4}$$

（4）三阶矩：直方图偏斜性的度量。对于对称的直方图，三阶矩为 0。三阶矩若为正值，则直方图向右偏斜；若为负值，则直方图向左偏斜。

$$\mu_3 = \sum_{i=0}^{L-1} (z_i - m)^3 p(z_i) \tag{12-5}$$

（5）一致性：当区域中的所有灰度级都相等时，该度量最大并从此处开始减小。

$$U = \sum_{i=0}^{L-1} p^2(z_i) \tag{12-6}$$

（6）熵：随机性的度量。熵越大，表明随机性越大，信息量也就越大；反之确定性越大，已经都确定的当然信息量也就越小。熵的定量描述为

$$e = -\sum_{i=0}^{L-1} p(z_i) \log_2 p(z_i) \tag{12-7}$$

由均值、标准差、平滑度和熵组合而成的特征向量形如 $v = (m, \sigma, R, e)$。

直方图及其统计特征是一种区分能力相对较弱的特征，这主要是由于直方图属于一阶统计特征，而像直方图、均值这样的一阶统计特征是无法反映纹理结构的变化的。直方图与纹理并不是一对一的关系：首先，不同的纹理可能具有相同或相似的直方图，图 12.3 所示的两种截然不同的图案就具有完全相同的直方图；其次，即便两个不同的直方图，也可能具有相同的统计特征，如均值、标准差等。因此，在将直方图及其统计特征作为分类特征时需要特别注意。

图 12.3　具有相同直方图的两种图案

12.2.3　灰度共现矩阵

灰度直方图是一种描述单个像素灰度分布的一阶统计量，而灰度共现矩阵描述的则是具有某种空间位置关系的两个像素的联合分布情况，可以看成两个像素灰度的联合直方图，是一种二阶统计量。

1. 理论基础

纹理是由灰度分布在空间位置上反复交替变化而形成的，因此图像中具有某种空间位置关系的两个像素之间存在一定的灰度关系，这种关系被称为图像灰度的空间相关特性。作为一种灰度的联合分布，灰度共现矩阵能够较好地反映这种灰度空间相关性。

我们通常使用 P_δ 表示灰度共现矩阵，如果灰度级为 L，则 P_δ 为一个 $L \times L$ 的方阵，其中的某个元素 $P_\delta(i, j)$ $(i, j = 0,1,2,\cdots,L-1)$ 被定义为具有空间位置关系 $\delta=(D_x, D_y)$，并且灰度分别为 i 和 j 的两个像素出现的次数或概率（归一化），如图 12.4 所示。

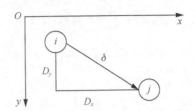

图 12.4　具有空间位置关系 δ 且灰度分别为 i 和 j 的两个像素

常用的空间位置关系有水平、垂直和±45°共 4 种，如图 12.5 所示。

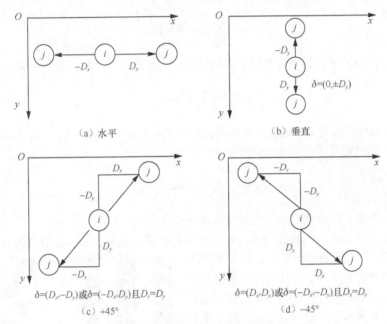

（a）水平　　　　　　　　　　　　（b）垂直

$\delta=(D_x,-D_y)$或$\delta=(-D_x,D_y)$且$D_x=D_y$　　　　　$\delta=(D_x,D_y)$或$\delta=(-D_x,-D_y)$且$D_x=D_y$

（c）+45°　　　　　　　　　　　　（d）−45°

图 12.5　灰度共现矩阵常用的 4 种空间位置关系

一旦空间位置关系 δ 确定后，就可以生成一定 δ 下的灰度共现矩阵 $\boldsymbol{P}_\delta$。例如，对于图 12.6 所示的纹理，距离为 1 的水平和+45°灰度共现矩阵如下。

0	1	2	0	1	2
1	2	0	1	2	0
2	0	1	2	0	1
0	1	2	0	1	2
1	2	0	1	2	0
2	0	1	2	0	1

（a）纹理图像的放大显示（每方格1像素）　　（b）图（a）对应的像素灰度矩阵

图 12.6　图像 littleTexture.bmp 的纹理像素示意图

$$\boldsymbol{P}_\delta = \begin{bmatrix} 0 & 10 & 10 \\ 10 & 0 & 10 \\ 10 & 10 & 0 \end{bmatrix},\ \delta=(\pm1,0),\ \text{相应的归一化形式为}\ \boldsymbol{P}_\delta = \begin{bmatrix} 0 & 1/6 & 1/6 \\ 1/6 & 0 & 1/6 \\ 1/6 & 1/6 & 0 \end{bmatrix}。$$

$$\boldsymbol{P}_\delta = \begin{bmatrix} 16 & 0 & 0 \\ 0 & 16 & 0 \\ 0 & 0 & 18 \end{bmatrix}, \quad \delta = (1,-1) \text{ 或 } \delta = (-1,1)，相应的归一化形式为 \boldsymbol{P}_\delta = \begin{bmatrix} 8/25 & 0 & 0 \\ 0 & 8/25 & 0 \\ 0 & 0 & 9/25 \end{bmatrix}$$

由于灰度共现矩阵 $\boldsymbol{P}_\delta$ 总共含有 $L \times L$ 个元素，因此当灰度级 L 比较大时，这个矩阵将会比较庞大。对于一般的灰度图，$\boldsymbol{P}_\delta$ 就是一个 256×256 的矩阵，共 2^{16} 个元素。如此庞大的矩阵必然使后续的计算量剧增。正因为如此，普通的灰度图通常需要先经过处理以减少灰度级数，之后再计算灰度共现矩阵。可以通过分析纹理图像的直方图，在尽量不影响纹理质量的情况下，进行适当的灰度变换以达到压缩灰度级数的目的。

2. MATLAB 实现

计算灰度共现矩阵的 MATLAB 实现代码如下。

```
function grayMat = grayMat( I, nLevel, x1, y1, x2, y2 )
% 计算图像 I 的灰度共现矩阵
% I - 输入图像
% nLevel - 要统计的灰度级数
% x1, y1, x2, y2 - 要统计的空间位置关系
%
% grayMat - 灰度共现矩阵，大小为 nLevel*nLevel

if nargin < 3
    x1 = 1;           % 默认是+45°的空间位置关系
    y1 = -1;
    x2 = -1;
    y2 = 1;
end

% 对图像 I 进行灰度级划分
minVal = min(I(:));
maxVal = max(I(:));
[m n] = size(I);

if (maxVal - minVal + 1) >= nLevel

span = double(maxVal-minVal) / nLevel;

ruler = double(minVal):span:double(maxVal);

ind = find(I < ruler(2));
I2 = I;          % I2 为进行灰度级压缩后的图像，灰度级下标从 1 开始编号
I2(ind) = 1;
clear ind;

for iLevel = 2:nLevel-1
    for ii = 1:m
        for jj = 1:n
            if (  (I(ii, jj) >= ruler(iLevel)) && (I(ii, jj) < ruler(iLevel+1))  )
                I2(ii, jj) = iLevel;
            end
        end
    end
end
```

```
ind = find(I >= ruler(nLevel));
I2(ind) = nLevel;
clear ind;

else
    error('hello');
end

grayMat = zeros(nLevel, nLevel);

% 计算灰度共现矩阵
for ii = 1:m
    for jj = 1:n
        ii2 = ii+y1;
        jj2 = jj+x1;
        if( (ii2 >= 1) && (ii2<=m) &&(jj2>=1) &&(jj2<=n) )
            grayMat(I2(ii, jj), I2(ii2, jj2)) = grayMat(I2(ii, jj), I2(ii2, jj2)) + 1;
        end

        ii2 = ii+y2;
        jj2 = jj+x2;
        if( (ii2 >= 1) && (ii2<=m) &&(jj2>=1) &&(jj2<=n) )
            grayMat(I2(ii, jj), I2(ii2, jj2)) = grayMat(I2(ii, jj), I2(ii2, jj2)) + 1;
        end
    end
end
```

下面给出一个利用 **grayMat** 函数计算灰度共现矩阵的调用示例。

```
>> I=imread('../littleTexture.bmp');
>> gm = grayMat(I, 3)                    % 默认计算+45°空间位置关系的灰度共现矩阵，灰度级为 3

gm =

    16     0     0
     0    16     0
     0     0    18

>> gm = grayMat(I, 3, 1, 0, -1, 0) % 计算水平空间位置关系的灰度共现矩阵，灰度级为 3

gm =

     0    10    10
    10     0    10
    10    10     0
```

与获得直方图特征向量类似，我们可以直接将矩阵 $\boldsymbol{P}_\delta$ 的按行或按列存储后得到的向量作为特征向量。但由于 $\boldsymbol{P}_\delta$ 通常较大，更多的时候我们是将 $\boldsymbol{P}_\delta$ 的某些重要的统计特征（如二阶矩、对比度和熵等）组合成为特征向量。

12.3　特征降维

12.3.1　维度灾难

之前我们已经不止一次提到特征向量的维数过高会增加计算的复杂度，从而给后续的分类问题带来负担。实际上，维数过高的特征向量对分类性能（识别率）也会产生负面的影响。人们通常认为，样本向量的维数越高，就越能了解样本更多方面的属性，而掌握越多的情况，对提高识别率越有利。但在实践中，事实并非如此。

如图 12.7 所示，对于已知的样本数目，存在着一个特征数目的最大值，当实际使用的特征数目超过这个最大值时，分类器的性能不是得到改善，而是发生退化。这种现象是模式识别中被称为"维度灾难"的问题的一种表现形式。例如，假设要区分西瓜和冬瓜，它们表皮的纹理和长宽比例都是很好的特征，此外还可以加上瓜籽的颜色来辅助判断，然而加入重量、体积等特征可能是无益的，甚至还会对分类造成干扰。

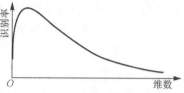

图 12.7　识别率随特征维数的变化情况

基于以上原因，降维对人们产生了巨大的吸引力。在低维空间中进行计算和分类将变得简单很多，训练（教会分类器区分不同类型样本的过程，见第 13 章）所需的样本数目也会大大减少。通过选择好的特征并摒弃坏的特征（见 12.3.2 小节），有助于分类器性能的提升。当通过组合特征降维时，在绝大多数情况下，因丢弃某些特征而损失的信息可通过低维空间中更加精确的映射（见 12.3.3 小节）得到补偿。

具体地说，降低维数的方法有两种：特征选择和特征抽取，如图 12.8 所示。特征选择是指选择全部特征的一个子集作为特征向量；特征抽取是指通过已有特征的组合建立一个新的特征子集，12.3.3 小节将要介绍的主成分分析就是借助原有特征的线性组合建立新的特征子集的一种特征抽取方法。

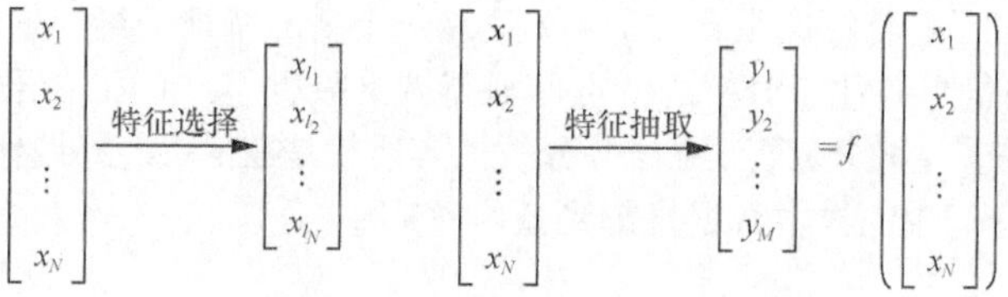

$$\begin{bmatrix} x_1 \\ x_2 \\ \vdots \\ x_N \end{bmatrix} \xrightarrow{\text{特征选择}} \begin{bmatrix} x_{l_1} \\ x_{l_2} \\ \vdots \\ x_{l_N} \end{bmatrix} \qquad \begin{bmatrix} x_1 \\ x_2 \\ \vdots \\ x_N \end{bmatrix} \xrightarrow{\text{特征抽取}} \begin{bmatrix} y_1 \\ y_2 \\ \vdots \\ y_M \end{bmatrix} = f\left(\begin{bmatrix} x_1 \\ x_2 \\ \vdots \\ x_N \end{bmatrix}\right)$$

图 12.8　特征选择和特征抽取

12.3.2　特征选择简介

重新回到 12.1.3 小节中的那个鸢尾属植物的分类问题。对于每一个鸢尾属植物样本，共有 4 个属性可以使用——花瓣长度、花瓣宽度、萼片长度和萼片宽度。我们的目的是从中选择两个属性组成特征向量并用于分类鸢尾属植物。

例 12.2 中的 MATLAB 程序选择了不同的特征子集，并给出了在对应的特征空间中样本分布的可视化表示。

[例 12.2]　不同特征对分类影响的可视化分析。

```
>> load fisheriris              % 载入 MATLAB 自带的鸢尾属植物数据集
>> data = [meas(:,1), meas(:,2)]; % 采用花瓣长度和花瓣宽度作为特征
>> figure
>>  scatter(data(1:50, 1), data(1:50, 2), 'b+')            % 第一类
hold on,scatter(data(51:100, 1), data(51:100, 2), 'r*')    % 第二类
hold on,scatter(data(101:150, 1), data(101:150, 2), 'go')  % 第三类
>> data = [meas(:,1), meas(:,3)]; % 采用花瓣长度和萼片长度作为特征
>> figure
>>  scatter(data(1:50, 1), data(1:50, 2), 'b+')            % 第一类
hold on,scatter(data(51:100, 1), data(51:100, 2), 'r*')    % 第二类
hold on,scatter(data(101:150, 1), data(101:150, 2), 'go')  % 第三类
```

上述程序的运行结果如图 12.9 所示，读者从中可以体会选择不同的特征对分类的影响有多么大。在图 12.9（a）中，"*"和"o"代表的两类样本在二维空间——花瓣长度-花瓣宽度中互相交叠，很难区分；而在图 12.9（b）中，在选择花瓣长度和萼片长度作为特征的情况下，区分变得相对容易。由此可以得出结论：对于分类 3 种鸢尾属植物这种模式识别问题，由花瓣长度和萼片长度组成的特征向量相比由花瓣长度和花瓣宽度组成的特征向量最具区分力。

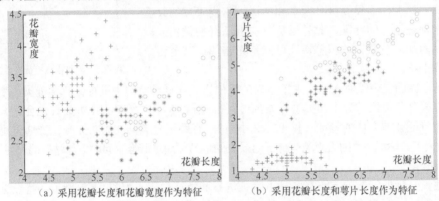

（a）采用花瓣长度和花瓣宽度作为特征　　　（b）采用花瓣长度和萼片长度作为特征

图 12.9　3 类不同的鸢尾属植物样本在不同二维特征空间中的分布情况

12.3.3　主成分分析

特征抽取是指通过已有特征的组合（变换）建立一个新的特征子集。在众多的组合方法中，线性组合（变换）因计算简单且便于分析的特点而显得颇具吸引力。下面介绍一种通过特征的线性组合来实现降维的方法——主成分分析。主成分分析的实质就是在尽可能好地代表原始数据的前提下，通过线性变换将高维空间中的样本数据投影到低维空间中。

1．理论基础

主成分分析是多变量分析中较"老"的技术之一，源于通信理论中的 K-L 变换，1901 年由 Pearson 第一次提出，直到 1963 年 Karhunan Loève 做出归纳，其间经历了多次修改。

（1）问题描述

对于 d 维空间中的 n 个样本 $x_1, x_2, \cdots, x_n$，考虑如何在低维空间中最好地代表它们。

（2）理论推导

1）零维时的情况

首先从"零"开始，即考虑在零维空间（只有一个点）中，如何用一个 d 维向量 x_0（d 维空间中的一个点）来表示这 n 个样本，使得 x_0 到这 n 个样本的距离平方和 $E_0(x_0)$ 最小，其中

$$E_0(x_0) = \sum_{i=1}^{n} \| x_0 - x_i \|^2 \tag{12-8}$$

若以 m 表示样本均值，即 $m = \dfrac{1}{n} \sum_{i=1}^{n} x_i$，则有

$$E_0(x_0) = \sum_{i=1}^{n} \| (x_0 - m) - (x_i - m) \|^2$$

$$= \sum_{i=1}^{n} \| x_0 - m \|^2 - 2\sum_{i=1}^{n} (x_0 - m)^{\mathrm{T}} (x_i - m) + \sum_{i=1}^{n} \| x_i - m \|^2$$

$$= \sum_{i=1}^{n} \| x_0 - m \|^2 - 2(x_0 - m)^{\mathrm{T}} \sum_{i=1}^{n} (x_i - m) + \sum_{i=1}^{n} \| x_i - m \|^2$$

因为
$$\sum_{i=1}^{n}(\boldsymbol{x}_i - \boldsymbol{m}) = \sum_{i=1}^{n}\boldsymbol{x}_i - n\cdot\boldsymbol{m} = \sum_{i=1}^{n}\boldsymbol{x}_i - n\cdot\frac{1}{n}\sum_{i=1}^{n}\boldsymbol{x}_i = 0$$

所以
$$E_0(\boldsymbol{x}_0) = \sum_{i=1}^{n}\|\boldsymbol{x}_0 - \boldsymbol{m}\|^2 + \sum_{i=1}^{n}\|\boldsymbol{x}_i - \boldsymbol{m}\|^2 \tag{12-9}$$

由于式（12-9）中等号右边的第二项与 $\boldsymbol{x}_0$ 无关，显然，$E_0(\boldsymbol{x}_0)$ 在 $\boldsymbol{x}_0 = \boldsymbol{m}$ 时有最小值。这一结论表明，能够在最小均方意义下最好地代表原来的 n 个样本的 d 维向量就是这 n 个样本的均值。换言之，如果只允许以 d 维空间中的一个点作为 d 维空间中原来 n 个样本点的代表，那么这个点就是这 n 个样本点的均值。

2）一维时的情况

样本均值是样本数据集的零维表达（1 个点）。尽管非常简单，但所有样本在零维空间中都被压缩到了同一个点，因此无法反映样本之间的差异，也就无法进行分类。为了使样本具有可分区性，下面进一步考虑一维（d 维空间中的一条直线）时的情况，通过将全部样本向经过样本均值 $\boldsymbol{m}$ 的一条直线做垂直投影，就能够得到全部样本的一维表达。令 $\boldsymbol{e}$ 表示这条经过样本均值的直线的单位方向向量，则直线方程可表示为

$$\boldsymbol{x} = \boldsymbol{m} + a\boldsymbol{e}$$

其中的 a 为一个实数标量，表示直线上的某个点与点 $\boldsymbol{m}$ 的距离。

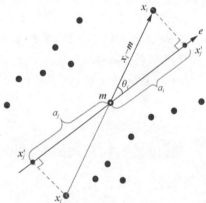

图 12.10 样本的一维表达

由图 12.10 可知，我们可以将样本 $\boldsymbol{x}_i$ 在直线 $\boldsymbol{e}$ 上的垂直投影 a_i 作为 $\boldsymbol{x}_i$ 的一维表达，记作 $\boldsymbol{x}_i^{(1)} = (a_i)$。而 $\boldsymbol{x}_i' = \boldsymbol{m} + a_i\boldsymbol{e}$ 可以看作在一维空间（直线 $\boldsymbol{e}$）中对 $\boldsymbol{x}_i$ 的近似，由垂直关系可知

$$a_i = |\boldsymbol{x}_i - \boldsymbol{m}|\cdot\cos(\theta_i) \tag{12-10}$$

由于 θ_i 是向量 $\boldsymbol{x}_i - \boldsymbol{m}$ 与向量 $\boldsymbol{e}$ 的夹角且 $|\boldsymbol{e}| = 1$，因此式（12-10）也可表示为

$$a_i = |\boldsymbol{x}_i - \boldsymbol{m}|\cdot|\boldsymbol{e}|\cdot\cos(\theta_i) = \boldsymbol{e}\cdot(\boldsymbol{x}_i - \boldsymbol{m}) = (\boldsymbol{e})^{\mathrm{T}}(\boldsymbol{x}_i - \boldsymbol{m}) \tag{12-11}$$

其中的 $(\boldsymbol{e})^{\mathrm{T}}$ 表示 $\boldsymbol{e}$ 的转置。

关键的问题就是如何确定直线 $\boldsymbol{e}$ 的最优方向以使平方误差 $E_1(\boldsymbol{e})$ 最小。下面给出推导过程。

$$E_1(\boldsymbol{e}) = \sum_{i=1}^{n}\|(\boldsymbol{m} + a_i\boldsymbol{e}) - \boldsymbol{x}_i\|^2 = \sum_{i=1}^{n}\|a_i\boldsymbol{e} - (\boldsymbol{x}_i - \boldsymbol{m})\|^2$$

$$= \sum_{i=1}^{n}a_i^2\|\boldsymbol{e}\|^2 - 2\sum_{i=1}^{n}a_i\boldsymbol{e}^{\mathrm{T}}(\boldsymbol{x}_i - \boldsymbol{m}) + \sum_{i=1}^{n}\|\boldsymbol{x}_i - \boldsymbol{m}\|^2$$

将式（12-11）代入，得到

$$E_1(\boldsymbol{e}) = \sum_{i=1}^{n}a_i^2 - 2\sum_{k=i}^{n}a_i^2 + \sum_{i=1}^{n}\|\boldsymbol{x}_i - \boldsymbol{m}\|^2$$

$$= -\sum_{i=1}^{n}a_i^2 + \sum_{i=1}^{n}\|\boldsymbol{x}_i - \boldsymbol{m}\|^2$$

$$= -\sum_{i=1}^{n}(\boldsymbol{e}^{\mathrm{T}}(\boldsymbol{x}_i - \boldsymbol{m}))^2 + \sum_{i=1}^{n}\|\boldsymbol{x}_i - \boldsymbol{m}\|^2$$

$$= -\sum_{i=1}^{n} e^{\mathrm{T}} (x_i - m)(x_i - m)^{\mathrm{T}} e + \sum_{i=1}^{n} \| x_i - m \|^2$$

$$= -e^{\mathrm{T}} (\sum_{i=1}^{n} (x_i - m)(x_i - m)^{\mathrm{T}}) e + \sum_{i=1}^{n} \| x_i - m \|^2$$

$$= -e^{\mathrm{T}} S e + \sum_{i=1}^{n} \| x_i - m \|^2 \tag{12-12}$$

其中，$d \times d$ 矩阵 $S = \sum_{i=1}^{n} (x_i - m)(x_i - m)^{\mathrm{T}}$，称为散布矩阵（scatter matrix），观察它的形式后不难发现，散布矩阵 S 实际上是样本协方差矩阵的 $n-1$ 倍。

在式（12-12）中，第二项与 e 无关，显然，要想让 $E_1(e)$ 最小，就必须使第一个负数项 $e^{\mathrm{T}} S e$ 最大。$e^{\mathrm{T}} S e$ 的最大化是一个带有约束条件的优化问题，可以采用高等数学中的拉格朗日乘数法来求解，约束条件为 $|e|=1$。

令 $y = e^{\mathrm{T}} S e - \lambda (e^{\mathrm{T}} e - 1)$，其中的 λ 为拉格朗日乘数，通过对 e 求偏导并令偏导为 0，可以得到

$$\frac{\partial y}{\partial e} = 2 S e - 2 \lambda e = 0 \Rightarrow S e = \lambda e \tag{12-13}$$

我们在式（12-13）的推导过程中用到了矩阵运算的结论 $\frac{\partial e^{\mathrm{T}} S e}{\partial e} = (S + S^{\mathrm{T}}) e = 0$，因散布矩阵 S 为对称阵，故有

$$\frac{\partial e^{\mathrm{T}} S e}{\partial e} = 2 S e \tag{12-14}$$

式（12-13）中的 S 为一个 d 阶方阵，e 为一个 d 维向量，λ 为一个实数。显然，这是线性代数中本征方程的典型形式，λ 是本征值，而 e 是散布矩阵 S 的本征向量。对式（12-13）稍加变形——在两边同时左乘 e^{T}，得到

$$e^{\mathrm{T}} S e = \lambda e^{\mathrm{T}} e = \lambda \tag{12-15}$$

至此，我们可以很自然地得出结论：为了最大化 $e^{\mathrm{T}} S e$，应当选取散布矩阵 S 的最大本征值对应的本征向量作为投影直线 e 的方向。也就是说，通过将全部 n 个样本 $x_1, x_2, \cdots, x_n$ 向散布矩阵 S 的最大本征值对应的本征向量为方向的直线投影，可以得到这 n 个样本在最小平方误差意义下的一维表示 $a_1, a_2, \cdots, a_n$。在本质上，这个投影变换实际上就是基的转换。在原来的 d 维空间中，d 个基分别是每个坐标轴方向的单位矢量 $\phi_i (i=1,2,\cdots,n)$，空间中的某个样本 $x_i = (x_{i1}, x_{i2}, \cdots, x_{id})$ 可以由这组基表示为

$$x_i = \sum_{k=1}^{d} x_{ik} \phi_i \tag{12-16}$$

在投影至直线 e 之后，在新的一维空间中（仅有一条直线），单位矢量 e 就成了唯一的一个基，因而在这个一维空间中，某个样本 x_i' 同样可以由这个基向量 e 表示为

$$x_i' = m + a_i e \tag{12-17}$$

此时，x_i' 就是原始样本 x_i 经投影变换降维后的一维描述。注意，在原来的 d 维空间中，原始样本 x_i 是以基展开式（见式（12-16））中基的系数来表示的：$x_i = (x_{i1}, x_{i2}, \cdots, x_{id})$。同样在一维空间中，原始样本 x_i 也可用基向量 e 的系数表示为一维向量：$x_i^{(1)} = (a_i)$。

（3）推广至 d' 维

上述结论可以立刻从一维空间（直线）的投影推广至 d' 维空间（$d' \leqslant d$）的投影。将式（12-17）重写为

$$x = m + \sum_{k=1}^{d'} a_k e_k \qquad (12\text{-}18)$$

新的平方误差准则函数为

$$E_{d'}(e_1, e_2, \cdots, e_{d'}) = \sum_{i=1}^{n} \| (m + \sum_{k=1}^{d'} a_{ik} e_i) - x_i \|^2$$

我们很容易就能证明 $E_{d'}$ 在向量 $e_1, e_2, \cdots, e_{d'}$ 分别为散布矩阵 S 的前 d' 个（从大到小）本征值对应的本征向量时有最小值。因为散布矩阵 S 为实对称矩阵，所以这些本征向量都是彼此正交的。这些本征向量 $e_1, e_2, \cdots, e_{d'}$ 构成了低维（d' 维）空间中的一组基向量，任何属于这个 d' 维空间的向量 x_i' 均可由这组基表示。

$$x_i' = m + \sum_{k=1}^{d'} a_{ik} e_k \qquad (12\text{-}19)$$

其中

$$a_{ik} = e_k \cdot (x_i - m) = e_k^{\mathrm{T}}(x_i - m) \qquad (12\text{-}20)$$

式（12-19）中对应于基向量 $e_1, e_2, \cdots, e_{d'}$ 的系数 $a_{i1}, a_{i2}, \cdots, a_{id'}$ 被称作主成分（principal component），d' 维向量 $x_i^{(d')} = (a_{i1}, a_{i2}, \cdots, a_{id'})$ 即原始样本 x_i 在由基向量 $e_1, e_2, \cdots, e_{d'}$ 张成的 d' 维空间中的低维表示，而 x_i' 实际上是对原始样本 x_i 的一种近似，并且近似的程度会随着 d' 的增大而增加，这一过程可以看成对原始样本 x_i 的重建。在这个意义上，我们将式（12-20）通过投影计算系数 a_{ik} 的过程称为**分解**，而将式（12-19）在变换空间中计算 x_i' 的过程称为**重构**。

注意，上面这些内容和傅里叶变换中的分解（傅里叶变换）与重构（傅里叶反变换）十分相似，只是傅里叶变换中的基是正弦和余弦形式的基函数，而这里的基是基矢量（基向量）。两者在本质上都是一种基或者说是坐标系变换，分解过程就是将原始数据或函数转换到新的基（坐标系），而重建过程就是用新的基来表示原始数据或函数。

2. 几何解释

从多元统计分析的角度看，样本 $x_1, x_2, \cdots, x_n$ 将在原来的 d 维空间中形成一个 d 维的椭球云团，而散布矩阵的本征向量就是这个椭球的主轴，如图 12.11 所示。PCA 实际上就是寻找云团散布最大的主轴的方向，并通过向这些方向向量张成的空间进行投影来达到降维特征空间的目的。同时，从图 12.11 中我们不难发现，PCA 投影转换坐标系（从原来的 ϕ_1-ϕ_2 坐标系转换为 e_1-e_2 坐标系）的过程实际上就是去除数据的线性相关性，这一点读者可以通过计算 PCA 变换前后的样本的协方差矩阵来加以验证。

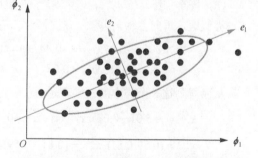

图 12.11　二维空间中的椭球云团及其两个主轴

3. PCA 计算

在学完前面略显枯燥的理论知识之后，下面让我们来看一个 PCA 计算实例，该例旨在帮助读者巩固之前所学的 PCA 理论并掌握 PCA 计算要点。

[例 12.3] PCA 计算。

计算如下二维数据集中的主成分，并利用 PCA 将数据降至一维和二维。然后尝试分别利用一个和两个主成分实现对第一个样本的重构。

$$X = \{(1,2),(3,3),(3,5),(5,4),(5,6),(6,5),(8,7),(9,8)\}$$

（1）计算散布矩阵 S 的本征向量

首先计算散布矩阵 S（或样本协方差矩阵，$n-1$ 倍的系数不会影响本征向量的计算）。

样本均值：$\boldsymbol{m} = (5, 5)$。

$$S = \sum_{i=1}^{8}(\boldsymbol{x}_i - \boldsymbol{m})(\boldsymbol{x}_i - \boldsymbol{m})^{\mathrm{T}} = \begin{bmatrix} 6.25 & 4.25 \\ 4.25 & 3.5 \end{bmatrix}$$

接下来解式（12-13）中的本征方程。

由 $S\boldsymbol{e} = \lambda\boldsymbol{e}$ 可以得出 $|S - \lambda I|\boldsymbol{e} = 0$，其中的 I 为 2×2 的单位矩阵，于是

$$\begin{vmatrix} 6.25 - \lambda & 4.25 \\ 4.25 & 3.5 - \lambda \end{vmatrix} = 0$$

展开上式左侧的行列式，最终解得

$$\lambda_1 = 9.34, \quad \lambda_2 = 0.41$$

最后将 λ_1 和 λ_2 分别代入式（12-13），解得 $\boldsymbol{e}_1 = (0.81, 0.59)^{\mathrm{T}}$，$\boldsymbol{e}_2 = (-0.59, 0.81)^{\mathrm{T}}$。注意 $\boldsymbol{e}_1$ 和 $\boldsymbol{e}_2$ 是彼此正交的单位向量，如图 12.12 所示。

（2）降至一维

通过将 8 个样本向其主轴 $\boldsymbol{e}_1$ 投影，可以得到这 8 个样本的一维表示。

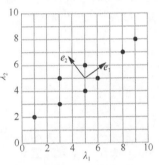

图 12.12 样本分布及其主轴方向

根据公式 $a_{i1} = \boldsymbol{e}_1^{\mathrm{T}}(\boldsymbol{x}_i - \boldsymbol{m})$（其中 $i = 1, 2, \cdots, 8$），可以得到

$$a_{11} = -5.01, a_{21} = -2.8, a_{31} = -1.62, a_{41} = -0.59, a_{51} = 0.59, a_{61} = 0.81,$$
$$a_{71} = 3.61, a_{81} = 5.01$$

从而得到这 8 个样本的一维表示

$$\boldsymbol{x}_1^{(1)} = -5.01, \boldsymbol{x}_2^{(1)} = -2.8, \boldsymbol{x}_3^{(1)} = -1.62, \boldsymbol{x}_4^{(1)} = -0.59, \boldsymbol{x}_5^{(1)} = 0.59, \boldsymbol{x}_6^{(1)} = 0.81,$$
$$\boldsymbol{x}_7^{(1)} = 3.61, \boldsymbol{x}_8^{(1)} = 5.01$$

（3）降至二维

类似地，再向主轴 $\boldsymbol{e}_2$ 投影，根据公式 $a_{i2} = \boldsymbol{e}_2^{\mathrm{T}}(\boldsymbol{x}_i - \boldsymbol{m})$（其中 $i = 1, 2, \cdots, 8$），可以得到

$$a_{12} = -0.07, a_{22} = -0.44, a_{32} = 1.18, a_{42} = -0.81, a_{52} = 0.81, a_{62} = -0.59,$$
$$a_{72} = -0.15, a_{82} = 0.07$$

从而得到这 8 个样本的二维表示

$$\boldsymbol{x}_1^{(2)} = (-5.01, -0.07), \boldsymbol{x}_2^{(2)} = (-2.8, -0.44), \boldsymbol{x}_3^{(2)} = (-1.62, 1.18), \boldsymbol{x}_4^{(2)} = (-0.59, -0.81),$$
$$\boldsymbol{x}_5^{(2)} = (0.59, 0.81), \boldsymbol{x}_6^{(2)} = (0.81, -0.59), \boldsymbol{x}_7^{(2)} = (3.61, -0.15), \boldsymbol{x}_8^{(2)} = (5.01, 0.07)$$

（4）重构

如果仅仅通过一个主成分分量来实现对原始样本 $\boldsymbol{x}_1$ 的近似（重构），则有

$$\boldsymbol{x}_1' = \boldsymbol{m} + a_{11}\boldsymbol{e}_1 = (0.9419, 2.0441)$$

近似程度可以通过 $\boldsymbol{x}_1'$ 与原始样本 $\boldsymbol{x}_1$ 的欧氏距离来衡量。

$$\mathrm{dist}^{(1)} = \parallel \boldsymbol{x}_1 - \boldsymbol{x}_1' \parallel = \sqrt{(1-0.9419)^2 + (2-2.0441)^2} = 0.0729$$

而如果通过两个主成分分量来实现对原始样本 $\boldsymbol{x}_1$ 的近似（重构），则有

$$\boldsymbol{x}_1' = \boldsymbol{m} + \sum_{k=1}^{2} a_{1k}\boldsymbol{e}_k = (0.9832, 1.9874)$$

于是得到
$$\mathrm{dist}^{(2)} = \parallel \boldsymbol{x}_1 - \boldsymbol{x}_1' \parallel = 0.021$$

注意 $\mathrm{dist}^{(2)} < \mathrm{dist}^{(1)}$，这和我们之前给出的近似程度会随着主成分数目的增大而增加的结论是一致的。

4. 数据表示与数据分类

通过 PCA 降维后的数据并不一定有利于分类，因为 PCA 的目的是在低维空间中尽可能好地表示原始数据，确切地说，是在最小均方差意义下表示原始数据。但这一目的有时会和数据分类的初衷相违背。图 12.13 说明了这种情况，PCA 投影后的数据样本虽然在最小均方差意义下得到最好保留，但在降维后的一维空间中，两类样本变得非常难以区分。图 12.13 还给出了一种适合于分类的投影方案，这种投影方案对应着另一种常用的降维方法——线性判别分析（Linear Discriminant Analysis, LDA）。PCA 寻找的是能够有效表示数据的主轴方向，而 LDA 则寻找用来有效分类的投影方向。

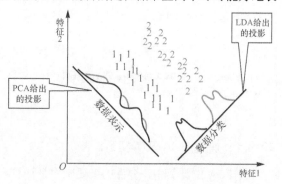

图 12.13　分别以数据表示和数据分类为目的的降维方法

5. PCA 的 MATLAB 实现

princomp 函数实现了对 PCA 的封装，调用语法如下。

```
[COEFF, SCORE,latent] = princomp(X);
```

参数说明

- X 是由原始样本组成的一个 $n \times d$ 的矩阵，其中的每一行表示一个样本特征向量，每一列则表示样本特征向量的维度。例如，对于例 12.2 中的问题，X 就是一个 8×2 的样本矩阵，总共 8 个样本，每个样本都是二维的。

返回值

- COEFF 为主成分分量，即变换空间中的基向量 $\boldsymbol{e}_1, \boldsymbol{e}_2, \cdots, \boldsymbol{e}_d$，同时它也是样本协方差矩阵的本征向量。
- SCORE 为 X 的低维表示，即 X 中的数据在主成分分量上的投影（可根据需要取其中的前几列），也就是前文描述中的系数 $a_{i1}, a_{i2}, \cdots, a_{id'}$。
- latent 为包含样本协方差矩阵本征值的向量。

下面我们利用 princomp 函数重新完成例 12.3，相应的代码如下。

```
>> X = [1,2;3,3;3,5;5,4;5,6;6,5;8,7;9,8] % 样本矩阵，其中的每一行表示一个样本特征向量
X =
    1    2
    3    3
    3    5
    5    4
    5    6
    6    5
    8    7
    9    8
```

```
     9      8
>> [COEFF, SCORE, latent] = princomp(X);  % 主成分分析
>> COEFF                                   % 主成分分量（每一列则为变换空间中的一个基向量）
COEFF =
   0.8086   -0.5883
   0.5883    0.8086

>> SCORE      % SCORE(:,1)为 X 在变换空间中的一维表示，SCORE 为 X 在变换空间中的二维表示
SCORE =
  -4.9995   -0.0728
  -2.7939   -0.4407
  -1.6173    1.1766
  -0.5883   -0.8086
   0.5883    0.8086
   0.8086   -0.5883
   3.6025   -0.1476
   4.9995    0.0728

>> latent     % 样本协方差矩阵的本征值
latent =
  10.6764
   0.4664
```

12.3.4　快速 PCA 及其实现

在 PCA 的计算中，要做的主要工作是计算样本协方差矩阵的本征值和本征向量。若样本矩阵 X 的大小为 $n \times d$（n 个 d 维样本特征向量），则样本散布矩阵（样本协方差矩阵）S 将是 $d \times d$ 的方阵，因而当维数 d 较大时，计算复杂度会非常高。例如，当维数 d=10 000 且 S 是一个 10 000 × 10 000 的矩阵时，如果采用 princomp 函数计算主成分，则 MATLAB 通常会出现内存耗尽的错误，即使有足够多的内存，为了得到 S 的全部本征值，也可能要花费数小时的时间。

1. 理论基础

幸运的是，对于这样的问题我们并非束手无策。有一个非常好的 PCA 加速技巧可以用来计算散布矩阵 S 的非零本征值对应的本征向量。若 $Z_{n \times d}$ 为样本矩阵 X 中的每个样本减去样本均值 m 后得到的矩阵，则散布矩阵 S 为 $(Z^{T}Z)_{d \times d}$。现在考虑矩阵 $R = (ZZ^{T})_{n \times n}$，一般情况下，由于样本数目 n 远远小于样本维数 d，因此 R 的尺寸也远远小于散布矩阵 S。然而，R 与 S 有着相同的非零本征值。

若 n 维列向量 v 是 R 的本征向量，则有

$$(ZZ^{T})v = \lambda v \qquad\qquad (12\text{-}21)$$

在式（12-21）的两边同时左乘 Z^{T} 并应用矩阵乘法的结合律，得到

$$(Z^{T}Z)(Z^{T}v) = \lambda(Z^{T}v) \qquad\qquad (12\text{-}22)$$

式（12-22）说明 $Z^{T}v$ 为散布矩阵 $S=(Z^{T}Z)_{d \times d}$ 的特征值。这说明可以先计算矩阵 $R = (ZZ^{T})_{n \times n}$ 的本征向量 v，而后再通过左乘 Z^{T} 得到散布矩阵 $S=(Z^{T}Z)_{d \times d}$ 的本征向量 $Z^{T}v$。

2. MATLAB 实现

下面编写 fastPCA 函数来对样本矩阵 A 进行快速主成分分析和降维（降至 k 维）。这个函数的输出 pcaA 为降维后的 k 维样本特征向量组成的矩阵，其中的每一行表示一个样本特征向量；列数 k 为降维后的样本特征向量的维数，相当于 princomp 函数的输出 SCORE；而输出 V 为主成分分量，相当于 princomp 函数的输出 COEFF。

fastPCA 函数的实现代码如下。

```
function [pcaA V] = fastPCA( A, k )
```

```
% 快速 PCA
%
% 输入：A --- 样本矩阵，其中的每一行表示一个样本
%      k --- 降至 k 维
%
% 输出：pcaA --- 降维后的 k 维样本特征向量组成的矩阵，其中的每一行表示一个样本特征向量，列数 k 为降维后
% 样本特征向量的维数
%      V --- 主成分向量

[r c] = size(A);

% 样本均值
meanVec = mean(A);

% 计算协方差矩阵的转置矩阵 covMatT
Z = (A-repmat(meanVec, r, 1));
covMatT = Z * Z';

% 计算 covMatT 矩阵的前 k 个本征值和本征向量
[V D] = eigs(covMatT, k);

% 得到协方差矩阵的本征向量
V = Z' * V;

% 将本征向量归一化为单位本征向量
for i=1:k
    V(:,i)=V(:,i)/norm(V(:,i));
end

% 通过线性变换（投影）降至 k 维
pcaA = Z * V;

% 保存变换矩阵 V 和变换原点 meanVec
save('Mat/PCA.mat', 'V', 'meanVec');
```

在 fastPCA 函数的实现代码中，我们调用了 MATLAB 库函数 eigs 来计算矩阵 $R = (ZZ^T)_{n \times n}$ 的前 k 个本征向量，即对应于最大的 k 个本征值的本征向量。eigs 函数的调用语法如下。

```
[V, D] = eigs(R, k)
```

参数说明

R 为想要计算本征值和本征向量的矩阵。

k 为想要计算的本征向量数。

返回值

- 输出矩阵 V 的每一列对应一个本征向量，k 个本征向量从左向右排列。
- 对角矩阵 D 的对角线上的每一个元素对应一个本征值。

在得到包含 R 的特征向量的输出矩阵 V 之后，为了计算散布矩阵 S 的本征向量，只需要计算 $Z^T V_{d \times k}$ 即可。此外，我们还应注意 PCA 中需要的是具有单位长度的本征向量，因而最后还需要除以向量的模，从而将正交本征向量归一化为单位正交本征向量。

这里建议读者找到一个维数较高的数据集，分别利用 princomp 和 fastPCA 函数进行 PCA 计算并比较它们的效率。在关于人脸特征抽取的高级应用中，我们将使用 fastPCA 函数对超过 10 000 维的人脸样本矩阵进行主成分分析。

12.4 综合案例——基于 PCA 的人脸特征抽取

在本节中，我们将运用 PCA 技术来抽取人脸特征。一幅人脸照片往往由比较多的像素构成，如果以每个像素作为一维特征，我们将得到一个维数非常高的特征向量，计算也将变得十分困难，而且这些像素之间通常具有相关性。于是，在利用 PCA 技术降低维数的同时，在一定程度上去除原始特征中各维之间的相关性，自然就成了一种比较理想的方案。

下面介绍这个综合案例的实现过程以及相关的问题。本节后面出现的 MATLAB 实现代码都被封装在 PCA_ORL 工具箱中。

12.4.1 数据集简介

这里采用的数据集来自著名的 ORL 人脸库。下面我们首先对 ORL 人脸库做简单介绍。

（1）ORL 人脸库中共有 400 幅人脸图像（共 40 人，每人有 10 幅图像，每幅图像的大小为 112×92）。

（2）ORL 人脸库比较规范，大多数图像的光照方向和强度都差不多。

（3）每一组人脸图像存在少许表情、姿势、伸缩的变化，眼睛对得不是很准，尺度差异在 10% 左右。

（4）并不是每个人都有所有这些变化的图像。例如，有些人的姿势变化多一点，有些人的表情变化多一点，有些人还戴着眼镜，但这些变化都并不大。

ORL 人脸库中第 1 个人的 8 幅人脸图像如图 12.14 所示。

正是基于 ORL 人脸库中的图像在光照以及关键点（如眼睛、嘴巴的位置）等方面比较规范的特点，我们的实验可以直接展开，而不用事先对图像进行归一化和校准等。读者可以从 cam.ac.uk 官网下载 ORL 人脸库中的数据。这里选用每个人的前 5 张图片作为实验用的数据集，这样就有了 40 个人的共 200 幅人脸图像。

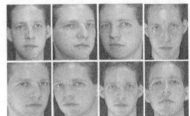

图 12.14 ORL 人脸库中第 1 个人的 8 幅人脸图像

12.4.2 生成样本矩阵

我们首先要做的是将这 200 幅人脸图像转换为向量形式，进而组成样本矩阵。ReadFaces 函数被用于完成这一任务。

ReadFaces 函数将依次读入样本图像（假定 40 个人的样本图像位于 "Data/ORL/" 路径下，比如第 18 个人的 10 幅人脸图像位于 "Data/ORL/S18" 路径下），然后将 112×92 的人脸图像按列存储为一个 10 304 维的行向量并作为样本矩阵 FaceContainer 中的一个样本（一行），最后将样本矩阵 FaceContainer 保存至 Mat 目录下的 FaceMat.mat 文件中。ReadFaces 函数的具体实现如下。

```
function [imgRow,imgCol,FaceContainer,faceLabel]=ReadFaces(nFacesPerPerson, nPerson, bTest)
% 读入 ORL 人脸库中指定数目的人脸图像
%
% 输入: nFacesPerPerson --- 对于每个人需要读入的样本数目, 默认为 5
% nPerson --- 需要读入的人数, 默认为 40
% bTest --- 布尔型参数, 默认为 0, 表示读入训练样本 (前 5 幅图像); 如果为 1, 表示读入测试样本 (后 5 幅图像)
%
% 输出: FaceContainer --- 向量化的人脸容器, 一个 nPerson * 10304 的二维矩阵, 其中的每一行对应一个人脸向量

if nargin==0 %default value
   nFacesPerPerson=5;           % 前 5 幅图像用于训练
   nPerson=40;                  % 需要读入的人数 (每人共 10 张图像, 前 5 幅图像用于训练)
```

```matlab
   bTest = 0;
elseif nargin < 3
   bTest = 0;
end

img=imread('Data/ORL/S1/1.pgm');% 为了计算尺寸，可以先读入一幅图像
[imgRow,imgCol]=size(img);


FaceContainer = zeros(nFacesPerPerson*nPerson, imgRow*imgCol);
faceLabel = zeros(nFacesPerPerson*nPerson, 1);

% 读入训练数据
for i=1:nPerson
   i1=mod(i,10);
   i0=char(i/10);
   strPath='Data/ORL/S';
   if( i0~=0 )
       strPath=strcat(strPath,'0'+i0);
   end
   strPath=strcat(strPath,'0'+i1);
   strPath=strcat(strPath,'/');
   tempStrPath=strPath;
   for j=1:nFacesPerPerson
       strPath=tempStrPath;

       if bTest == 0
           strPath = strcat(strPath, '0'+j);
       else
           strPath = strcat(strPath, num2str(5+j));
       end

       strPath=strcat(strPath,'.pgm');
       img=imread(strPath);

       % 把读入的图像按列存储为行向量并放入向量化的人脸容器 FaceContainer 的对应行中
       FaceContainer((i-1)*nFacesPerPerson+j, :) = img(:)';
       faceLabel((i-1)*nFacesPerPerson+j) = i;
   end % j
end % i

% 保存样本矩阵
save('Mat/FaceMat.mat', 'FaceContainer')
```

12.4.3 主成分分析

经过上面的处理，样本矩阵 FaceContainter 中的每一行就成了一个代表某个人脸样本的特征向量。通过进行主成分分析，我们可以将这些 10 304 维的样本特征向量降至 20 维。这样数据集中的每个人脸样本就可以用一个 20 维的特征向量来表示，从而作为后续分类任务中采用的特征。在本书的第 15 章中，我们将在本节所做工作的基础上采用支持向量机（SVM）对这些 20 维的人脸样本进行分类，从而实现一个简单的人脸识别系统。

对样本矩阵 FaceContainer 进行主成分分析的整个过程已被封装到下面的 main 函数中，参数 k 用于指定主成分分量的数目，表示降至 k 维。main 函数首先调用 ReadFaces 函数以得到人脸样本矩阵 FaceContainer，然后利用 12.3.4 小节介绍的 fastPCA 函数计算出样本矩阵的低维表示 LowDimFaces 和主成分分量矩阵 W，最后将 LowDimFaces 保存至 Mat 目录下的 LowDimFaces.mat 文件中。

```
function main(k)
% 对 ORL 人脸数据集进行主成分分析
%
% 输入：k --- 降至 k 维

% 用于定义图像宽度和高度的全局变量 imgRow 和 imgCol，它们将在 ReadFaces 函数中被赋值
global imgRow;
global imgCol;

% 读入每个人的前 5 幅图像
nPerson=40;
nFacesPerPerson = 5;
display('读入人脸数据……');
[imgRow,imgCol,FaceContainer,faceLabel]=ReadFaces(nFacesPerPerson,nPerson);
display('............................');

nFaces=size(FaceContainer,1);% 样本（人脸图像）数目
display('PCA 降维……');
% LowDimFaces 是一个 200×20 的矩阵，其中的每一行代表一张主成分脸(共 40 人，每人 5 张)，每张脸有 20 个特征
% W 是分离变换矩阵，一个 10304×20 的矩阵
[LowDimFaces, W] = fastPCA(FaceContainer, 20); % 进行主成分分析
visualize_pc(W);                               % 显示主成分脸
save('Mat/LowDimFaces.mat', 'LowDimFaces');
display('计算结束。');
```

通过下面的命令可以完成对 main 函数的调用，将人脸样本向量降至 20 维。

```
% 将工程所在的文件夹 PCA_ORL 添加到系统路径列表中
>> addpath(genpath('F:\doctor research\MATLAB Work\ebook\PCA_ORL')) % 换成您自己的 PCA_ORL
                                                                    % 绝对路径
>> main(20) % 提取前 20 个主成分，降至 20 维
```

上述命令运行后，系统就会在 Mat 目录下生成 LowDimFaces.mat 文件，里面的一个 200×20 的矩阵 LowDimFaces 是经过 PCA 降维后，样本矩阵 FaceContainer 的低维表示。200 个人脸样本对应的每一个特征向量已由原来的 10 304 维变成 20 维，这样后续的分类问题就变成了一个 20 维空间的划分问题，于是问题得到了简化。

12.4.4　主成分脸的可视化分析

　　fastPCA 函数的另一个输出为主成分分量矩阵 W，它是一个 10 304×20 的矩阵，其中的每一列是一个 10 304 维的主成分分量（样本协方差矩阵的本征向量），在人脸分析中，它们被习惯称为主成分脸。事实上，我们可以将这些列向量以 112×92 的分辨率来显示，这项工作是由 visualize_pc 函数完成的，实现过程如下。

```
function visualize_pc(E)
% 显示主成分分量（主成分脸，即变换空间中的基向量）
%
% 输入：E --- 主成分分量矩阵，其中的每一列是一个主成分分量

[size1 size2] = size(E);
global imgRow;
global imgCol;
row = imgRow;
```

```
col = imgCol;

if size2 ~= 20
    error('只用于显示 20 个主成分');
end;

figure
img = zeros(row, col);
for ii = 1:20
    img(:) = E(:, ii);
    subplot(4, 5, ii);
    imshow(img, []);
end
```

上述程序运行后，20 个主成分脸如图 12.15 所示。观察图 12.15，相信读者不难理解为什么主成分分量会被称为主成分脸。

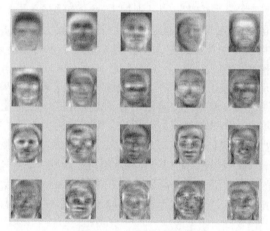

图 12.15　20 个主成分脸

1. 主成分脸的定量分析

回顾式（12-20）：

$$a_{ik} = e_k \cdot (x_i - m) = e_k^{\mathrm{T}}(x_i - m)$$

可以看到，样本 x_i 降维后的特征向量的每一维分量 $a_{ik}(k=1,2,\cdots,d')$ 都是主成分分量 e_k 和个体差异脸（$x_i - m$）的内积（（$x_i - m$）是某个体的人脸与平均人脸的差异）。也就是说，将原空间（$x_i - m$）中的每一维与 e_k 的对应一维相乘。因此，a_{ik} 可以看成对原 d 维空间中的向量（$x_i - m$）根据权向量 e_k 所做的一种加权求和（线性组合）。而作为主成分脸，e_k 的各维分量实际上给出了在 PCA 降维过程中，个体差异脸（$x_i - m$）的各维分量的重要程度。

2. 结合主成分脸的分析

首先，我们可以看到，图 12.15 中的 20 个主成分脸的一个共同点就是人脸区域之外的图像背景相对较暗，比较典型的第 1 行中的第 3 幅图像，其背景几乎为黑色，这是因为 ORL 人脸库中的人脸图像背景较为均匀一致，在原始的 d 维空间中，样本在对应背景的这些维上差异很小，从样本分布云团看，这些维上的云团散布最小，因此 e_k 对应于这些维的加权系数很小，在显现的图像中就是灰度小，从而表现为主成分脸的暗背景。

按照这种思路继续分析：对于第 1 个主成分脸来说，眉毛、鼻子和上嘴唇是图像中灰度相对较高的区域，这说明数据集中的 200 个人脸之间在这些位置存在较大的差异；观察第 1 行的第 5 个主成分脸，面部区域的整体亮度较高，这可能是数据集中人脸之间存在肤色差异导致的；其他典型的如第 2 行的第 3 个以及第 3 行的第 2 个主成分脸中的眼睛，第 2 行的第 1 个以及第 4 行的第 2 个主成分脸中的嘴，这些高亮度区域反映了数据集中人脸之间的五官差异。此外我们还注意到，同为五官之一的鼻子似乎并不"抢眼"，仅第 3 行的第 1 个主成分脸的鼻梁区域亮度相对高一些，这说明正面为主的人脸图像中鼻子之间差异不大，这正好和学术界普遍认可的鼻子在正面图像为主的人脸识别中作用不大的观点一致。

3. 降维对分类性能的影响

人类能够识别人脸，是由于不同的人在眼睛、嘴和眉毛等一些重要器官上的差别较大。经 $V=(e_1, e_2, \cdots, e_{d'})$ 的线性变换后，原始 d 维空间中那些差别较大的维在变换至低维空间的过程中会因较大的加权而得以保留；而那些每幅人脸图像都类似（缺乏区分力）的特征，如背景、鼻子、额头等，则被赋予较低的权值，从而在 d' 维空间中几乎没有得到体现。这样经 PCA 处理后，在特征向量的维数得到极大降低的同时，原始图像中那些差异最大的特征被最大程度保留（以一种线性组合的形式），而那些相对一致、区分力较差的特征则被丢弃。这就是在很多情况下降维后，分类的识别率并不会明显下降的原因。PCA 降维中因丢弃某些特征而损失的信息可以通过在低维空间中更加精确地进行映射得到补偿，从而在低维空间中得到与高维空间中相差不多的识别率。

4. PCA 能够很好工作的前提

细心的读者可能会发现，某些主成分脸在人脸边缘处出现了较高的灰度，这是数据集图像中人脸的姿态和位置存在差异造成的，幸好这种差异不大（10%左右）。实际上，在我们的人脸识别系统中，经过 PCA 降维的 20 维样本矩阵能够很好地用于人脸识别的另一个关键点在于：ORL 人脸库中的大部分人脸在图像中占据着大致相同的区域，姿态差异度不大，并且眼睛、鼻子、发迹线和嘴的位置也大体相同。否则，200 幅人脸图像之间的差异就不再是这些人长相本身的差异了，而是这些人的脸部区域在图像中位置的差异、姿态的差异以及五官位置的差异了。当然，此时 PCA 可以照常计算，但把降维后的样本矩阵用于人脸识别并不能取得理想的识别率，而可能更适合于姿态分类。

12.4.5　基于主成分分量的人脸重建

下面利用式（12-19）来实现对个体人脸图像的重建。我们提供的 approx 函数可以胜任这一工作。其中的参数 x 是需要重建的个体人脸样本，k 是重建时使用的主成分分量数目，输出的 xApprox 是对个体人脸样本 x 的重建（近似）。具体实现如下。

```
function [ xApprox ] = approx( x, k )
% 使用 k 个主成分分量近似（重建）个体人脸样本 x
%
% 输入: x --- 特征空间中的样本，也就是将要被近似的对象
%       k --- 近似（重建）时使用的主成分分量数目
%
% 输出: xApprox --- 样本的近似（重建）

% 读入 PCA 变换矩阵 V 和平均脸 meanVec
load Mat/PCA.mat

nLen = length(x);

xApprox = meanVec;

for ii = 1:k
    xApprox=xApprox+((x-meanVec)*V(:,ii))*V(:,ii)';
end
```

下面的程序分别采用 50、100 和 200 个主成分分量来重建原始的人脸样本。其中，函数 displayImage (x, h, w) 的作用是将人脸样本 x 按照 h × w 的分辨率显示。

```
>> load Mat/FaceMat.mat                    % 载入样本矩阵
>> x = FaceContainer(1, :);                % 第一个人脸样本
>> displayImage(xApprox, 112 , 92);        % 显示原始图像
>> [pcaA V] = fastPCA( FaceContainer, 200 ); % 计算 200 个主成分分量
>> xApprox = approx(x, 50);                % 使用 50 个主成分分量进行近似
>> displayImage(xApprox, 112 , 92);
>> xApprox = approx(x, 100);               % 使用 100 个主成分分量进行近似
>> displayImage(xApprox, 112 , 92);
>> xApprox = approx(x, 200);               % 使用 200 个主成分分量进行近似
>> displayImage(xApprox, 112 , 92);
>> dist = norm(xApprox - x)                % 计算近似之间的差异

dist =

   129.2606
```

上述程序在最后利用 norm 函数计算出来的距离表明了当使用 200 个主成分分量进行重建时，xApprox 与原始的人脸样本几乎没有差异（灰度范围为 0～255 的两幅 112 × 92 的图像距离仅为 129）。原始图像的重建效果如图 12.16 所示。

（a）原始人脸样本的图像

（b）使用 50 个主成分分量的重建效果

（c）使用 100 个主成分分量的重建效果

（d）使用 200 个主成分分量的重建效果

图 12.16　原始图像的重建效果

12.5　局部二进制模式

局部二进制模式（Local Binary Pattern，LBP）最早是作为一种有效的纹理描述算子提出的，并且由于具有对图像局部纹理特征的卓越描绘能力而获得十分广泛的应用。LBP 不仅具有很强的分类能力、较高的计算效率，而且对于单调的灰度变化具有不变性。

12.5.1　基本 LBP 算子

图 12.17 显示了一个基本 LBP 算子，应用 LBP 算子的过程类似于滤波过程中的模板操作：逐

行扫描图像，对于图像中的每一个像素点，以其灰度值作为阈值，对其周围 3×3 的 8 邻域进行二值化，并按照一定的顺序将二值化的结果组成一个 8 位的二进制数，以这个二进制数的值作为该像素点的响应。

例如，对于图 12.17 中的 3×3 区域的中心点，以其灰度值 88 作为阈值，对其 8 邻域进行二值化，并且从左上位置的点开始按照顺时针方向（具体的顺序可以任意选取，只要统一即可）将二值化的结果组成一个二进制数 1000 1011，即十进制数 139，作为中心点的响应。在整个逐行扫描过程结束后，我们将得到一幅 **LBP 响应图像**，这幅响应图像的直方图被称为 **LBP 统计直方图**或 **LBP 直方图**，由于经常作为后续识别工作的特征，因此也被称为 **LBP 特征**。

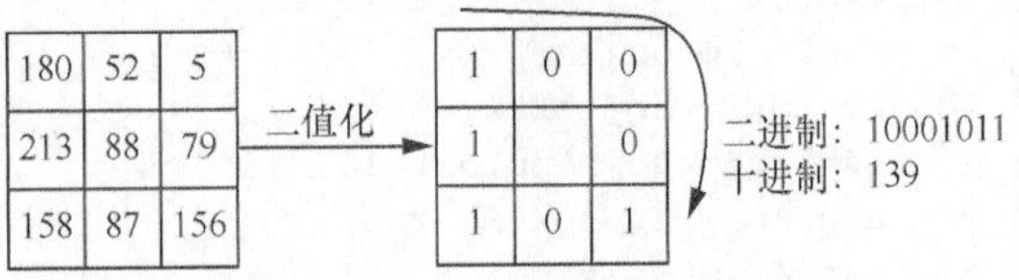

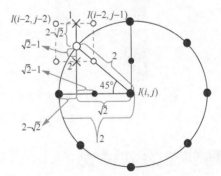

图 12.17　一个基本 LBP 算子

LBP 的主要思想是以某一点与其邻域像素的相对灰度作为响应，正是这种相对机制使得 LBP 算子对于单调的灰度变化具有不变性。人脸图像常常会因为受到光照因素的影响而产生灰度变化，但在某个局部区域内，这种灰度变化常常可以视为单调的变化，因此 LBP 能够在光照不均的人脸识别应用中取得很好的效果。

12.5.2　圆形邻域的 LBP$_{P,R}$ 算子

基本 LBP 算子可以被进一步推广为使用不同大小和形状的邻域。通过采用圆形邻域并结合双线性插值，我们便能够获得任意半径和数目的邻域像素点。图 12.18 显示了一个半径为 2 的 8 邻域像素的圆形邻域，图中的每个方格对应一个像素。对于正好处于方格中心的邻域点（左、上、右、下的 4 个黑点），可直接以该点所在方格的像素值作为它的值；对于不在像素中心位置的邻域点（斜 45°方向的 4 个黑点），可通过双线性插值确定它的值。

这种 LBP 算子被记作 LBP$_{P,R}$，下标中的 P 表示 P 邻域，R 表示圆形邻域的半径。

由图 12.19 可知，位于图像中第 i 行、第 j 列的中心点（其灰度用 $I(i,j)$ 表示）和 8 个邻域点可用大点标出，为了计算左上角空心大黑点的值，我们需要利用其周围的 4 个像素点（4 个空心小黑点）进行插值。根据 4.7.2 小节介绍的双线性插值算法，我们可以首先分别计算出两个"十"字叉点 1 和 2 的水平插值。其中，点 1 的值可根据与之处于同一行的 $I(i-2,j-2)$ 和 $I(i-2,j-1)$ 的线性插值得到。

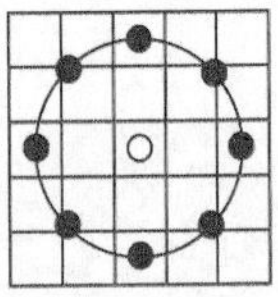

图 12.18　圆形邻域（8,2）的 LBP$_{8,2}$ 算子

图 12.19　通过双线性插值确定不在像素中心位置的邻域点（斜 45°方向的 4 个大点）的值

$$value(1) = I(i-2,j-2)+(2-\sqrt{2})\times[I(i-2,j-1)-I(i-2,j-2)]$$

同理，计算出点 2 的值。

$$value(2) = I(i-1,j-2)+(2-\sqrt{2})\times[I(i-1,j-1)-I(i-1,j-2)]$$

最后，计算出点 1 和点 2 的垂直线性插值。

$$\text{value} = \text{value}(1) + (2 - \sqrt{2}) \times [\text{value}(2) - \text{value}(1)]$$

12.5.3　统一化 LBP 及其 MATLAB 实现

由于 LBP 直方图大多是针对图像中的各个分区分别计算的（见 12.5.5 小节），因此对于一个普通大小的分块区域，基本 LBP 算子得到的二进制模式数目（LBP 直方图收集箱数目）较多，而实际位于这个分块区域中的像素数目相对较少，这会导致我们得到过于稀疏的直方图，从而使直方图失去统计意义。为此，我们应设法减少一些冗余的 LBP 模式，同时保留足够的具有重要描绘能力的 LBP 模式。

1. 理论基础

基于以上考虑，研究人员提出了统一化模式（uniform pattern）的概念，这是对 LBP 算子的又一重大改进。对于一个局部二进制模式，在将其二进制位串视为循环的情况下，如果其中包含的从 0 到 1 或者从 1 到 0 的转变不多于 2 个，则称这个局部二进制模式为统一化模式。例如，模式 0000 0000（不包含转变）、0111 0000（包含 2 个转变）和 1100 1111（包含 2 个转变）都是统一化模式，而模式 1100 1001（包含 4 个转变）和 0101 0011（包含 6 个转变）不是。

统一化模式的意义在于：在随后的 LBP 直方图的计算过程中，只为统一化模式分配单独的直方图收集箱，而所有的非统一化模式都被放入一个公用收集箱，这就极大减少了 LBP 特征的数目。一般来说，保留的统一化模式往往是反映重要信息的那些模式，而非统一化模式中过多的转变往往由随机噪声引起，不具有良好的统计意义。

假设图像分块区域的大小为 18×20，像素总数为 360。如果采用 8 邻域像素的基本 LBP 算子，则收集箱（特征）的数目为 256，平均每个收集箱中还不到 2 个像素（360/256），没有统计意义；而统一化 LBP 算子的收集箱数目为 59（58 个统一化模式收集箱加上 1 个非统一化模式收集箱），平均每个收集箱中约有 6 个像素（360/59），更具统计意义。对于 16 邻域像素而言，基本 LBP 算子和统一化 LBP 算子的收集箱数目分别为 65 536 和 243。

统一化 LBP 算子通常被记作 $\text{LBP}_{P,R}^{u2}$。

2. MATLAB 实现

这里的全部源代码可以在本书配套的程序文件中找到，使用时可通过以下命令将工具箱添加到工作路径中。

```
addpath(genpath('……改为您存放 LBP 工具箱的相应目录……\LBP '))
```

LBP 算子具有一定的半径，使用时类似于模板操作，这里同样要注意 LBP 算子在应用过程中的边界问题。由于我们一般关心的是 LBP 统计直方图，而不是响应图像本身，因此在实现过程中一般不需要向外填充边界，而是在计算时直接排除图像的边界部分。

应用 $\text{LBP}_{8,2}^{u2}$ 算子到某个分块图像并获得直方图的实现程序如下。

```
function [histLBP, MatLBP] = getLBPFea(I)
% 计算分块图像 I 的 LBP 特征
%
% 输入: I --- 分块图像
%
% 返回值: MatLBP --- LBP 响应矩阵
%         histLBP --- 行向量, LBP 直方图

% 获得分块图像 I 的大小
[m n] = size(I);
```

```
rad = 2;
if (m <= 2*rad) || (n <= 2*rad)
    error('I is too small to compute LBP feature!');
end

MatLBP = zeros(m-2*rad, n-2*rad);

% 读入 LBP 映射 (像素灰度与直方图收集箱索引的映射)
load Mat/LBPMap.mat;

for ii = 1+rad : m-rad
    for jj = 1+rad : n-rad
        nCnt = 1;

        % 计算(8,2)邻域的像素值，不在像素中心位置的点可通过双线性插值获得其值
        nbPT(nCnt) = I(ii, jj-rad);
        nCnt = nCnt + 1;

        horInterp1 = I(ii-2, jj-2) + 0.5858*( I(ii-2, jj-1) - I(ii-2, jj-2) );  % 水平方向插值
        horInterp2 = I(ii-1, jj-2) + 0.5858*( I(ii-1, jj-1) - I(ii-1, jj-2) );  % 水平方向插值
        verInterp = horInterp1 + 0.5858*( horInterp2 - horInterp1 );            % 垂直方向插值
        nbPT(nCnt) = verInterp;
        nCnt = nCnt + 1;

        nbPT(nCnt) = I(ii-2, jj);
        nCnt = nCnt + 1;

        horInterp1 = I(ii-2, jj+1) + 0.4142*( I(ii-2, jj+2) - I(ii-2, jj+1) );
        horInterp2 = I(ii-1, jj+1) + 0.4142*( I(ii-1, jj+2) - I(ii-1, jj+1) );
        verInterp = horInterp1 + 0.5858*( horInterp2 - horInterp1 );
        nbPT(nCnt) = verInterp;
        nCnt = nCnt + 1;

        nbPT(nCnt) = I(ii, jj+2);
        nCnt = nCnt + 1;

        horInterp1 = I(ii+1, jj+1) + 0.4142*( I(ii+1, jj+2) - I(ii+1, jj+1) );
        horInterp2 = I(ii+2, jj+1) + 0.4142*( I(ii+2, jj+2) - I(ii+2, jj+1) );
        verInterp = horInterp1 + 0.4142*( horInterp2 - horInterp1 );
        nbPT(nCnt) = verInterp;
        nCnt = nCnt + 1;

        nbPT(nCnt) = I(ii+2, jj);
        nCnt = nCnt + 1;

        horInterp1 = I(ii+1, jj-2) + 0.5858*( I(ii+1, jj-1) - I(ii+1, jj-2) );
        horInterp2 = I(ii+2, jj-2) + 0.5858*( I(ii+2, jj-1) - I(ii+2, jj-2) );
        verInterp = horInterp1 + 0.4142*( horInterp2 - horInterp1 );
        nbPT(nCnt) = verInterp;


        for iCnt = 1:nCnt
            if( nbPT(iCnt) >= I(ii, jj) )
                MatLBP(ii-rad, jj-rad) = MatLBP(ii-rad, jj-rad) + 2^(nCnt-iCnt);
            end
        end
    end
end

% 计算 LBP 直方图
```

```
histLBP = zeros(1, 59); % 对于(8,2)邻域的统一化直方图共有 59 个收集箱

for ii = 1:m-2*rad
    for jj = 1:n-2*rad
        histLBP( vecLBPMap( MatLBP(ii, jj)+1 ) ) = histLBP( vecLBPMap( MatLBP(ii, jj)+1 ) ) + 1;
    end
end
```

上述算法围绕每一个中心点，从左侧开始，以顺时针方向顺序访问 8 个邻域，形成二进制位串。在计算直方图时，可以借助 vecLBPMap 映射表将响应图像 MatLBP 中的像素灰度映射到对应的收集箱编号。例如，灰度为 gray(0≤gray≤255)的像素应落入第 vecLBPMap(gray+1)号收集箱中。我们可以通过下面的 makeLBPMap 函数来获得 vecLBPMap 映射表。

```
function vecLBPMap = makeLBPMap
% 生成(8,2)邻域的统一化 LBP 直方图的映射关系，也就是将 256 个灰度值映射到 59 个收集箱中
% 将所有的非统一化模式放入同一个收集箱

vecLBPMap = zeros(1, 256); % 初始化映射表

bits = zeros(1, 8);          % 8 位的二进制位串

nCurBin = 1;

for ii = 0:255
    num = ii;

    nCnt = 0;

    % 获得灰度的二进制表示
    while(num)
        bits(8-nCnt) = mod(num, 2);
        num = floor( num / 2 );
        nCnt = nCnt + 1;
    end

    if IsUniform(bits)          % 判断 bits 是不是统一化模式
        vecLBPMap(ii+1) = nCurBin;   % 为每个统一化模式分配一个收集箱
        nCurBin = nCurBin + 1;
    else
        vecLBPMap(ii+1) = 59;        % 将所有的非统一化模式放入第 59 号收集箱
    end

end

% 保存映射表
save('Mat/LBPMap.mat', 'vecLBPMap');
```

makeLBPMap 函数通过调用 IsUniform(bits)方法来检查二进制位串 bits 是否为统一化模式。IsUniform 方法的实现代码如下。

```
function bUni = IsUniform(bits)
% 判断二进制位串 bits 是否为统一化模式
%
% 输入: bits --- 二进制的 LBP 位串
%
% 返回值: bUni --- 若 bits 是统一化模式，则为 1，否则为 2
```

```
n = length(bits);

nJmp = 0; % 位的跳变数（0→1 或 1→0）
for ii = 1 : (n-1)
    if( bits(ii) ~= bits(ii+1) )
        nJmp = nJmp+1;
    end
end
if bits(n) ~= bits(1)
    nJmp = nJmp+1;
end

if nJmp > 2
    bUni = false;
else
    bUni = true;
end
```

12.5.4　MB-LBP 及其 MATLAB 实现

1. 理论基础

前面介绍的基于像素相对灰度比较的 $\mathrm{LBP}_{P,R}^{u2}$ 算子可以很精确地描述图像局部的纹理信息。然而，也正是由于这种特征的局部化特点，使得 $\mathrm{LBP}_{P,R}^{u2}$ 算子易受噪声的影响而不够健壮，缺乏对图像整体信息的粗粒度把握。正因为如此，MB-LBP（Multi-Block Local Binary Pattern）被提出以弥补传统 LBP 算子的这一不足。MB-LBP 起初作为标准 3×3 LBP 的扩展而被引入，随后用于与 $\mathrm{LBP}_{P,R}^{u2}$ 算子结合起来使用。在 MB-LBP 的计算中，传统 LBP 算子像素值之间的比较被像素块之间平均灰度的比较代替，如图 12.20 所示。不同的像素块大小代表不同的观察和分析粒度。我们通常用符号 $\mathrm{MB}_S\text{-}\mathrm{LBP}_{8,2}^{u2}$ 表示像素块大小为 $S \times S$ 的 $\mathrm{LBP}_{8,2}^{u2}$ 算子。

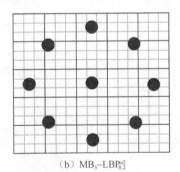

（a）$\mathrm{MB}_3\text{-}\mathrm{LBP}_{3\times3}^{u2}$　　　　（b）$\mathrm{MB}_3\text{-}\mathrm{LBP}_{8,2}^{u2}$

图 12.20　MB-LBP 算子

在图 12.20 中，每个由灰色细线围成的小方格代表一个像素；每个由黑色粗线围成的大方格代表一个像素块，它的值是其中 3×3 共 9 个像素的平均灰度。

2. MATLAB 实现

下面分别给出将 $\mathrm{MB}_S\text{-}\mathrm{LBP}_{8,2}^{u2}$ 算子和 $\mathrm{MB}_3\text{-}\mathrm{LBP}_{3\times3}^{u2}$ 算子应用于某一图像分区 I 的 MATLAB 实现。

（1）提取 $\mathrm{MB}_S\text{-}\mathrm{LBP}_{8,2}^{u2}$ 特征

getMBLBPFea 函数的输入 blockSize 表示块的大小，即 $\mathrm{MB}_S\text{-}\mathrm{LBP}_{8,2}^{u2}$ 算子中的 S，默认值为 1（表示 1 个块仅有 1 个像素），对应传统的 $\mathrm{LBP}_{8,2}^{u2}$ 算子。因此，12.5.3 小节中的 getLBPFea 函数可以

看作 getMBLBPFea 函数的特例。为了求得分块图像 I 中各个像素块的值，可以首先计算像素块中像素的平均灰度，然后以此平均灰度作为灰度值，求得分块图像 I 的低分辨率表示 I_MB。此后的阈值化操作只需要对 I_MB 执行即可，阈值化过程和 getLBPFea 函数类似。

```
function [histLBP, MatLBP, MatLBP_MB] = getMBLBPFea(I, blockSize)
% 计算分块图像 I 的 LBP 特征
%
% 输入: I --- 分块图像
%       blockSize --- MB-LBP 中的分块大小，默认值为 1
%
% 返回值: MatLBP --- LBP 响应矩阵
%        histLBP --- 行向量，LBP 直方图
%        MatLBP_MB --- MB-LBP 像素块的低分辨率表示

if nargin < 2
   blockSize = 1;
end

% 获得分块图像 I 的大小
[m n] = size(I);

% 对原始图像依据 blockSize 进行分块，计算其中每一块的平均灰度值，对应保存在映射矩阵 I_MB 中
mSub = floor(m / blockSize);
nSub = floor(n / blockSize);

mRem = mod(m, blockSize);
nRem = mod(n, blockSize);
mRem = round(mRem / 2);
nRem = round(nRem / 2);

I_MB = zeros(mSub, nSub);

for ii = 1:mSub
   for jj = 1:nSub
      I_center = I( 1+mRem:mRem+mSub*blockSize, 1+nRem:nRem+nSub*blockSize );
% 取中心区域，不够分出整块的留在两边
      SubRgn = I_center( (ii-1)*blockSize+1 : ii*blockSize,
                         (jj-1)*blockSize+1 : jj*blockSize );
      I_MB(ii, jj) = mean( SubRgn(:) );
   end
end


% 剩下的任务就是为分块矩阵的映射 I_MB 计算 blockSize 为 1 的统一化 LBP 特征 ((8.2) 邻域)
rad = 2;
if (mSub <= 2*rad) || (nSub <= 2*rad)
   error('I is too small to compute LBP feature!');
end

MatLBP_MB = zeros(mSub-2*rad, nSub-2*rad);

% 读入 LBP 映射 (像素灰度与直方图收集箱索引的映射)
load Mat/LBPMap.mat;

for ii = 1+rad : mSub-rad
   for jj = 1+rad : nSub-rad
```

```
        nCnt = 1;


        % 计算(8,2)邻域的像素值，不在像素中心位置的点可通过双线性插值获得其值
        nbPT(nCnt) = I_MB(ii, jj-rad);
        nCnt = nCnt + 1;

        horInterp1 = I_MB(ii-2, jj-2) + 0.5858*( I_MB(ii-2, jj-1) - I_MB(ii-2, jj-2) );
                                                          % 水平方向插值
        horInterp2 = I_MB(ii-1, jj-2) + 0.5858*( I_MB(ii-1, jj-1) - I_MB(ii-1, jj-2) );
                                                          % 水平方向插值
        verInterp = horInterp1 + 0.5858*( horInterp2 - horInterp1 ); % 垂直方向插值
        nbPT(nCnt) = verInterp;
        nCnt = nCnt + 1;

        nbPT(nCnt) = I_MB(ii-2, jj);
        nCnt = nCnt + 1;

        horInterp1 = I_MB(ii-2, jj+1) + 0.4142*( I_MB(ii-2, jj+2) - I_MB(ii-2, jj+1) );
        horInterp2 = I_MB(ii-1, jj+1) + 0.4142*( I_MB(ii-1, jj+2) - I_MB(ii-1, jj+1) );
        verInterp = horInterp1 + 0.5858*( horInterp2 - horInterp1 );
        nbPT(nCnt) = verInterp;
        nCnt = nCnt + 1;

        nbPT(nCnt) = I_MB(ii, jj+2);
        nCnt = nCnt + 1;

        horInterp1 = I_MB(ii+1, jj+1) + 0.4142*( I_MB(ii+1, jj+2) - I_MB(ii+1, jj+1) );
        horInterp2 = I_MB(ii+2, jj+1) + 0.4142*( I_MB(ii+2, jj+2) - I_MB(ii+2, jj+1) );
        verInterp = horInterp1 + 0.4142*( horInterp2 - horInterp1 );
        nbPT(nCnt) = verInterp;
        nCnt = nCnt + 1;

        nbPT(nCnt) = I_MB(ii+2, jj);
        nCnt = nCnt + 1;

        horInterp1 = I_MB(ii+1, jj-2) + 0.5858*( I_MB(ii+1, jj-1) - I_MB(ii+1, jj-2) );
        horInterp2 = I_MB(ii+2, jj-2) + 0.5858*( I_MB(ii+2, jj-1) - I_MB(ii+2, jj-1) );
        verInterp = horInterp1 + 0.4142*( horInterp2 - horInterp1 );
        nbPT(nCnt) = verInterp;


        for iCnt = 1:nCnt
            if( nbPT(iCnt) >= I_MB(ii, jj) )
                MatLBP_MB(ii-rad, jj-rad) = MatLBP_MB(ii-rad, jj-rad) + 2^(nCnt-iCnt);
            end
        end
    end
end

% 还原 MatLBP_MB
MatLBP = zeros(m-2*rad*blockSize, n-2*rad*blockSize);
for ii = 1:mSub-2*rad
    for jj = 1:nSub-2*rad
        MatLBP( mRem+(ii-1)*blockSize+1 : mRem+ii*blockSize, nRem+(jj-1)*blockSize+1 :
nRem+jj*blockSize ) = MatLBP_MB(ii, jj);
    end
end

% 计算 LBP 直方图
```

```
histLBP = zeros(1, 59); % 对于(8,2)邻域的统一化直方图共有 59 个收集箱

for ii = 1:mSub-2*rad
   for jj = 1:nSub-2*rad
       histLBP( vecLBPMap( MatLBP_MB(ii, jj)+1 ) ) = histLBP( vecLBPMap( MatLBP_MB(ii,
jj)+1 ) ) + 1;
   end
end
```

（2）提取 $MB_3 - LBP_{3\times3}^{u2}$ 特征

```
function [histLBP, MatLBP, MatLBP_MB] = getMBLBPFea_33(I, blockSize)
% 计算分块图像 I 的 LBP 特征
% 输入：I --- 分块图像
%       blockSize --- 块的大小
%
% 返回值：MatLBP --- LBP 响应矩阵
%         histLBP --- 行向量，LBP 直方图
%         MatLBP_MB --- MB-LBP 像素块的低分辨率表示

if nargin < 2
   blockSize = 1;
end

% 获得分块图像 I 的大小
[m n] = size(I);


% 对原始图像依据 blockSize 进行分块，计算其中每一块的平均灰度值，对应保存在映射矩阵 I_MB 中
mSub = floor(m / blockSize);
nSub = floor(n / blockSize);

mRem = mod(m, blockSize);
nRem = mod(n, blockSize);
mRem = round(mRem / 2);
nRem = round(nRem / 2);

I_MB = zeros(mSub, nSub);

for ii = 1:mSub
   for jj = 1:nSub
       I_center = I( 1+mRem:mRem+mSub*blockSize, 1+nRem:nRem+nSub*blockSize );
% 取中心区域，不够分出整块的留在两边
       SubRgn = I_center( (ii-1)*blockSize+1 : ii*blockSize,
                          (jj-1)*blockSize+1 : jj*blockSize );
       I_MB(ii, jj) = mean( SubRgn(:) );
   end
end


% 剩下的任务就是为分块矩阵的映射 I_MB 计算 blockSize 为 1 的 3*3 LBP 特征
rad = 1;
if (mSub <= 2*rad) || (nSub <= 2*rad)
   error('I is too small to compute LBP feature!');
end

MatLBP_MB = zeros(mSub-2*rad, nSub-2*rad);
```

```
% 读入 LBP 映射 (像素灰度与直方图收集箱索引的映射)
load Mat/LBPMap.mat;

for ii = 1+rad : mSub-rad
    for jj = 1+rad : nSub-rad
        nCnt = 1;


        % 计算 3×3 邻域的像素值
        nbPT(nCnt) = I_MB(ii-rad, jj-rad);
        nCnt = nCnt + 1;

        nbPT(nCnt) = I_MB(ii-rad, jj);
        nCnt = nCnt + 1;

        nbPT(nCnt) = I_MB(ii-rad, jj+rad);
        nCnt = nCnt + 1;

        nbPT(nCnt) = I_MB(ii, jj+rad);
        nCnt = nCnt + 1;

        nbPT(nCnt) = I_MB(ii+rad, jj+rad);
        nCnt = nCnt + 1;

        nbPT(nCnt) = I_MB(ii+rad, jj);
        nCnt = nCnt + 1;

        nbPT(nCnt) = I_MB(ii+rad, jj-rad);
        nCnt = nCnt + 1;

        nbPT(nCnt) = I_MB(ii, jj-rad);

        for iCnt = 1:nCnt
            if( nbPT(iCnt) >= I_MB(ii, jj) )
                MatLBP_MB(ii-rad, jj-rad) = MatLBP_MB(ii-rad, jj-rad) + 2^(nCnt-iCnt);
            end
        end
    end
end

% 还原 MatLBP_MB
MatLBP = zeros(m-2*rad*blockSize, n-2*rad*blockSize);
for ii = 1:mSub-2*rad
    for jj = 1:nSub-2*rad
        MatLBP( mRem+(ii-1)*blockSize+1 : mRem+ii*blockSize, nRem+(jj-1)*blockSize+1 : nR
em+jj*blockSize ) = MatLBP_MB(ii, jj);
    end
end

% 计算 LBP 直方图
histLBP = zeros(1, 59); % 对于(8,2)邻域的统一化直方图共有 59 个收集箱

for ii = 1:mSub-2*rad
    for jj = 1:nSub-2*rad
        histLBP( vecLBPMap( MatLBP_MB(ii, jj)+1 ) ) = histLBP( vecLBPMap( MatLBP_MB(ii, j
j)+1 ) ) + 1;
    end
end
```

[例 12.4] 经过 $\mathrm{MB}_S\text{-}\mathrm{LBP}_{8,2}^{u2}$ 滤波的人脸图像。

分别采用 $\mathrm{MB}_1\text{-}\mathrm{LBP}_{8,2}^{u2}$、$\mathrm{MB}_2\text{-}\mathrm{LBP}_{8,2}^{u2}$ 和 $\mathrm{MB}_3\text{-}\mathrm{LBP}_{8,2}^{u2}$ 算子对图 12.21（a）所示的图像进行特征提取的 MATLAB 程序如下。

```
>> I = imread('../mh_gray.bmp'); % 读入图像
>> [hist1, I_LBP1] = getMBLBPFea(I, 1);
>> [hist2, I_LBP2] = getMBLBPFea(I, 2);
>> [hist3, I_LBP3] = getMBLBPFea(I, 3);
>> figure, imshow(I_LBP1, []) % 得到图 12.21（b）
>> figure, imshow(I_LBP2, []) % 得到图 12.21（c）
>> figure, imshow(I_LBP3, []) % 得到图 12.21（d）
```

上述程序的运行结果如图 12.21（b）～图 12.21（d）所示。

（a）原始图像　　（b）经 $\mathrm{MB}_1\text{-}\mathrm{LBP}_{8,2}^{u2}$ 滤波后　　（c）经 $\mathrm{MB}_2\text{-}\mathrm{LBP}_{8,2}^{u2}$ 滤波后　　（d）经 $\mathrm{MB}_3\text{-}\mathrm{LBP}_{8,2}^{u2}$ 滤波后

图 12.21　经过 $\mathrm{MB}_S\text{-}\mathrm{LBP}_{8,2}^{u2}$ 滤波的人脸图像

图 12.21（b）～图 12.21（d）分别为图 12.21（a）经过 $\mathrm{MB}_1\text{-}\mathrm{LBP}_{8,2}^{u2}$、$\mathrm{MB}_2\text{-}\mathrm{LBP}_{8,2}^{u2}$ 和 $\mathrm{MB}_3\text{-}\mathrm{LBP}_{8,2}^{u2}$ 算子滤波之后的响应图像。从这 3 幅响应图像中，读者可以体会 LBP 算子的强大纹理描绘能力，同时也应看到随着像素块大小 S 的增加，响应图像中的纹理变粗并且趋于稳定，这说明分析 S 相对较大的 LBP 直方图有助于我们把握图像中的粗粒度信息。

12.5.5　图像分区及其 MATLAB 实现

12.2.2 小节曾提到，作为图像的一阶统计特征，直方图无法描述图像的结构信息；而图像各个区域的局部特征往往差异较大，如果只为整个图像生成 LBP 直方图，这些局部的差异信息就会丢失。分区 LBP 特征可有效解决这一问题。

具体的方法是：首先将一幅图像适当地划分为 $P \times Q$ 个分区，然后分别计算每个图像分区的直方图特征，最后将所有分区的直方图特征连接成一个复合的特征向量作为代表整个图像的 LBP 直方图特征。

1. 分区大小的选择

理论上，越小、越精细的分区意味着越好的局部描述能力，但同时也会产生更高维数的复合特征，并且过小的分区会造成直方图过于稀疏，从而失去统计意义。在人脸识别应用中，我们可以选择 18×21 的分区大小，这可以作为一般问题的指导性标准，因为这种分区大小实现了精确描述能力与特征复杂度的良好折中。在表情识别应用中，更小一些（如 10×15）的分区被证明能够获得更好的分类能力。在这里，分区大小的单位是 MB-LBP 像素块。对于传统 LBP，分区大小应取 18×21 像素；对于 $\mathrm{MB}_3\text{-}\mathrm{LBP}_{8,2}^{u2}$，分区大小应取 18×21 个像素块，也就是 54×63 像素。

2. 分区 LBP 的 MATLAB 实现

我们编写了 getLBPHist(I, r, c, nMB) 函数来提取图像 I 的分区 LBP 特征，其输入 r 和 c 分别代

表分区的行数和列数，nMB 给出了 MB-LBP 像素块的大小。这个函数将返回一个向量，这个向量是图像 *I* 的复合 LBP 特征。

```
function histLBP = getLBPHist(I, r, c, nMB)
% 提取图像 I 的分区 LBP 特征
%
% 输入：r,c --- 分区的行数和列数，共 r×c 个分区
%       nMB --- MB-LBP 像素块的大小
%
% 返回值：histLBP --- 连接所有分区的 LBP 直方图特征，从而形成能够代表图像 I 的 LBP 复合特征向量

[m n] = size(I);

% 计算分区的大小
mPartitionSize = floor(m / r);
nPartitionSize = floor(n / c);

for ii = 1:r-1
    for jj = 1:c-1
        Sub = I( (ii-1)*mPartitionSize+1:ii*mPartitionSize, (jj-1)*nPartitionSize+1: jj*
nPartitionSize );
        hist{ii}{jj} = getMBLBPFea( Sub, nMB );       %若要提取 3*3 LBP，请注释此行
%       hist{ii}{jj} = getMBLBPFea_33( Sub, nMB );  %若要提取 3*3 LBP，请删除行首的注释符号
    end
end

% 处理最后一行和最后一列
clear Sub
for ii = 1:r-1
    Sub = I( (ii-1)*mPartitionSize+1:ii*mPartitionSize, (c-1)*nPartitionSize+1:n );
    hist{ii}{c} = getMBLBPFea(Sub, nMB);
%    hist{ii}{c} = getMBLBPFea_33( Sub, nMB );
end
clear Sub

for jj = 1:c-1
    Sub = I( (r-1)*mPartitionSize+1:m, (jj-1)*nPartitionSize+1:jj*nPartitionSize );
    hist{r}{jj} = getMBLBPFea(Sub, nMB);
%    hist{r}{jj} = getMBLBPFea_33( Sub, nMB );
end
clear Sub

Sub = I((r-1)*mPartitionSize+1:m, (c-1)*nPartitionSize+1:n);
hist{r}{c} = getMBLBPFea(Sub, nMB);
% hist{r}{c} = getMBLBPFea_33( Sub, nMB );

% 连接所有分区的 LBP 直方图特征，形成 LBP 复合特征向量
histLBP = zeros(1, 0);
for ii = 1:r
    for jj = 1:c
        histLBP = [histLBP hist{ii}{jj}];
    end
end
```

默认情况下，getLBPHist 函数将提取（8,2）圆形邻域的 LBP 特征。如果需要提取 3×3 的 LBP 特征，请将上述代码中对 getMBLBPFea 函数的调用替换为对 getMBLBPFea_33 函数的调用。

[例 12.5] 获得一幅图像的复合 LBP 直方图。

以不同的分区数目和像素块大小从图 12.22（a）中提取分区 LBP 特征的 MATLAB 程序如下。

```
>> I = imread('../mh_gray.bmp'); % 读入图像
>> histLBP1 = getLBPHist(I, 14, 13, 1); % 按照 14×13 分区且像素块大小为 1 的复合 LBP 直方图
>> histLBP2 = getLBPHist(I, 7, 6, 2);   % 按照 7×6 分区且像素块大小为 2 的复合 LBP 直方图
>> histLBP3 = getLBPHist(I, 5, 4, 3);   % 按照 5×4 分区且像素块大小为 3 的复合 LBP 直方图
>> figure, plot(histLBP1) % 得到图 12.22（b）
>> figure, plot(histLBP2) % 得到图 12.22（c）
>> figure, plot(histLBP3) % 得到图 12.22（d）
```

上述程序的运行结果如图 12.22（b）～图 12.22（d）所示。

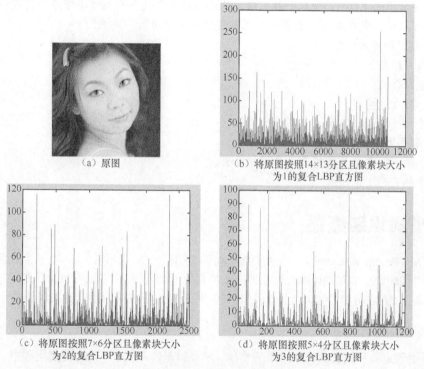

（a）原图　　（b）将原图按照 14×13 分区且像素块大小
为 1 的复合 LBP 直方图

（c）将原图按照 7×6 分区且像素块大小
为 2 的复合 LBP 直方图　　（d）将原图按照 5×4 分区且像素块大小
为 3 的复合 LBP 直方图

图 12.22　复合 LBP 直方图

图 12.22（b）～图 12.22（d）分别为图 12.22（a）的复合 LBP 直方图。为保证每个分区中像素块的个数基本相同（约为 18×21），对于小的像素块（$MB_1 - LBP_{8,2}^{u2}$），可以采用较大的分区数目，比如图 12.22（b）中的分区数目为 14×13，这样每个分区约包含 19×20 个像素块；而对于较大的像素块（$MB_3 - LBP_{8,2}^{u2}$），则选择较小的分区数目，比如图 12.22（d）中的分区数目为 5×4，这样每个分区约包含 17×21 个像素块。由于每个分区的统一化 LBP 直方图（向量）的维数均为 59，因此图 12.22（a）是一个 $14 \times 13 \times 59 = 10\,738$ 维的直方图（向量），图 12.22（c）是一个 $5 \times 4 \times 59 = 1180$ 维的直方图（向量）。这也说明了越小、越精细的分区（分区数目较大）在提供更好的局部描述能力的同时，也会产生更高维数的复合特征。

对于最终得到的这个复合 LBP 直方图，我们既可以将它直接作为代表图像的特征向量使用，也可以采用 12.2.2 小节介绍的方法进一步提取其统计特征。

第 13 章　图像识别初步

前面章节中介绍的众多图像处理技术主要就是为图像识别服务的，从第 13 章开始，我们正式进入图像识别领域。通过本章的学习，读者可以建立起对图像识别乃至一般的模式识别问题的基本认知，学习并掌握解决识别问题的一般思路。此外，13.3 节还将介绍最小距离分类器和模板匹配的简单技术。可以说从现在开始，本书对机器视觉的探究将进入"高潮"。

本章的知识和技术热点

- 模式与模式识别的基本概念。
- 过度拟合。
- 最小距离分类器。
- 基于相关的模板匹配。

本章的典型案例分析

- 基于最小距离分类器的鸢尾属植物分类。
- 基于相关的图像匹配。

13.1　模式识别概述

模式识别（Pattern Recognition）是人类的一项基本智能活动，在日常生活中，人们经常在进行"模式识别"。随着 20 世纪 40 年代计算机的出现以及 20 世纪 50 年代人工智能的兴起，人们希望能用计算机来代替或扩展人类的部分脑力劳动。（计算机）模式识别在 20 世纪 60 年代初迅速发展并成为一门新学科。

13.1.1　模式与模式识别

模式是由确定的和随机的成分组成的物体、过程和事件。在一个模式识别问题中，模式是指需要识别的对象。

模式识别是指对表征事物或现象的各种形式的（数值的、文字的和逻辑关系的）信息进行处理和分析，以对事物或现象进行描述、辨认、分类和解释的过程。简单地说，模式识别就是应用计算机对一组事件或过程进行鉴别和分类。

我们所说的模式识别主要是指对用于测量语音波形、地震波、心电图、脑电图、图片、文字、符号等对象的具体模式进行分类和辨识。

模式识别与统计学、心理学、语言学、计算机科学、生物学、控制论等都有关系，此外还与人工智能、图像处理的研究有交叉关系。例如，自适应或自组织的模式识别系统包含人工智能的学习机制，而人工智能研究的景物理解、自然语言理解也包含模式识别问题。又如，模式识别中的预处理和特征提取环节需要应用图像处理技术，而图像处理中的图像分析也常常应用模式识别技术。

13.1.2　图像识别

将模式识别的方法和技术应用于图像领域，也就是当识别的对象是图像时，就称之为**图像识别**。虽然对于人类而言，理解和识别看见的东西似乎是一件再平常不过的事情，但让计算机具有类似的智能却是一项极具挑战性的任务，尽管两者在很多环节上是相似的。下面让我们从熟悉的人类视觉过程开始，认识机器的图像识别机制。

图形刺激作用于感觉器官（简称感官），使人辨认出它是遇到过的某一图形的过程，也叫图像再认。所以在图像识别中，既要有当时进入感官的信息，也要有记忆中存储的信息。只有对记忆中存储的信息与当前的信息进行比较，才能实现对图像的再认。这与计算机需要先学习一些已知类别的样本（训练样本），之后才能识别那些类别未知的新样本（测试样本）是相似的。

人类的图像识别能力是很强的。图像距离的改变或图像在感觉器官上作用位置的改变，都会造成图像在视网膜上的大小和形状的改变，即使在这种情况下，人类也仍然可以认出过去感知过的图像。此外，人类还具有非凡的 3D 重建能力。比如，您可能只见过某人的正面照片，但您可以认出此人的侧脸甚至背脸。从这个意义上说，目前计算机的识别能力与人类相差甚远。

图像识别可能是以图像的主要特征为基础的。每个图像都有自身的特征，比如字母 A 有个尖，字母 P 有个圈，而字母 Y 的中心有个锐角等。研究表明，识别时视线总是集中于图像的主要特征，也就是集中于图像轮廓曲度最大或轮廓方向突然改变的地方，这些地方的信息量最大，而且眼睛的扫描路线也总是依次从一个特征转到另一个特征。由此可见，在图像识别过程中，知觉机制必须排除输入的多余信息，进而从中提取出关键信息。同时，人类的大脑必定有负责整合信息的机制，从而把分阶段获得的信息整理成完整的知觉映象。这一点正好说明了图像识别中特征提取的必要性。

图像识别中著名的模板匹配模型认为，为了识别一幅图像，必须在过去的经验中有这幅图像的记忆模式，又叫模板。当前的刺激如果能与大脑中的模板匹配，这幅图像就被识别了。例如，对于字母 A，如果大脑中有一个 A 模板，并且字母 A 的大小、方位、形状都与这个 A 模板完全一致，字母 A 就会被识别。但这种模型强调图像必须与大脑中的模板完全匹配才能识别成功，而事实上，人类不仅能识别与大脑中的模板完全一致的图像，也能识别与模板不完全一致的图像。例如，我们不仅能识别某个具体的字母 A，也能识别印刷体的、手写体的、方向不正的、大小不同的各种字母 A。这就表示匹配过程不应基于完全相同的比较，而应基于对某种相似性的度量。

13.1.3 关键概念

下面介绍识别问题中一些常见的重要概念。

（1）模式类（pattern class）。模式类是指共享一组相同属性（或特征）的模式集合，通常具有相同的来源。

（2）特征（feature）。特征是一种模式区别于另一种模式的相应（本质）特点或特性，是通过测量和（或）处理就能够抽取的数据。

（3）噪声（noise）。噪声是指由模式处理（特征抽取中的误差）和（或）训练样本联合产生的失真，噪声会对系统的分类能力（如识别）产生影响。

（4）分类/识别（classification/Recognition）。分类/识别是指根据特征将模式分配给不同的模式类并识别出模式所属类别的过程。

（5）分类器（classifier）。分类器可理解成为了实现分类而建立的某种计算模型。分类器以模式特征为输入，并输出模式所属的类别信息。

（6）训练样本（training sample）。训练样本是一些类别信息已知的样本，通常使用它们来训练分类器。

（7）训练集合（training set）。训练集合是由训练样本组成的集合。

（8）训练/学习（training/learning）。训练/学习是指根据训练集合，"教授"识别系统将输入矢量映射为输出矢量的过程。

（9）测试样本（testing sample）。测试样本是一些类别信息对于分类器未知（不给分类器提供测试样本的类别信息）的样本，通常使用它们来测试分类器的性能。

（10）测试集合（testing set）。测试集合是由测试样本组成的集合。当测试集合与训练集合没有交集时，就称之为独立的测试集。

（11）测试（testing）。测试是将测试样本作为输入送入已训练好的分类器，得到分类结果并对分类正确率进行统计的过程。

（12）识别率（accuracy）。识别率是指对于某一样本集合而言，经分类器识别正确的样本占样本总数的比例。

（13）泛化精度（generalization accuracy）。泛化精度是指分类器在独立于训练样本的测试集合上的识别率。

13.1.4　模式识别问题的一般描述

模式识别问题一般可描述为：在训练集合已经"教授"识别系统如何将输入矢量映射为输出矢量的前提下，已知从样本模式中抽取的输入特征集合（输入矢量）$X = \{x_1, x_2, \cdots, x_n\}$，寻找根据预定义标准与输入特征匹配的相应特性集合（输出矢量）$Y = \{y_1, y_2, \cdots, y_m\}$。

这其中对于类别已知的样本参与的训练过程，可参考图 13.1（a），此时样本的类别信息 Y 是已知的，并且与训练样本 X 一起参与分类器的训练；图 13.1（b）展示了利用训练得到的分类器将输入模式 X 映射为输出的类别信息 Y 的过程。实际上，我们不妨将训练过程理解为一种在输入 X 和输出 Y 均已知的情况下确定 $Y = f(X)$ 具体形式的函数拟合过程，识别过程则可理解为将类别未知的模式 X 作为函数 f 的输入，从而计算出 Y 的函数求值过程。当然，这里的函数 f 很可能不具有解析形式，并且有时会相当复杂，它代表着一种广义上的映射关系。

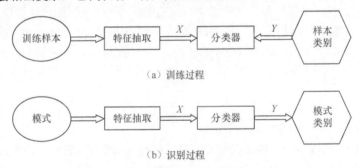

（a）训练过程

（b）识别过程

图 13.1　训练过程和识别过程

12.1.3 小节在讨论特征向量及其几何解释时，曾指出图像识别（分类）的任务就是找到对特征空间的一种合理划分。分类器将特征空间分成标记为类别的决策区域，对于唯一的分类结果，这些区域必须覆盖整个特征空间且不相交，每个区域的边缘称为决策边界。从这个意义上说，分类器就是分割决策区域的决策边界的函数集合，图 13.2 给出了一些典型的决策边界。对特征矢量的分类就是确定特征矢量属于哪个决策区域的过程。

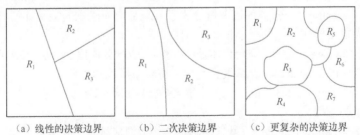

（a）线性的决策边界　　　　（b）二次决策边界　　　　（c）更复杂的决策边界

图 13.2　二维空间中的决策边界

13.1.5 过度拟合

在图 13.2 中，我们注意到决策边界既可以是图 13.2（a）和图 13.2（b）中那样简单的线性或二次形式，也可以像图 13.2（c）中那样极其复杂且不规则。那么，对于一个特定的分类问题，我们是选择简单的模型还是选择比较复杂的模型呢？一般来说，简单的模型具有计算复杂度上的优势，训练所需的样本数目通常也更少，但模型对空间的划分往往不够精确，导致识别精度受到一定的限制；而复杂的模型可以更好地拟合训练样本，产生非常适合训练数据的复杂决策边界，从而有理由期望模型在测试集合上有好的表现。然而，这一美好愿望并不总能实现，事实上，过度复杂的决策边界常常导致"过度拟合"现象的发生，就如例 13.1 中描述的那样。

[例 13.1] 过度拟合现象。

对于图 13.3（a）中的两类训练样本，存在图 13.3（a）所示的两种分类策略：一条简单的二次曲线和另一条复杂得多的不规则曲线。图 13.3（a）中的不规则曲线完美地分类了所有的训练样本，无一差错；而当面对从未见过的测试样本时[见图 13.3（b）]，复杂曲线的表现令人大失所望，它将一大部分"实心圆"错分为"空心圆"，简单的二次曲线却工作得相当好。究其原因，主要是过度复杂的决策边界不能对新数据进行很好的归纳（泛化或一般化），它们过于倾向对训练数据做正确划分（复杂的形式正好为它们完美地拟合训练数据创造了条件），而不能对真正的数据模型进行很好的分类。这种现象被称为过度拟合。简单的决策边界对训练数据不够理想，但是对新数据却往往能够较好地进行归纳。

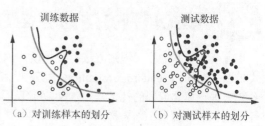

图 13.3 过度拟合现象

（a）对训练样本的划分 （b）对测试样本的划分

13.1.6 模式识别系统的结构

图 13.4 显示了典型的模式识别系统的结构。原始模式先经过预处理（第 3～11 章讨论的主要就是图像预处理的方法），再经过特征提取（见第 12 章），得到适合分类器处理的特征向量，此过程有时也包括必要的降维处理。最后，分类器输出的识别结果常常还需要做后处理，所谓后处理，主要是指根据得到的识别结果对类器进行评估和改进，比如调整分类器参数以防止过度拟合等。

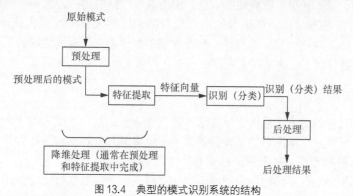

图 13.4 典型的模式识别系统的结构

13.1.7 训练/学习方法的分类

一般的训练/学习过程是指在给定模型或分类器形式的情况下，利用训练样本学习和估计模型的未知参数。具体地说，就是用某种算法来降低训练样本的分类误差。例如，第 14 章将要介绍的梯度下降算法能通过调节分类器的参数，使训练朝着降低分类误差的方向进行。此外还有很多其他形式的学习算法，通常可分为以下几种形式。

（1）教师指导的学习：又称为有监督学习，指的是在训练样本集中的每个输入样本类别均已知的情况下进行学习，也就是使用训练模式和相应的类别标记来"教授"分类器。在日常生活中，有监督学习的典型例子是教孩子识字，教师将字本身（样本）和具体是什么字（类别）一起教给孩子。

（2）无教师指导的学习：又称为无监督学习，指的是在样本中没有相应的类别信息的情况下，对输入样本自动形成"自然的"组织或簇。聚类算法就是一种典型的无监督学习方法。

（3）强化学习：又称为基于评价的学习。在强化学习中，不是把类别信息直接提供给分类器，而是让分类器自身根据输入样本计算输出类别，然后与已知的类别标记进行比较，进而判断对已知训练模式的分类是否正确，从而辅助分类器的学习。在日常生活中，强化学习的典型例子是提供正确答案的考试讲评，此时考生就相当于分类器，他们先是独立考试（分类），而后根据教师提供的标准答案改善知识体系（分类器模型）。

13.2　模式识别方法的分类

有两种基本的模式识别方法：统计模式识别（statistical pattern recognition）和句法（结构）模式识别（syntactic pattern recognition）。其中，统计模式识别是一种结合统计概率论中的贝叶斯决策系统来进行模式识别的技术，又称为决策理论识别；而利用模式与子模式分层结构的树状信息来进行模式识别的技术，则被称为句法（结构）模式识别。

13.2.1　统计模式识别

统计模式识别的基本原理是：存在相似性的样本在模式空间中会互相接近并形成"集团"，即"物以类聚"。具体采用的分析方法是：根据模式测得的特征向量 $X = (x_{i1}, x_{i2}, \cdots, x_{id})^{\mathrm{T}}$（$i = 1,2,\cdots,N$），将一个给定的模式划入 C 个类 $w_1, w_1, \cdots, w_c$ 中，即可视为根据模式之间的某种距离函数来进行分类。其中，T 表示转置，N 为样本数目，d 为样本特征向量的维数。

在统计模式识别中，贝叶斯决策规则从理论上解决了最优分类器的设计问题，但在实施时却必须先解决更困难的概率密度估计问题。BP（Back Propagation，前馈）神经网络则直接从观测数据（训练样本）进行学习，是一种更简便有效的方法，因而获得广泛应用；但这是一种启发式技术，缺乏工程实践的坚实理论基础。统计推断理论研究取得的突破性成果导致现代统计学习理论——VC（Vapnik-Chervonenkis）维的建立，该理论不仅在严格的数学基础上圆满地回答了人工神经网络中出现的理论问题，而且导出了一种新的学习方法——支持向量机。

13.2.2　句法模式识别

句法模式识别又称结构方法或语言学方法，其基本思想是把一个模式描述为较简单的子模式的组合，而子模式又可描述为更简单的子模式的组合，最终得到一种树状的结构描述形式，处于底层的最简单的子模式被称为模式基元（简称基元）。

在句法模式识别中选取基元的问题相当于在统计模式识别中选取特征的问题，通常要求所选的基元既要对模式提供一种紧凑的能反映其结构关系的描述，又要易于使用非句法模式识别方法来抽取。显然，基元本身不应该含有重要的结构信息。模式以一组基元和它们的组合关系来描述，称为模式描述语句，这相当于人类语言中，句子和短语用词组合，词用字符组合。基元组合成模式的规则由所谓的语法指定。一旦基元被鉴别，识别过程就可通过句法分析来进行，即分析给定的模式描述语句是否符合指定的语法，满足某类语法的即被划入该类别。可以说，句法模式识别是基于对结构相似性的测量来进行分类的，不但可以用于分类，也可以用于描述。

[例 13.2] 统计模式识别与句法（结构）模式识别的比较。

图 13.5 给出了对于光学字符识别问题，统计模式识别与句法模式识别在解决问题时所采用思路的不同。同样对于上方的字母"A"，采用统计模式识别的一种可能做法是：选取的特征为字母中交叉点的数目，左、右斜线的数目，横线的数目以及孔洞的数目，这样字母"A"就变成了特征向量 $x_2 = (3\ 2\ 2\ 1\ 1)^T$，若概率分布已知，则可计算出似然函数 $P(x_2|"A")$，从而构造贝叶斯分类器，这一过程如图 13.5 的中间分支所示。另一种做法是不经过特征提取，直接将包含字母"A"的矩形区域内所有像素的像素值（这里为 0 或 1，白色背景为 0，黑色字母为 1）按行或按列存储并作为特征向量，发送给训练好的神经网络进行识别，这一过程如图 13.5 的左侧分支所示。而当采用句法（结构）模式识别时，字母"A"被看成图 13.5 中右侧分支所示的一些子结构（笔画）的组合，这些子结构都有各自的结构和方向并且按照一定的规则组合在一起，这些子结构最终将连同它们之间的规则一并被发送给解析器进行处理（类似于句法分析），从而识别出类别。

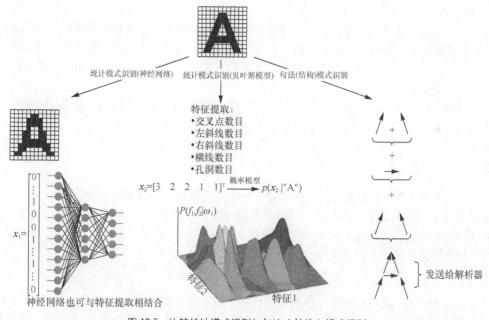

图 13.5 比较统计模式识别与句法（结构）模式识别

需要说明的是，图 13.5 左侧分支中的向量在被发送给神经网络之前没有经过特征提取，这只是选择之一。在实际应用中，神经网络的输入常常是经过特征提取的向量，类似于图 13.5 中像 x_2 那样经过特征提取的向量，就可以用作多种分类器的输入。

13.2.3 小结

模式识别方法的选择取决于问题的性质。如果想要识别的对象不仅极其复杂，而且包含丰富的结构信息，那么一般采用句法模式识别；如果想要识别的对象不复杂或不包含明显的结构信息，那么一般采用统计模式识别。这两种方法不能截然分开，在句法模式识别中，基元本身就是用统计方法抽取的。在实际应用中，通过将这两种方法结合起来分别施加于不同的层次，经常能收到较好的效果。

本书并不是一本专门介绍模式识别的书，后续讨论将不涉及句法模式识别的相关内容，这主要是出于对本书内容完整性和紧凑性的考虑（句法模式识别以自然语言与自动机为理论根基），同时本书也不准备从经典的贝叶斯分类理论开始对各种统计模式识别技术进行一一讨论，而是着眼于目前统计模式识别领域十分活跃、与图像识别关系密切并且已在工程技术领域获得广泛应用的两种非常实用的分类技术——人工神经网络（见第 14 章）和支持向量机（见第 15 章），以及被广泛应用于特征选择和特征加权的 AdaBoost 分类技术（见第 16 章）。

13.3 最小距离分类器和模板匹配

通过前两节的学习，相信读者已经对模式识别和图像识别有了一定的认识，并且对整体框架也应该有了大致的了解。本节讨论一种具体的分类技术——最小距离分类器，并附带介绍一种专门针对图像内容匹配的技术——基于相关的模板匹配。

13.3.1 最小距离分类器及其 MATLAB 实现

1. 理论基础

最小距离分类又称最近邻分类，是一种非常简单的分类思想。这种基于匹配的分类技术，通过以一种原型模式向量代表每一个类别，实现了在识别时将一种未知模式赋予那个按照预先定义的相似性度量与其距离最近的类别，常用的距离度量有欧氏距离、马氏距离等。下面以欧氏距离为例讲解最小距离分类器。

一种简单的做法是把每个类别的所有样本的平均向量作为该类别的原型，于是第 i 类样本的代表向量为

$$m_i = \frac{1}{N_i} \sum_{x \in w_i} x_i \quad i = 1, 2, \cdots, W \tag{13-1}$$

其中：N_i 为第 i 类样本的数目；w_i 表示第 i 类样本的集合；总类别数为 W。

当需要对未知模式 x 进行分类时，只需要分别计算 x 与各个 m_i（$i=1,2,\cdots,W$）的距离，然后将其分配给距离最近的代表向量所代表的类别即可。

对于使用欧氏距离表示的 x 与各个 m_i 的距离，有

$$D_i(x) = \| x - m_i \| \quad i = 1, 2, \cdots, W \tag{13-2}$$

其中，$\|x-m_i\|=[(x-m_i)^{\mathrm{T}}(x-m_i)]^{1/2}$ 表示欧几里得范数，即向量的模。从 W 个 $D_i(x)$ 中找到最小的那个，不妨设为 $D_j(x)$，则 x 属于第 j 类。下面来看一个使用最小距离分类器的实例，请读者思考最小距离分类器具有怎样的决策边界。

2. MATLAB 实现

下面通过例 13.3 给出最小距离分类器的实现方法。

[例 13.3] 基于最小距离分类器的鸢尾属植物的分类。

这里仍以 MATLAB 自带的鸢尾属植物数据集为例，利用最小距离分类器区分测试样本集（简称测试集）中的样本属于哪一类植物。数据集中共有 setosa、versicolor 和 virginica 三类鸢尾属植物。载入 fisheriris 数据集之后，meas 矩阵中共包含 150 个植物样本，meas 矩阵中的每一行代表一个植物样本的特征向量。细胞数组 species 中包含对应着 150 个样本的类别信息，从中可以看出前 50 个样本属于第 1 类，中间 50 个属于第 2 类，后 50 个属于第 3 类。在本例中，我们将利用每个类别的前 40 个样本生成代表该类别的模板，后 10 个样本则被保留至一个独立的测试样本集，用于验证最

小距离分类器的识别率。

计算每个测试样本与代表 3 种类别的模板向量的最小距离，并且将与测试样本距离最近的模板向量所代表的类别作为测试样本的类别标号的关键代码如下。

```
for ii = 1:size(Test, 1)
    d(1) = norm(Test(ii, :) - m1); % 与第 1 个类别的距离
    d(2) = norm(Test(ii, :) - m2); % 与第 2 个类别的距离
    d(3) = norm(Test(ii, :) - m3); % 与第 3 个类别的距离

    [minVal class(ii)] = min(d);    % 计算最小距离并将距离样本最近的类别赋值给类别标签数组 class
end
```

利用最小距离分类器分类鸢尾属植物的完整实现代码如下。

```
% 利用最小距离分类器分类鸢尾属植物
load fisheriris % 载入 MATLAB 自带的鸢尾属植物数据集

% 将每个类别的前 40 个样本用于生成代表该类别的模板向量，而将后 10 个样本作为一个独立的测试样本集
m1 = mean( meas(1:40, :) );     % 第 1 类的前 40 个样本的平均向量
m2 = mean( meas(51:90, :) );    % 第 2 类的前 40 个样本的平均向量
m3 = mean( meas(101:140, :) ); % 第 3 类的前 40 个样本的平均向量

% 测试样本集
Test = [meas(41:50, :); meas(91:100, :); meas(141:150, :)];
% 测试样本集对应的类别标签
classLabel(1:10) = 1;
classLabel(11:20) = 2;
classLabel(21:30) = 3;

% 利用最小距离分类器分类测试样本
class = zeros(1, 30); % 类别标签
for ii = 1:size(Test, 1)
    d(1) = norm(Test(ii, :) - m1); % 与第 1 个类别的距离
    d(2) = norm(Test(ii, :) - m2); % 与第 2 个类别的距离
    d(3) = norm(Test(ii, :) - m3); % 与第 3 个类别的距离

    [minVal class(ii)] = min(d); % 计算最小距离并将距离样本最近的类别赋值给类别标签数组 class
end

% 测试最小距离分类器的识别率
nErr = sum(class ~= classLabel);
rate = 1 - nErr / length(class);
strOut = ['识别率为', num2str(rate)]
```

运行上述程序，最终得到 30 个测试样本的识别率为 **96.6667%**。由此可见，对于这个简单的 3 分类问题，最小距离分类器能够取得不错的效果。

13.3.2 基于相关的模板匹配

1. 理论基础

基于相关的模板匹配技术可直接用于在一幅图像中寻找某种子图像模式。在第 5 章"空域图像增强"中，我们曾经介绍过图像相关的基本概念，对于大小为 $M \times N$ 的图像 $f(x, y)$ 和大小为 $J \times K$

的子图像模式 $w(x, y)$，f 与 w 的相关可表示为

$$c(x, y) = \sum_{s=0}^{K}\sum_{t=0}^{J} w(s,t) f(x+s, y+t) \tag{13-3}$$

其中：$x = 0, 1, 2, \cdots, N{-}K$; $y = 0, 1, 2, \cdots, M{-}J$。这一计算形式与式（5-2）稍有不同，此处的目的是寻找匹配而不是对 $f(x, y)$ 进行滤波操作，因此 w 的原点被设置在子图像的左上角，并且式（13-3）给出的形式也完全适用于 J 和 K 为偶数的情况。

计算相关 $c(x, y)$ 的过程就是在图像 $f(x, y)$ 中逐点地移动子图像 $w(x, y)$，使 w 的原点和点 (x, y) 重合，然后计算 w 与 f 中被 w 覆盖的图像区域所对应像素的乘积之和，以此计算结果作为相关图像 $c(x, y)$ 在点 (x, y) 的响应值。

相关可用于在图像 $f(x, y)$ 中找到与子图像 $w(x, y)$ 匹配的所有位置。实际上，当 w 按照刚才描述的过程移过整幅图像 f 之后，最大的响应点 (x_0, y_0) 即为最佳匹配的左上角点。我们也可以设定一个阈值 T，并认为响应值大于该阈值的点均是可能的匹配位置。

相关的计算结果是通过将图像元素和子模式图像（简称子图像）元素联系起来获得的，具体的方法是将相关元素相乘后累加。我们也完全可以将子图像 w 视为一个按行或按列存储的向量 $\boldsymbol{b}$，而将计算过程中被 w 覆盖的图像区域视为另一个按照同样方式存储的向量 $\boldsymbol{a}$，这样相关的计算就成了向量之间的点积运算。

两个向量的点积为

$$\boldsymbol{a} \cdot \boldsymbol{b} = |\boldsymbol{a}|\,|\boldsymbol{b}| \cos\theta \tag{13-4}$$

其中：θ 为向量 $\boldsymbol{a}$ 和 $\boldsymbol{b}$ 之间的夹角。显然，当 $\boldsymbol{a}$ 和 $\boldsymbol{b}$ 具有完全相同的方向（平行）时，$\cos\theta=1$，式（13-4）取得最大值 $|\boldsymbol{a}|\,|\boldsymbol{b}|$，这意味着当图像的局部区域类似于子图像模式时，相关运算产生最大的响应。然而，式（13-4）最终的取值还与向量 $\boldsymbol{a}$、$\boldsymbol{b}$ 自身的模有关，这将导致按照式（13-4）计算的相关响应存在着对 f 和 w 的灰度幅值比较敏感的缺陷。因此，在图像 f 的高灰度区域，尽管内容与子图像 w 的内容并不相近，但由于 $|\boldsymbol{a}|$ 自身较大而同样有可能产生一个很大的响应。可通过对向量用其模值进行归一化来解决这一问题，即通过 $\dfrac{\boldsymbol{a} \cdot \boldsymbol{b}}{|\boldsymbol{a}|\,|\boldsymbol{b}|}$ 来计算相关。

改进的用于匹配的相关计算公式如下。

$$r(x, y) = \frac{\displaystyle\sum_{s=0}^{K}\sum_{t=0}^{J} w(s,t) f(x+s, y+t)}{\left[\displaystyle\sum_{s=0}^{K}\sum_{t=0}^{J} w^2(s,t) \cdot \sum_{s=0}^{K}\sum_{t=0}^{J} f^2(x+s, y+t)\right]^{1/2}} \tag{13-5}$$

式（13-5）实际上计算的是向量 $\boldsymbol{a}$、$\boldsymbol{b}$ 之间夹角的余弦值。显然，这只和图案模式本身的形状或纹理有关，与幅值（亮度）无关。

2. MATLAB 实现

下面的例 13.4 给出了基于相关的模板匹配的实现方法。

[例 13.4] 基于相关的图像匹配。

图 13.6（a）所示黑色背景的图像中包含 12 种不同的图案模式，我们想要在图 13.6（a）中找到图 13.6（b）和图 13.6（c）所示子图像的最佳匹配。图 13.6（b）中的图像对应着图 13.6（a）中第 2 行的第 2 个小图案，但其整体亮度相比在图 13.6（a）中更暗；而图 13.6（c）中的图像与图 13.6（a）中第 3 行的第 2 个小图案相似，略有区别。

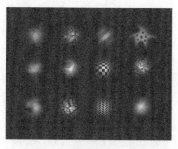

（a）原始图像

（b）子图像 1

（c）子图像 2

（d）子图像 1 在图（a）中的匹配情况

（e）子图像 2 在图（a）中的匹配情况

图 13.6　基于相关的图像匹配

我们编写了 imcorr 函数，用以实现图像相关的代码如下。

```
function Icorr = imcorr(I, w)
% function corr = imcorr(I, w, )
% 计算图像 I 与子图像 w 的相关响应，并提示最大响应位置
%
% Input: I - 原始图像
%        w - 子图像
%
% Output: Icorr - 响应图像

[m, n] = size(I);
[m0, n0] = size(w);

Icorr = zeros(m-m0+1, n-n0+1); % 为响应图像分配空间

vecW = double( w(:) ); % 按列存储为向量
normW = norm(vecW);       % 模式图像对应向量的模

for ii = 1:m-m0+1
   for jj = 1:n-n0+1
      subMat = I(ii:ii+m0-1, jj:jj+n0-1);
      vec = double( subMat(:) ); % 按列存储为向量
      Icorr(ii, jj) = vec' * vecW / (norm(vec)*normW+eps); % 计算当前位置的相关响应
   end
end

% 找到最大响应位置
[iMaxRes, jMaxRes] = find(Icorr == max( Icorr(:) ) );
figure, imshow(I);
hold on
for ii = 1:length(iMaxRes)
```

```
        plot(jMaxRes(ii), iMaxRes(ii), '*');  %  绘制最大响应点

        %  使用矩形框标记出匹配的区域
        plot([jMaxRes(ii), jMaxRes(ii)+n0-1], [iMaxRes(ii), iMaxRes(ii)] );
        plot([jMaxRes(ii)+n0-1, jMaxRes(ii)+n0-1], [iMaxRes(ii), iMaxRes(ii)+m0-1] );
        plot([jMaxRes(ii), jMaxRes(ii)+n0-1], [iMaxRes(ii)+m0-1, iMaxRes(ii)+m0-1] );
        plot([jMaxRes(ii), jMaxRes(ii)], [iMaxRes(ii), iMaxRes(ii)+m0-1] );
end
```

imcorr 函数根据相关响应的结果，分别将响应［对于图 13.6（b）和图 13.6（c）］的最大值用 "*" 标记在图 13.6（d）和图 13.6（e）中，同时还使用矩形框标记出了匹配的区域。imcorr 函数的调用方法如下。

```
>> I = imread('patterns.bmp');
>> I1 = imread('pat1.bmp');
>> I2 = imread('pat2.bmp');
>> J1 = imcorr(I, I1);
>> max(J1(:))

ans =

    1.0000

>> J2 = imcorr(I, I2);
>> max(J2(:))

ans =

    0.9784
```

上述程序运行后，图 13.6（b）和图 13.6（c）所示子图像的匹配结果如图 13.6（d）和图 13.6（e）所示。我们发现，两次匹配都只找到一个最大值，由于图 13.6（a）包含与图 13.6（b）所示子图像的纹理结构完全相同的图像区域，只是整体明暗不同，因此相关响应的最大值为 1；而图 13.6（a）与图 13.6（c）所示子图像的相关响应的最大值为 0.9784，这说明图 13.6（c）所示子图像与图 13.6（a）中的最佳匹配区域并不完全相同。

虽然我们之前通过向量模值的归一化得到了幅值（亮度）不变的相关匹配算子，但相关计算仍然对尺寸和旋转变换非常敏感。如果子图像 w 与原始图像 f 中对应的相似目标大小不同，则一般来说我们很难得到令人满意的匹配结果。为了解决这一问题，有时需要采用多种分辨率扫描原始图像 f，计算相关，并在各个分辨率下寻找可能的匹配位置，但计算量太大了，因此很难在实际系统中得到应用。类似地，如果旋转变化的性质是未知的，则为了寻找最佳匹配，就要求对 w 进行全方位的旋转。更多的时候，我们需要利用对问题的先验知识得到有关尺寸和旋转变换方式的一些线索，从而借助几何变换中的一些技术在匹配之前对这些变换进行归一化处理。

13.3.3　相关匹配的计算效率

一般情况下，子图像 w 总是比原始图像 f 小得多。尽管如此，除非 w 非常小，否则我们在例 13.4 中采用的空间相关算法的计算量都会比较大，以至于总是要依靠硬件来实现。

一种提升计算效率的方法是在频域中实现相关，回忆第 6 章介绍的卷积定理，建立空间卷积和频域乘积之间的对应关系。通过相关定理，我们可以将空间相关与频域乘积联系起来。相关定理指出了两个函数的空间相关，可以用一个函数的傅里叶变换同另一个函数的傅里叶变换的复共轭的乘积的傅里叶逆变换得到，当然反过来也成立，即

$$f(x,y) \circ w(x,y) \Leftrightarrow F(u,v)H^*(u,v) \qquad (13\text{-}6)$$

$$f(x,y)w^*(x,y) \Leftrightarrow F(u,v) \circ H(u,v) \qquad (13\text{-}7)$$

其中："∘"表示相关，"*"表示复共轭。

下面给出了按照上述思路在频域下实现相关，再变换回空域得到响应图像 Icorr 的 MATLAB 实现函数 dftcorr。

```matlab
function Icorr = dftcorr(I, w)
% function Icorr = dftcorr(I, w)
% 在频域下计算图像 I 与子图像 w 的相关响应，并提示最大响应位置
%
% Input: I - 原始图像
%        w - 子图像
%
% Output: Icorr - 响应图像
I = double(I);
[m n] = size(I);
[m0 n0] = size(w);
F = fft2(I);
w = conj(fft2(w, m, n));      % 频谱的共轭
Ffilt = w .* F;               % 频域滤波结果
Icorr = real(ifft2(Ffilt));   % 反变换回空域


% 找到最大响应位置
[iMaxRes, jMaxRes] = find(Icorr == max( Icorr(:) ) );
figure, imshow(I, []);
hold on
for ii = 1:length(iMaxRes)
   plot(jMaxRes(ii), iMaxRes(ii), 'w*');
   plot([jMaxRes(ii), jMaxRes(ii)+n0-1], [iMaxRes(ii), iMaxRes(ii)], 'w-' );
   plot([jMaxRes(ii)+n0-1, jMaxRes(ii)+n0-1], [iMaxRes(ii), iMaxRes(ii)+m0-1], 'w-' );
   plot([jMaxRes(ii), jMaxRes(ii)+n0-1], [iMaxRes(ii)+m0-1, iMaxRes(ii)+m0-1], 'w-' );
   plot([jMaxRes(ii), jMaxRes(ii)], [iMaxRes(ii), iMaxRes(ii)+m0-1], 'w-' );
end
```

对于例 13.4 中的模板匹配问题，和 imcorr 函数相比，dftcorr 函数在执行效率上的优势显而易见。这是因为在这个问题中，模板图像的大小为 61×64，虽然比原始图像小得多，但已经可以说是一个比较大的模板了。研究表明，如果 w 中的非零元素数目小于 132，则直接在空域中计算相关较为划算，否则通过上述方法变换至频域下计算相关更为合适。当然，这个数目不是绝对的，具体还与 f 的大小以及运算机器本身有关，但读者可以将其作为参考，从而决定在应用系统中实现相关的最佳方式。

第 14 章 人工神经网络

在对图像识别有了整体认识之后，从现在开始，我们将学习两种十分实用的分类技术——人工神经网络和支持向量机。本章介绍人工神经网络，第 15 章将围绕支持向量机展开讨论。对于理论基础，我们将做必要的介绍，但重点是它们在应用和实现层面的一些技巧和注意事项，相信读者在学习这两章之后，立即就可以在工程实践中获益。

本章的知识和技术热点
- ANN 的基本结构。
- 反向传播算法。
- ANN 的训练和使用技巧。

本章的典型案例分析
- 基于 ANN 的字母模式识别系统。

14.1 人工神经网络简介

人工神经网络（Artificial Neural Networks，ANN）简称神经网络，是对人脑或生物神经网络（Natural Neural Network）若干基本特性的抽象和模拟。ANN 为我们编写从样本中学习值为实数、离散值或向量的函数提供了一种健壮性很强的解决方案，ANN 已经在汽车自动驾驶、光学字符识别（OCR）和人脸识别等很多实际问题中取得惊人的成功。

对于分类问题，我们的目标就是学习决策函数 $h(x)$，该函数的输出为离散值（类别标签）或向量（经过编码的类别标签），ANN 自然能够胜任这一任务。此外，由于可学习实值函数，ANN 也是函数拟合的利器。本书对 ANN 的介绍只限于分类问题，这将涉及输出为离散值和向量的情况。

14.1.1 仿生学动机

1. 生物神经网络

众所周知，生物大脑由大量的神经细胞（即**神经元**，neuron）组成，这些神经元相互连接成十分复杂的网络。每个神经元由 3 部分组成：树突、细胞体和轴突，如图 14.1 所示。**树突**是树状的神经纤维接收网络，它将输入的电信号传递给细胞体；**轴突**是单根长纤维，它把细胞体的输出信号导向其他神经元。大量这样的神经元广泛地连接在一起，从而形成了神经网络。神经元的数目、排列拓扑结构以及突触的连接强度决定了生物神经网络的功能。

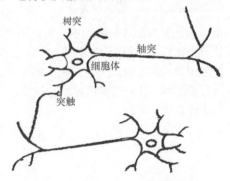

图 14.1 生物神经元及其连接方式

神经元之间利用电化学信号传递信息。一个神经元的输入信号来自另一些神经元的输出，这些神经元的轴突末梢与该神经元的树突相遇，形成**突触**。大脑神经元有两种状态：**兴奋**和**抑制**。细胞体对这些输入信号进行整合并进行阈值处理。如果整合后的刺激值超过某一阈值，神经元就被激活而进入兴奋状态，此时就会有一个电信号通过轴突传递给其他神经元，否则神经元就处于抑制状态。

生物大脑具有超强的学习能力。研究表明，如果一个神经元在一段时间内频繁受到刺激，则它与连接至输入的神经元之间的连接强度就会相应地改变，从而使该神经元再次受到刺激时更易兴奋；相反，一个某段时间内不被刺激的神经元的连接有效性会慢慢衰减。这一现象说明神经元之间的连接具有某种可塑性（可训练性）。

训练生物神经网络的一个典型示例是人类学习下棋。起初在没有接受过任何下棋训练时，可以理解为大脑神经元网络处于随机状态，对于某个棋局（输入），产生一个随机的应对策略（大脑神经元网络的实际输出）。接下来，这一应对策略会从指导教师（教下棋的人或者一本棋谱）那里得到相应的反馈（这一步下得好还是不好，或者正确的走法是什么，相当于训练样本的目标输出），并以此反馈作为调整神经元之间连接（这些连接具有可训练性）的依据。随着这种训练和调整过程的进行，大脑神经元网络对于新的棋局（输入）的决策越来越接近于最优决策（实际输出更加接近于目标输出），并处于一种擅于对某个棋局做出正确反映的状态。这就是人类在学习下棋时从新手到高手的进阶过程。

2. 人工神经网络

人工神经网络（也可简称网络或神经网络）的相关研究在一定程度上受到生物大脑的仿生学启发。人工神经网络由一系列简单的人工神经元相互密集连接构成，其中每个神经元同样由 3 部分组成：输入、人工神经细胞和输出。每个神经元都有一定数量的实数值输入，并产生一个实数值输出，如图 14.2 所示。

一个人工神经元的输入信号来自另一些人工神经元的输出，而其输出又可以作为其他人工神经元的输入。一种称为感知器（见 14.2.1 小节）的人工神经元同样具有两种状态：1 和−1。人工神经细胞则对这些输入信号进行整合并做阈值化处理。如果整合后的刺激值超过某一阈值，人工神经元将被激活而进入 1 状态，否则人工神经元就处于−1 状态。

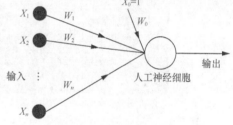

图 14.2　人工神经元的组成

正如大脑可以通过不断调节神经元之间的连接而达到不断学习和进步的目的一样，ANN 也可以通过不断调整输入连接上的权值使自身更加适应训练集合。

在 ANN 的训练过程中，训练样本的特征向量是 ANN 的输入，训练样本的目标输出（在分类问题中为类别信息）是 ANN 的输出。在初始情况下，网络权值被初始化为一种随机状态，当把某个训练样本输入网络时，由此产生的网络输出与训练样本目标输出之间的差异被称为训练误差；接下来，ANN 将根据某种机制（见 14.2.1 小节）调节权值 w，使得训练误差逐步减小；随着这种训练和调整过程的进行，网络对于训练样本的实际输出将越来越接近于目标输出。

人工神经网络和生物神经网络机能的类比如表 14.1 所示。

表 14.1　　　　　　　　　　人工神经网络和生物神经网络机能的类比

人工神经网络（ANN）	生物神经网络
输入	树突
输出	轴突
人工神经细胞	生物神经细胞体
人工神经元的 1 和−1 状态	生物神经元的兴奋和抑制状态
ANN 的训练	大脑的学习
网络权值的调整	生物神经细胞之间连接的调节
ANN 对于特定输入样本的输出	大脑对于特定输入情况做出的决策

14.1.2　人工神经网络的应用实例

在开始稍显枯燥的 ANN 理论学习之前，我们先来看一个将 ANN 应用于汽车自动驾驶的典型实例，进而了解 ANN 能够解决什么样的问题并从中获得足够的对于 ANN 的感性认识。

[例 14.1]　汽车自动驾驶系统 ALVINN。

汽车自动驾驶系统 ALVINN 是 ANN 的一个典型应用。该系统能够通过使用一个经过训练的 ANN 以正常速度在高速公路上驾驶汽车。如图 14.3（b）所示，ALVINN 具有典型的 3 层结构。输入层共有 30×32 个单元，对应一个 30×32 像素的点阵，它是通过对安装在车辆上的前向摄像机捕获的图像进行重采样得到的。输出层共有 30 个单元，输出情况指出了车辆行进的方向。

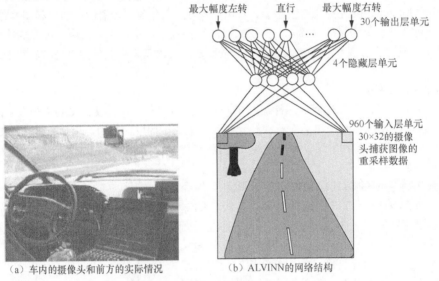

（a）车内的摄像头和前方的实际情况　　　　（b）ALVINN的网络结构

图 14.3　汽车自动驾驶系统 ALVINN

在训练阶段，ALVINN 以人类驾驶时摄像机捕获的前方交通状况作为输入，以人类通过操作方向盘给出的前进方向作为目标输出，整个训练过程大约 5 分钟。在测试阶段，ALVINN 在高速公路上以 80 千米的时速成功行驶了 90 千米。

30×32 的摄像头捕获图像的重采样数据将作为网络的输入，对应于 960 个输入层单元，将这些输入先连接至 4 个隐藏层单元，再连接至 30 个输出层单元。输出为一个 30 维向量，相当于把整个方向盘的控制范围分成 30 份，每个输出单元对应一个特定的驾驶方向，决策结果为输出值最大的单元对应的行驶方向。

在 ALVINN 中，所有单元分层互连，形成了一个有向无环图，相邻层之间是全连接的，这是很多 ANN 的典型结构。ANN 结构还有多种其他类型，但本章只集中介绍具有类似于 ALVINN 的网络结构且以反向传播（Back Propogation，BP）算法为基础的最为常见和实用的 ANN。

14.2　人工神经网络的理论基础

在进入用于 ANN 训练的反向传播算法的学习之前，首先了解用于训练线性单元的梯度下降法是非常有益的，它构成了反向传播算法的基础。所不同的是，梯度下降法只是训练一个线性单元，而反向传播算法能够训练多个单元的互联网络。因此，我们将从感知器开始介绍，进而介绍训练线性单元的梯度下降算法，最后推广到用于神经网络训练的反向传播算法。

14.2.1 训练线性单元的梯度下降算法

1. 感知器

感知器（perceptron）是一种只有两种输出的简单人工神经元，一个具有 n 个输入 $x_1, x_2, \cdots, x_n$ 的感知器如图 14.4 所示。每个输入 x_i 对应一个权值 w_i，此外还有一个偏置项 w_0。首先计算这 n 个输入根据其权值形成的一个线性组合再加上偏置项 w_0，即

$$\text{net} = \sum_{i=1}^{n} w_i \cdot x_i + w_0 \tag{14-1}$$

不妨令 $x_0=1$，于是式（14-1）可表示为

$$\text{net} = \sum_{i=0}^{n} w_i \cdot x_i = \boldsymbol{w} \cdot \boldsymbol{x} \tag{14-2}$$

其中，输入向量 $\boldsymbol{x} = (1, x_1, x_2, \cdots, x_n)$，权向量 $\boldsymbol{w} = (w_0, w_1, w_2, \cdots, w_n)$。

感知器的输出为式（14-2）经阈值化处理的结果：

$$O(\boldsymbol{x}) = \begin{cases} 1 & \sum_{i=0}^{n} w_i x_i > 0 \\ -1 & \text{其他} \end{cases} \tag{14-3}$$

感知器的工作方式与生物神经元颇为相似。注意在图 14.4 中，每个输入 Σ 求和单元的连接上的权值 w_i 表示对于输入的线性组合中各个 x_i 的贡献大小，Σ 求和单元的加权求和处理即为对输入的整合过程。感知器的 1 和 -1 两种输出对应生物神经元的兴奋和抑制两种状态。

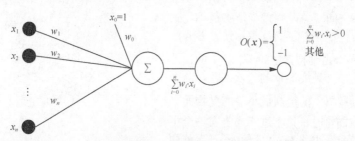

图 14.4　感知器示意图

由式（14-3）的形式可知，感知器对应一个 n 维空间中的超平面 $\boldsymbol{w} \cdot \boldsymbol{x} = 0$，它能够分类两类样本：对一侧的样本输出 1，而对另一侧的样本输出 -1。训练过程就是调整权值 $w_1, w_2, \cdots, w_n$，使得感知器对两类样本分别输出 1 和 -1。

2. 线性单元

只有 1 和 -1 两种输出限制了感知器的处理和分类能力，一种简单的推广是线性单元（linear unit），即不带阈值的感知器。一个具有 n 个输入 $x_1, x_2, \cdots, x_n$ 的线性单元如图 14.5 所示，其输出为 n 个输入根据权值形成的一个线性组合再加上偏置项 w_0，即

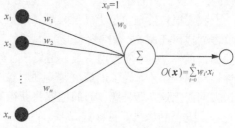

图 14.5　线性单元示意图

$$O(\boldsymbol{x}) = \sum_{i=1}^{n} w_i \cdot x_i + w_0 \tag{14-4}$$

令 $x_0=1$，于是式（14-4）可表示为

$$O(\boldsymbol{x}) = \sum_{i=0}^{n} w_i \cdot x_i = \boldsymbol{w} \cdot \boldsymbol{x} \tag{14-5}$$

其中：输入向量 $\boldsymbol{x} = (1, x_1, x_2, \cdots, x_n)$，权向量 $\boldsymbol{w} = (w_0, w_1, w_2, \cdots, w_n)$。

训练线性单元的核心任务就是调整权值 $w_1, w_2, \cdots, w_n$，使线性单元对训练样本的实际输出与训练样本的目标输出尽可能接近。

3. 误差准则

为了推导线性单元的权值学习法则，必须首先定义一种度量标准来衡量当前权向量 $\boldsymbol{w}$ 下 ANN 相对训练样本的训练误差（training error）。一种常见的度量标准为平方误差准则。

$$E(\boldsymbol{w}) = \frac{1}{2} \sum_{d \in D} (t_d - o_d)^2 \tag{14-6}$$

其中：D 是训练样本集合；t_d 是训练样本 d 的目标输出（训练样本 d 的类别信息）；o_d 是线性单元对训练样本 d 的实际输出，即 $O(x_d)$；$E(\boldsymbol{w})$ 是目标输出 t_d 和实际输出 o_d 的差的平方在所有训练样本上求和的二分之一，这里的常数 1/2 主要是为了让最终的推导结果在形式上比较简洁（在推导过程中与其后平方项求导产生的因子 2 抵销）。观察式（14-3），对于特定的问题，由于训练样本集合已经固定下来，因此 $\boldsymbol{x}$ 是定值，目标输出 t_d 也是定值（训练样本的类别信息是已知的），而 o_d 只依赖于权向量 $\boldsymbol{w}$，可以把 E 写成权向量 $\boldsymbol{w}$ 的函数。

图 14.6 给出了解空间中搜索的可视化解释。由于无法绘制出超过三维的空间，这里设 $\boldsymbol{w} = (w_0, w_1)$，也就是要在二维解空间 w_0-w_1 中搜索能够最小化式（14-3）的权向量 $\boldsymbol{w}$，第三维（纵轴）表示误差 $E(\boldsymbol{w})$，图 14.6 还显示了整个二维搜索空间 w_0-w_1 中的误差曲面 $E(\boldsymbol{w})$。由于 $E(\boldsymbol{w})$ 是关于 $\boldsymbol{w}$ 的二次函数，这个误差曲面必然是具有单一的全局最小值的抛物面。当 $\boldsymbol{w}$ 是更高维的权向量时，只不过相当于在一个更高维的解空间中搜索最小化 $E(\boldsymbol{w})$ 的解 $\boldsymbol{w}^*$，误差曲面 $E(\boldsymbol{w})$ 也就成了一个超抛物面。

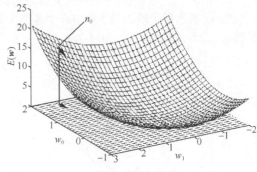

图 14.6　误差曲面

为了确定使 E 最小化的权向量，可从任意的初始权向量 $\boldsymbol{w}_0$ 开始，然后以很小的步长反复修改这个权向量，每一步的修改都要能够使误差 E 减小。不断重复这一过程，直至找到全局的最小值点 $\boldsymbol{w}^*$。

我们很自然地希望上述过程越快越好，因此在每一步都要使 E 减小得尽可能快，这样的寻优过程同样可在图 14.6 中找到可视化解释。设想从解空间中的任意初始点 n_0 出发，目的地是误差曲面的最低点，由于能见度有限，在某一时刻您只能看到距离自己很近的周边区域，因此每次只试探性地跨出一小步，为了以最快速度到达谷底，一种合理的选择是找到目前最陡峭的下降方向，并朝该方向跨出这一步，您在新的位置将获得新的视野，也将找到新的最陡峭下降方向，不断重复这一过程，直至到达最低目标点。

4. 梯度下降法的推导

怎样才能计算出沿误差曲面下降最快的方向呢？读者在高等数学中应该学习过**梯度**（gradient）的概念，梯度指的是方向导数最大的方向，因此可通过计算 E 相对向量 $\boldsymbol{w}$ 的每个分量的偏导数来得到梯度，记作 $\nabla E(\boldsymbol{w})$。

$$\nabla E(\boldsymbol{w}) = [\frac{\partial E}{\partial w_0}, \frac{\partial E}{\partial w_1}, \cdots, \frac{\partial E}{\partial w_n}] \tag{14-7}$$

需要注意的是，梯度 $\nabla E(\boldsymbol{w})$ 本身是表示方向导数最大方向的向量，因此它对应 E 的最快上升方向，而我们要寻找的沿误差曲面下降最快的方向自然就是负梯度 $-\nabla E(\boldsymbol{w})$。梯度下降的训练法则应为

$$\boldsymbol{w} \leftarrow \boldsymbol{w} + \Delta \boldsymbol{w} \tag{14-8}$$

其中：

$$\Delta \boldsymbol{w} = -\eta \nabla E(\boldsymbol{w}) \tag{14-9}$$

这里的 η 是一个被称为学习率的正的常数，它决定了梯度下降搜索中的步长。$\boldsymbol{w}$ 表示解空间中的当前搜索点，$\Delta \boldsymbol{w}$ 表示向当前最快下降方向的一小段位移，$\boldsymbol{w} \leftarrow \boldsymbol{w} + \Delta \boldsymbol{w}$ 则表示在搜索空间中从当前点沿最快下降方向移动一小段距离并更新当前位置至移动位置。

式（14-8）也可以写成分量形式。

$$w_i \leftarrow w_i + \Delta w_i \tag{14-10}$$

其中：

$$\Delta w_i = -\eta \frac{\partial E}{\partial w_i} \tag{14-11}$$

很明显，下降最快的方向可以通过按照比例 $\partial E / \partial w_i$ 改变 $\boldsymbol{w}$ 中的每一个 w_i 来实现。剩下的问题就是计算 $\partial E / \partial w_i$ 了。

$$
\begin{aligned}
\frac{\partial E}{\partial w_i} &= \frac{\partial}{\partial w_i} [\frac{1}{2} \sum_{d \in D} (t_d - o_d)^2] = \frac{1}{2} \sum_{d \in D} \frac{\partial}{\partial w_i} (t_d - o_d)^2 \\
&= \frac{1}{2} \sum_{d \in D} 2(t_d - o_d) \frac{\partial}{\partial w_i} (t_d - o_d) \\
&= \sum_{d \in D} (t_d - o_d) \frac{\partial}{\partial w_i} (t_d - \boldsymbol{w} \cdot \boldsymbol{x}_d) \\
&= \sum_{d \in D} (t_d - o_d)(-x_{id})
\end{aligned}
\tag{14-12}
$$

其中：x_{id} 表示训练样本 d 的一个输入分量 x_i。在式（14-12）的推导过程中，我们用到的是高等数学中复合函数求导的知识。在误差函数 $E(\boldsymbol{w})$ 的表达式［见式（14-7）］中，给定的一组样本的目标输出 t_d 为常数，因此有

$$\frac{\partial t_d}{\partial w_i} = 0$$

而实际输出 o_d 是 w_i 的函数，对于线性单元而言，有

$$o_d = \sum_{i=0}^{n} w_i x_{id}$$

在计算 o_d 对 w_i 的偏导时，$\boldsymbol{w}$ 的其余分量 $w_j (j = 0, 1, 2, \cdots, n, j \neq i)$ 均可视为常数，对于给定样本，x_{id} 亦为常数，因此有

$$\frac{\partial o_d}{\partial w_i} = x_{id}$$

至此，我们便得到了能够用线性单元的输入 x_{id}、输出 o_d 以及训练样本的目标值 t_d 表示的 $\partial E / \partial w_i$，代入式（14-9），即可得到梯度下降的权值更新法则。

$$\Delta w_i = \eta \sum_{d \in D} (t_d - o_d) x_{id} \tag{14-13}$$

综上所述，训练线性单元的梯度下降算法如下：随机选取一个初始权向量；计算所有训练样本经过线性单元的输出，然后根据式（14-13）计算每个权值 Δw_i，并通过式（14-10）更新每个权值，最后重复以上过程。相应的伪代码描述如算法 14.1 所示。

算法 14.1　训练线性单元的梯度下降算法

```
GradDesc(trainset, η)
  {//将训练样本集合 trainset 中的每一个训练样本以序偶< x,t >的形式给出，其中的 x 是样本特征向
   //量，通常是系统的输入；t 是目标输出值，通常是类别标签的某种编码；η 是学习率
      将每个权值 wᵢ 初始化为某个小的随机值；
      在遇到终止条件之前，重复执行以下操作：
            初始化每个 Δwᵢ 为 0；
            对于训练样本集合 trainset 中的每个序偶< x,t >：
                  把样本特征向量 x 作为线性单元的输入，计算输出 o；
                  对于线性单元的每个权值 wᵢ，执行 Δwᵢ ← Δwᵢ + η(t-o)xᵢ ；
            对于线性单元的每个权值 wᵢ，执行 wᵢ ← wᵢ + Δwᵢ ；
  }
```

由于二次误差曲面仅包含一个全局最小值，因此算法 14.1 最终会收敛到具有最小误差的权向量，但要求必须使用一个足够小的学习率 η。如果 η 太大，梯度下降搜索就有越过误差曲面最小值而不是停留在那一点的危险，如图 14.7 所示。一种好的改进策略是随着梯度下降步数的增加而逐渐减小 η 的值。

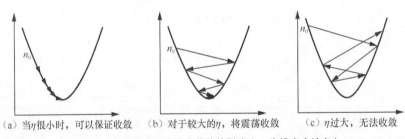

（a）当 η 很小时，可以保证收敛　（b）对于较大的 η，将震荡收敛　（c）η 过大，无法收敛

图 14.7　η 对于梯度下降搜索收敛的影响（n_0 为搜索启始点）

5. 增量梯度下降

人工智能和模式识别的很多问题最终都可转换为求最优的问题，而梯度下降法作为一种重要的寻优手段，适用于满足以下条件的任何情况。

（1）搜索的假设空间包含连续参数化的假设（线性单元梯度下降搜索中的解 w 是连续变化的）。

（2）误差（$E(w)$）对于这些假设参数（w）可微。

应用梯度下降的主要实践问题如下。

- 有时收敛过程可能非常慢（需要上千次迭代）。

- 如果误差曲面上存在多个局部极小值，则不保证能够找到全局最小值（与初始搜索位置有关）。

为了缓解以上问题，人们提出了**增量梯度下降**（incremental gradient descent），又称**随机梯度下降**。标准梯度下降在对训练集 D 中的所有样本的平方误差求和后计算权值并更新，式（14-13）中对 D 中所有样本进行的 Σ 求和说明了这一点；而增量梯度下降则根据每个单独样本的误差增量计

算权值并更新，得到近似的梯度下降搜索。修改后的训练法则与式（14-13）相似，只是在迭代计算每个训练样本时需要根据下面的公式来更新权值。

$$\Delta w_i = \eta(t-o)x_i \qquad\qquad (14\text{-}14)$$

增量梯度下降的伪代码描述如算法 14.2 所示。

算法 14.2　训练线性单元的增量梯度下降算法

```
IncGradDesc(trainset, η)
{//将训练样本集合 trainset 中的每一个训练样本以序偶<x,t>的形式给出，其中的 x 是样本特征向
//量，通常是系统的输入；t 是目标输出值，通常是类别标签的某种编码；η 是学习率
    将每个权值 wi 初始化为某个小的随机值；
    在遇到终止条件之前，重复执行以下操作：
        初始化每个 Δwi 为 0；
        对于训练样本集合 trainset 中的每个序偶<x,t>：
            把样本特征向量 x 作为线性单元的输入，计算输出 o；
            对于线性单元的每个权值 wi，执行 wi ← wi + η(t-o)xi；
}
```

增量梯度下降可以看作为每个单独的训练样本 d 定义不同的误差函数 $E_d(\boldsymbol{w})$。

$$E_d(\boldsymbol{w}) = \frac{1}{2}(t_d - o_d)^2 \qquad\qquad (14\text{-}15)$$

在每一次迭代中，按照关于 $E_d(\boldsymbol{w})$ 的梯度更新权值。在迭代完所有训练样本一轮时，这些权值发生更新的序列给出了对原来误差函数 $E(\boldsymbol{w})$ 的标准梯度下降的合理近似。只要 η 足够小，增量梯度下降就能以任意程度接近标准梯度下降。

💡提示　　标准梯度下降在权值更新前对所有样本汇总误差，而增量梯度下降的权值是通过考察每个训练样本来更新的。如果 $E(\boldsymbol{w})$ 存在多个局部极小值，则增量梯度下降有时能让我们避免陷入这些局部极小值，因为它使用 $E_d(\boldsymbol{w})$ 而不是 $E(\boldsymbol{w})$ 来引导搜索。

[例 14.2]　寻优方法的比较。

下面给出了除梯度下降外的两种常用优化方法：偏导数和二次规划。请读者思考在 ANN 的训练过程中能否选择这两种方法。

（1）由于可以写出 $\partial E/\partial w_i$ 的表达式，一个有可能产生的疑问是：是否可以采用偏导数为 0 的方法来解决误差函数 $E(\boldsymbol{w})$ 的优化问题？毕竟这是高等数学中有关多元函数极值和最值的一种经典方法，此外可能也是读者面对优化问题时首先能够想到的解决方法。然而，这里我们要面对的通常是含有大量权值的系统，它对应着维数非常高的空间中的误差曲面（每个权值一维），而每一维都有多个可能的局部极小值（对该维的偏导数为 0），这样总的候选局部极小值数目就是各个维上候选局部极小值数目的乘积，计算出来的结果十分庞大。

也就是说，如果通过这种方法解决误差函数的优化问题，假设共有 n 个权值，那么首先需要解一个由 n 个方程 $\partial E / \partial w_i = 0\ (i=1,2,\cdots,n)$ 组成的联立方程组，我们姑且不谈这个方程组的可解性如何，假设第 i 维上满足 $\partial E / \partial w_i = 0$ 的解的个数为 $n_i\ (i=1,2,\cdots,n)$，则总的候选局部极小值数目将是 $\prod_{i=1}^{n} n_i$，从这么多候选极小值中找出全局极小值是一项十分棘手的任务。

（2）对于线性单元，学习权向量的另一种可行的方法是线性规划（linear programming）。线性规划是解线性不等式方程组的一种通用的有效方法。在线性单元的训练中，每一个训练样本对应一个形式为 $w·x>0$ 或 $w·x⩽0$ 的不等式，它们的解就是我们期望的权向量。遗憾的是，这种方法仅当训练样本线性可分时有解。即便在进行改进之后，这种方法也仍不能扩展到多层人工神经网络。相反，正如 14.2.2 小节将要讨论的，梯度下降算法可以被简单地扩展到多层人工神经网络，用于反向传播算法的学习。

14.2.2　多层人工神经网络

利用前面学过的梯度下降法训练线性单元，我们只能够得到一个最佳拟合训练数据的线性超平面 (w,b)，这里 $b=w_0$。然而线性决策面的分类能力有限，难以胜任很多复杂的分类任务（如汽车自动驾驶、光学字符识别、人脸识别等）。多层人工神经网络能够表示种类繁多的非线性曲面，得到高度非线性化的决策区域，如图 14.8 所示。

典型的 ANN 神经元如图 14.9 所示。输入信号 x 经过一个累加器累加（整合）后的信号 $w·x$ 被送入一个激活函数 σ，从而得到该神经元的输出 o，而这个神经元的输出 o 又可以作为下一个或多个神经元的输入。

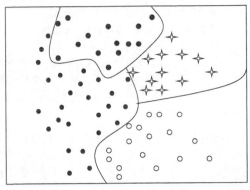

图 14.8　一个 4 分类问题的高度非线性化的决策区域

在生物大脑中，神经细胞和其他神经细胞是相互连接在一起的，人工神经元也可以按照类似的方式连接组成人工神经网络。一种被广泛使用的连接方式就是图 14.10 所示的三层 BP 神经网络，其中每一层神经元的输出都被前馈至它们的下一层（图 14.10 中最右侧的一层），直至获得整个网络的输出。

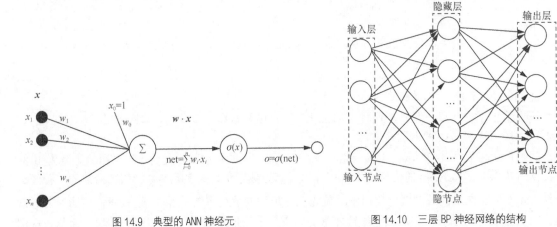

图 14.9　典型的 ANN 神经元　　　　　　图 14.10　三层 BP 神经网络的结构

在多层人工神经网络中，一般至少有 3 个层：一个输入层、一个输出层以及一个或多个隐藏层。相邻层之间的单元是全连接的，即输入层的每个输入都被连接到隐藏层的每一个神经元，而隐藏层的每个神经元的输出都被连接到输出层的每一个神经元。多层人工神经网络可以解决单层人工神经网络无法解决的问题，如非线性分类、精度极高的函数逼近等。只要有足够多的神经元，这些都可以实现。

14.2.3　sigmoid 单元

我们希望得到形式更复杂的非线性决策区域，由于多个线性单元在连接后仍产生线性函数，因此将多个线性单元连接成网络的方法显然是不可取的，这样就需要输出是输入的非线性函数的单元。同时从仿生学的角度考虑，ANN 的神经元应该像生物神经元那样存在某种刺激。

于是我们采用某种非线性激励函数作用于单元的净输入，然后以非线性激励的响应（激励函数的输出）作为神经元的输出。此外，为了能够在网络训练过程中应用梯度下降算法，要求输出必须是输入的可微函数。满足这些条件的一个理想选择是图 14.11 所示的 sigmoid 单元，它以 sigmoid 函数作为激励函数。

仍像我们之前在线性单元中所做的那样，首先计算 n 个输入的线性组合外加一个偏置项 w_0，然后将 sigmoid 函数作用于这个结果，最后以 sigmoid 函数的输出作为单元输出 o，从而实现输入到输出的非线性映射。这可以形式化地描述为

$$o = \sigma(\boldsymbol{w} \cdot \boldsymbol{x}) \tag{14-16}$$

其中：$\boldsymbol{w} = (w_0, w_1, w_2, \cdots, w_n)$；$\boldsymbol{x} = (1, x_1, x_2, \cdots, x_n)$。

sigmoid 函数则可以描述为

$$\sigma(y) = \frac{1}{1 + \mathrm{e}^{-y}} \tag{14-17}$$

sigmoid 函数的定义域为 $[-\infty, +\infty]$，值域为 $[0, 1]$。作为一个单调递增的平滑函数，sigmoid 函数的曲线如图 14.12 所示。

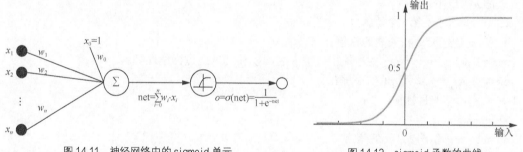

图 14.11 神经网络中的 sigmoid 单元   图 14.12 sigmoid 函数的曲线

sigmoid 函数由于能够将非常大的输入值范围映射到一个小范围的输出，因此常被称为 sigmoid 单元的挤压函数。sigmoid 函数还有一个很好的特性，就是它的导数很容易用输出来表示。

$$\frac{\mathrm{d}\sigma(y)}{\mathrm{d}y} = \sigma(y)(1 - \sigma(y)) \tag{14-18}$$

推导过程如下。

$$\begin{aligned}
\frac{\mathrm{d}\sigma(y)}{\mathrm{d}y} &= \frac{\mathrm{d}}{\mathrm{d}y} \cdot \frac{1}{1 + \mathrm{e}^{-y}} = -\frac{1}{(1 + \mathrm{e}^{-y})^2} \cdot \frac{\mathrm{d}}{\mathrm{d}y}(\mathrm{e}^{-y}) \\
&= \frac{\mathrm{e}^{-y}}{(1 + \mathrm{e}^{-y})^2} = \frac{1}{1 + \mathrm{e}^{-y}} \cdot \frac{\mathrm{e}^{-y}}{1 + \mathrm{e}^{-y}} \\
&= \frac{1}{1 + \mathrm{e}^{-y}} \cdot \left(1 - \frac{1}{1 + \mathrm{e}^{-y}}\right) = \sigma(y)[1 - \sigma(y)]
\end{aligned}$$

式（14-18）无疑能够极大简化梯度下降算法中导数的计算。

14.2.4 反向传播算法

将多个 sigmoid 单元互相连接成图 14.10 所示的三层网络，反向传播（Back Propogation，BP）

算法可用来学习这个网络的权值。我们仍采用梯度下降算法，以最小化网络实际输出与目标输出之间的平方误差为目标。但不同的是，这里的输出是整个网络的输出，而不再是单个单元的输出，所以有必要重新定义误差 E，以便对网络输出层的所有单元误差求和。

$$E(\boldsymbol{w}) = \frac{1}{2} \sum_{d \in D} \sum_{k \in \text{outputs}} (t_{kd} - o_{kd})^2 \tag{14-19}$$

其中的 outputs 是网络输出层单元的集合，t_{kd} 和 o_{kd} 是将训练样本 d 作为网络输入时第 k 个输出层单元的输出值，误差 E 则可以看成网络各层之间所有连接的权值函数，由这些权值共同决定。

反向传播算法需要在巨大的解空间中搜索能够使式（14-19）最小化的 $\boldsymbol{w}$，$\boldsymbol{w}$ 表示网络各层之间所有连接的权值组成的集合，解空间由网络中所有单元的所有可能权值来定义。此时的误差曲面不再是图 14.6 中的二次误差曲面（超抛物面），而是更加复杂并且可能有多个局部极小值。sigmoid 单元的可微性使得我们仍然可以借助梯度下降法来优化 $E(\boldsymbol{w})$，但此时梯度下降只能保证收敛到局部最小值，而不保证收敛到全局最小值。

14.2.1 小节给出了训练线性单元的标准梯度下降和增量梯度下降的推导和伪代码描述，下面针对图 14.10 所示的包含两层 sigmoid 单元且层单元与层单元之间全连接的网络，给出训练 sigmoid 单元的反向传播算法的推导和伪代码描述。

1. 反向传播算法的推导

首先引入以下记号。

x_{ji}——单元 j 的第 i 个输入。

w_{ji}——与输入 x_{ji} 相关联的权值。

$\text{net}_j = \sum_i w_{ji} x_{ji}$——单元 j 的净输出（输入的加权和，未经过激励函数）。

$o_j = \sigma(\text{net}_j)$——单元 j 的实际输出。

t_j——单元 j 的目标输出。

σ——sigmoid 函数。

outputs——输出层单元的集合。

增量梯度下降的主要特点是对于每个训练样本 d，利用关于这个样本的误差 E_d 的梯度来修改权值。换言之，也就是对每个训练样本 d 的每个权值 w_{ji} 增加 Δw_{ji}。

$$\Delta w_{ji} = -\eta \frac{\partial E_d}{\partial w_{ji}} \tag{14-20}$$

其中，E_d 是训练样本 d 的误差，可通过对输出层的所有单元进行求和得到。

$$E_d(\boldsymbol{w}) = \frac{1}{2} \sum_{k \in \text{outputs}} (t_k - o_k)^2 \tag{14-21}$$

这里的 t_k 是输出层单元 k 对训练样本 d 的目标输出值，o_k 是以训练样本 d 作为输入时第 k 个输出层单元的实际输出。

现在，摆在我们面前的问题是导出 $\partial E_d / \partial w_{ji}$ 的表达式。注意权值 w_{ji} 仅能通过 net_j 影响网络的其他部分，因此可利用复合函数的求导法则，得到

$$\begin{aligned}
\frac{\partial E_d}{\partial w_{ji}} &= \frac{\partial E_d}{\partial \text{net}_j} \cdot \frac{\partial \text{net}_j}{\partial w_{ji}} \\
&= \frac{\partial E_d}{\partial \text{net}_j} \cdot \frac{\partial (\sum_i w_{ji} x_{ji})}{\partial w_{ji}} = \frac{\partial E_d}{\partial \text{net}_j} x_{ji}
\end{aligned} \tag{14-22}$$

下面分两种情况导出 $\dfrac{\partial E_d}{\partial \text{net}_j}$ 的表达式。

（1）单元 j 是一个输出层单元

由于 net_j 仅能通过 o_j 影响网络，因此可再次利用复合函数的求导法则，得到

$$\frac{\partial E_d}{\partial \text{net}_j} = \frac{\partial E_d}{\partial o_j} \cdot \frac{\partial o_j}{\partial \text{net}_j} \tag{14-23}$$

考虑式（14-23）中等号右边的 $\dfrac{\partial E_d}{\partial o_j}$

$$\frac{\partial E_d}{\partial o_j} = \frac{\partial}{\partial o_j}\left[\frac{1}{2}\sum_{k \in \text{outputs}}(t_k - o_k)^2\right]$$

注意当 $k \neq j$ 时，$\dfrac{\partial}{\partial o_j}(t_k - o_k)^2 = 0$，因此

$$\begin{aligned}
\frac{\partial E_d}{\partial o_j} &= \frac{\partial}{\partial o_j} \cdot \frac{1}{2}(t_j - o_j) \\
&= \frac{1}{2} \cdot 2(t_j - o_j) \cdot \frac{\partial(t_j - o_j)^2}{\partial o_j} - (t_j - o_j)
\end{aligned} \tag{14-24}$$

接下来考虑式（14-23）中等号右边的 $\dfrac{\partial o_j}{\partial \text{net}_j}$。

由于 $o_j = \sigma(\text{net}_j)$，因此 $\partial o_j/\partial \text{net}_j$ 就是 sigmoid 函数的导数。根据式（14-18），sigmoid 函数的导数为 $\sigma(\text{net}_j)[1 - \sigma(\text{net}_j)]$，因此有

$$\frac{\partial o_j}{\partial \text{net}_j} = \frac{\partial \sigma(\text{net}_j)}{\partial \text{net}_j} = o_j(1 - o_j) \tag{14-25}$$

将式（14-24）和式（14-25）代入式（14-23），得到

$$\frac{\partial E_d}{\partial \text{net}_j} = -(t_j - o_j) \cdot o_j(1 - o_j) \tag{14-26}$$

将式（14-26）代入式（14-22），再将式（14-22）代入式（14-20），即可得到输出单元的权值更新法则。

$$\Delta w_{ji} = -\eta \frac{\partial E_d}{\partial w_{ji}} = \eta(t_j - o_j) \cdot o_j(1 - o_j)x_{ji} \tag{14-27}$$

令 $\delta_j = (t_j - o_j) \cdot o_j(1 - o_j)$，则式（14-27）可表示为

$$\Delta w_{ji} = \eta \delta_j x_{ji} \tag{14-28}$$

提示　式（14-28）中的 δ_j 与 $-\dfrac{\partial E_d}{\partial \text{net}_k}$ 相等。后面我们将使用 δ_i 来表示任意单元 i 的 $-\dfrac{\partial E_d}{\partial \text{net}_i}$。

（2）单元 j 是一个隐藏层单元

对于隐藏层单元的情况，由于 w_{ji} 是间接地影响网络输出，从而影响训练误差 E_d，因此有必要

定义由单元 j 的输出所能连接到的所有单元的集合 Downstream(j)。由于 net$_j$ 只能通过 Downstream(j) 中的单元影响网络输出并进而影响 E_d，故有如下推导。

$$
\begin{aligned}
\frac{\partial E_d}{\partial \text{net}_j} &= \sum_{k \in \text{Downstream}(j)} \frac{\partial E_d}{\partial \text{net}_k} \cdot \frac{\partial \text{net}_k}{\partial \text{net}_j} \\
&= \sum_{k \in \text{Downstream}(j)} -\delta_k \frac{\partial \text{net}_k}{\partial \text{net}_j} \\
&= \sum_{k \in \text{Downstream}(j)} -\delta_k \frac{\partial \text{net}_k}{\partial o_j} \cdot \frac{\partial o_j}{\partial \text{net}_j} \\
&= \sum_{k \in \text{Downstream}(j)} -\delta_k w_{kj} \frac{\partial o_j}{\partial \text{net}_j} \\
&= \sum_{k \in \text{Downstream}(j)} -\delta_k w_{kj} o_j (1 - o_j) \\
&= -o_j (1 - o_j) \sum_{k \in \text{Downstream}(j)} \delta_k w_{kj}
\end{aligned}
$$

同样令 $\delta_j = -\dfrac{\partial E_d}{\partial \text{net}_j}$，即可得到隐藏层单元 j 的权值更新法则。

$$
\Delta w_{kj} = \eta \delta_j x_{ji} \tag{14-29}
$$

2. 反向传播算法的训练过程

首先创建一个含有一个隐藏层的网络，并随机地为这些神经细胞的权重赋予一个很小的实数值，比如一个介于 -0.05 和 0.05 的数（具体原因参见 14.2.5 小节）。然后把一个输入样本向量送入网络的输入端（一般情况下网络输入单元的数目等于输入样本特征向量的维数），并计算网络的输出值。求得这一输出值和训练样本目标输出值之间的平方误差 E_d，利用这一误差值就可以调整输出层单元的权值，使得当同样的输入再次被送入网络时，输出能更接近正确答案一些。一旦输出层的权值调整完毕，就可以对隐藏层做同样的事情。对训练样本集合中所有不同的输入样本向量重复上述过程多次（通常将一次重复称为一个 **epoch**），直到误差值降低到问题可以接受的某个阈值之下，这时就说网络已经训练好了。

反向传播算法的伪代码描述如算法 14.3 所示。

算法 14.3　包含两层 sigmoid 单元的人工神经网络的反向传播算法（增量梯度下降版本）

```
BackPropagation(trainset, η, n_in, n_out, n_hidden)
{// 将训练样本集合 trainset 中的每一个训练样本以序偶< x,t >的形式给出，其中的 x 是样本特征向量，通常是系统的输入；
// η 是学习率（如 0.1 或 0.05）；n_in 是输入层单元的数量；n_out 是输出层单元的数量；
// n_hidden 是隐藏层单元的数量。x_ji 表示从单元 i 到单元 j 的输入，w_ji 表示从单元 i 到单元 j 的权值
        创建具有 n_in 个输入层单元、n_hidden 个隐藏层单元、n_out 个输出层单元的网络；
        将所有的网络权值初始化为小的随机值（介于-0.05 和 0.05 的数）；
        在遇到终止条件之前，重复执行以下操作：
                对于训练样本集合 trainset 中的每个 < x,t >：
                        //将输入沿网络正向传播
                        将样本特征向量 x 输入网络，计算网络中每个单元 u 的输出 o_u ；

                        //使误差沿网络反向传播
                        对于网络中的每个输出层单元 k，计算它的误差项 δ_k ；
                            δ_k ← o_k(1-o_k)(t_k - o_k) ；
                        对于网络中的每个隐藏层单元 h，计算它的误差项 δ_h ；
```

$$\delta_h \leftarrow o_h(1-o_h) \sum_{k \in \text{outputs}} w_{kh}\delta_k \ ;$$

更新每个网络权值 w_{ji}；

$$w_{ji} \leftarrow w_{ji} + \Delta w_{ji} \ , \ \text{其中} \ \Delta w_{ji} = \eta \delta_j x_{ji} \ ;$$

}

14.2.5 训练中的问题

1. 收敛性和局部极小值

反向传播算法的作用是在解空间中寻找能够最小化训练误差的网络权值。对于含有非线性 sigmoid 单元的多层人工神经网络，误差曲面可能含有多个不同的局部极小值，梯度下降搜索有可能陷入这些局部极小值中。因此，反向传播算法仅能保证收敛到误差 E 的某个局部极小值，而不一定保证收敛到全局最小误差。

通过以下方法，我们可以有效降低搜索停留在局部极小值的概率，使反向传播算法尽可能收敛到全局最小误差。

（1）将网络权值初始化为接近 0 的小随机值

注意 sigmoid 函数在其输入接近 0 时接近线性（参见图 14.12）。如果把网络权值初始化为接近 0 的值（−0.05～0.05 的数），则作为 sigmoid 单元净输入的 net 也必然接近 0，因此在早期的梯度下降步骤中，网络表现为非常平滑的函数，近似为输入的线性函数，基本不存在局部极值的问题。当训练进行一段时间后，随着权值的增长，网络演变为可以表示高度非线性的函数，从而开始出现较多的局部极小值，但一般情况下，此时搜索结果已经足够接近全局最小值，即便是这个区域的局部最小值，也是可以接受的。

（2）增加冲量项

修改算法 14.3 中的权值更新法则，使权值的更新部分依赖于上一次迭代时的更新，修改后的权值更新法则如下。

$$\Delta w_{ji}(n) = \eta \delta_j x_{ji} + \alpha \Delta w_{ji}(n-1) \tag{14-30}$$

其中，$\Delta w_{ji}(n)$ 表示算法 14.3 的主循环中第 n 次迭代时的权值更新结果，$\alpha(0 \leqslant \alpha < 1)$ 是称为冲量（momentum）的常数。式（14-30）中的 $\eta \delta_j x_{ji}$ 是算法 14.3 中的权值更新法则，$\alpha \Delta w_{ji}(n-1)$ 是新增的冲量项。

冲量项有时可以带动梯度下降搜索冲过狭窄的局部极小值而不是陷入其中。设想一个球沿误差曲面向下滚动，α 的作用是增加冲量，使这个球在从一次迭代进入下一次迭代时能以同样的方向滚动。冲量有时会使这个球滚过误差曲面的局部极小值或平坦区域。同时，冲量项还具有在梯度不变的区域逐渐增大搜索步长，从而加快收敛过程的作用。

（3）使用随机的梯度下降代替真正的梯度下降

算法 14.3 采用的梯度下降的随机近似实现了对于每个训练样本沿不同误差曲面的有效下降，并依靠这些梯度的平均来近似对于整个训练样本集合的梯度。这些不同的误差曲面通常具有不同的局部极小值，这使下降过程不太可能陷入某个局部极小值。

（4）在搜索过程中使用逐渐减小的学习率

较大的学习率 η 能够在训练初期加快收敛过程，然而对于复杂的误差曲面，较大的 η 常常使搜索有越过误差曲面最小值而不是停留在那一点的风险。因此，我们可以随着训练的进行，逐步减小 η，从而保证误差得到充分减小。

（5）尝试不同初始位置的多次搜索

使用同样的训练样本集合训练多个网络，但使用不同的随机值初始化每个网络权值。如果不同的训练产生不同的局部极小值，就选择对独立的测试集分类性能最好的网络。

2. 训练的终止判据

算法 14.3 并没有明确指出迭代的终止条件，以下 3 种常用标准可以作为网络训练结束的终止判据。

（1）当迭代次数达到某个固定值时停止。

（2）当训练样本上的误差降到某个阈值以下时停止。

（3）当独立的测试集上的分类误差符合某个标准时停止。

终止判据的选择很重要，因为在典型的应用中，反向传播算法的权值更新迭代会被重复上千次，一味地增加迭代次数很可能无法有效地降低误差，过多的迭代次数还会导致对训练数据的过度拟合。

14.3　神经网络算法的可视化实现

MATLAB 神经网络工具箱（Neural Network Toolbox）中的 NNTool 是集神经网络系统设计、仿真和分析功能于一体的可视化工具。读者完全不需要编程，设计和仿真的结果完全能够满足一般科研人员与工程设计人员的需求。

14.3.1　NNTool 的主要功能及应用

打开 MATLAB R2011a 应用软件后，单击屏幕左下角的"Start"按钮，在弹出的菜单中选择"Toolboxes"→"Neural Network"中的 NNTool 图标（见图 14.13），也可以直接在命令行窗口中键入"nntool"回车键，即可进入图 14.14 所示的 NNTool 主界面。

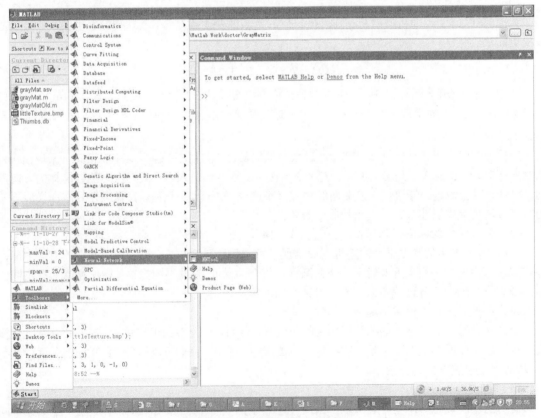

图 14.13　以菜单方式打开 NNTool

1. 训练样本数据的导入

在 NNTool 中，有两种途径可生成训练样本数据。

（1）单击"New"按钮，在弹出的对话框中选择"Data"选项卡，直接输入数据，如图 14.15 所示。

图 14.14　NNTool 主界面

图 14.15　直接输入数据

图 14.15 所示对话框右侧的各个单选按钮的含义如下。

- Inputs：输入值。
- Targets：目标输出值。
- Input Delay States：输入值欲延迟时间。
- Layer Delay States：输出值欲延迟时间。
- Outputs：输出值。
- Errors：误差值。

（2）单击"Import"按钮，从工作空间或.mat 文件中导入相应数据，如图 14.16 所示。

2. 神经网络的创建

单击图 14.14 中的"New"按钮，在弹出的对话框中选择"Network"选项卡，对神经网络的名称、类型、结构和训练函数等进行设置，如图 14.17 所示。

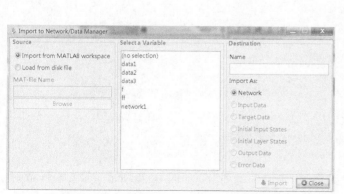

图 14.16　从工作空间或.mat 文件中导入相应数据

图 14.17　神经网络创建界面

图 14.17 中部分选项的含义如下。

- Name：神经网络的名称，如 network1。
- Network Type：神经网络的类型，如 Feed-forward backprop（表示前馈反向传播网络）。
- Input data：选择输入数据，前面在 Data 选项卡中已经输入。
- Target data：选择目标输出，前面在 Data 选项卡中已经输入。
- Training function：训练函数，主要是指训练迭代中权值的更新方式。其中，TRAINGDM 是指带动量的梯度下降法，TRAINLM 是指 L-M 优化算法，TRAINSCG 是指量化共轭梯度法，此外还有 TRAINGDX、TRAINGDA 等。
- Adaption learning function：适应性学习函数，如 LEARNGDM（具有动量的梯度下降法）。
- Performance function：性能函数，如 MSE（均方误差）。
- Number of layers：神经网络中除了输入层以外的层数，如 2（隐藏层和输出层）。
- Properties for：可从这个下拉菜单中选取想要设定的是神经网络的哪一层，如第 2 层。
- Number of neurons：用于设置在"Properties for"下拉菜单中选择的层中神经元的数目。
- Transfer Function：用于设置在"Properties for"下拉菜单中选择的层中节点的传递函数，即 14.2 节中提到的激励函数。其中的 TANSIG 和 LOGSIG 统称 sigmoid 函数。LOGSIG 是单极性 S 函数，TANSIG 是双极性 S 函数（也叫双曲正切函数），PURELIN 是线性函数。

设置完毕后，单击"Create"按钮即可创建神经网络。单击"View"按钮，可以查看神经网络的结构示意图，如图 14.18 所示。

3. 神经网络的初始化

神经网络创建完之后，神经网络的权值就已经完成初始化。要想重新编辑权值和阈值，可以双击"Import to Network/Data Manager"界面中创建的神

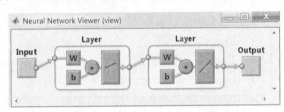

图 14.18　神经网络的结构示意图

经网络名称"network1"，在出现的图 14.19 所示的窗口中单击"Initialize Weights"按钮即可。在训练 BP 神经网络时，为了避免陷入局部最优，有时需要对权值进行重新设置，这在 NNTool 中变得简单易行。

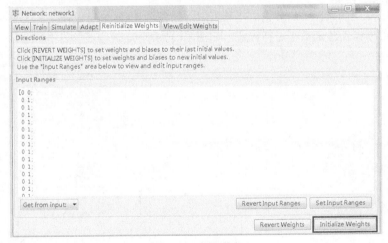

图 14.19　权值更改界面

4. 神经网络的训练

神经网络创建完之后，将图 14.19 切换到"Train"选项卡，如图 14.20 所示，其中各个训练参数的含义如下。

show：每隔多少训练循环次数就显示训练过程，例如每隔 25 次迭代显示结果窗口。

showWindow：训练过程中是否显示 UI 窗口以反馈训练过程中的信息。

showCommandLine：训练过程中是否以命令行的方式反馈训练过程中的信息。

epochs：最大的训练循环次数。一般先设置一个较小的数（如 200），然后观察收敛结果。若结果窗口中的收敛曲线衰减较快，则表示之前的参数比较有效，因此可填入 2000 或更大的数来使神经网络收敛，否则修改之前的参数。

time：训练所需的最长时间，单位为秒。由于一般采用最大的训练循环次数，因此 time 可设置为 Inf，表示无时间限制。

goal：性能目标，也就是训练需要达到的误差目标，具体与"Performance function"选项的设置有关。如果使用默认的 MSE，则一般满足条件"goal×样本数量<0.5"就可以了。

max_fail：验证数据失败的最大次数。

mem_reduc：降低内存需求的系数。

min_grad：最小性能梯度。

mu：动量的初始值。

mu_dec：动量减少系数。

mu_inc：动量增加系数。

mu_max：动量的最大值。

设置好训练信息"Training Info"和训练参数"Training Parameters"后，单击"Train Network"按钮即可开始对神经网络进行训练。训练结束后，如图 14.21 所示，分别单击"Performance""Training State""Regression"按钮，可以观察训练误差变化曲线、训练状态曲线以及回归曲线。

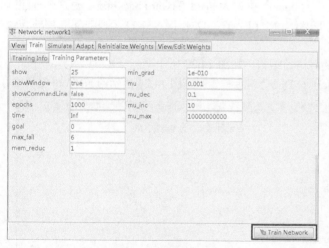

图 14.20 训练参数修改界面

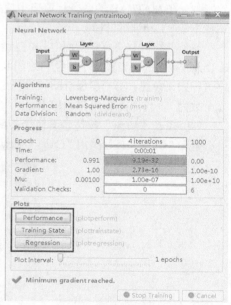

图 14.21 训练结束界面

14.3.2 神经网络的仿真测试

神经网络的仿真测试非常简单：选定训练好的神经网络，单击"View"按钮；然后将图 14.20 切换至"Simulate"选项卡，在"Simulate Data"区域的"Inputs"文本框中导入需要测试的数据（可以事先将数据写到单独的程序中，需要时运行程序即可）；最后单击"Simulate Network"按钮。测试结束后，在"Outputs"中可以看到结果，在"Errors"中可以看到误差。

【例 14.3】 有一个包含频率突变的正弦时变信号，将它作为目标样本来训练一个新建的 BP 神经网络，使这个 BP 神经网络能够对同频率的正弦信号进行识别和预测。目标样本信号由下列程序生成，信号波形如图 14.22 所示。

```
clear
time1=0:0.05:4;
time2=4.05:0.05:6;
time=[time1 time2];
t=[sin(time1*3*pi) sin(time2*6*pi)];% 目标样本
plot(time,t)
```

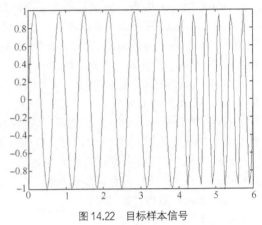

图 14.22　目标样本信号

具体的步骤如下。

（1）在 MATLAB 的命令行窗口中定义将要用到的样本和输入变量。

```
clear
time1=0:0.05:4;
time2=4.05:0.05:6;
time=[time1 time2];
t=[sin(time1*3*pi) sin(time2*6*pi)];    % 训练目标
p=delaysig(t,1,5);                      % 输入样本集
p1=randn(size(t))*0.3+t;                % 在 t 上叠加一个正态分布的随机噪声
p1=delaysig(p1,1,5);                    % 仿真输入
```

（2）在 MATLAB 的命令行窗口中使用 nntool 命令打开 GUI 工具窗口。导入输入样本集 p、测试样本集 p1 和训练目标 t。

（3）在图 14.14 所示的界面中，单击"New"按钮创建一个新的神经网络。在弹出的"Create Network or Data"对话框中设置这个神经网络的名称为 bpnet、类型为 Feed-forward backprop。对这个神经网络进行如下设置：第一层保持默认设置（TRAINLM, LEARNGDM, TANSIG）不变，第二层的神经元个数为 1，传递函数为 PURELIN。

（4）单击"View"按钮查看这个神经网络的结构，如图 14.23 所示。

单击"Close"按钮关闭"Create Network or Data"对话框，回到图 14.24 所示的 NNTool 主界面。

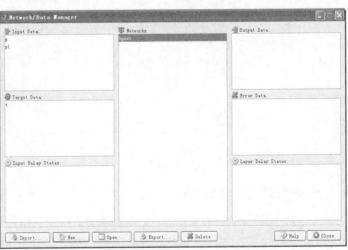

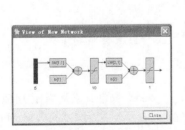

图 14.23　查看神经网络的结构

图 14.24　NNTool 主界面

（5）双击神经网络的名称"bpnet"，打开图 14.25 所示的窗口，切换至"Train"选项卡，在"Inputs"下拉列表框中选择"p"，在"Targets"下拉列表框中选择"t"，其他选项保持默认设置不变。

单击"Train Network"按钮开始训练神经网络，训练结果如图 14.26 所示。

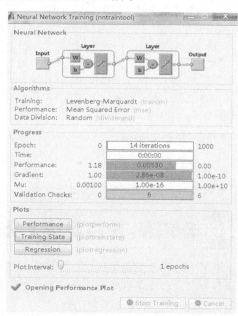

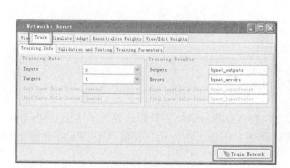

图 14.25　设置训练参数　　　　　　　　　　　　图 14.26　训练结果

（6）下面进行仿真测试。将图 14.25 切换至"Simulate"选项卡，然后将"Inputs"设置为"p1"，并将"Outputs"设置为"bpnet_real_outputs"，如图 14.27 所示。单击"Simulate Network"按钮开始进行仿真测试。

（7）选中想要导出的变量 bpnet_real_outputs、bpnet_outputs 和 bpnet_errors，单击"Export"按钮，将训练结果和预测结果导出到工作区，如图 14.28 所示。

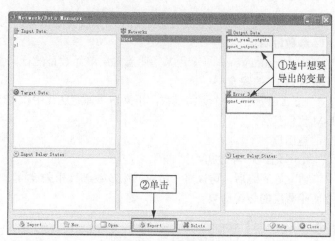

图 14.27　仿真测试设置界面　　　　　　　　　　图 14.28　导出变量到工作区

（8）使用下面的命令对训练结果和预测结果进行可视化比较（见图 14.29）。

```
% 为训练结果和预测结果绘制图形
plot(time,t,time,bpnet_real_outputs);
```

训练误差变化曲线如图 14.30 所示。

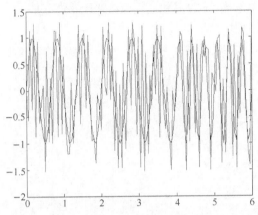

图 14.29　对训练结果和预测结果进行可视化比较

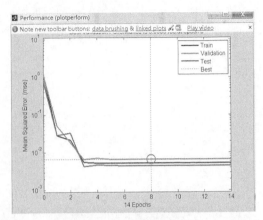

图 14.30　训练误差变化曲线

<h2>14.4　MATLAB 神经网络工具箱</h2>

除了 14.3 节介绍的可视化工具 NNtool 之外，MATLAB 神经网络工具箱还提供了实现 ANN 的众多函数接口。本节介绍涉及从神经网络（以下简称网络）创建、初始化、权值调整到训练和测试分析等主要功能的 ANN 工具箱函数。

14.4.1　网络创建

在 MATLAB 2011 中，推荐使用 feedforwardnet 函数创建 14.2 节介绍的前馈神经网络，这个函数的功能等同于旧版 MATLAB 中的 newff 函数，但在调用形式上更为简洁，简化了用户的工作，具体的调用语法如下。

```
Network = feedforwardnet(hiddenSizes,trainFcn)
```

由于建立了网络对象并且初始化了网络权重和偏置，因此网络就可以进行训练了。

参数说明

hiddenSizes：一个用来指明隐含层单元数目的行向量，默认值为 10，表示网络含有一个单元数目为 10 的隐含层。

trainFcn：一个训练函数，用来指明训练迭代中权值的更新方式，默认值为 "trainlm"，表示 L-M 优化算法。

返回值

Network：经过初始化的网络结构。

建立好网络后，可以进一步对网络参数进行相关设置。例如，使用下面的命令可以设置网络中相应隐藏层的传递函数。

```
net.layers{1}.transferFcn = 'tansig';
net.layers{2}.transferFcn = 'logsig';
```

使有下面的命令则可以设置网络训练的迭代次数和终止判据。

```
net.trainParam.epochs = 1000;
net.trainParam.goal = 1e-5;
```

此外，也可以通过如下方式查看网络的相关信息。

```
net.inputs{1}                         % 查看输入层信息
net.layers{1}, net.layers{2}          % 查看隐含层信息
net.biases{1}                         % 查看偏置信息
net.outputs{2}                        % 查看输出层信息
net.IW{1,1}, net.IW{2,1}              % 查看输入层权值
net.b{1}                              % 查看偏置项值
net.LW{2,1}                           % 查看隐含层权值
```

14.4.2　网络初始化

14.2.5 小节曾提到，为了避免搜索陷入局部极小值，可以尝试在不同的初始位置多次进行训练。ANN 工具箱中的 init 函数用于对网络进行重新初始化，调用语法如下。

```
net = init(net)
```

其中，输入参数 net 是建立好的网络结构，返回值 net 则是经过重新初始化的网络结构。init 函数根据 net.initFcn 中指定的更新函数来更新网络的权值和偏置等信息，默认被设置为 "initlay"，表示根据 net.layers{i}.initFcn 初始化第 *i* 层网络的权值和偏置等信息。

在反向传播网络中，net.layers{i}.initFcn 默认被设置为 "initnw"，表示使用 Nguyen-Widrow 方法进行初始化。其他类型网络的各层初始化方法可能相同。一种比较常用的初始化函数是 rands，表示采用–1～1 的随机值进行初始化。

[例 14.4] 对使用 feedforwardnet 函数建立的网络进行重新初始化并训练。

```
[x,t] = simplefit_dataset;
net = feedforwardnet(10);
net = train(net,x,t);
net2 = init(net);
net2 = train(net2,x,t);
```

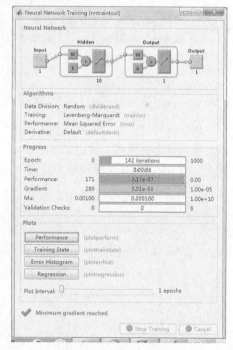

图 14.31　训练进程界面

14.4.3　网络训练

train 函数用于网络的训练，常见的调用语法如下。

```
[NET,TR] = train(NET,X,T)
```

其中，输入参数 NET 是尚未训练的网络结构，X 是训练样本数据，T 是训练样本的类别标签，返回值是训练好的网络结构 NET 以及训练机构 TR。默认情况下，在训练网络时会出现图 14.31 所示的训练进程界面。

对于训练好的网络，可以使用 view(net)命令来查看网络结构，效果如图 14.32 所示。

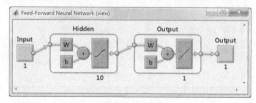

图 14.32　网络结构

14.4.4　网络仿真测试

sim 函数用于对训练好的网络进行仿真测试，常见的调用语法如下。

```
Y = sim(net, X);
```

其中：net 为训练好的网络结构；X 是神经网络的输入；返回值 Y 为对应于 X 的网络输出。sim 函数的上述调用语法也可以简写为

```
Y = net(X);
```

14.4.5　网络性能分析

performance 函数用于度量网络的分类性能（即分类误差），常见的调用语法如下。

```
perf = perform(net,y,t)
```

其中：输入参数 net 是训练好的网络结构；y 是网络的实际输出；t 是网络的目标输出。返回值 perf 则给出了实际输出与目标输出之间的误差度量。

下面通过一个简单的实例来说明 performance 函数的用法。

[例 14.5]　建立一个前馈神经网络并针对 simplefit 数据集进行训练，然后测试网络性能。

```
[x,t] = simplefit_dataset;   % 载入数据集
net = feedforwardnet(10)     % 创建网络
net = train(net,x,t);        % 训练网络
view(net)                    % 查看网络结构
y = net(x);                  % 测试网络
perf = perform(net,y,t);     % 度量网络性能
```

以上是神经网络训练和识别中几个常用的函数，在 MATLAB 的 ANN 工具箱中，与神经网络相关的函数还有很多。读者可以在 MATLAB 的命令行窗口中键入"help nnet"命令并按回车键，从而获得 MATLAB 神经网络工具箱中更多函数的帮助信息。

第 15 章　支持向量机

支持向量机（Support Vector Machine，SVM）是在统计学习理论的基础上发展起来的新一代学习算法，它在文本分类、手写识别、图像分类、生物信息学等领域获得较好的应用。相比容易过度拟合训练样本的人工神经网络，支持向量机对于其未见过的测试样本具有更好的推广能力（generalization ability）。

本章的知识和技术热点

- SVM 的理论基础。
- 核函数。
- 将 SVM 推广到多分类问题的 3 种策略。

本章的典型案例分析

基于 PCA 和 SVM 的人脸识别系统。

15.1　支持向量机的分类思想

传统模式的识别技术只考虑分类器对训练样本的拟合情况，以最小化训练集上的分类错误为目标，通过为训练过程提供充足的训练样本来试图提高分类器在未见过的测试集上的识别率。然而，对于少量的训练集来说，这不能保证一个很好的分类了训练样本的分类器也能够很好地分类测试样本。在缺乏具有代表性的小训练集的情况下，一味地降低训练集上的分类错误就会导致过度拟合。

支持向量机以结构化风险最小化为原则，即兼顾训练误差（经验风险）与测试误差（期望风险）的最小化，具体体现在分类模型和模型参数的选择上。

15.1.1　分类模型的选择

假设想要分类图 15.1（a）所示的两类样本，图中的曲线可以将训练样本全部分类正确，而直线则会错分两个训练样本；然而，对于图 15.1（b）中的大量测试样本，简单的直线模型却取得了更好的识别结果。应该选择什么样的分类模型呢？

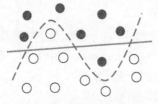
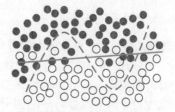

（a）训练样本上的两种分类模型　　　　（b）测试样本上的两种分类模型

图 15.1　分类模型的选择

图 15.1 中复杂的曲线模型过度拟合了训练样本，因而在分类测试样本时效果并不理想。我们

在 13.1.5 小节中曾提到，通过控制分类模型的复杂性可以防止过度拟合，因此 SVM 更偏爱解释数据的简单模型——二维空间中的直线、三维空间中的平面和更高维空间中的超平面。

15.1.2　模型参数的选择

对于图 15.2 所示二维空间中的两类样本，可以采用图 15.2（a）中的任意直线将它们分开。哪条直线才是最优的选择呢？

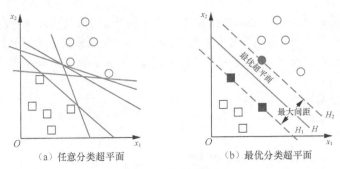

图 15.2　分类超平面

从直观上，距离训练样本太近的分类线将对噪声比较敏感，且对训练样本之外的数据不太可能归纳得很好；而远离所有训练样本的分类线将可能具有较好的归纳能力。设 H 为分类线，H_1、H_2 分别为过各类别中距离分类线最近的样本且平行于分类线的直线，我们将 H_1 与 H_2 之间的距离叫作分类间隔（又称余地，margin）。所谓最优分类线，就是要求分类线不但能将两类正确分开（训练错误率为 0），而且要使分类间隔最大，如图 15.2（b）所示。分类线的方程为 $w^{\mathrm{T}}x + b = 0$。

图 15.2 只是二维情况下的特例——最优分类线，在三维空间中则是具有最大间隔的平面，更为一般的情况是最优分类超平面。实际上，SVM 正是从线性可分情况下的最优分类超平面发展而来的，其主要思想就是寻找能够成功分开两类样本并且具有最大分类间隔的最优分类超平面。

于是，寻找最优分类超平面的问题便最终转换为二次型寻优问题，从理论上讲，我们得到的将是全局最优点，从而解决了神经网络中无法避免的局部极值问题。

15.2　支持向量机的理论基础

本节主要介绍 SVM 的理论基础和实现原理。我们将分别阐述线性可分、非线性可分以及需要核函数映射三种情况下的 SVM，最后学习如何将 SVM 推广至多分类问题。

15.2.1　线性可分情况下的 SVM

如果用一个线性函数（如二维空间中的直线、三维空间中的平面以及更高维数空间中的超平面）可以将两类样本完全分开，就称这些样本是**线性可分**（**linearly separable**）的。反之，如果找不到一个线性函数能够将两类样本分开，则称这些样本是**非线性可分**的。

一个简单的线性可分与非线性可分的例子如图 15.3 所示。

已知一个线性可分的数据集 $\{(x_1, y_1), (x_2, y_2), \cdots, (x_N, y_N)\}$。其中：样本特征向量 $x \in R^D$，即 x 是 D 维实数空间中的向量；类别标签 $y \in \{-1, +1\}$，即只有两类样本，此时通常称类别标签为 +1 的样本为**正例**，而称类别标签为 -1 的样本为**反例**。

假设现在要对这两类样本进行分类。我们的目标就是寻找最优分类超平面，即根据训练样本确定最大分类间隔的分类超平面。若最优分类超平面的方程为 $\boldsymbol{w}^\mathrm{T}\boldsymbol{x}+b=0$，根据点到平面的距离公式，则样本 $\boldsymbol{x}$ 与最优分类超平面（$\boldsymbol{w}$，b）之间的距离为 $\dfrac{|\boldsymbol{w}^\mathrm{T}\boldsymbol{x}+b|}{\|\boldsymbol{w}\|}$，注意通过等比例地缩放权矢量 $\boldsymbol{w}$ 和偏置项 b，可以发现最优分类超平面存在着许多解。对超平面进行规范化，选择能够使得距离超平面最近的样本 $\boldsymbol{x}_k$ 满足 $|\boldsymbol{w}^\mathrm{T}\boldsymbol{x}_k+b|=1$ 的 $\boldsymbol{w}$ 和 b，即可得到规范化的超平面。

此时从最近样本到边缘的距离为

$$\frac{|\boldsymbol{w}^\mathrm{T}\boldsymbol{x}_k+b|}{\|\boldsymbol{w}\|}=\frac{1}{\|\boldsymbol{w}\|} \tag{15-1}$$

分类间隔（余地）变为

$$m=\frac{2}{\|\boldsymbol{w}\|} \tag{15-2}$$

如图 15.4 所示。

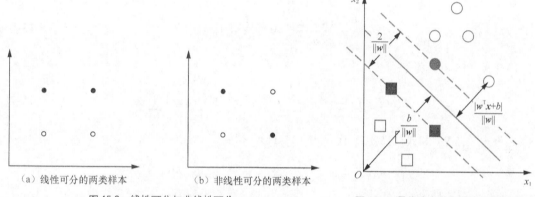

（a）线性可分的两类样本　　　（b）非线性可分的两类样本

图 15.3　线性可分与非线性可分

图 15.4　最优分类超平面的分类间隔

至此，问题逐渐明朗化，我们的目标是寻找能够使式（15-2）最大化的法向量 $\boldsymbol{w}$，之后将 $\boldsymbol{w}$ 代入关系式 $|\boldsymbol{w}^\mathrm{T}\boldsymbol{x}_k+b|=1$，即可得到 b。

最大化式（15-2）等价于最小化下式：

$$J(\boldsymbol{w})=\frac{1}{2}\|\boldsymbol{w}\|^2 \tag{15-3}$$

除此之外，还有以下约束条件。

$$y_i(\boldsymbol{w}^\mathrm{T}\boldsymbol{x}_i+b)\geqslant 1 \quad \forall i\in\{1,2,\cdots,N\} \tag{15-4}$$

这是因为距离超平面最近的样本 $\boldsymbol{x}_k$ 满足 $|\boldsymbol{w}^\mathrm{T}\boldsymbol{x}_k+b|=1$，而其他样本 $\boldsymbol{x}_i$ 到超平面的距离 $d(\boldsymbol{x}_i)$ 要大于或等于 $d(\boldsymbol{x}_k)$，因此

$$|\boldsymbol{w}^\mathrm{T}\boldsymbol{x}_i+b|\geqslant 1 \tag{15-5}$$

具体地说，若设定正例所在的一侧为超平面的正方向，则对于正例（对应类别标签 y_i 为 +1 的样本 $\boldsymbol{x}_i$），有

$$(\boldsymbol{w}^\mathrm{T}\boldsymbol{x}_i+b)\geqslant 1 \tag{15-6}$$

而对于反例（对应类别标签 y_i 为 -1 的样本 $\boldsymbol{x}_i$），有

$$(\boldsymbol{w}^{\mathrm{T}} \boldsymbol{x}_i + b) \leqslant -1 \qquad (15\text{-}7)$$

在式（15-6）和式（15-7）的两端分别乘以对应 $\boldsymbol{x}_i$ 的类别标签 y_i，由于对应式（15-6）和式（15-7）的 y_i 分别为+1 和−1，因此得到式（15-4）中统一形式的表达式。

注意式（15-3）中的目标函数 $J(\boldsymbol{w})$ 是二次函数，这意味着只存在一个全局最小值，因此不必像在神经网络的优化过程中那样担心搜索陷入局部极小值。现在要做的就是在式（15-4）所示的约束条件下找到能够最小化式（15-3）的超平面法向量 $\boldsymbol{w}$。这是一个典型的条件极值问题，可以使用我们在高等数学中学习过的拉格朗日乘数法来求解。

通过为式（15-4）中的每一个约束条件乘上一个拉格朗日乘数 α_i，然后代入式（15-3），便可将这个条件极值问题转换为下面的不受约束的优化问题，即关于 $\boldsymbol{w}$、b 和 α_i $(i=1,2,\cdots,N)$ 来最小化 L。

$$L(\boldsymbol{w},b,\alpha) = \frac{1}{2} \|\boldsymbol{w}\|^2 - \sum_{i=1}^{N} \alpha_i [y_i(\boldsymbol{w}^{\mathrm{T}} \boldsymbol{x}_i + b) - 1], \quad \alpha_i \geqslant 0 \qquad (15\text{-}8)$$

求 L 对 $\boldsymbol{w}$ 和 b 的偏导数，并令它们等于零。

$$\frac{\partial L(\boldsymbol{w},b,\alpha)}{\partial \boldsymbol{w}} = 0 \Rightarrow \boldsymbol{w} = \sum_{i=1}^{N} \alpha_i y_i \boldsymbol{x}_i \qquad (15\text{-}9)$$

$$\frac{\partial L(\boldsymbol{w},b,\alpha)}{\partial b} = 0 \Rightarrow \sum_{i=1}^{N} \alpha_i y_i = 0 \qquad (15\text{-}10)$$

展开式（15-8），得到

$$L(\boldsymbol{w},b,\alpha) = \frac{1}{2} \boldsymbol{w}^{\mathrm{T}} \boldsymbol{w} - \sum_{i=1}^{N} \alpha_i y_i \boldsymbol{w}^{\mathrm{T}} \boldsymbol{x}_i - b \sum_{i=1}^{N} \alpha_i y_i + \sum_{i=1}^{N} \alpha_i \qquad (15\text{-}11)$$

再将式（15-9）和式（15-10）代入式（15-11），得到

$$\begin{aligned} L(\boldsymbol{w},b,\alpha) &= \frac{1}{2} \boldsymbol{w}^{\mathrm{T}} \left(\sum_{i=1}^{N} \alpha_i y_i \boldsymbol{x}_i\right) - \boldsymbol{w}^{\mathrm{T}} \sum_{i=1}^{N} \alpha_i y_i \boldsymbol{x}_i - 0 + \sum_{i=1}^{N} \alpha_i \\ &= -\frac{1}{2} \left(\sum_{i=1}^{N} \alpha_i y_i \boldsymbol{w}^{\mathrm{T}} \boldsymbol{x}_i\right) + \sum_{i=1}^{N} \alpha_i \\ &= -\frac{1}{2} \sum_{i=1}^{N} \alpha_i y_i \left(\sum_{j=1}^{N} \alpha_j y_j \boldsymbol{x}_j\right)^{\mathrm{T}} \boldsymbol{x}_i + \sum_{i=1}^{N} \alpha_i \\ &= -\frac{1}{2} \sum_{i=1}^{N} \sum_{j=1}^{N} \alpha_i \alpha_j y_i y_j \boldsymbol{x}_i^{\mathrm{T}} \boldsymbol{x}_j + \sum_{i=1}^{N} \alpha_i \end{aligned}$$

式（15-11）与 $\boldsymbol{w}$、b 无关，仅为 α_i 的函数，记为

$$L(\alpha) = -\frac{1}{2} \sum_{i=1}^{N} \sum_{j=1}^{N} \alpha_i \alpha_j y_i y_j \boldsymbol{x}_i^{\mathrm{T}} \boldsymbol{x}_j + \sum_{i=1}^{N} \alpha_i \qquad (15\text{-}12)$$

此时的约束条件为

$$\alpha_i \geqslant 0, \quad 并且 \quad \sum_{i=1}^{N} \alpha_i y_i = 0 \qquad (15\text{-}13)$$

这是一个拉格朗日对偶问题，而这个对偶问题是关于 α 的凸二次规划问题，可借助一些标准的优化技术来求解，这里不再详细讨论。

> **注意**　原始问题的复杂度由维度决定（$\boldsymbol{w}$ 是平面法向量，对每一维有一个系数），然而对偶问题由训练数据的数目决定（每个样本存在一个拉格朗日乘数 α_i）；此外，在式（15-12）中，训练数据只作为点积的形式出现。

在解得 α 之后，最大余地分类超平面的参数 $\boldsymbol{w}$ 和 b 便可由对偶问题的解 α 确定。

$$\boldsymbol{w} = \sum_{i=1}^{N} \alpha_i y_i \boldsymbol{x}_i \qquad (15\text{-}14)$$

在样本线性可分的情况下，由于存在关系式 $|\boldsymbol{w}^{\mathrm{T}}\boldsymbol{x}_k + b|=1$，其中的 $\boldsymbol{x}_k$ 是任意一个距离最优分类超平面最近的向量，也就是能够使 $|\boldsymbol{w}^{\mathrm{T}}\boldsymbol{x}_k + b|$ 取到最小值的 $\boldsymbol{x}_k$ 之一，因此可将 $\boldsymbol{w}$ 和 $\boldsymbol{x}_k$ 代入式（15-14），从而求出 b。

$$b = 1 - \min_{y_i=+1}(\boldsymbol{w}\cdot\boldsymbol{x}_i) \quad \text{或} \quad b = -1 - \max_{y_i=-1}(\boldsymbol{w}\cdot\boldsymbol{x}_i)$$

对于更一般的情况（包括 15.2.2 小节的非线性可分时的情况），由于两类样本与分类超平面($\boldsymbol{w}$, b)的最近距离不再一定是 1 且可能不同，因此

$$b = -\frac{1}{2}[\min_{y_i=+1}(\boldsymbol{w}\cdot\boldsymbol{x}_i) + \max_{y_i=-1}(\boldsymbol{w}\cdot\boldsymbol{x}_i)] \qquad (15\text{-}15)$$

式（15-15）包含了线性可分时的情况。

根据优化解的性质（Karush-Kuhn-Tucker 条件），解 α 必须满足

$$\alpha_i[y_i(\boldsymbol{w}^{\mathrm{T}}\boldsymbol{x}_i + b)-1] = 0 \quad \forall i = 1,2,\cdots,N \qquad (15\text{-}16)$$

因此对于每个样本，必须满足 $\alpha_i = 0$ 或 $y_i(\boldsymbol{w}^{\mathrm{T}}\boldsymbol{x}_i + b)-1=0$。从而对于那些满足 $y_i(\boldsymbol{w}^{\mathrm{T}}\boldsymbol{x}_i + b) -1 \neq 0$ 的样本 $\boldsymbol{x}_i$ 对应的 α_i，必有 $\alpha_i = 0$；而只有那些满足 $y_i(\boldsymbol{w}^{\mathrm{T}}\boldsymbol{x}_i + b) -1=0$ 的样本 $\boldsymbol{x}_i$ 对应的 α_i，才有 $\alpha_i > 0$。这样，$\alpha_i > 0$ 就只对应那些最接近超平面 $[y_i(\boldsymbol{w}^{\mathrm{T}}\boldsymbol{x}_i + b) -1=0]$ 的点，这些点被称为**支持向量**，如图 15.5 所示。

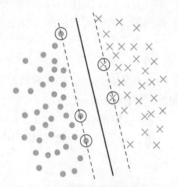

图 15.5　支持向量（两类样本的支持向量已分别用〇圈出）

> **注意**　在式（15-14）中，所有 $\alpha_i = 0$ 的样本 $\boldsymbol{x}_i$ 对于求和没有影响，只有支持向量（$\alpha_i \neq 0$ 的样本 $\boldsymbol{x}_i$）对最优分类超平面的定义有贡献。因此，完整的样本集合可以只使用支持向量来代替，我们同样能够得到相同的最优分类超平面。

在求出上述各个系数 α、$\boldsymbol{w}$、b 对应的最优解 α^*、$\boldsymbol{w}^*$、b^* 之后，即可得到如下最优分类函数。

$$h(\boldsymbol{x}) = \mathrm{sgn}((\boldsymbol{w}^*\boldsymbol{x})+b^*) = \mathrm{sgn}(\sum_{i=1}^{n} \alpha_i^* y_i(\boldsymbol{x}_i\cdot\boldsymbol{x})+b^*) \qquad (15\text{-}17)$$

这里的向量 $\boldsymbol{x}$ 是待分类的测试样本，而向量 $\boldsymbol{x}_i (i=1,2,\cdots,N)$ 是全部的 N 个训练样本。注意在式（15-17）中，测试样本 $\boldsymbol{x}$ 与训练样本 $\boldsymbol{x}_i$ 也是以点积的形式出现的。

15.2.2　非线性可分情况下的 C-SVM

1. 约束条件

为了处理样本非线性可分的情况，可放宽约束，引入松弛变量 $\varepsilon_i > 0$，此时约束条件变为

$$y_i(\boldsymbol{w} \cdot \boldsymbol{x}_i + b) \geqslant 1 - \varepsilon_i \qquad \varepsilon_i \geqslant 0 \ (i=1,2,\cdots,N) \qquad\qquad (15\text{-}18)$$

即

$$\begin{cases} \boldsymbol{w} \cdot \boldsymbol{x}_i + b \geqslant +1 - \varepsilon_i & y_i = +1 (\boldsymbol{x}_i \text{为正例}) \\ \boldsymbol{w} \cdot \boldsymbol{x}_i + b \leqslant -1 + \varepsilon_i & y_i = -1 (\boldsymbol{x}_i \text{为反例}) \end{cases}$$

图 15.6 可帮助我们理解 ε_i 的意义，具体可分为以下 3 种情况来考虑。

（1）$\varepsilon_i=0$，即约束条件退化为线性可分时的情况，$y_i(\boldsymbol{w}^\mathrm{T} \boldsymbol{x}_i + b) \geqslant 1$，这对应分类间隔（余地）以外且被正确分类的那些样本，也就是图 15.6 中左侧虚线往左（包括左侧虚线上）的所有"●"形样本以及右侧虚线往右的（包括右侧虚线上）的所有"×"形样本。

（2）$0 < \varepsilon_i < 1$，$y_i(\boldsymbol{w}^\mathrm{T} \boldsymbol{x}_i + b)$ 是 $0 \sim 1$ 的数，小于 1 意味着将约束条件放宽到允许样本落在分类间隔之内，大于 0 则意味着样本仍可被分类超平面正确分类，对应图 15.6 中标号为 2 的样本。

（3）$\varepsilon_i > 1$，$y_i(\boldsymbol{w}^\mathrm{T} \boldsymbol{x}_i + b) < 0$，此时约束条件已被放宽至允许有分类错误的样本，对应图 15.6 中的第 3 类样本。具体地说，相当于图 15.6 中标号为 3 的"●"形样本的 $1 < \varepsilon_i < 2$ 以及标号为 3 的"×"形样本的 $\varepsilon_i > 2$。

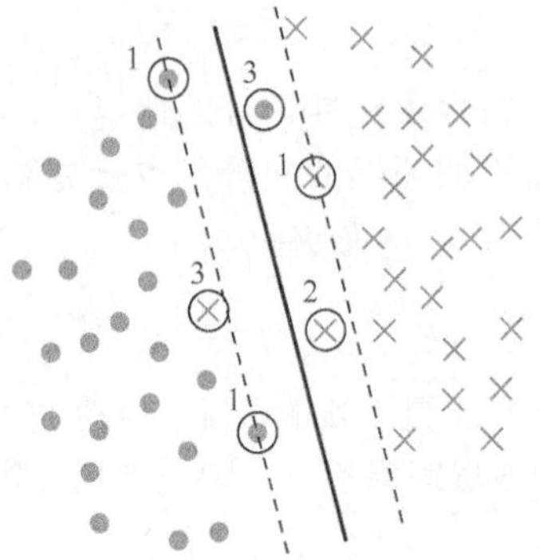

图 15.6　非线性可分情况下的最优分类超平面
标号 1：分类间隔支持向量，对应 $\varepsilon_i=0$。
标号 2：非分类间隔支持向量（分类间隔中），对应 $0 < \varepsilon_i < 1$。标号 3：非分类隔支持向量，对应 $\varepsilon_i > 1$。

图 15.6 中标号为 1、2、3 的点均为在线性不可分情况下的支持向量。由于在这种情况下允许样本落入分类间隔之内，因此我们常把这个分类间隔叫作**软间隔**（soft margin）。

2. 目标函数

引入错误代价系数 C 后，目标函数变为

$$f(\boldsymbol{w}, b, \varepsilon) = \frac{1}{2} \| \boldsymbol{w}^2 \| + C \sum_{i=1}^{N} \varepsilon_i \qquad\qquad (15\text{-}19)$$

我们的目标是在式（15-18）所示的约束条件下，最小化式（15-19）中的目标函数。在式（15-19）中，等号右边的第一项等同于最大化分类间隔，这在介绍线性可分情况时已经阐述过；等号右边的第二项是分类造成的错误代价，只有对应于 $\varepsilon_i > 0$ 的那些"错误"样本才会产生代价（这里所说的"错误"不仅指被错误分类的标号为 3 的样本，也包括那些处在空白间隔之内的标号为 2 的样本）。事实上，最小化目标函数体现了最大分类间隔（最小化式（15-19）中等号右边的第一项）与最小化训练错误（最小化式（15-19）中等号右边的第二项）之间的权衡。

从直观上，我们自然希望"错误"样本越少越好，然而请不要忘记，这里的错误是训练错误。如果一味追求最小化训练错误的代价，就可能导致得到小余地的超平面，这无疑会影响分类器的推广能力，我们在对测试样本进行分类时将很难得到满意的结果，这也属于一种过度拟合。通过调整错误代价系数 C 的值可以实现两者之间的权衡，找到一个最佳的 C 值，使得分类超平面兼顾训练错误和推广能力。

不同的 C 值对于分类的影响如图 15.7 所示。图 15.7（a）中的情况对应一个相对较大的 C 值，此时每错分一个样本 i（$\varepsilon_i > 0$），就会使式（15-19）中等号右边的第二项增大很多，第二项将成为影响式（15-19）的主要因素。因此，式（15-19）的最小化结果是尽可能少地错分训练样本以使第二项尽可能小，为此可以适当牺牲式（15-19）中等号右边的第一项（使第一项大一些，即使分类间隔

小一些），于是导致图 15.7（a）中一个较小间隔但没有错分训练样本的分类超平面。图 15.7（b）展示了将图 15.7（a）中得到的分类超平面应用于测试样本的效果，可以看出：由于分类超平面间隔较小，因此分类器的推广能力不强，对于测试样本的分类不够理想。

如果在训练过程中选择一个适当小一些的 C 值，则式（15-19）的最小化结果将兼顾训练错误与分类间隔。如图 15.7（c）所示，虽然有一个训练样本被错分，但我们得到了一个分类间隔较大的分类超平面。图 15.7（d）展示了将图 15.7（c）中得到的分类超平面应用于测试数据的效果，可以看出：由于分类间隔较大，因此分类器具有良好的推广能力，从而很好地分类了测试样本。

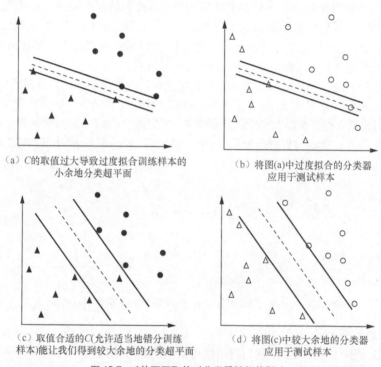

（a）C的取值过大导致过度拟合训练样本的
小余地分类超平面

（b）将图(a)中过度拟合的分类器
应用于测试样本

（c）取值合适的C(允许适当地错分训练
样本)能让我们得到较大余地的分类超平面

（d）将图(c)中较大余地的分类器
应用于测试样本

图 15.7　C 的不同取值对分类器性能的影响

综上所述，选择合适的错误代价系数 C 非常重要。在 15.3.1 小节中，我们将提供一种切实可行的方法来确定 C 的取值。正是因为在处理非线性可分问题的方法中引入了错误代价系数 C，这种支持向量机常被称为 C-SVM。

3. 优化求解

类似于线性可分情况下的推导，我们将最终得到下面的对偶问题。

在下面的约束条件下。

$$\sum_{i=1}^{N} \alpha_i y_i = 0 \quad 0 \leqslant \alpha_i \leqslant C; i = 1, 2, \cdots, N \tag{15-20}$$

最大化 $L(\alpha)$，得到

$$L(\alpha) = \sum_{i=1}^{N} \alpha_i - \frac{1}{2} \sum_{i=1}^{N} \sum_{j=1}^{N} \alpha_i \alpha_j y_i y_j (\boldsymbol{x}_i \cdot \boldsymbol{x}_j) \tag{15-21}$$

同样在利用二次规划技术解得最优的 α 值 α^* 之后，可以计算出 w^* 和 b^* 的值，最终的决策函数与式（15-17）相同。

15.2.3　需要核函数映射情况下的 SVM

线性分类器的分类性能毕竟有限，而对于非线性问题，一味放宽约束条件只能导致大量样本被错分，这时可以通过非线性变换将非线性问题转换为某个高维空间中的线性问题，并在变换空间中求得最优分类超平面。

1. 非线性映射

图 15.8（a）给出了 n 维空间中非线性可分的两类样本（限于图片的表现能力，这里只画出了二维），通过一个非线性映射 $\psi:R^n \to R^D$ 将样本映射到更高维的特征空间 R^D（限于图片的表现能力，这里只画出了二维），映射后的样本 $\psi(\boldsymbol{x}_i)$（$i=1,2,\cdots,N$）在新的特征空间 R^D 中线性可分，经训练可得到图 15.8（b）所示的 D 维的分类超平面。再将这个 D 维的分类超平面映射回 R^n，即可得到一个能够完全分开两类样本的超抛物面，如图 15.8（c）所示。

图 15.8 展示的只是一种比较理想的情况，在实践中，样本可能在映射到高维空间 R^D 后仍非线性可分，这时只需要在 R^D 中采用 15.2.2 小节介绍的非线性可分情况下的方法训练 SVM 即可。还有一点需要说明的是，在分类时我们永远不需要将 R^D 中的分类超平面映射回 R^n，而是应该将分类样本 $\boldsymbol{x}$ 经非线性变换 ψ 也映射到特征空间 R^D 中，然后将 $\psi(\boldsymbol{x})$ 送入 R^D 中的 SVM 分类器即可。

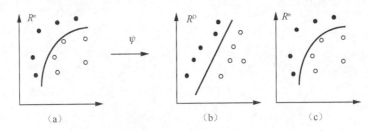

图 15.8　使用非线性映射 ψ 将已知样本映射到（高维）特征空间 R^D

2. 优化求解

类似于 15.2.1 小节中的推导，我们将最终得到下面的对偶问题。

在下面的约束条件下。

$$\sum_{i=1}^{N} \alpha_i y_i = 0 \quad 0 \leqslant \alpha_i \leqslant C;\ i=1,2,\cdots,N \tag{15-22}$$

最大化目标函数，得到

$$L(\alpha) = \sum_{i=1}^{N} \alpha_i - \frac{1}{2}\sum_{i=1}^{N}\sum_{j=1}^{N} \alpha_i \alpha_j y_i y_j [\psi(\boldsymbol{x}_i) \cdot \psi(\boldsymbol{x}_j)] \tag{15-23}$$

此时，因为 $\boldsymbol{w} = \sum_{i=1}^{N} \alpha_i y_i \psi(\boldsymbol{x}_i)$，所以最终的决策（分类）函数为

$$h(\boldsymbol{x}) = \mathrm{sgn}[\boldsymbol{w} \cdot \psi(\boldsymbol{x}) + b] = \mathrm{sgn}\left\{\sum_{i=1}^{N} \alpha_i y_i [\psi(\boldsymbol{x}_i) \cdot \psi(\boldsymbol{x})] + b\right\};\ \boldsymbol{w} \in R^D, b \in R \tag{15-24}$$

同样，因为对于非支持向量而言，$\alpha_i = 0$，所以式（15-24）可以写成

$$h(x) = \mathrm{sgn}\left\{\sum_{i \in \mathrm{SV}} \alpha_i^* y_i [\psi(\boldsymbol{x}_i) \cdot \psi(\boldsymbol{x})] + b^*\right\} \tag{15-25}$$

其中，SV 表示支持向量的集合。

> **注意** 式（15-23）和式（15-24）在形式上与式（15-21）和式（15-17）非常相似，只是将原特征空间中的向量点积替换成了原向量在非线性映射空间 R^D 中的映像之间的点积而已。

下面我们来看一个通过非线性映射将非线性可分问题转换为映射空间中线性可分问题的实例。

[例 15.1] 异或（XOR）问题的 SVM。

异或问题是较为简单的一个无法直接对样本特征向量采用线性判别函数来解决的问题。在本例中，$x = (1, 1)^T$ 的点 1 和 $x = (-1, -1)^T$ 的点 3 属于类别 w_1（图 15.9（a）中的实心圆点），而 $x = (1, -1)^T$ 的点 2 和 $x = (-1, 1)^T$ 的点 4 属于类别 w_2（图 15.9（a）中的空心圆点）。

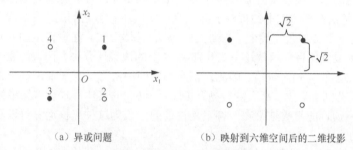

（a）异或问题　　　　　　（b）映射到六维空间后的二维投影

图 15.9　异或问题的非线性映射

这样在二维空间 R^2 中，便无法找到一条直线（R^2 中的线性分类器）来将这两类样本完全分开。通过使用 SVM 的方法，我们可以利用非线性映射 ψ 将这 4 个特征向量映射到更高维的空间 R^D，从而解决异或问题。在空间 R^D 中，这 4 个特征向量是线性可分的。存在很多这样的 ψ 函数，这里选用一个较为简单且展开不超过两次的 ψ。

$$x = (x_1, x_2) \xrightarrow{\ \psi\ } x^6 = (1, \sqrt{2}x_1, \sqrt{2}x_2, \sqrt{2}x_1x_2, x_1{}^2, x_2{}^2)$$

其中，x_i 为特征向量 x 在第 i 维上的分量，$\sqrt{2}$ 是为了规范化。

通过映射 ψ，原二维空间中的 4 个点被分别映射至六维空间。

$$x = (1, 1) \xrightarrow{\ \psi\ } x^6 = (1, \sqrt{2}, \sqrt{2}, \sqrt{2}, 1, 1)$$

$$x = (1, -1) \xrightarrow{\ \psi\ } x^6 = (1, \sqrt{2}, -\sqrt{2}, -\sqrt{2}, 1, 1)$$

$$x = (-1, -1) \xrightarrow{\ \psi\ } x^6 = (1, -\sqrt{2}, -\sqrt{2}, \sqrt{2}, 1, 1)$$

$$x = (-1, 1) \xrightarrow{\ \psi\ } x^6 = (1, -\sqrt{2}, \sqrt{2}, -\sqrt{2}, 1, 1)$$

图 15.9（b）显示了训练样本 x 被映射到六维空间后的分布情况。由于无法画出六维空间，图 15.9（b）中显示的是样本在第 2 和第 4 维度上的二维投影。很明显，在这个 R^6 空间中，可以找到最优分类超平面 $g(x_1, x_2) = x_1x_2 = 0$，且空白间隔为 $\sqrt{2}$，该分类超平面对应原特征空间中的双曲线 $(x_1x_2 = \pm 1)$。下面给出求解过程。

根据式（15-22），约束条件为

$$\sum_{i=1}^{N} \alpha_i y_i = 0 \Rightarrow \alpha_1 - \alpha_2 + \alpha_3 - \alpha_4 = 0 \quad 0 \leqslant \alpha_k (k = 1, 2, 3, 4)$$

由于线性可分，这里可不考虑错误代价系数 C。在上述约束条件下，最大化式（15-23），得到

$$L(\alpha) = \sum_{i=1}^{4} \alpha_i - \frac{1}{2} \sum_{i=1}^{4} \sum_{j=1}^{4} \alpha_i \alpha_j y_i y_j x_i^{\,6} x_j^{\,6}$$

显然，由于这个问题存在对称性，可取 $\alpha_1 = \alpha_3$、$\alpha_2 = \alpha_4$。另外，对于这个简单的问题，不必采用标准的二次规划技术，而是可以直接使用解析的方法来求解。将训练样本的特征向量 x 和对应的类别标签 y 代入上式，解得 $\alpha_k^* = 1/8$（$k = 1,2,3,4$），从而可知这 4 个训练样本都是支持向量。

> **注意**　大多数 SVM 解决的问题的支持向量总是远远少于样本总数，但由于例 15.1 中的异或（XOR）问题具有高度的对称性，因此 4 个训练样本均为支持向量。

3. 核函数

例 15.1 成功地利用非线性映射 ψ 解决了原二维空间中非线性可分的异或问题，然而这只是一个简单的例子，计算所有样本的非线性映射并在高维空间中计算它们的点积常常是十分困难的。幸运的是，一般情况下不必如此，甚至不需要关心 ψ 的具体形式。注意在上面的对偶问题中，不论是式（15-23）中的最大化目标函数还是式（15-24）中的决策（分类）函数，它们都只涉及样本特征向量之间的点积运算 $\psi(x_i) \cdot \psi(x_j)$。因此，在高维空间中实际上只需要进行点积运算，而高维数向量的点积运算结果也是常数，那么能否抛开 $\psi(x_i)$ 和 $\psi(x_j)$ 的具体形式而直接根据 x_i 和 x_j 在原特征空间中得到 $\psi(x_i) \cdot \psi(x_j)$ 的常数结果呢？答案是肯定的，因为这种点积运算可以利用原特征空间中的**核函数**来实现的。

根据泛函的有关理论，只要一个核函数 $K(x_i, x_j)$ 满足 Mercer 条件，它就对应某一变换空间（R^D）中的内积，这似乎很神奇。下面引入核函数的概念。

核函数是一个对称函数 $K : R^n \times R^n \to R$，它能够将 R^n 空间中的两个 n 维向量映射为一个实数。Mercer 核函数用于计算高维空间中的点积。

$$K(x_i, x_j) = \psi(x_i) \cdot \psi(x_j) \quad (\text{其中 } \psi : R^n \to R^D) \tag{15-26}$$

这样，如果能够在特征空间中发现计算点积的 Mercer 核函数，就可以使用 Mercer 核函数代替支持向量机中的点积运算，而根本不用关心非线性映射 ψ 的具体形式，因为在 SVM 训练和分类的所有相关公式中，ψ 都没有单独出现过，ψ 总是以 $\psi(x_i) \cdot \psi(x_j)$ 的形式出现。

因此，只需要采用适当的内积核函数 $K(x_i, x_j)$，就可以实现从低维空间向高维空间的映射，从而实现某一非线性分类变换后的线性分类，而计算复杂度却没有增加。此时，式（15-23）中的最大化目标函数变为

$$L(\alpha) = \sum_{i=1}^{N} \alpha_i - \frac{1}{2} \sum_{i=1}^{N} \sum_{j=1}^{N} \alpha_i \alpha_j y_i y_j K(x_i, x_j) \tag{15-27}$$

式（15-24）中的决策（分类）函数则变为

$$h(x) = \mathrm{sgn} \left[\sum_{i \in SV} \alpha_i^* y_i K(x_i, x_j) + b^* \right] \tag{15-28}$$

常用的核函数如下。

（1）线性核函数：$\qquad\qquad\qquad K(x, y) = x \cdot y \tag{15-29}$

（2）多项式核函数：$\qquad\quad K(x, y) = (x \cdot y + 1)^d \quad d = 1, 2, 3, \cdots \tag{15-30}$

（3）径向基核函数：$\qquad\quad K(x, y) = \exp(-\gamma \| x - y \|^2) \tag{15-31}$

（4）sigmoid 核函数：$\qquad\quad K(x, y) = \tanh[b(x \cdot y) - c] \tag{15-32}$

15.4.4 小节将对这几种常用核函数的各自特点以及如何选择适用于特定问题的核函数进行介绍，此外还将对常用的径向基核函数的使用方法进行详细阐述。

15.2.4 推广到多分类问题

在之前的问题描述中读者可能已经注意到，SVM 是一个二分器，只能用于两类样本的分类。当然如果仅仅如此，SVM 不可能得到如此广泛的应用。下面就来研究如何对二分 SVM 进行推广，使其能够处理多分类问题。

有 3 种常用的策略可用于推广 SVM 解决多分类问题，下面以一个 4 分类问题为例进行说明。

1. 一对多的最大响应策略

假设有 A、B、C、D 共 4 类样本需要划分。在抽取训练集的时候，可以分别按照如下 4 种方式划分样本特征向量。

（1）A 对应的样本特征向量为正集（类别标签为+1），B、C、D 对应的样本特征向量为负集（类别标签为−1）。

（2）B 对应的样本特征向量为正集，A、C、D 对应的样本特征向量为负集。

（3）C 对应的样本特征向量为正集，A、B、D 对应的样本特征向量为负集。

（4）D 对应的样本特征向量为正集，A、B、C 对应的样本特征向量为负集。

对上述 4 个训练集分别进行训练，得到 4 个 SVM 分类器。在测试的时候，把未知类别的测试样本 x 分别送入这 4 个分类器进行判决，每个分类器都有 1 个响应，分别为 $f_1(x)$、$f_2(x)$、$f_3(x)$、$f_4(x)$，最终的决策结果为 $\max[f_1(x), f_2(x), f_3(x), f_4(x)]$，即 4 个响应中的最大者。

注意这里所说的响应是指决策函数 $h(x) = \text{sgn}(w \cdot \psi(x) + b)$ 在符号化之前的输出 $f(x) = w \cdot \psi(x) + b$。$h(x)$ 表示 x 位于分类超平面的哪一侧，它只反映样本 x 的类别；而 $f(x)$ 还能体现 x 与分类超平面距离的远近（绝对值越大，距离越远），因此它能够反映样本 x 属于某一类别的置信度。例如，同样位于分类超平面正侧的两个样本，显然更加远离分类超平面的样本是正例的可信度较大，而紧贴着分类超平面的样本很有可能是跨过分类超平面的反例。

2. 一对一的投票策略

将 A、B、C、D 共 4 类样本两类两类地组成训练集，即 (A,B)、(A,C)、(A,D)、(B,C)、(B,D)、(C,D)，得到 6 个（对于 n 分类问题，为 $n(n-1)/2$ 个）SVM 二分器。在测试的时候，把测试样本 x 依次送入这 6 个二分器，采取投票形式，最后得到一组结果。投票是以如下方式进行的。

初始化：$\text{vote}(A) = \text{vote}(B) = \text{vote}(C) = \text{vote}(D) = 0$。

投票过程：如果使用训练集 (A,B) 得到的分类器将 x 判定为 A 类，则 $\text{vote}(A) = \text{vote}(A) + 1$，否则 $\text{vote}(B) = \text{vote}(B) + 1$；如果使用训练集 (A,C) 训练的分类器将 x 判定为 A 类，则 $\text{vote}(A) = \text{vote}(A) + 1$，否则 $\text{vote}(C) = \text{vote}(C) + 1$；…；如果使用训练集 (C,D) 训练的分类器将 x 判定为 C 类，则 $\text{vote}(C) = \text{vote}(C) + 1$，否则 $\text{vote}(D) = \text{vote}(D) + 1$。

最终判决结果：$\max[\text{vote}(A), \text{vote}(B), \text{vote}(C), \text{vote}(D)]$。若有两个以上的最大值，则一般可简单地取第一个最大值对应的类别。

3. 一对一的淘汰策略

这是本书参考文献[10]专门针对 SVM 提出的一种多分类推广策略，这种策略实际上也适用于所有可以提供分类器置信度信息的二分器。这里同样基于一对一的淘汰策略来解决多分类问题，对于 4 分类问题，须训练 6 个分类器：(A,B)、(A,C)、(A,D)、(B,C)、(B,D)、(C,D)。

显然，对于这 4 分类中的任意一类，如第 A 类中的某一样本，就可由 (A,B)、(A,C)、(A,D) 这 3 个二分器中的任意一个来识别。可以将这些二分器根据置信度从大到小排序，置信度越大，表示对应二分器的分类结果越可靠，反之则越有可能出现误判。对这 6 个分类器按置信度由大到小排序并分别编号，假设它们依次为 1#(A,C)、2#(A,B)、3#(A,D)、4#(B,D)、5#(C,D)、6#(B,C)。

此时，判别过程如下。

（1）假设被识别对象为 x，首先由 1 #判别函数进行识别。若判别函数 h(x) = +1，则结果为类别 A，所有关于类别 C 的判别函数均被淘汰；若判别函数 h(x) = −1，则结果为类别 C，所有关于类别 A 的判别函数均被淘汰；若判别函数 h(x) = 0，此为"拒绝决策"情形，可直接选用 2#判别函数进行识别。假设判决结果为类别 C，则所剩判别函数为 4#(B,D)、5#(C,D)和 6#(B,C)。

（2）被识别对象 x 再由 4#判别函数进行识别。若判决结果为类别+1，则淘汰所有关于 D 类别的判别函数，所剩判别函数为 6#(B,C)。

（3）被识别对象 x 再由 6#判别函数进行识别。若判决结果为类别+1，则判定最终的分类结果为 B。

那么，如何表示置信度呢？对于 SVM 而言，分类超平面的分类间隔越大，就说明两类样本越容易分开，这表明问题本身具有较好的可分性，因此可以将各个 SVM 二分器的分类间隔大小作为置信度。

在一对一的淘汰策略中，每经过一个判别函数就会有某个类别被排除，与该类别有关的判别函数也会被淘汰。因此，一般经过 c −1 次判别就能得到结果。然而，判别函数在决策时有可能遇到"拒绝决策"情形[h(x) = 0]。此时，若直接令 h(x)为+1 或−1，从而将对象归于某一类别，就可能导致误差。不妨利用判别函数之间的冗余进行再决策，以减少这种因"拒绝决策"导致的误判，一般再经过一两次决策即可得到最终结果。

以上 3 种推广策略在实际应用中一般都能取得令人满意的效果，相比之下，第 2 种和第 3 种策略在很多情况下能取得更好的效果。在 15.4 节中，我们在基于 MATLAB 的人脸识别系统中将使用一对一的投票策略来解决多分类问题。

> **提示**　从二分类向多分类推广不仅仅是在 SVM 中才会遇到的问题，在模式识别和机器学习领域，还有很多天然的二分器，如线性感知器、AdaBoost 等。一般来说，上面讨论的 3 种推广策略对于这些二分器同样适用。

15.3　SVM 的 MATLAB 实现

MATLAB 从 7.0 版本开始提供对 SVM 的支持，其 SVM 工具箱主要通过 svmtrain 和 svmclassify 两个函数封装了与 SVM 训练和分类相关的功能。这两个函数十分简单易用，即使对于 SVM 的工作原理不是很了解的人，也可以轻松掌握它们。本节将介绍 SVM 工具箱的用法并给出一个应用实例。

15.3.1　训练——svmtrain 函数

svmtrain 函数用来训练 SVM 分类器，调用语法如下。

```
SVMStruct = svmtrain(Training, Group)
```

参数说明

- Training 是包含训练数据的 m 行 n 列的二维矩阵，其中的每一行表示一个训练样本（特征向量），m 表示训练样本的数目，n 表示训练样本的维数。
- Group 是表示训练样本类别标签的一维向量，其元素值只能为 0 或 1，通常 1 表示正例，0 表示反例。Group 的维数必须和 Training 的行数相等，以保证训练样本同类别标签一一对应。

返回值

SVMStruct 是训练所得的代表 SVM 分类器的结构体，其中包含有关最优分类超平面的各种信息，如 α、w 和 b 等。此外，该结构体的 SupportVector 域中还包含支持向量的详细信息，可以使用 SVMStruct.SupportVector 获得它们。这些都是后续分类所需的，比如在基于一对一的淘汰策略的多分类决策中，有时为了计算出置信度，需要分类间隔值。可以通过 α 计算出 w 的值，从而得到分类超平面的空白间隔大小 $m = \dfrac{2}{\|w\|}$。

除上述调用语法外，还可通过<'属性名', 属性值>形式的可选参数设置一些训练相关的高级选项，从而实现某些自定义功能。

1. 设定核函数

svmtrain 函数允许我们在进行非线性映射时选择核函数的种类或指定自己编写的核函数，调用语法如下。

```
SVMStruct = svmtrain(..., 'Kernel_Function', Kernel_FunctionValue);
```

其中，参数 Kernel_FunctionValue 的常见合法值及其含义如表 15.1 所示。

表 15.1　　　　　　参数 Kernel_FunctionValue 的常见合法值及其含义

合　法　值	含　　义
'linear'	线性核函数（默认值）
'polynomial'	多项式核函数，默认阶数 $d=3$
'rbf'	径向基核函数
函数句柄	以符号"@"开头的自己编写的核函数的句柄

例如，若希望采用径向基核函数训练 SVM，可以按照如下方式调用 svmtrain 函数。

```
SVMStruct = svmtrain(Training, Group, 'Kernel_Function', 'rbf ');
```

此外，还可以设置与特定核函数相关的参数。例如，下面的调用表示选用 4 阶（$d = 4$）的多项式核函数来实现映射并训练 SVM。

```
SVMStruct = svmtrain(Training, Group, 'Kernel_Function', 'polynomial', 'Polyorder', 4);
```

注意设置的核函数参数必须与选用的核函数保持一致。

2. 自定义核函数

有时需要使用自己的核函数计算映射空间中的点积，此时可以将参数 Kernel_FunctionValue 设置为自己编写的核函数 kfun 的句柄，并以 @kfun 的形式给出。

此时的核函数定义如下。

```
function K = kfun(X, Y)
```

其中，参数 X、Y 分别为 m 行 n 行的二维矩阵，它们拥有相同的列数 l。换言之，自定义的核函数需要计算 X 中的 m 个 l 维向量与 Y 中的 n 个 l 维向量两两之间的核函数值，总共 $m \times n$ 个实数值结果，并放在 $m \times n$ 的二维矩阵 K 中返回。K(i,j) 表示向量 X(i,:) 与向量 Y(j,:) 在高维映射空间中的点积。

如果要向自定义的核函数传递参数，则核函数应定义为

```
function K = kfun(X, Y, P1, P2)
```

其中，X、Y 的含义与前面相同，而 P1、P2 为核函数的参数，可在调用时以 @(X,Y) kfun(X,Y, P1,P2) 的形式给出。例如，要自定义式（15-32）中的 sigmoid 核函数 $K(x,y)=\tanh[b(x\cdot y)-c]$，可以首先创建一个 kfun_sigmoid.m 文件，然后在其中定义核函数 kfun_sigmoid。

```
function K = kfun_sigmoid(X, Y, b, c)
% sigmoid核函数，b、c为其参数
K = tanh(b*(X*Y') c);
```

调用时格式如下。

```
SVMStruct= svmtrain( Training, Group, 'Kernel_Function', @(X,Y) kfun_sigmoid(X,Y,1,0) );
```

3. 训练结果的可视化

当训练数据是二维时，可利用'ShowPlot'选项来获得训练结果的可视化解释，调用格式如下。

```
svmtrain(..., 'ShowPlot', ShowPlotValue);
```

此时，只需要设置 ShowPlotValue 的值为 1(true)即可。

4. 设定错误代价系数 C

15.2.2 小节在介绍非线性可分情况下的 C-SVM 时，讨论了错误代价系数 C 对训练和分类结果的影响，下面给出设定 C 值的方法。由式（15-21）可知，引入 C 对二次规划问题求解的影响仅仅体现在约束条件中，因此只需要在调用 svmtrain 函数时设置优化选项'boxconstraint'即可，调用格式如下。

```
SVMStruct = svmtrain(...,'boxconstraint',C);
```

其中的参数 C 即为错误代价系数，默认值为 Inf，表示错分的代价无限大，分类超平面将倾向于尽可能最小化训练错误。通过适当地设置有限的 C 值，可以得到图 15.7（c）所示的软超平面。

15.3.2　分类——svmclassify 函数

函数 svmclassify 通过利用训练得到的 SVMStruct 结构体来对一组样本进行分类，调用语法如下。

```
Group = svmclassify(SVMStruct, Sample);
```

参数说明

- SVMStruct 是训练得到的代表 SVM 分类器的结构体，由 svmtrain 函数返回。
- Sample 是要进行分类的样本矩阵，其中的每一行为一个样本特征向量，总行数等于样本特征的数目，总列数等于样本特征的维数（必须和训练 SVM 时使用的样本特征维数相同）。

返回值

- Group 是包含 Sample 中所有样本分类结果的列向量，其维数与 Sample 矩阵的行数相同。

当分类数据是二维时，可利用'ShowPlot'选项来获得分类结果的可视化解释，调用格式如下。

```
svmclassify(..., 'Showplot', ShowplotValue)
```

15.3.3　应用实例

下面的 MATLAB 实例使用 svmtrain 和 svmclassify 函数解决了二维空间中的二分类问题。

[例 15.2]　二维 SVM 的可视化解释。

本例使用 MATLAB 自带的鸢尾属植物数据集将我们刚刚学习的 SVM 训练与分类付诸实践，这个数据集本身共 150 个样本，每个样本是一个四维的特征向量，第一维特征的意义分别为花瓣长

度、花瓣宽度、萼片长度和萼片宽度。150 个样本分别属于 3 类鸢尾属植物（每一类包含 50 个样本）。本例只使用了前二维特征，这主要是为了便于训练和分类结果的可视化。为了暂时避开多分类问题，我们将样本是哪一类的 3 分类问题变成了样本是否属于'setosa'类别的二分类问题。

```
load fisheriris                      % 载入 fisheriris 数据集
data = [meas(:,1), meas(:,2)];       % 取出所有样本的前二维作为特征

% 转换为是否属于'setosa'类别的二分类问题
groups = ismember(species,'setosa');

% 利用交叉验证随机分割数据集
[train, test] = crossvalind('holdOut',groups);

% 训练一个线性的支持向量机，将训练好的分类器保存在 svmStruct 中
svmStruct = svmtrain(data(train,:),groups(train),'showplot',true);

% 利用包含训练所得分类器信息的 svmStruct 对测试样本进行分类，将分类结果保存在 classes 中
classes = svmclassify(svmStruct,data(test,:),'showplot',true);

% 计算测试样本的识别率
ans = nCorrect = sum( classes == groups(test,:) );   % 正确分类的样本数目
accuracy = nCorrect / length(classes)                % 计算识别率
accuracy =
0.9867
```

上述程序的运行结果如图 15.10 所示。

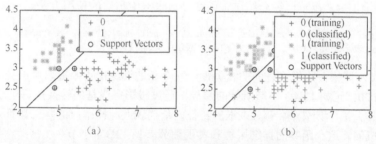

图 15.10　二分类 SVM 的训练与分类结果

人脸识别由于在安全验证系统、信用卡验证、档案管理和人机交互系统等方面具有广阔的应用前景，目前已经成为模式识别和人工智能领域的一个研究热点。本节将展现一个极具吸引力的综合案例——基于 PCA 和 SVM 的人脸识别系统，在一步步深入问题的同时给出使用 SVM 解决问题的一般框架。

15.4.1　人脸识别简介

人脸识别是指以计算机为辅助手段，从静态或动态图像中识别人脸。问题一般可以描述为给定一个场景的静态或动态图像，利用已经存储的人脸数据库确认场景中的一个人或多个人。一般来说，人脸识别研究一般分为三部分：从具有复杂背景的场景中检测并分离出人脸所在的区域；抽取人脸识别特征；以及进行匹配和识别。

虽然人类从复杂背景中识别出人脸及表情相当容易，但人脸的自动机器识别却是一个极具挑战性的课题，它跨越了模式识别、图像处理、计算机视觉以及神经生理学、心理学等诸多研究领域。

如同人的指纹一样，人脸也具有唯一性，可用来鉴别人的身份，人脸识别技术在商业、法律和其他领域有着广泛的应用。目前，人脸识别已成为法律部门打击犯罪的有力工具，在毒品跟踪、反恐怖活动等监控中有着很大的应用价值；此外，人脸识别的商业应用价值也在日益增长，主要是信用卡或自动取款机的个人身份核对。与利用指纹、手掌、视网膜、虹膜等其他人体生物特征进行个人身份鉴别的方法相比，人脸识别具有直接、友好、方便的特点，特别是对于个人来说不会产生任何心理障碍。

15.4.2　前期处理

实验数据集仍然采用 ORL 人脸库。由于每幅人脸图像均包括 112×92 个像素（参见 12.4.1 小节），巨大的维数打消了我们将每幅图像直接以其像素作为特征（ANN 数字字符识别中的做法）的念头。实际上，由于原始图像的各维像素之间存在大量的相关性，这种做法是没有必要的。我们需要首先利用主成分分析（PCA）的方法去除相关性，然后在 12.4 节基于主成分分析（PCA）的人脸特征提取工作的基础上进行实验，最后将 PCA 降维后得到的 20 维特征向量作为 SVM 分类的特征。

开展前期预处理工作的具体步骤如下。

（1）分割数据集。将整个数据集分为两部分——一个训练集和一个测试集。具体地说，将每个人的 10 张面部图片分成两组，前 5 张放入训练集，后 5 张用于测试（放入测试集）。这样训练集与测试集便各有 $40 \times 5 = 200$ 个人脸样本。

（2）读入训练样本。将每张图片按列存储为一个 10 304 维的行向量。这样 400 个人便组成一个 $400 \times 10\ 304$ 的二维矩阵 FaceContainer，其中的第一行表示一个人脸样本。ReadFaces 函数封装了上述功能，由于 12.4.2 小节已经介绍过该函数，这里只给出它的使用方法。

```
function [imgRow,imgCol,FaceContainer,faceLabel]=ReadFaces(nFacesPerPerson, nPerson, bTest)
// bTest 为 true 表示读入测试样本，默认为 false，表示读入训练样本
```

（3）利用 PCA 降维去除像素之间的相关性。从全部的训练样本中提取主成分，实验中主成分的数目被确定为 20，正如 12.4.3 小节所做的那样。通过投影完成基的转换，每个 10 304 维的人脸向量被降至 20 维，后续计算中将以 20 维的特征向量代表人脸样本。这些工作都是由我们熟悉的 fastPCA 函数完成的，这个函数的详细用法和实现细节参见 12.3.4 小节。

15.4.3　数据规格化

数据规格化（scaling）又称数据尺度归一化，指的是将特征的某个属性（特征向量的某一维）的取值范围投射到特定范围之内，以消除数值型属性因范围大小不一而影响基于距离的分类方法结果的公正性。

1. 数据规格化的必要性

可以毫不夸张地说，数据规格化在模式识别问题中占据举足轻重的地位，甚至关系到整个识别系统的成败。然而遗憾的是，如此重要的环节往往易被初学者忽视。当在同一个数据集上应用相同的分类器却得到远不如他人的结果时，首先请确定是否进行了正确的数据规格化。进行数据规格化通常有以下两点必要性。

（1）防止那些处在相对较大的数值范围内的特征压倒那些处在相对较小的数值范围内的特征。举例来说，假设我们拿到了一份体检报告的数据：其中的一个特征为身高，单位为米（m），于是这个特征的数值范围可能就是[1.2, 2.5]，相对于使用千克（kg）作为单位的体重特征（数值范围是[35, 120]）来说，身高特征无疑处在一个相对很小的数值范围内。而很多分类器，包括 SVM，都是基

于欧氏距离的，这样如果选用这两个二维特征进行分类的话，处在较小数值范围内的身高特征由于对距离的计算没有什么贡献，分类器将几乎只根据体重特征来分类而不考虑样本间身高的差异。

图 15.11 给出了这种情况下样本的二维空间分布，这有助于读者理解数值范围差异是如何影响距离计算，进而影响基于欧氏距离的分类器的。很明显，在图 15.11（b）中，样本之间几乎体现不出身高差异。假设两个人 A、B 分别高 1.6m 和 2m，体重相等；另外两个人 C、D 身高相等，体重分别为 75kg 和 76kg。此时，基于欧氏距离的分类器认为 A、B 两人更为相似（空间欧氏距离为 0.4），而认为 C、D 两人差异较大（空间欧氏距离为 1）。这显然与实际情况不符。

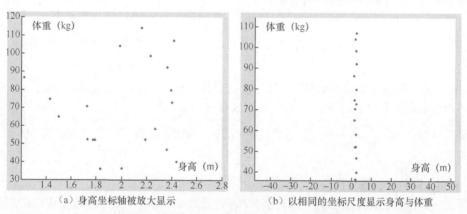

（a）身高坐标轴被放大显示 　　　（b）以相同的坐标尺度显示身高与体重

图 15.11　20 个人的体检数据样本在"身高-体重"二维空间中的分布（为便于说明问题，样本点是等概率随机生成的，而不像真实数据那样呈正态分布）

（2）避免计算过程中可能出现的数值溢出问题。例如，在计算 SVM 的核函数（线性核函数以及多项式核函数）时，通常需要计算特征向量的内积，较大的特征取值可能造成最终的内积结果太大，以至于超出计算机的表示范围而溢出。针对这种情况，建议线性地缩放各个属性到统一的范围 $-1 \sim 1$ 或 $0 \sim 1$。

另外，一种需要通过数据规格化解决的数值问题是：在很多需要计算复合概率的情况下（如马尔可夫模型，Marcov Model），需要计算很多值的连乘积，由于概率取值都在 0 和 1 之间，这很可能造成连乘积太小，以至于高精度浮点数都因无法表示而向下溢出。这就需要在每步运算之后对数据进行等比例缩放，从而使计算中间结果始终保持在表示精度的范围以内。

2. 数据规格化方法

在训练之前，需要对训练集中的全体样本进行规格化。一般来说，有以下两种常见的数据规格化方法。

（1）最大最小规格化方法

该方法用来对初始数据进行一种线性转换。设 $\min_A$ 和 $\max_A$ 分别为属性 A 的最小值和最大值。利用最大最小规格化方法，可以将属性 A 的一个值 v 映射为 v' 且有 $v' \in [\text{new\_min}_A, \text{new\_max}_A]$。具体的映射计算公式如下。

$$v' = \frac{v - \min_A}{\max_A - \min_A}(\text{new\_max}_A - \text{new\_min}_A) + \text{new\_min}_A \tag{15-33}$$

例如，属性"体重"的最大值和最小值分别是 40kg 和 120kg，若利用最大最小规格化方法将属性 A 的值映射到 $-1 \sim 1$ 范围内，则属性 A 的值 75kg 将被转换为

$$v' = \frac{75 - 40}{120 - 40}[1 - (-1)] + (-1) = -0.125$$

（2）零均值规格化方法

该方法根据属性 A 的均值和方差来对属性 A 进行规格化，可以将训练集中每个样本特征的均值统一变换为 0，并且使它们具有统一的方差（如 1.0）。对于属性 A 的 v 值，便可以通过以下计算公式获得相应的映射值 v'。

$$v' = \frac{v - \mu_A}{\sigma_A} \tag{15-34}$$

其中的 μ_A 和 σ_A 分别为属性 A 的均值和方差。

✏️提示   零均值规格化方法常用于属性 A 的最大值与最小值都未知的情形。

当然，在测试阶段必须对测试样本应用同样的数据规格化方法。比如，如果采用最大最小规格化方法将训练数据的某一维从-10～+10 线性缩放至-1～+1，那么也必须对测试数据的相应维应用相同的变换规则：$-1 + \frac{x - (-10)}{10 - (-10)} \times [1 - (-1)]$。换言之，测试数据在相应维上的范围[-11，8]应线性缩放至[-1.1，+0.8]。

3. 实现人脸特征数据的规格化

基于上述原因，在将降维后的数据交给 SVM 处理之前，需要首先进行数据规格化。这里选择第一种方法，线性地缩放特征的各个属性（维度）到-1～+1。

规格化人脸特征数据的完整实现代码如下。

```
function [SVFM, lowVec, upVec] = scaling(VecFeaMat, bTest, lRealBVec, uRealBVec)
% Input:  VecFeaMat --- 一个需要规格化的m*n的数据矩阵, 其中的每一行表示一个样本特征向量, 列数就是维数
%         bTest ---   =1: 表示对测试样本进行规格化, 此时必须提供 lRealBVec 和 uRealBVec
%                         的值, 这两个值应该是在对训练样本进行规格化时得到的
%                     =0: 默认值, 表示对训练样本进行规格化
%         lRealBVec --- n 维向量, 对训练样本进行规格化时得到的各维的实际下限信息 lowVec
%         uRealBVec --- n 维向量, 对训练样本进行规格化时得到的各维的实际上限信息 upVec
%
% output: SVFM --- VecFeaMat 的规格化版本
%         upVec --- 各维特征的上限(仅在对训练样本进行规格化时有意义, bTest = 0)
%         lowVec --- 各维特征的下限(仅在对训练样本进行规格化时有意义, bTest = 0)
if nargin < 2
    bTest = 0;
end

% 缩放至目标范围[-1, 1]
lTargB = -1;
uTargB = 1;

[m n] = size(VecFeaMat);

SVFM = zeros(m, n);

if bTest
   if nargin < 4
      error('To do scaling on testset, param lRealB and uRealB are needed.');
   end
```

```
    if nargout > 1
        error('When do scaling on testset, only one output is supported.');
    end

    for iCol = 1:n
        if uRealBVec(iCol) == lRealBVec(iCol)
            SVFM(:, iCol) = uRealBVec(iCol);
            SVFM(:, iCol) = 0;
        else
            SVFM(:, iCol) = lTargB  +  ( VecFeaMat(:, iCol) - lRealBVec(iCol) ) /
                    ( uRealBVec(iCol)-lRealBVec(iCol) ) * (uTargB-lTargB); % 测试数据的规格化
            end
        end
    else
    upVec = zeros(1, n);
    lowVec = zeros(1, n);


    for iCol = 1:n
        lowVec(iCol) = min( VecFeaMat(:, iCol) );
        upVec(iCol) = max( VecFeaMat(:, iCol) );
        if upVec(iCol) == lowVec(iCol)
            SVFM(:, iCol) = upVec(iCol);
            SVFM(:, iCol) = 0;
        else
            SVFM(:, iCol) = lTargB  +  ( VecFeaMat(:, iCol) - lowVec(iCol) ) /
                    ( upVec (iCol)-lowVec(iCol) ) * (uTargB-lTargB); % 训练数据的规格化
        end
    end
end
```

15.4.4　核函数的选择

到目前为止，想要送入 SVM 的数据已经准备就绪，但在"启动"SVM 之前仍有两个问题摆在我们面前：一是选择哪一种核函数；二是确定核函数的参数以及错误代价系数 C 的最佳取值。下面先来解决第一个问题，第二个问题留到 15.4.5 小节解决。

由于常用的核函数只有 4 种（参见 15.2.3 小节），对它们依次进行尝试并选择对测试数据效果最好的那个似乎是一种行得通的方法，但后续的参数选择问题将使这成为复杂的排列组合问题，而远远不是 4 种可能那么简单。

尽管最佳核函数的选择一般与问题自身有关，但还是有规律可循。建议初学者在正常情况下优先考虑径向基（RBF）核函数。

$$K(x, y) = \exp(-\gamma \| x - y \|^2)$$

这主要基于以下考虑。

（1）作为一种对应非线性映射的核函数，RBF 核函数能够处理非线性可分的情况。

（2）线性核函数是 RBF 核函数的一种特殊情况，通过适当地选择参数 (γ, C)，RBF 核函数总是可以得到与带有错误代价参数 C 的线性核函数相同的效果，反之不成立。

（3）在选择某些参数的情况下，sigmoid 核函数 $K(x, y) = \tanh[b(x \cdot y) - c]$ 的行为也类似于 RBF 核函数，而且在选择 sigmoid 核函数之后，有两个与之有关的参数 b、c 需要确定。

（4）多项式核函数需要计算内积，而这有可能产生溢出之类的计算问题。

工具箱中的 RBF 核函数无法灵活地选择参数，为了方便设置参数 γ，我们编写了自己的 RBF 核函数 kfun_rbf，这个函数的完整实现代码如下。

```
function K = kfun_rbf(U, V, gamma)
% RBF 核函数

[m1 n1] = size(U);
[m2 n2] = size(V);

K = zeros(m1, m2);

for ii = 1:m1
    for jj = 1:m2
        K(ii, jj) = exp( -gamma * norm(U(ii, :)-V(jj, :))^2 );
    end
end
```

15.4.5　参数选择

在选择 RBF 核函数的情况下，总共有两个参数需要确定：RBF 核函数自身的参数 γ 以及错误代价系数 C。这个问题本身就是一个优化问题，变量是 C 和 γ，目标函数值就是 SVM 对测试集的识别率。棘手之处在于很难使用变量 C 和 γ 写出目标函数的表达式，因此不适于采用一般的优化策略。幸好林智仁（Chih-Jen Lin）博士在 LIBSVM（参见 15.5.2 小节）中提供了非常实用的基于交叉验证和网格搜索的参数选择方法，此处还提供了相应的工具 grid.py，这样我们便可以结合人脸识别的问题给出参数搜索工具的使用方法。

1. 格式化数据集

为了利用 LIBSVM 的参数选择工具 grid.py，我们首先需要把数据集格式化为 grid.py 要求的形式，即如下格式的文本文件。

```
<类别标签> <特征索引 1>:<特征值 1>  <特征索引 2>:<特征值 2> …<特征索引 n>:<特征值 n>
…
…
…
```

其中，每一行对应一个样本实例。对于分类问题，<类别标签>是表示类别标号的整数，其后的"<特征索引>:<特征值>"对给出了每一维的特征取值，<特征索引>是从 1 开始逐渐递增的一个整数，<特征值>是一个实数。

为了从 MATLAB 中导出 LIBSVM 能够使用的数据，我们编写了 export 函数，这个函数的完整实现代码如下。

```
function export(strMat, strLibSVM)
% 将使用参数 strMat 指定的文件（.mat 文件）中的数据导出为能够由 LIBSVM 使用的格式（.txt 文件），生成的
% 文件名由参数 strLibSVM 指定
%
% 输入: strMat --- 源文件名（包括路径），'.mat'文件，默认为'../Mat/trainData.mat'，其中必须包含训练数据
%                 TrainData 和类别标签 trainLabel，源文件可在 SVM 训练过程中生成
%       strLibSVM --- 目标文件名（包括路径），'.txt'文件，默认为'trainData.txt'

if nargin < 1
    strMat = '../Mat/trainData.mat';
    strLibSVM = 'trainData.txt';
elseif nargin < 2
    strLibSVM = 'trainData.txt';
end
```

```
[fid, fMsg ] = fopen(strLibSVM, 'w'); % 建立目标输出文件
if fid == -1
   disp(fMsg );
   return
end

strNewLine = [13 10];                    % 换行
strBlank = ' ';

load(strMat)

[nSamp, nDim] = size( TrainData );


for iSamp = 1:nSamp
   fwrite(fid, num2str(trainLabel(iSamp)), 'char');

   for iDim = 1:nDim
      fwrite(fid, strBlank, 'char');
      fwrite(fid, [num2str(iDim) ':'], 'char');
      fwrite(fid, num2str(TrainData(iSamp, iDim)), 'char');
   end

   fwrite(fid, strNewLine, 'char');
end


fclose(fid);
```

上述程序执行后，第 2 和第 3 个人的人脸样本对应 trainData.txt 文件中的如下两行。

```
...
2 1:0.17762 2:0.054549 3:0.68467 4:-0.032753 5:-0.076314 6:-0.1758 7:0.37941 8:-0.03962
9 9:-0.54754 10:0.091465 11:0.13723 12:0.19647 13:0.36674 14:-0.50934 15:0.7817 16:-0.2
2577 17:0.070353 18:0.10225 19:-0.26392 20:0.01075
3 1:-0.10874 2:-0.239 3:-0.16797 4:-0.26408 5:0.53417 6:0.48635 7:-0.11967 8:-0.051977
9:-0.030884 10:-0.60206 11:-0.27395 12:-0.36117 13:0.23001 14:0.082984 15:0.13227 16:0.
090856 17:-0.25932 18:0.094344 19:-0.59063 20:0.90311
...
```

2．搜索参数

参数搜索工具 grid.py 是 Python 脚本文件，所以系统中必须安装 Python。此外，我们在搜索过程中还要用到 pgnuplot.exe 工具以便将搜索过程可视化。Python 安装文件和 pgnuplot.exe 工具都可以在互联网上找到。

通过"开始"菜单打开命令提示符窗口，将当前位置转移至 grid.py 所在的目录，输入命令"grid.py trainData.txt"，如图 15.12 所示。

如果运行命令时出现问题，则很可能是因为 grid.py 中的路径设置需要修正，以便 grid.py 可以找到 svmtrain.exe 和 pgnuplot.exe 的位置。图 15.13 给出了设置路径的方法：打开 grid.py 文件，修改字母"r"后面引号中的路径为 svmtrain.exe 和 pgnuplot.exe 所在的位置即可（图 15.13 中的路径设置对应 svmtrain.exe 和 pgnuplot.exe 与 grid.py 处在相同目录下的情况）。

按回车键，系统开始自动搜索参数，搜索结果如图 15.14 倒数第 2 行所示，得到的最佳 C 值为 128.0，最佳 γ（图 15.14 中为 g）值为 0.0078125，训练集上交叉验证的识别率为 97.5%。

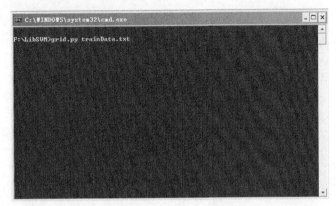

图 15.12　运行 grid.py 脚本

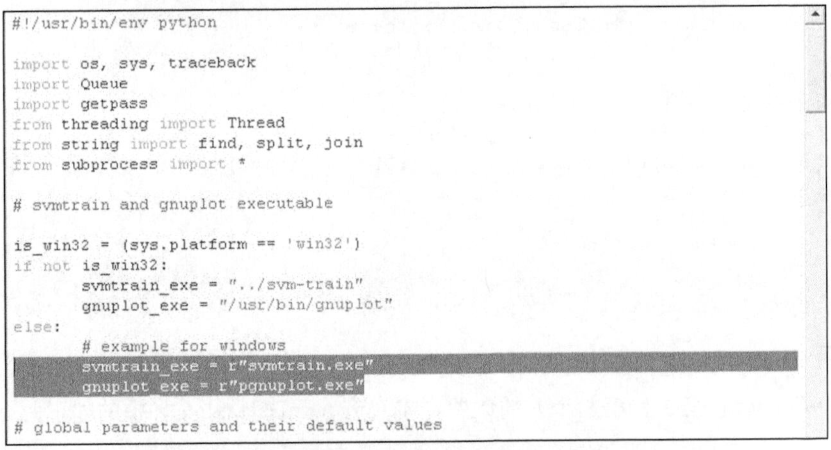

```
#!/usr/bin/env python

import os, sys, traceback
import Queue
import getpass
from threading import Thread
from string import find, split, join
from subprocess import *

# svmtrain and gnuplot executable

is_win32 = (sys.platform == 'win32')
if not is_win32:
        svmtrain_exe = "../svm-train"
        gnuplot_exe = "/usr/bin/gnuplot"
else:
        # example for windows
        svmtrain_exe = r"svmtrain.exe"
        gnuplot_exe = r"pgnuplot.exe"

# global parameters and their default values
```

图 15.13　grid.py 中的路径设置

图 15.14　参数的搜索结果

15.4.6　构建多类 SVM 分类器

15.2.4 小节介绍了如何利用一对一的投票策略将 SVM 推广至多分类问题，下面给出实现细节。我们编写了函数 multiSVMTrain 和 multiSVMClassify 作为标准 SVM 工具箱的扩展，以便得到用于解决多分类问题的 SVM。

1. 多分类问题的训练

在多分类 SVM 的训练阶段，我们要做的就是使用 $n=40$ 类样本构建 $n(n-1)/2$ 个 SVM 二分器，并把每个 SVM 二分器的训练结果（SVMStruct 结构体）保存到细胞数组 CASVMStruct 中。具体地说，CASVMStruct{ii}{jj}中保存着第 ii 类与第 jj 类训练得到的 SVMStruct。最后，将使用多分类 SVM 进行分类时需要的全部信息保存至结构体 multiSVMStruct 中并返回。可以说，multiSVMStruct 中包含了我们的训练结果。

multiSVMTrain 函数的完整实现代码如下。

```
function multiSVMStruct = multiSVMTrain(TrainData, nSampPerClass, nClass, C, gamma)
% 采用一对一的投票策略将 SVM 推广至多分类问题，并将多分类 SVM 的训练结果保存到 multiSVMStruct 中
%
% 输入:TrainData--每一行表示一个人脸样本
%     nClass--人数，即类别数
%     nSampPerClass--一个 nClass*1 的一维向量,用于记录每个类别的样本数目,例如 nSampPerClass(iClass)
%        给出了第 iClass 类的样本数目
%     C--错误代价系数，默认为 Inf
%     gamma--径向基核函数的参数，默认值为 1
%
% 输出:multiSVMStruct--一个包含多分类 SVM 训练结果的结构体

% 默认参数
if nargin < 4
    C = Inf;
    gamma = 1;
elseif nargin < 5
    gamma = 1;
end

% 开始训练，需要计算每两个类别之间的分类超平面，共(nClass-1)*nClass/2 个
for ii=1:(nClass-1)
    for jj=(ii+1):nClass
        clear X;
        clear Y;
        startPosII = sum( nSampPerClass(1:ii-1) ) + 1;
        endPosII = startPosII + nSampPerClass(ii) - 1;
        X(1:nSampPerClass(ii), :) = TrainData(startPosII:endPosII, :);

        startPosJJ = sum( nSampPerClass(1:jj-1) ) + 1;
        endPosJJ = startPosJJ + nSampPerClass(jj) - 1;
        X(nSampPerClass(ii)+1:nSampPerClass(ii)+nSampPerClass(jj), :) = TrainData(
        start PosJJ:endPosJJ, :);

        % 设定两两分类时的类别标签
        Y = ones(nSampPerClass(ii) + nSampPerClass(jj), 1);
        Y(nSampPerClass(ii)+1:nSampPerClass(ii)+nSampPerClass(jj)) = 0;

        % 第 ii 个人和第 jj 个人两两分类时的分类器结构信息
        CASVMStruct{ii}{jj}= svmtrain( X, Y, 'Kernel_Function', @(X,Y) kfun_rbf(X,Y,gamma),
            'boxconstraint', C );
    end
end

% 已学到的分类结果
multiSVMStruct.nClass = nClass;
multiSVMStruct.CASVMStruct = CASVMStruct;

% 保存参数
save('Mat/params.mat', 'C', 'gamma');
```

2. 多分类问题的分类过程

在多分类 SVM 的分类阶段，利用测试样本依次经过训练后得到的 $n(n-1)/2$ 个（$n = 40$）SVM 二分器，通过投票决定样本最终的类别归属。

multiSVMClassify 函数的完整实现代码如下。

```
function class = multiSVMClassify(TestFace, multiSVMStruct)
% 采用一对一的投票策略将 SVM 推广至多分类问题的分类过程
% 输入:TestFace--测试样本集，一个 m*n 的二维矩阵，其中的每一行表示一个测试样本
%     multiSVMStruct--多分类 SVM 的训练结果,由函数 multiSVMTrain 返回,默认是从 Mat/multiSVMTrain.mat
%     文件中读取
%
% 输出:class--一个 m*1 的列向量,对应 TestFace 的类别标签

% 读入训练结果
if nargin < 2
    t = dir('Mat/multiSVMTrain.mat');
    if length(t) == 0
        error('没有找到训练结果文件，请在分类之前进行训练！');
    end
    load('Mat/multiSVMTrain.mat');
end

nClass = multiSVMStruct.nClass;                % 读入类别数
CASVMStruct = multiSVMStruct.CASVMStruct;  % 读入两两类别之间的分类器信息

%%%%%%%%%%%%%% 使用一对一的投票策略解决多分类问题 %%%%%%%%%%%%%%%%%%
m = size(TestFace, 1);
Voting = zeros(m, nClass); % m 个测试样本，每个测试样本都有 nPerson 个类别的投票箱

for iIndex = 1:nClass-1
    for jIndex = iIndex+1:nClass
        classes = svmclassify(CASVMStruct{iIndex}{jIndex}, TestFace);

        % 投票
        Voting(:, iIndex) = Voting(:, iIndex) + (classes == 1);
        Voting(:, jIndex) = Voting(:, jIndex) + (classes == 0);

    end % for jClass
end % for iClass

% final decision by voting result
[vecMaxVal, class] = max( Voting , [ ], 2 );
%display(sprintf('TestFace 对应的类别是:%d',class));
```

15.4.7　实验结果

终于一切就绪了！相信读者已经迫不及待地想看到分类器对于每个人的后 5 张图片的识别效果。有关这个人脸识别系统实现的所有工程文件见本书配套的程序文件。图 15.15 给出了工程文件的目录清单。

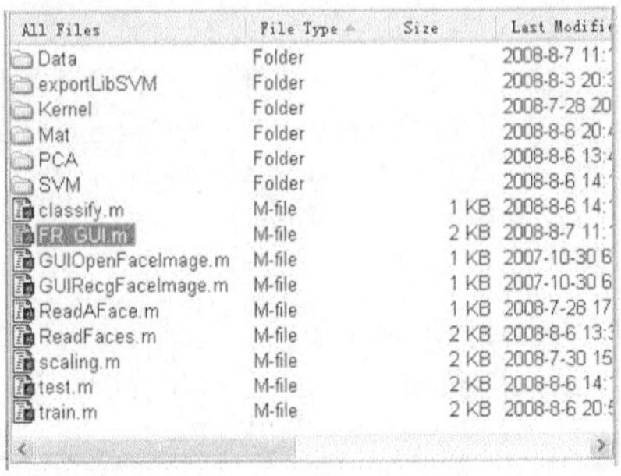

根目录下主要是一些驱动文件，它们的作用是调用封装好的功能函数以完成系统某一部分的特定功能。有些函数，比如 ReadFaces.m 和 scaling.m，我们之前已经介绍过，其余

图 15.15　FaceRec 工程一览

函数我们将在剩下的讨论中给予说明。各个目录中的内容如下。

- Data/：存放 ORL 人脸库图像文件（.pgm）。
- exportLibSVM/：包含文件 export.m，并存放导出的 LIBSVM 格式的文件。
- Kernel/：存放我们自定义的核函数，现有两个文件——kfun_rbf.m 和 kfun_sigmoid.m。
- Mat/：存放所有的.mat 数据文件。
- PCA/：存放文件 fastPCA.m 和 visualize_pc.m，这是我们在第 12 章中建立的 PCA 工具箱。
- SVM/：多分类 SVM 工具箱，包括 multiSVMTrain.m 和 multiSVMClassify.m 两个文件。

我们编写了图形界面程序 FR_GUI 以方便驱动整个实验，FR_GUI 的完整实现代码如下。

```matlab
% FR_GUI.m

global h_axes1;
global h_axes2;
h_f = figure('name', '基于 PCA 和 SVM 的人脸识别系统');

h_textC = uicontrol(h_f, 'style', 'text', 'unit', 'normalized', 'string', 'C=', 'position',...
    [0.05 0.7 0.1 0.06]);
h_editC = uicontrol(h_f, 'style', 'edit', 'unit', 'normalized', 'position', [0.05 0.6
    0.1 0.06],...'callback', 'C = str2num(get(h_editC, ''string''))');
h_textGamma = uicontrol(h_f, 'style', 'text', 'unit', 'normalized', 'string', 'gamma=',
    'position',...[0.05 0.5 0.1 0.06]);
h_editGamma = uicontrol(h_f, 'style', 'edit', 'unit', 'normalized', 'position', [0.05
    0.4 0.1 0.06],...'callback', 'gamma = str2num(get(h_editGamma, ''string''))');

% 取得参数 C 和 gamma 的当前值，即最近一次训练时使用的值
t = dir('Mat/params.mat');
if length(t) == 0
    % 没有找到参数文件
    C = Inf;
    gamma = 1
else
    load Mat/params.mat;
end

set(h_editC, 'string', num2str(C));
set(h_editGamma, 'string', num2str(gamma));

h_axes1 = axes('parent', h_f, 'position', [0.25 0.23 0.32 0.6], 'visible', 'off');
h_axes2 = axes('parent', h_f, 'position', [0.62 0.23 0.32 0.6], 'visible', 'off');
h_btnOpen = uicontrol(h_f, 'style', 'push', 'string', '打开', 'unit', 'normalized',...
    'position', [0.32 0.1 0.18 0.1], 'callback', 'GUIOpenFaceImage');
h_btnRecg = uicontrol(h_f, 'style', 'push', 'string', '识别', 'unit', 'normalized',...
    'position', [0.67 0.1 0.18 0.1], 'callback', 'GUIRecgFaceImage');
h_btnRecg = uicontrol(h_f, 'style', 'push', 'string', '训练', 'unit', 'normalized',...
    'position', [0.32 0.83 0.18 0.1], 'callback', 'train(C, gamma)');
h_btnRecg = uicontrol(h_f, 'style', 'push', 'string', '测试', 'unit', 'normalized',...
    'position', [0.67 0.83 0.18 0.1], 'callback', 'test');
```

在 MATLAB 的命令行窗口中输入以下命令。

```matlab
% 将工程所在文件夹 FaceRec 添加到系统路径列表中
>> addpath(genpath('F:\doctor research\MATLAB Work\FaceRec'))
>> FR_GUI
```

上述命令运行后，将打开图 15.16 所示的 GUI 识别窗口。

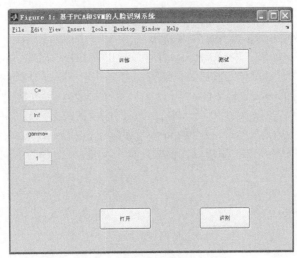

图 15.16　人脸识别程序的主界面

1. 训练

在主界面左侧的编辑框中可以设置参数 C 和 γ（图 15.16 中的 gamma），由于刚开始时还没有进行训练，C 和 γ 分别取默认值 Inf 和 1，以后编辑框中将总是显示最近一次训练时采用的 C 和 γ 值。

单击"训练"按钮就会调用函数 train(C, gamma)，其中包括读入人脸数据、PCA 降维、数据规格化以及训练多分类 SVM 等功能。

train 函数的完整实现代码如下，它们位于工程目录下的 train.m 文件中。

```
function train(C, gamma)
% 整个训练过程，包括读入图像、PCA 降维以及训练多分类 SVM，将各个阶段的处理结果分别保存至相应的文件：
%     将 PCA 变换矩阵 W 保存至 Mat/PCA.mat
%     将数据规格化过程中各维的上、下界信息保存至 Mat/scaling.mat
%     将 PCA 降维并且规格化之后的数据保存至 Mat/trainData.mat
%     将多分类 SVM 的训练信息保存至 Mat/multiSVMTrain.mat

global imgRow;
global imgCol;

display(' ');
display(' ');
display('训练开始...');

nPerson=40;
nFacesPerPerson = 5;
display('读入人脸数据...');
[imgRow,imgCol,FaceContainer,faceLabel]=ReadFaces(nFacesPerPerson,nPerson);
save('Mat/FaceMat.mat', 'FaceContainer')
display('............................');


nFaces=size(FaceContainer,1);% 样本（人脸）数目

display('PCA 降维...');
[pcaFaces, W] = fastPCA(FaceContainer, 20); % 进行主成分分析（PCA）
% pcaFaces 是一个 200*20 的矩阵，其中的每一行表示一张主成分脸（共 40 人，每人 5 张）
```

```
% W是分离变换矩阵, 一个 10304*20 的矩阵
visualize_pc(W);% 显示主成分脸
display('............................');

X = pcaFaces;

display('Scaling...');
[X,A0,B0] = scaling(X);
save('Mat/scaling.mat', 'A0', 'B0');

% 保存规格化之后的训练数据至 trainData.mat
TrainData = X;
trainLabel = faceLabel;
save('Mat/trainData.mat', 'TrainData', 'trainLabel');
display('............................');


for iPerson = 1:nPerson
    nSplPerClass(iPerson) = sum( (trainLabel == iPerson) );
end

multiSVMStruct = multiSVMTrain(TrainData, nSplPerClass, nPerson, C, gamma);
display('正在保存训练结果...');
save('Mat/multiSVMTrain.mat', 'multiSVMStruct');
display('............................');
display('训练结束。');
```

训练结束后，训练结果和参数等相关信息都会被自动记入"Mat"文件夹下相应的.mat 数据文件中，以备测试和分类使用。

2. **识别**

识别是指对某人的身份进行鉴别，即分类某个特定样本。

在图 15.16 所示的主界面中单击"打开"按钮，触发 GUIOpenFaceImage 过程，在弹出的"打开文件"对话框中选定待识别者的面部图像（这里是第 18 个人的第 8 幅图像），打开后的图像如图 15.17 所示。

单击"识别"按钮，此时触发 GUIRecgFaceImage 过程，进而调用 classify 函数。识别结果如图 15.18 所示，右侧显示的是识别出的这个人的第 1 幅图像，由此可以看出系统能够正确识别出此人的身份。

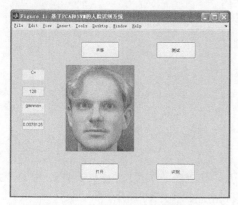

图 15.17　打开待识别者的面部图像

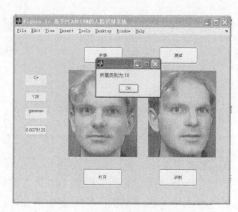

图 15.18　通过面部信息进行身份识别

识别中涉及的过程和函数如下。

（1）GUIOpenFaceImage 过程。

```
% GUIOpenFaceImage.m
global filepath;
[filename, pathname] = uigetfile({'*.pgm;*.jpg;*tif', ' (*.pgm), (*.jpg), (*.tif)'; ...
    '*.*', 'All Files(*.*)' }, 'Select a face image to be recognized');
if filename ~ =0
    filepath = [pathname,filename];
    axes(h_axes1);
    imshow(imread(filepath));
end
```

（2）GUIRecgFaceImage 过程。

```
% GUIRecgFaceImage.m
nClass = classify(filepath);
msgbox( ['所属类别为:',num2str(nClass)] );
axes(h_axes2);
f = imread(['Data/ORL/S',num2str(nClass),'/1.pgm']); % 打开此人的第 1 幅图像
imshow(f);
```

（3）classify 函数。

```
% classify.m
function nClass = classify(newFacePath)
% 整个分类（识别）过程
% 输入：newFacePath--待识别图像的存取路径
% 输出：nClass--识别出的类别标签

display(' ');
display(' ');
display('识别开始...');

% 读入相关训练结果
display('载入训练参数...');
load('Mat/PCA.mat');
load('Mat/scaling.mat');
load('Mat/trainData.mat');
load('Mat/multiSVMTrain.mat');
display('..............................');

xNewFace = ReadAFace(newFacePath); % 读入一个测试样本
xNewFace = double(xNewFace);
xNewFace = xNewFace*W;                % 进行 PCA 降维
xNewFace = scaling(xNewFace,1,A0,B0);

display('身份识别中...');
nClass = multiSVMClassify(xNewFace);
display('..............................');
display(['身份识别结束，类别为：' num2str(nClass), '。']);
```

3．测试

测试是指分类所有的测试样本（40 个人的后 5 张图片，共 200 个样本）并计算识别率。在图 15.16 所示的主界面中单击"测试"按钮将触发 test 函数，运行情况如图 15.19 所示。

结果显示：对于测试集中的 200 个全新样本，SVM 取得 81.5% 的识别率。考虑到数据集中前、

后 5 张图片之间存在一定的姿态、表情差异等，这样的识别率是完全可以接受的。要进一步提高识别率，可以从两方面着手：一是选取最具区分力（most discriminative）的特征；二是改善分类器本身的性能。

由于我们在上述训练过程中使用了默认的参数 C 和 gamma，因此我们首先想到的可能是采用 15.4.3 小节中得到的最优参数重新进行训练，以改进我们的多分类 SVM 分类器。设置参数 C 为 128、gamma 为 0.0078125，如图 15.20 所示。

图 15.19 测试结果

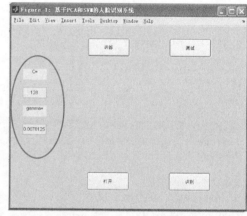

图 15.20 重新进行训练（C = 128，gamma = 0.0078125）

单击"训练"按钮，重新训练分类器，结果如图 15.21 所示。

图 15.21 采用优化参数训练后的测试结果，识别率为 85%（C = 128，gamma = 0.0078125）

可以看到，此时的识别率为 85%，高于此前的 81.5%，这样就从实验角度验证了参数优化对于提高分类器的推广能力确实有用。

通过选取最具区分力的特征来提高识别率是更为复杂的话题，第 12 章曾多次强调选择的特征对于分类的决定作用。就本节的人脸识别系统而言，可以在进行 PCA 处理时尝试不同的维数，观察特征维数对识别率的影响，当然也存在所谓的最佳维数。此外，12.5 节在介绍 LBP 特征时曾指出将 LBP 特征用于人脸识别问题的优越性，现在我们可以从实验的角度观察应用效果。这些任务留给有兴趣的读者完成。

测试中涉及的 test 函数的完整实现代码如下，它们位于工程目录下的 test.m 文件中。

```
function test()
% 测试对于整个测试集的识别率
%
% 输出：accuracy -- 对于测试集的识别率

display(' ');
display(' ');
display('测试开始...');

nFacesPerPerson = 5;
nPerson = 40;
bTest = 1;
% 读入测试集
display('读入测试集...');
[imgRow,imgCol,TestFace,testLabel] = ReadFaces(nFacesPerPerson, nPerson, bTest);
display('..............................');

% 读入相关训练结果
display('载入训练参数...');
load('Mat/PCA.mat');
load('Mat/scaling.mat');
load('Mat/trainData.mat');
load('Mat/multiSVMTrain.mat');
display('..............................');

% PCA 降维
display('PCA 降维处理...');
[m n] = size(TestFace);
TestFace = (TestFace-repmat(meanVec, m, 1))*V; % 进行 PCA 降维
TestFace = scaling(TestFace,1,A0,B0);
display('..............................');

% 使用多分类 SVM 进行分类
display('测试集识别中...');
classes = multiSVMClassify(TestFace);
display('..............................');

% 计算识别率
nError = sum(classes ~= testLabel);
accuracy = 1 - nError/length(testLabel);
display(['对于测试集中 200 个人脸样本的识别率为', num2str(accuracy*100), '%']);
```

15.5 SVM 在线资源

作为本章的最后一节，下面介绍两个非常优秀的 SVM 在线资源供读者学习和研究，读者在今后的工程实践中也可以十分方便地使用它们。

15.5.1 SVM 工具箱

读者在互联网上可以搜索到很多优秀的 SVM 工具箱，这里推荐一个由 Steve Gunn 编写的 SVM

工具箱，它实现的功能相对集中（支持分类和回归），代码简洁明了，并且给出了我们之前介绍的 C-SVM 的标准实现，二次规划则由一个库 qp.dll 完成，非常适合初学者理解和掌握，同时它还支持多种核函数。另外，通过对错误代价系数 C 进行设置，我们还可以在最大分类间隔与最小化训练错误代价之间做出权衡。

> **注意**　通过MATLAB编写的SVM程序训练一个大的样本集合可能导致函数运行缓慢并且需要大量的内存。如果在此过程中提示内存不足或者优化过程需要太长的时间，可尝试将整个样本集合划分为小一些的样本集合并使用交叉验证的方法来测试分类器的性能。

15.5.2 LIBSVM 简介

LIBSVM 是由林智仁（Chih-Jen Lin）博士等人开发设计的一个操作简单、易于使用、快速有效的通用 SVM 软件包，它可以解决多种 SVM 的相关分类问题，当然其中也包括之前讨论的 C-SVM。LIBSVM 提供了线性核函数、多项式核函数、径向基核函数和 sigmoid 核函数供用户选择，并采用一对一的投票策略解决多分类问题，此外还提供了通过交叉验证自动选择最佳参数的实用功能（参见 15.4.5 小节），支持对不平衡样本加权以及对多分类问题进行概率估计等。

LIBSVM 是一个开源的软件包，它不仅提供了 LIBSVM 的 C++语言的算法源代码，而且提供了 Python、Java、R、MATLAB、Perl、Ruby、LabVIEW 以及 C# 等各种语言的接口，可以方便地在 Windows 或 UNIX 平台上使用。此外，LIBSVM 提供了针对 Windows 平台的可视化操作工具 SVM-toy，使得用户在进行模型参数的选择时，可以绘制出交叉验证精度的等高线图。

LIBSVM 是以源代码和可执行文件两种方式给出的。如果是 Windows 平台，那么既可以直接使用软件包提供的程序，也可以修改编译；如果是 UNIX 平台，则必须自行编译。

LIBSVM 在给出源代码的同时提供了针对 Windows 平台的可执行文件，包括进行支持向量机训练的 svmtrain.exe，根据已获得的支持向量机模型对数据集进行预测的 svmpredict.exe，以及对训练数据与测试数据进行规格化操作的 svmscale.exe。它们都可以直接在 DOS 环境中使用。

LIBSVM 附带的帮助文件中介绍了 LIBSVM 的详细使用方法并配有使用示例，相应的 PDF 文档中还给出了 LIBSVM 的使用框架，其实这也是利用 SVM 解决实际问题的通用框架。在 15.4 节，我们正是通过这一框架来解决问题的。

第 16 章　AdaBoost

　　AdaBoost 算法是机器学习中一种重要的特征分类算法，已被广泛应用于人脸检测和图像检索等应用。除此之外，该算法也经常用于特征选择和特征加权。例如在表情识别中，经常需要利用 AdaBoost 算法对多尺度、多方向的高维 Gabor 幅值图像进行筛选。

本章的知识和技术热点

- AdaBoost 分类思想。
- AdaBoost 理论基础。
- AdaBoost 的 MATLAB 实现方法。

本章的典型案例分析

- 基于 AdaBoost 的面部图像男女性别分类。

16.1 AdaBoost 分类思想

　　AdaBoost 是一种迭代算法，其核心思想是针对同一个训练集训练不同的分类器（弱分类器），然后把这些弱分类器集中起来，构成一个更强的最终分类器（强分类器）。也就是说，如果一种物体用一个特征分不开，那么可以多找几个特征，把这几个特征组合起来就可以得到逐渐增强的分类器。既然特征能将我们感兴趣的物体和其他物体区分开来，那么如何组织它们呢？AdaBoost 就提供了一种很好的组织方法。

16.1.1 AdaBoost 算法的提出背景

　　在机器学习领域，最早提出的较为经典的 Boosting 算法是一种通用的学习算法，这一算法可以提升任意给定的学习算法的性能。Boosting 算法的思想源于 Valiant 于 1984 年提出的"可能近似正确"（Probably Approximately Correct，PAC）学习模型，他在 PAC 模型中提出了两个概念：强学习算法和弱学习算法。如果一个学习算法通过学习一组样本，识别率很高，则称之为强学习算法；如果识别率仅比随机猜测高，则称之为弱学习算法。

　　1989 年，Kearns 和 Valiant 研究了 PAC 学习模型中弱学习算法和强学习算法之间的等价问题，即任意给定的仅仅比随机猜测稍好（准确率大于 0.5）的弱学习算法，是否可以提升为强学习算法。若两者等价，则只需要寻找比随机猜测稍好的弱学习算法，然后将其提升为强学习算法，从而不必花大力气去直接寻找强学习算法。Schapire 就此问题于 1990 年首次给出了肯定的答案。他主张这样一个观点：任何弱学习算法都可以通过加强提升为任意正确率的强学习算法，并且可以通过构造一种多项式级的算法来实现这一加强过程，这就是最初的 Boosting 算法的原型。Freund 于 1991 年提出了另一种效率更高的 Boosting 算法，但此算法需要提前知道弱学习算法正确率的下限，因而应用范围十分有限。

　　Freund 和 Schapire 于 1995 年改进了 Boosting 算法，取名为 AdaBoost 算法。AdaBoost 算法不需要提前知道所有关于弱学习算法的先验知识，同时运算效率比较高。AdaBoost 即 Adaptive Boosting。一方面，AdaBoost 算法能自适应地调整弱学习算法的错误率，经过若干次迭代，错误率就能达到预期的效果。另一方面，AdaBoost 算法不需要精确知道样本空间分布，而是在每次弱学习后调整样本空间分布，更新所有训练样本的权重，使样本空间中被正确分类的样本的权重降低，而使被错误分类的样本的权重提高，这样下次弱学习时就能更关注这些被错误分类的样本。AdaBoost 算法可以很容易地应用到实际问题中，因此已成为当前十分为流行的 Boosting 算法。

　　AdaBoost 算法是由 Freund 和 Schapire 根据在线分配算法提出的，他们详细分析了 AdaBoost 算法的错误率的上界，以及为了使强分类器达到一定的错误率要求所需的最大迭代次数等相关问题。与 Boosting 算法不同的是，AdaBoost 算法不需要预先知道弱学习算法的学习正确率的下限（即弱分类器的误差），并且最后得到的强分类器的分类精度依赖于所有弱分类器的分类精度，这样我们就可以深入挖掘弱分类器的能力。

16.1.2　AdaBoost 算法的分类模型

　　随机猜测一个需要回答是或否的问题，会有 50% 的正确率。如果一个假设能够稍微提高猜测正确的概率，那么这个假设就是弱学习算法，得到弱学习算法的过程被称为弱学习。可以使用半自动化的方法为多个任务构造弱学习算法，在构造过程中需要数量巨大的假设集合，假设集合是基于某些简单规则的组合以及对样本集的性能评估而生成的。如果一个假设能够显著地提高猜测正确的概率，那么这个假设就是强学习算法，得到强学习算法的过程被称为强学习。

　　在前面的第 15 章中，我们了解了支持向量机的分类模型。对于图 15.1 所示的分类样本，为了避免曲线模型对样本的过度拟合，可以将分类模型简单化，选择直线分类模型。事实上，AdaBoost 算法采用的分类模型更简单，只需要选取相比随机猜测稍好的分类模型并经过多次训练，即可得到较好的分类结果。

　　前面讲过，AdaBoost 算法是一种迭代算法，其核心思想是针对同一个训练集训练不同的分类器（弱分类器），然后把这些弱分类器集中起来，构成一个更强的最终分类器（强分类器）。AdaBoost 算法本身是通过改变数据分布来实现的：首先根据每一次训练集中每个样本的分类是否正确，以及上一次总体分类的准确率，来确定每个样本的权值；然后将修改过权值的新数据集发送给下层分类器进行训练；最后将每次训练得到的分类器融合起来，作为最终的强分类器。使用 AdaBoost 分类器可以排除一些不必要的训练数据特征，并将重点放在关键数据的训练上，因此 AdaBoost 算法也是特征选择和特征加权的有力工具。

16.1.3　AdaBoost 算法的流程

　　AdaBoost 算法针对不同的训练集训练同一个基本分类器（弱分类器），然后把这些在不同训练集上得到的分类器集中起来，构成一个更强的最终分类器（强分类器）。理论证明，只要每个弱分类器的分类能力比随机猜测好，当弱分类器的个数趋向于无穷时，强分类器的错误率将趋向于零。AdaBoost 算法的流程图如图 16.1 所示。

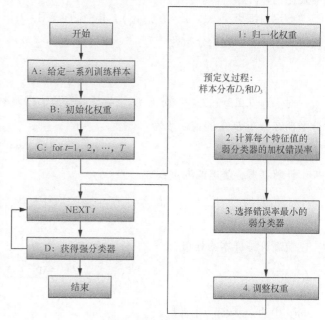

图 16.1　AdaBoost 算法的流程图

16.2　AdaBoost 理论基础

在某些机器学习问题中，发现正确的经验估计比较容易，而发现单个非常准确的预测却比较困难。因此我们通常采用这样的算法：选择一个较小的训练样本子集合，获得一个近似的经验估计；选择另一个较小的训练样本子集合，获得另一个近似的经验估计；重复上述操作若干次。

在这个过程中，存在两个不可避免的问题：在每一次重复中如何选择训练样本子集合？如何将若干经验估计转换成单个预测规则？

Boosting 算法是将若干近似的经验估计转换成高度准确的单个预测规则的一般算法。从模式分类角度看，Boosting 算法则是一种把若干"弱"分类器组合成"强"分类器的算法。也就是说，在学习概念时，只要找到比随机猜测略好的弱学习算法，就可以将其提升为强学习算法，而不必直接去寻找通常情况下很难获得的强学习算法。下面简要介绍 Boosting 算法的训练过程。

（1）给定弱分类器和训练集 $X = \{(x_1, y_1),(x_2, y_2),(x_3, y_3),\cdots,(x_n, y_n)\}$，$\{x \mid x_i \in X\}$ 表示训练样本集合，该集合带有类别标签。样本 x_i 对应的类别标签为 $y_i \in Y = \{+1, -1\}$，此时表示二分类问题，+1 表示正例，−1 表示反例。

（2）进行初始化，训练集的初始分布为 $1/m$，每个训练样本的权重为 $1/m$。

（3）调用弱分类器，对训练集进行训练，得到弱假设序列 h_i。

（4）进行 T 次迭代，在每一次迭代中，根据训练错误率更新训练集权重，给分类错误的训练样本赋予较大权重，此后按照新的分布进行训练，从而得到新的假设序列 $h_1, h_2, \cdots, h_t$。

（5）利用带权重的投票方式最终得到一个假设 H。带权重的投票方式可以自动调整 H 的准确性，在给定弱分类器的前提下，随着迭代次数的增加，最终得到的假设的错误率将按照指数规律递减。

AdaBoost 算法作为 Boosting 算法的改进版本，在效率上与传统的 Boosting 算法几乎相同，且不需要任何关于弱学习器的先验知识，因而更容易应用到实际问题中。下面给出 AdaBoost 算法的形式化描述。

给定训练集：$(x_1, y_1),\cdots,(x_N, y_N)$。其中，$y_i \in \{1, -1\}$，表示样本 x_i 的类别标签，$i = 1, 2, 3, \cdots, N$。训练集上样本的初始分布为

$$D_1(i) = \frac{1}{N} \tag{16-1}$$

对于 $t = 1, 2, 3, \cdots, T$，在分布 D_t 上寻找具有最小错误率的弱分类器 $h_t : X \to \{-1, 1\}$。其中，某弱分类器在分布 D_t 上的错误率为

$$\varepsilon_t = \mathbb{P}_{D_t}(h_t(x_i) \neq y_i) \tag{16-2}$$

计算该弱分类器的权重系数

$$\alpha_t = \frac{1}{2} \ln\left(\frac{1 - \varepsilon_t}{\varepsilon_t}\right) \tag{16-3}$$

更新训练样本的分布

$$D_{t+1}(i) = \frac{D_t(i) \exp(-\alpha_t y_i h_t(x_i))}{Z_t} \tag{16-4}$$

其中的 Z_t 为归一化常数。

最终得到的强分类器为

$$H_{\text{final}}(x) = \text{sign}\left(\sum_{t=1}^{T} \alpha_t h_t(x)\right) \qquad (16\text{-}5)$$

训练误差分析如下。

记 $\varepsilon_t = \dfrac{1}{2} - \gamma_t$，由于弱分类器的错误率总是比随机猜测小（随机猜测的错误率为 0.5），因此 $\gamma_t > 0$，训练误差为

$$R_{\text{tr}}(H_{\text{final}}) \leqslant \exp\left(-2\sum_{t=1}^{T} \gamma_t^2\right) \qquad (16\text{-}6)$$

记 $\forall t, \gamma \geqslant \gamma_t > 0$，则 $R_{\text{tr}}(H_{\text{final}}) \leqslant e^{-2\gamma^2 T}$，这说明随着训练轮数 T 的增加，训练误差的上界将不断减小。

下面的例 16.1 展示了 AdaBoost 算法的计算过程。

[例 16.1] 一个两类样本的 AdaBoost 学习过程，样本分布如图 16.2 所示。

在图 16.2 中，"+" 和 "−" 分别表示两类样本。在整个学习过程中，可以使用水平或垂直的直线（弱分类器）作为分类器对样本进行分类。

第 1 轮迭代: 样本分布 $D_1 = [0.1\ 0.1\ 0.1\ 0.1\ 0.1\ 0.1\ 0.1\ 0.1\ 0.1\ 0.1]$，能够最好地分开两类样本（最小化训练错误）的弱分类器 h_1 是图 16.3 所示的一条垂直分割线，其中带圈的样本表示被错分。通过适当增大被错分样本的权重，可以得到新的样本分布 D_2（参见图 16.4，其中比较大的 "+" 表示对相应的样本做了加权）。

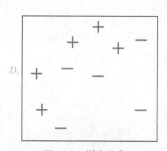

图 16.2 样本分布

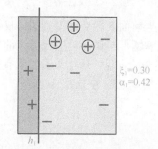

图 16.3 对样本进行第 1 次分类

经本轮弱分类器分类后，由于样本平均分布，分类错误率 ξ_1 为 3/10=0.30，加权系数 $\alpha_1 = \dfrac{1}{2}\ln\left(\dfrac{1-\xi_1}{\xi_1}\right)=0.42$。

第 2 轮迭代：同样选择能够最小化分类错误的弱分类器，这里变成图 16.5 所示的垂直分割线 h_2。可以看到，由于第 1 轮迭代中被错分的 3 个样本的权重得到了增加，本轮迭代中它们全部被正确分类。经过本轮迭代后，我们得到图 16.6 所示的样本分布 D_3，其中对本轮被错分样本的权重再次做了加权，被正确分类样本的权重则相对减小。

从直观上看，第 2 轮迭代中被错分的样本数目仍然为 3，但由于本轮迭代中各个样本不再平均分布，第 1 轮迭代中被错分样本的权重变为 $0.1 \times \exp(\alpha_1)=0.1522$，被正确分类样本的权重变为 $0.1 \times \exp(-\alpha_1)=0.0657$，归一化系数 $Z_t=3 \times 0.1522+7 \times 0.0657=0.9165$。因此在本轮迭代中，样本分布 D_2 上的分类错误率 $\xi_2 =0.0657/0.9165 \times 3=0.21$（第 2 轮迭代中错分的 3 个样本的分布权重均为 0.0657），根据式（16-3）可以计算出 $\alpha_2=0.65$。

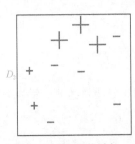

图 16.4　加权后的样本

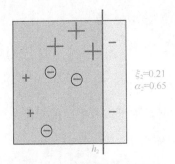

图 16.5　对样本进行第 2 次分类

第 3 轮迭代：类似于前两轮迭代，得到弱分类器 h_3，如图 16.7 所示，可以使用同样的方法计算出 $\xi_3=0.14$，$\alpha_3=0.92$。

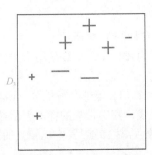

图 16.6　第 2 次加权后的样本

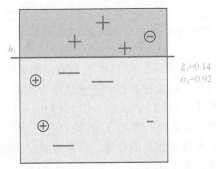

图 16.7　对样本进行第 3 次分类

最后，依据前面 3 轮训练得到的加权系数，将所有弱分类器整合为一个强分类器，如图 16.8 所示。注意错误率越小的那一轮迭代对应的加权系数越大，这说明在整合过程中应听取那些分类效果更好的弱分类器的意见。从结果看，所有样本都被正确划分，这说明即使是简单的弱分类器，合理整合后也能获得理想的分类效果。

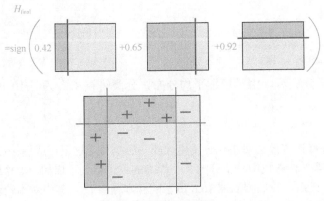

图 16.8　整合弱分类器

AdaBoost 算法具有两个比较好的特性：一是训练的错误率上界随着迭代次数的增加会逐渐下降；二是 AdaBoost 算法随着训练迭代次数的增加，不易出现过度拟合的问题。

推广到多分类问题

在前面的描述中，AdaBoost 算法主要用于解决二分类问题，这一点与第 15 章介绍的 SVM 算法相似。

因此，我们可以使用第 15 章介绍的那几种策略将 AdaBoost 算法推广到多分类问题，这里不再赘述。

16.3 构建 AdaBoost 的 MATLAB 工具箱

在介绍完前面的理论知识后，本节重点讨论 AdaBoost 的 MATLAB 实现方法。目前，MATLAB 自带的工具箱中尚没有专门编写的 AdaBoost 算法的相关程序。在本节中，我们将带领读者一起构建自己的 AdaBoost 工具箱。

主要函数的构建

了解完 AdaBoost 的主要思想和算法流程，下面我们就结合 16.2 节介绍的 AdaBoost 算法理论给出 AdaBoost 工具箱中重要函数的实现。读者可以在本书配套资源的"chapter16\Code\Adaboost_std"目录下找到 AdaBoost 工具箱的实现文件。

1. weakLearner 函数

可通过调用 weakLearner 函数构建弱分类器，采用的弱分类思想如下。

（1）对于训练样本的每一维特征，分别计算两类样本在该维特征上的均值 m_1 和 m_2。

（2）以$(m_1+m_2)/2$ 作为分割阈值，对训练样本进行分类，将大于分割阈值的单元对应的样本判定为一类并将类别标签设为+1，而将小于分割阈值的单元对应的样本判定为另一类并将类别标签设为−1。通过对前面得到的类别标签与训练集固有的标签进行比较，可以得到采用该维特征作为分类特征时的识别率。

（3）重复步骤（1）和（2），最终选择具有最小错误率的特征作为弱分类器的分类特征，并以采用该维特征时得到的识别率作为弱分类器的识别率。

weakLearner 函数的完整实现代码如下。

```
function WL = weakLearner(w, TrainData, label)
% input: w -- 加权后的样本分布
%        TrainData -- 训练数据
%        label -- 训练样本的类别标签
% output: WL -- 结构体，用于保存弱分类器的相关信息

[m n] = size(TrainData);

pInd = (label == 1);
nInd = (label == -1);

for iFeature = 1:n

    pMean = pInd' * TrainData(:, iFeature) / sum(pInd);
    nMean = nInd' * TrainData(:, iFeature) / sum(nInd);

    thres(iFeature) = (pMean + nMean) / 2; % 将两类样本的总均值作为分割阈值

    nRes = TrainData(:, iFeature) >= thres(iFeature);
    pRes = TrainData(:, iFeature) < thres(iFeature);
    nRes = -1 * nRes;
    res = pRes + nRes;

    error(iFeature) = w * ( label ~=  res);
end

[val, ind] = max(abs(error-0.5));
if error(ind) > 0.5
```

```
        error(ind) = 1 - error(ind);
        WL.direction = -1;%  对此次划分的结果取反并作为划分的正确结果
else
        WL.direction = 1;
end
%  保存弱分类器的相关信息
WL.iFeature = ind;      %  所取特征维的维数
WL.error = error(ind);% 该假设下的错误率
WL.thres = thres(ind);% 该假设下的分割阈值
```

值得注意的是，最小的错误率并不单指错误率的实际值最小，而是取错误率与 0.5 的差的绝对值最大的那个错误率（即实际错误率最小或最大）作为选取某维特征的依据。当使用这种方式找到的最"小"错误率（实际上是最大错误率）的实际值大于 0.5 时，将变量 WL.direction 设为−1，这表示对此次划分的结果取反并作为划分的正确结果。因为这里进行的只是 A、B 两类的划分，因此划分结果不是 A 类便是 B 类，无论是将大部分的 A 类样本分为 B 类，还是将大部分的 B 类样本分为 A 类，只需要改变分类之后的类别标签即可得到正确率较高的划分结果。

2. adaBoost 函数

adaBoost 函数为训练函数。adaBoost 函数首先利用样本标签初始化权重向量，得到初始分布 w。然后让两类样本各自计算权重以保证每次分类时都能充分考虑到因类别不同造成的影响；否则，若一方的样本总数过多，则可能由于样本数目的不同使得样本总数较少的另一方难以对总体的划分产生应有的影响。

最后，通过利用 adaBoost 函数中设置的 T 次迭代，参照 16.2 节介绍的方法，按照式（16-3）计算弱分类器的权重系数，并按照式（16-4）在每次迭代中根据训练错误率更新训练集权重，给错误分类的训练样本赋予较大权重，同时按照新的分布进行训练，从而得到新的假设序列。

```
CABoosted{1}, CABoosted{2},…,CABoosted{i}
```

利用带权重的投票方式最终得到一个假设 CABoosted。带权重的投票方式可以自动调整 CABoosted 的准确性，在给定弱分类器的前提下，随着迭代次数的增加，最终得到的假设的错误率将按照指数规律递减。

adaBoost 函数的完整实现代码如下。

```
function CABoosted = adaBoost( TrainData, label, nIter )
% Training : 根据 Boosting 算法把若干 "弱" 分类器组合成 "强" 分类器
% Input:
%         TrainData -- 训练数据
%         label -- 训练样本的类别标签
%         nIter -- 迭代次数，即弱分类器的个数

pInd = find(label == 1);
nInd = find(label == -1);
nP = length(pInd);
nN = length(nInd);

w(pInd) = 1 / (2 * nP);
w(nInd) = 1 / (2 * nN);

eps = 0.001;


% 建立 nIter 个弱分类器并组合成一个强分类器
for iIt = 1:nIter
    %  归一化 w
    w = w / sum(w);
```

```
    WL = weakLearner(w,TrainData,label);                          % 获取弱假设
    CABoosted{iIt}.classifier = WL;


    nRes = TrainData(:, WL.iFeature) >= WL.thres;
    pRes = TrainData(:, WL.iFeature) < WL.thres;
    nRes = -1 * nRes;
    res = pRes + nRes;

    if WL.direction == -1
        res = -1 * res;
    end


  alfa(iIt) = (1/2) * log( (1-WL.error) / (WL.error + eps) ); % 计算加权系数
  w = w .* exp( -alfa(iIt) * (label .* res) )';                % 更新分布

    CABoosted{iIt}.alfa = alfa(iIt);

    if WL.error < eps
        break;
    end
end
```

3. adaBoostClassify 函数

adaBoostClassify 函数为测试（分类）函数，该函数通过传入分类器的相关信息 CABoosted（由学习得到），实现了将若干弱分类的近似经验估计，通过综合估计转换成"强"分类器的高度准确的预测，从而完成对传入数据集 Data 的分类并将分类结果返回给 classLabel 输出。另一个输出 sum 则是尚未经过符号化的弱分类器的加权"投票"结果，可以作为置信度信息使用，而 sum 经过符号化之后就是式（16-5）中的 H_{final}。

adaBoostClassify 函数的完整实现代码如下。

```
function [classLabel, sum] = adaBoostClassify( Data, CABoosted )
% Input:
%        Data -- 待分类数据矩阵, 其中的每一行表示一个样本
%        CABoosted -- CellArray 类型, 记录每个分类器的相关信息
% Output:
%        classLabel -- Data 的类别标签
%        sum -- 可以作为置信度信息使用

[m n] = size(Data);

sum = zeros(m, 1);

nWL = length(CABoosted);

for iWL = 1:nWL              % 利用前面得到的弱分类进行识别, 并最终得到高度准确的预测
    WL = CABoosted{iWL}.classifier;
    alfa = CABoosted{iWL}.alfa;
    nRes = Data(:, WL.iFeature) >= WL.thres;
    pRes = Data(:, WL.iFeature) < WL.thres;
    nRes = -1 * nRes;
    res = pRes + nRes;
```

```
    if WL.direction == -1
        res = -1 * res;
    end

    sum = sum + alfa * res;   % 将每次得到的弱分类的近似经验估计，通过综合估计转换成高度准确的预测
end

classLabel = -1* ones(m, 1);
ind = find(sum >= 0);

classLabel(ind) = 1;
```

16.4 MATLAB 综合案例——基于 AdaBoost 的面部图像男女性别分类

通过前面的介绍，想必读者已经对 AdaBoost 算法有了初步的认识。本节将利用 AdaBoost 工具箱实现基于 AdaBoost 的面部图像男女性别分类。

16.4.1 关于数据集

本案例使用的数据集位于本书配套资源的 Chapter16\AdaboostGender 目录下的 faces.mat 文件中，使用 load 命令加载后，显示的信息如图 16.9 所示。

```
>> load faces.mat
>> whos
  Name           Size            Bytes  Class     Attributes

  faces          51x18750      7650000  double
  faces_label    51x1              408  double
  new_faces      27x18750      4050000  double
  new_label      27x1              216  double
```

图 16.9　加载 faces.mat 数据集

其中，faces 和 new_faces 为面部图像数据。faces 矩阵中的每一行是一幅面部图像的行向量表示，整个矩阵共包含 51 幅维度为 18 750（150 行×125 列）的面部图像，它们是训练数据；new_faces 中包含 27 幅同样维度的测试用面部图像。可以使用 Display_image 函数将原始的面部图像显示出来，如下命令显示了训练集中第一行对应的面部图像，如图 16.10 所示。

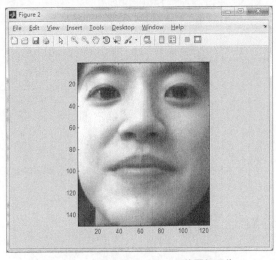

图 16.10　训练集中第一行对应的面部图像

```
>> Display_image(faces(1, :), 150, 125)
```

faces_label 和 new_label 分别为训练样本和测试样本的类别标签文件，其中的每一行代表图像数据集中具有相同行号的样本对应的性别分类，其中值为 1 的代表女性，值为-1 的代表男性。

16.4.2 数据的预处理

由于本案例采用的 AdaBoost 弱分类器是在每一个维度上进行二分，过高的维度意味着过多的弱分类器，这会极大增加分类的复杂度；因此，我们首先采用简单的重采样技术将原始数据从 18 750 维降至 750 维。用于实现重采样的 preprocess.m 文件中的内容如下。

```
load faces.mat

faces_small = imresize(faces, [51, 750], 'bilinear');
new_faces_small = imresize(faces, [27, 750], 'bilinear');

save('faces_small.mat', 'faces_small', 'new_faces_small', 'faces_label', 'new_label');
```

16.4.3 算法流程的实现

在前面内容的基础上，整个流程分为以下几个步骤。

（1）读入训练样本和确定"弱"分类器的个数。

读入数据集文件 faces_small.mat，通过参数的传递确定"弱"分类器的个数，默认为 500 个。

（2）调用弱分类器，得到弱假设序列。

调用 16.3 节构建的 AdaBoost 工具箱中的 weakLearner 函数，通过传入此次弱分类所用的分布，训练样本数据和样本标签，得到此次弱假设的相关信息，将它们保存到结构体 WL 中并返回给弱假设 CABoosted{i}。

（3）根据前面得到的弱假设序列，迭代得到假设。

利用 16.3 节介绍的 adaBoost 函数，根据前面得到的弱假设序列，计算加权系数以及新的分布，然后重复执行步骤（2）中的操作。

（4）根据前面得到的假设，对训练样本及测试样本进行分类识别，最终得到一个"强"分类器的高度准确的预测。

调用 AdaBoost 工具箱中的 adaBoostClassify 函数，通过前面得到的假设，先后对训练样本及测试样本进行分类识别，并返回预测分类的最终结果，通过与样本原来对应的标签做比较，计算出识别错误率。

上述算法流程的实现已被封装到 main.m 文件中，如下所示。

```
function [errTrain, errTest] = main(nWL)
% 输入: nWL -- 迭代次数
% 输出: errTrain -- 训练样本的识别错误率
%       errTest -- 测试样本的识别错误率

load('faces_small.mat');
if nargin == 0
    nWL = 500;
end
% 训练过程
CABoosted = adaBoost( faces_small, faces_label, nWL );

% 对于训练样本
```

```
classLabel = adaBoostClassify( faces_small, CABoosted );
errTrain = sum(classLabel ~= faces_label) / length(faces_label);

clear classLabel
% 对于测试样本
classLabel = adaBoostClassify( new_faces_small, CABoosted );
errTest = sum(classLabel ~= new_label) / length(new_label);
```

在 MATLAB 的命令行窗口中调用 main 函数，默认迭代 500 次之后，得到的训练样本的识别错误率为 0，而测试样本的识别错误率为 18.5%。

```
>> [errTrain, errTest] = main
errTrain =
     0
errTest =
    0.1852
```

本案例虽然实现了基于 AdaBoost 的面部图像男女性别分类，但是测试集的识别率还不够理想，读者可以从弱分类器的实现方法以及如何将弱分类结果更好地综合成"强分类"等方面开展下一步研究。事实上，构建适合于具体问题的弱分类器正是应用 AdaBoost 技术的关键。

第 17 章　三维图像基础

伴随着信息采集软、硬件设备的飞速发展以及信息呈现设备性能的极大提升，三维图像数据的采集和使用日渐普及，逐渐成为受人瞩目的新兴数据展示方式之一。相较于目前常见的平面二维图像，新兴的三维图像与客观物质世界的构成方式完全吻合，同时与人类视觉体系的感知方式精确匹配，因此能够以更为直接和真实的方式展示事物，也更能激发人类感知的共鸣。近年来，以三维图像数据为核心的相关技术和新产品屡见不鲜，展现出良好的市场和应用前景。本章主要介绍此类数据形式的基本知识。

本章的知识和技术热点

- 三维空间。
- 三维图像绘制。
- 聚类分析。
- K 均值聚类。

本章的典型案例分析

- 基于 K 均值聚类的三维曲面区域自动划分。

17.1　三维信息基础

17.1.1　三维空间

需要 3 个维度信息（值）以确定一个元素位置的空间被称为三维空间，如图 17.1 所示。数学上，在欧几里得空间中，三维空间只是众多多维空间中的一种，但在实际应用中，三维空间是客观物质世界的分布空间，自然实物在三维空间中真实存在。人类视觉系统也以三维空间来感知和处理对象。通常，三维空间被认为由长、宽、高 3 个相互正交的维度（轴）构成和决定，并分别被标记为 x、y、z。相对于这 3 个轴，三维空间中任何点的位置都可以用一个有序的三元实数组来表示，其中任意实数由该点与另外两轴所确定平面的距离决定。

目前使用最为普遍的二维数据，如图像、视频等，实际上是三维真实物质世界在某二维平面上的投影，是缺失一维信息后的缺损数据。相较于原始三维空间数据，二维图像数据缺失了物体相对于拍摄点位的距离信息，因此从中无法重建原始三维数据。由于此类信息通常以拍摄点为坐标系原点，并以向物体辐射方向形成坐标系，因此也被称为深度信息。若能够获取二维图像数据及对应的物体深度信息，则通过简单的空间变换即可获取完整的物体三维信息，这已成为目前使用最为普遍的三维完整物体信息获取方式。

在三维空间中，任何不同的两个点可以确定一条直线，任何不同时共线的 3 个点可以确定一个二维平面，二维平面是三维空间中最基本的物体表面描述单元。真实客观世界中的物体表面被认为是由三维空间中的曲面构成的，而在不限尺度的前提下，任何三维曲面都可以被一系列二维平面的无缝组合无限度逼近（如图 17.2 所示），这也是当前进行三维物体形状描述时采用的普遍方法（17.1.2 小节将对此进行具体介绍）。

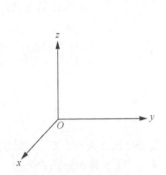

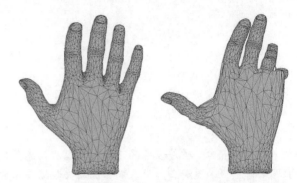

图 17.1　三维空间坐标系示例　　　　　图 17.2　用三角形平面序列描述的人类手部外围曲面

　　值得一提的是，近年来，在各类科普文献和影视作品中，四维空间的概念被越来越多地提及和使用。相较于事物实际所分布的三维空间，人们目前提及较多的四维空间实际是在三维空间的基础上增加了一维时间信息，构成所谓的"四维时空"，相当于在长、宽、高坐标系之外又额外增加了时间轴。由于四维空间实际是一个时空概念，因此它并非指事物实际所分布的空间坐标系。

　　作为实际事物真实分布的空间，三维空间在实际应用方面具有至关重要的价值和意义。在三维空间基础上形成和获取的三维图像，也一直是学术界和工业界重要的研究对象，在信息获取设备和处理设备飞速发展的今天，它们的实际应用价值更是被不断扩展，本章后续将对此类数据信息涉及的具体技术进行详细介绍。

17.1.2　三维图像

　　三维图像是相较于传统二维图像的全新信息描述方式，是没有任何信息损失的直接物质世界映像。由于与真实物质世界在本质上完全一致，三维图像能够更为清晰、形象、直观地对物体和情景进行表达，并给人留下更为真实、深刻的印象。一直困扰二维图像的遮挡、位置错觉、信息容量等问题，在三维图像上基本得以解决。伴随着近年来配套软、硬件设备的飞速发展，三维图像正成为目前十分受关注的信息承载方式，在"京东""天猫"等对信息展示效果较苛求的大型电子商务网站上，三维图像正逐步取代二维图像成为消费者依赖的实物直观展示方式。

　　三维图像本身的实现原理并不复杂，与二维图像无本质差异。在二维图像上，每个二维的坐标点位 (x, y) 存储一个颜色数据；而在三维图像上，则是每个三维的坐标点位 (x, y, z) 存储一个颜色数据。但是，二元组数据能够在平面上直接展示，可直接应用于显示器、照片等载体，三元组数据则不能直接显示在目前的绝大多数信息载体上。

　　在具体展示形式方面，目前为人熟知的三维图像技术当属近年来已经被普遍推广采用的立体电影。通过同时放映两张略有差别的图像，并采用偏振眼镜使人的双眼分别只看一幅图像，此类技术能够在人的视觉系统中重建原始的三维场景，给人更为立体、直观的观影体验，从而成功取代传统二维电影，成为目前非常受推崇的电影放映方式。近年来逐渐兴起的 VR（Virtual Reality，虚拟现实）眼镜实际是此类技术的缩小化版本，用到的技术基本一致。由于此类技术实际是基于光学手段"欺骗"人类的视觉感知系统，因此呈现效果与实际场景仍存在较为明显的差异；同时由于必须依赖专门的眼镜，其用户友好性也存在明显缺陷。与之相对的是可以直接在传统二维显示设备上使用的基于深度旋转的平面三维图像展示技术，此类技术以普通二维图像形式展示物体，但内容可以伴随鼠标移动而在深度维进行旋转，实现了从任意角度对物体的外观进行展示。此类技术的优势在于实现简单，经济实用，兼容性强，不依赖专门硬件，能够完整呈现物体和场景的三维面貌，虽然在展示效果上仍是二维形式，但已经基本能够满足人们对物体三维形象获取的核心要求，因此近年来得以快速推广应用。

综上所述，虽然目前能够实际应用的三维图像还存在这样或那样的缺陷和问题，但它们在呈现效果上较传统二维图像形式无疑已有本质上的飞跃和提升，使得人们能够以更立体、直观和全面的形式感知和理解真实世界。三维图像是新一代的信息表达和描述载体。

17.2 三维图像绘制

17.2.1 三维曲线图

三维曲线是广义三维图像中最简单的形式，其形态和作用近似于二维平面图像中的曲线。差别在于：三维曲线是二维曲线在三维空间中的延展，所能展现的形式和表现的结构更为丰富和全面，因此能够全面提升信息呈现质量。与其他维度上的曲线一样，三维曲线在本质上是一个单变量三维函数，由一个核心变量决定曲线的发展和变化趋势，如螺旋曲线 $[x=\sin(t), y=\cos(t), z=t]$，其中 t 为核心变量。可以看出，虽然 t 并不直接呈现在坐标轴上，但这一三维曲线函数的整体形态都由 t 的取值直接决定。例 17.1 展示了这种三维曲线的绘制方法，图 17.3 为画出的图形。

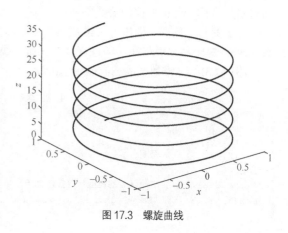

图 17.3　螺旋曲线

[例 17.1]　绘制三维曲线。

```
t = 0: pi/100: 10*pi; % 为变量赋值，范围 0～π，间隔π/100，共取 1001 个点
x=sin(t);
y=cos(t);
z=t;
% 画出三维曲线
plot3(x, y, z, 'linewidth', 2, 'Color', [0 0 0]);
xlabel('x');
ylabel('y');
zlabel('z');
```

plot3 是 MATLAB 提供的三维曲线绘制函数，只需要提供三维曲线坐标点序列的三维坐标，即可实现三维曲线的绘制，其中线型、颜色、粗细等均可自由设置。在例 17.1 中，属性'linewidth'和'Color'分别用于设定曲线的线宽和颜色。plot3 函数具备同时画出多条三维曲线的能力。

MATLAB 同时提供了绘图函数 fplot3 用于对参数化的三维曲线进行绘制。若未对参数的取值范围进行设定，则默认的取值范围为-5～5。

[例 17.2]　绘制参数化的三维曲线。

```
xt = @(t) sin(t);
yt = @(t) cos(t);
zt = @(t) t;
fplot3(xt, yt, zt);
```

17.2.2 三维网格图

三维网格图以类似渔网的形式对数据的整体三维结构进行展示和呈现，进而以三维空间中的一

系列分布网格逼近数据的真实结构形态，使人能够更为清晰、直接地感知和理解数据的立体结构。目前，三维网格数据的应用大致可以归为两类：其一是对二维函数[$z=f(x,y)$]数据进行立体展示，即 x 轴和 y 轴坐标对应函数的取值点位，z 轴坐标则表示函数的取值；其二则是对真实的三维数据进行展示。在技术实现上，二者的主要差别在于是否对网格数据进行着色。对于第一类问题，由于在本质上是二维数据，因此三维网格数据的作用只是在立体空间中对函数的形态进行展示，z 轴坐标体现的是函数的实际取值情况，是一种二维数据的立体展示技术，并非真正地呈现三维数据，因而并不需要进行着色。第二类数据则属于真实的三维数据，每一个三维坐标点都实际对应有颜色取值，因此必须进行着色才能展示出真实的三维数据形态。当前，三维立体图像的表达基本采用此类三维网格附加点位着色的曲面渲染绘制方式。

对于第一类问题，即进行二维数据的三维展示，可以使用 MATLAB 提供的网格化图像绘制函数 mesh；对于第二类问题，即进行真实三维数据的展示，可以使用三维曲面绘制函数 surf。

[例 17.3]　二维数据的三维展示与绘制。

```
[X, Y] = meshgrid(-8: .5: 8); % 生成二维空间中的网格点
R = sqrt(X .^ 2 + Y .^ 2) + eps;
Z = sin(R) ./ R;
figure;
mesh(X, Y, Z); % 画图
figure;
C = del2(Z);    % 求矩阵 Z 的离散拉普拉斯算子，逼近其二阶梯度
mesh(X, Y, Z, C, 'FaceLighting', 'gouraud', 'LineWidth', 0.3); % 根据二维函数的二阶梯度，
                                                                % 决定曲面颜色
```

例 17.3 展示了二维函数 $z=\sin(x, y)/\sqrt{x^2, y^2}$ 在三维空间中的形态，图 17.4 展示了绘制效果。曲面网格由一系列点构成，在进行三维绘制时，必须获得这些点的坐标。在实际操作中，通常先获得 $x\text{-}y$ 平面上点的坐标，再依据函数计算出 z 轴坐标。meshgrid 函数的作用是将输入的 x 轴和 y 轴坐标向量自动转换为网格点坐标，也就是从一维转为二维。注意，我们在例 17.3 中只输入了一个向量值，函数默认 x 轴和 y 轴均采用这个向量值。

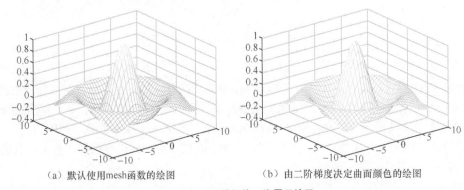

（a）默认使用mesh函数的绘图　　　　　　（b）由二阶梯度决定曲面颜色的绘图

图 17.4　二维数据的三维展示效果

图 17.4（a）对应默认使用 mesh 函数的绘图，图 17.4（b）则对应由二阶梯度决定曲面颜色的绘图。在默认使用 mesh 函数绘制的图形中，曲面上的颜色由 z 轴坐标值的大小确定。当需要依据曲面的某些特点进行颜色配置时，mesh 函数也能满足需要；在图 17.4（b）中，相同的颜色反映相同的二阶梯度值，这有助于对曲面的变化模式进行分析。

surf 是 MATLAB 提供的专用于绘制三维曲面的函数，它能够清晰绘制三维空间中的曲面图像，并且曲面图像的面色（FaceColor）、面透明度（FaceAlpha）、面光照（FaceLighting）、线色（EdgeColor）、

线形（LineStyle）等属性可依需求进行配置。例 17.4 展示了 surf 函数的基本使用方法，图 17.5 为绘图效果。

[例 17.4] 三维曲面图像的绘制。

```
[X, Y] = meshgrid(1: 0.1: 10, 1: 20);
Z = sin(X) + cos(Y);
S = surf(X, Y, Z);
S.EdgeColor = 'none'; % 不显示网格边缘信息
```

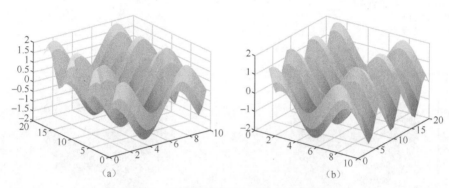

图 17.5　从两个不同的视角观察三维曲面图像

例 17.4 展示了无颜色信息时三维曲面的绘制情形；例 17.5 则展示了当数据包含颜色信息时三维曲面的绘制情形，图 17.6 为绘图效果。可以看出，surf 函数能够绘制并渲染出网格之间相互独立的三维图像（见图 17.6（a））以及具有整体连续性的三维图像（见图 17.6（b））。

[例 17.5] 三维曲面图像的绘制。

```
Z = peaks(25);              % 从高斯分布中采样数据
C( :, :, 1) = rand(25); % 随机生成颜色信息
C( :, :, 2) = rand(25);
C( :, :, 3) = rand(25);
surf(Z, C);
figure;
surf(Z, C, 'FaceColor', 'interp', 'FaceLighting', 'gouraud');
camlight right; % 设定光线从右上方投射
```

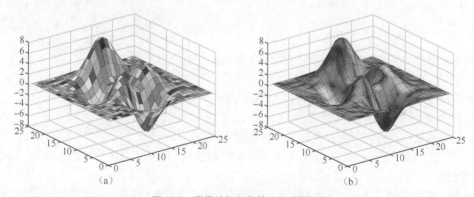

图 17.6　附带随机颜色的三维曲面图像

在实际应用中，常常需要将二维图像的颜色信息渲染到三维模型上，从而形成立体展示效果，MATLAB 同样具有这种能力（参见例 17.6 和图 17.7）。由于二维图像仍然是当前主要的信息承载

和存储方式，因此这种从二维转三维的能力具有较高的实用价值。

[例 17.6]　将二维图像信息映射至三维空间。

```
load earth;      % 载入 MATLAB 自带的演示数据
[x, y, z] = sphere(30);
h = surface(x, y, z);
set(h, 'CData', X, 'FaceColor', 'texturemap'); % 使用二维图像 X 包含的信息进行纹理贴图
colormap(map); % 采用预定义的地图颜色模式
axis equal;      % 使各轴等长
view([50, 30]);
view([70,  4]);
```

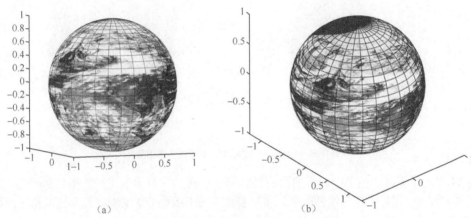

（a）　　　　　　　　　　　　　　　　　　　（b）

图 17.7　将二维图像信息向三维空间映射

17.2.3　其他三维立体化信息展示方式

MATLAB 提供了 trisurf 函数用于绘制以三角形为基本单元的三维图像。三角面片是目前三维数据主要的构成单位类型之一，不同于四边形面片，在这一数据类型中，三维曲面被表示成三角形平面序列的形式。

[例 17.7]　三角面片形三维图像的绘制。

```
[x, y] = meshgrid(1: 20, 1: 20);
tri = delaunay(x, y); % 三角剖分
z = peaks(20);
trisurf(tri, x, y, z);
```

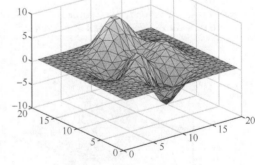

delaunay 函数的作用是对点云阵列进行三角剖分，也就是将空间中分布的一系列点用三角形的方式连接起来形成面。由绘制的图像（见图 17.8）可以看出，整个曲面是由一个个三角形组成的。

图 17.8　三角面片形三维图像

在实际的数据中，三角形信息是在采集数据时直接生成的。图 17.9 展示了我们使用 trisurf 函数画出的一幅实际的三维人脸图像，数据来源于 CASIA-3D FaceV1 数据集。

在三维数据的多样化展示方面，MATLAB 提供了 pie3 和 bar3 函数，用于绘制三维饼图和三维柱状图。此外，函数 quiver3 用于绘制三维箭头图和速度图，函数 contour3 用于绘制三维等高线图，函数 comet3 用于绘制三维彗星图。在离散数据绘制方面，MATLAB 则提供了三维散点图绘制函数 scatter3 以及三维离散序列数据绘制函数 stem3。

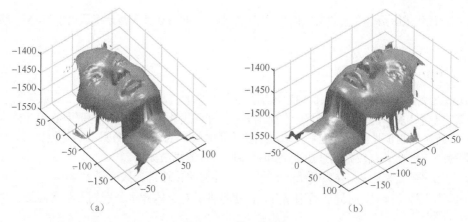

图 17.9　三维人脸图像

17.3 三维数据聚类

聚类也称为自动分类，是指对一系列个体依据某方面的相似性进行自动划分，从而形成多个不同类别子集的过程。完成对相似数据的划分后，数据的分析和表示便能够更加具体和具有针对性，因此聚类过程和方法对于特征分析、中心定位、信息压缩、数据挖掘等问题具有重要意义，是模式识别、机器学习等领域的重点研究课题。

在三维数据方面，由于三维信息在结构上相对二维信息更为复杂且具有更大的可变性及数据规模，因此三维数据的表示和压缩难度显著增加。通过对三维曲面上的点进行聚类，将整个曲面根据相似性自动划分为多个子区域，可以直接降低子区域内数据的变化程度和不确定性，这有利于精简且高效地表示数据。

17.3.1 聚类分析基础

聚类问题的核心是如何定义类以及如何快速有效地实现类别的划分。较为常见的判别标准包括相对距离较近、样本分布较为密集、分布模式相近等。由于判别相似性的标准可以有多个，聚类问题也常被解读为多目标优化问题。另外，由于以群体为研究对象，聚类方法通常不能直接实现，而是需要不断进行迭代，逐步收敛至最优解。

若将类别表示为 Ω_i，对应类别中心为 c_i，则聚类问题可以表示为如下距离的最小化问题。

$$D = \sum_i \sum_{x \in \Omega_i} (x - c_i)^2 \qquad (17\text{-}1)$$

也就是使所有样本与对应类别中心的距离之和最小。在具体实现时，该问题的优化求解属于典型的"鸡与蛋"问题：如果已经知道各类别的中心，那么可以对所有个体按照与聚类中心的距离进行类划分，将每个个体划到距离其最近的 c_i 对应的类别即可；相反，如果已经知道个体的类别归属情况，那么可以通过求简单平均的方法获取类别中心 c_i。但在二者都未知的情况下，直接求解就变得较为困难，该问题实际可以表述为：

$$C^o, \delta^o = \frac{1}{N} \mathop{\arg\min}_{C, \delta} \sum_j^N \sum_i^K \delta_{ij} (x_j - c_i)^2 \qquad (17\text{-}2)$$

其中，$\delta_{ij} \in \{0,1\}$ 表示样本 x_j 是否属于类别 Ω_i，N 表示样本数目，K 表示类别数目，聚类中心 $C = [c_1; c_2; \cdots; c_K]$。该优化问题中的 C 和 δ 就是要求解的"鸡与蛋"，由于二者之间存在明显的相互依赖关系，同时优化求解两个变量的最优值往往难以实现，因此这在计算复杂度上属于 NP 难（NP-Hard）问题。

17.3.2 K 均值聚类

K 均值聚类是一种基于最近邻均值中心的启发式样本自动类别划分算法，起源于数字信息处理。该算法以交替求解的方式（类似于 EM 算法），分别优化求解各类的均值中心和各样本的类别划分，并不断迭代逐步收敛至最优解。该算法要求预先给定的主要参数只有类别数目 K，对参数取值的依赖较小，因此具有较好的适应能力和鲁棒性。具体算法如下。

（1）初始化各类别中心，$C^0 = [c_1^0; c_2^0; \cdots; c_K^0]$，并初始化迭代次数变量 t 为 0。

（2）计算当前迭代 t 上的最优类别划分，也就是将所有个体样本分别划入距离其最近的 c_i 对应的类别 i：

$$\delta^t = \arg\min_{\delta} \sum_j^N \sum_i^K \delta_{ij}^{t-1} (x_j - c_i^{t-1})^2 \tag{17-3}$$

其中，δ^t 代表在当前迭代 t 上所有个体样本的类别划分情况。

（3）更新当前迭代 t 上的类别中心：

$$C^t = \arg\min_{C} \sum_j^N \sum_i^K \delta_{ij}^t (x_j - c_i^{t-1})^2 \tag{17-4}$$

按照最小二乘法进行求解，可得显式解析解为：

$$c_i^t = \frac{1}{N \delta_{ij}^t} \sum_j^N \delta_{ij}^t x_j \tag{17-5}$$

其中，$N \delta_{ij}^t$ 表示在当前迭代 t 上属于第 i 类的样本数目。

（4）令 $t=t+1$，迭代执行步骤（2）和（3），直至收敛。

MATLAB 提供了 kmeans 函数用于实现 K 均值聚类。例 17.8 展示了如何基于 K 均值聚类进行三维曲面的自动区域划分，图 17.10 展示了对人体三维曲面进行划分的实际结果，其中的第 1～4 排图像分别对应将曲面聚类分成 2、4、6、8 块时的划分结果。

[例 17.8] 基于 K 均值聚类的三维曲面区域自动划分。

```
folder = '.\MPI-FAUST\';
D = dir(fullfile(folder, '*.ply'));
[orisurface.vertex, orisurface.face] = read_ply([folder,'tr_reg_000.ply']);
% read_ply 为.ply 格式的三维数据读取函数，非 MATLAB 自带，可自行通过互联网下载
vnum = size(orisurface.vertex, 1);
colormap(jet(vnum));

partnum = 2;    % 将曲面聚类分成 2 块
idx = kmeans([orisurface.vertex], partnum);

subplot(4,4,1);
 trisurf(orisurface.face, orisurface.vertex(:,1), orisurface.vertex(:,2), orisurface.
     vertex(:,3), idx./max(idx));
 title('View 1');
 axis image
 axis off
 shading interp % 设定插值渲染
 view([0,90]);
subplot(4,4,2);
 trisurf(orisurface.face, orisurface.vertex(:,1), orisurface.vertex(:,2), orisurface.
```

```
vertex(:,3), idx./max(idx));
 title('View 2');
 axis image
 axis off
 shading interp
 view([-100,0]);
subplot(4,4,3);
 trisurf(orisurface.face, orisurface.vertex(:,1), orisurface.vertex(:,2), orisurface.
    vertex(:,3), idx./max(idx));
 title('View 3');
 axis image
 axis off
 shading interp
 view([-30,30]);
subplot(4,4,4);
 trisurf(orisurface.face, orisurface.vertex(:,1), orisurface.vertex(:,2), orisurface.
    vertex(:,3), idx./max(idx));
 title('View 4');
 axis image
 axis off
 shading interp
 view([0,-90]);

partnum = 4; % 将曲面聚类分成 4 块
idx = kmeans([orisurface.vertex], partnum);

subplot(4,4,5);
 trisurf(orisurface.face, orisurface.vertex(:,1), orisurface.vertex(:,2), orisurface.
    vertex(:,3), idx./max(idx));
 axis image
 axis off
 shading interp
 view([0,90]);
subplot(4,4,6);
 trisurf(orisurface.face, orisurface.vertex(:,1), orisurface.vertex(:,2), orisurface.
    vertex(:,3), idx./max(idx));
 axis image
 axis off
 shading interp
 view([-100,0]);
subplot(4,4,7);
 trisurf(orisurface.face, orisurface.vertex(:,1), orisurface.vertex(:,2), orisurface.
    vertex(:,3), idx./max(idx));
 axis image
 axis off
 shading interp
 view([-30,30]);
subplot(4,4,8);
 trisurf(orisurface.face, orisurface.vertex(:,1), orisurface.vertex(:,2), orisurface.
    vertex(:,3), idx./max(idx));
 axis image
 axis off
 shading interp
 view([0,-90]);

partnum = 6; % 将曲面聚类分成 6 块
idx = kmeans([orisurface.vertex], partnum);

subplot(4,4,9);
 trisurf(orisurface.face, orisurface.vertex(:,1), orisurface.vertex(:,2), orisurface.
```

```
      vertex(:,3), idx./max(idx));
 axis image
 axis off
 shading interp
 view([0,90]);
subplot(4,4,10);
 trisurf(orisurface.face, orisurface.vertex(:,1), orisurface.vertex(:,2), orisurface.
      vertex(:,3), idx./max(idx));
 axis image
 axis off
 shading interp
 view([-100,0]);
subplot(4,4,11);
 trisurf(orisurface.face, orisurface.vertex(:,1), orisurface.vertex(:,2), orisurface.
      vertex(:,3), idx./max(idx));
 axis image
 axis off
 shading interp
 view([-30,30]);
subplot(4,4,12);
 trisurf(orisurface.face, orisurface.vertex(:,1), orisurface.vertex(:,2), orisurface.
      vertex(:,3), idx./max(idx));
 axis image
 axis off
 shading interp
 view([0,-90]);

partnum = 8; % 将曲面聚类分成 8 块
idx = kmeans([orisurface.vertex], partnum);

subplot(4,4,13);
 trisurf(orisurface.face, orisurface.vertex(:,1), orisurface.vertex(:,2), orisurface.
      vertex(:,3), idx./max(idx));
 axis image
 axis off
 shading interp % 设定插值渲染
 view([0,90]);
subplot(4,4,14);
 trisurf(orisurface.face, orisurface.vertex(:,1), orisurface.vertex(:,2), orisurface.
      vertex(:,3), idx./max(idx));
 axis image
 axis off
 shading interp
 view([-100,0]);
subplot(4,4,15);
 trisurf(orisurface.face, orisurface.vertex(:,1), orisurface.vertex(:,2), orisurface.
      vertex(:,3), idx./max(idx));
 axis image
 axis off
 shading interp
 view([-30,30]);
subplot(4,4,16);
 trisurf(orisurface.face, orisurface.vertex(:,1), orisurface.vertex(:,2), orisurface.
      vertex(:,3), idx./max(idx));
 axis image
 axis off
 shading interp
 view([0,-90]);

set(gcf,'outerposition',get(0,'screensize'));
saveas(gcf,'1.eps', 'psc2');
```

通过图 17.10 可以看出：K 均值聚类能够有效实现对三维曲面的自动区域划分，物理距离相近的三维点将自动归入相同区域。

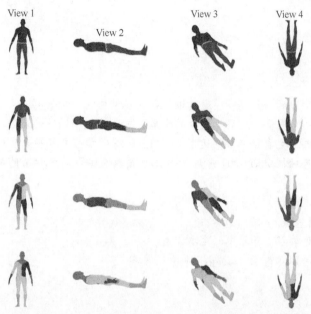

图 17.10　基于 K 均值聚类实现三维曲面的自动区域划分

第 18 章　深度学习

深度学习是机器学习的一种类型，通过训练得到的模型可以对图像、文本、声音等信息直接执行分类任务。深度学习得益于神经网络架构的发展，深度一般指网络的层数，层数越多代表网络越深，网络也更复杂。本章主要介绍如何运用 MATLAB 深度学习工具箱来实现深度学习。我们将通过介绍深度学习理论基础、MATLAB 深度学习工具箱以及工具箱中常用的深度学习函数来帮助读者了解深度学习。

本章的知识和技术热点

- 深度学习理论基础。
- MATLAB 深度学习工具箱中的主要函数。
- 使用 MATLAB 深度学习工具箱搭建神经网络。
- 图像分类。
- 图像去噪。

本章的典型案例分析

- 利用 MATLAB 深度学习工具箱实现目标检测。

18.1　深度学习理论基础

18.1.1　什么是深度学习

（1）深度学习的概念

深度学习是由多个处理层组成的计算模型，可以通过学习获得数据的多层次抽象表示。深度学习技术的应用显著提高了语音识别、视觉目标识别的检测准确率，促进了多个领域技术的发展。

近年来，大规模训练数据和高性能计算硬件的出现，让深度学习技术得以快速发展。深度学习十分擅长在高维数据中提取复杂结构，在机器视觉领域以及语音识别领域都取得了惊人的成果。不仅如此，深度学习在自然语言理解领域也产生了大量有价值的成果。

深度学习技术不需要过多的人工介入，适合海量数据和大规模计算系统。当前正在开发的用于深度神经网络的新学习算法和架构将加快深度学习技术在各个领域的应用。

（2）深度学习的流程

深度学习使用多层机器学习模型对数据进行有监督或无监督学习。模型中的不同层由非线性数据变换的多个阶段组成，数据的特征在更高、更抽象的层表示。通用的深度学习框架如图 18.1 所示。

图 18.1　通用的深度学习框架

18.1.2 深度学习中的重要概念

（1）神经网络

神经网络由大量的神经元节点组成，这些神经元节点通常在不同的层上。典型的前馈神经网络至少有一个输入层、一个隐藏层和一个输出层。输入层节点的数量和待传入神经网络的特征或属性的数量一致。输出节点的数量与我们希望预测或分类的项目数量一致。隐藏层一般用来对原始输入属性进行非线性变换。图 18.2 显示了一个典型的前馈神经网络。

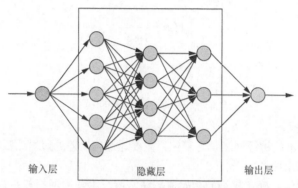

输入层　　　　　隐藏层　　　　　输出层

图 18.2　前馈神经网络示意图

（2）激活函数

在神经网络中，每个神经元都包含一个激活函数和一个阈值。阈值是输入信息激活神经元所必需的最小值。激活函数作用后，输出将被传递到神经网络中后面的神经元。

神经元的任务是对输入信号进行加权求和并应用于激活函数，然后将输出传递到下一层。

常用的激活函数有 sigmod 函数、tanh 函数、ReLU 函数、ELU 函数。它们的定义分别如下，对应的函数图形如图 18.3 所示。

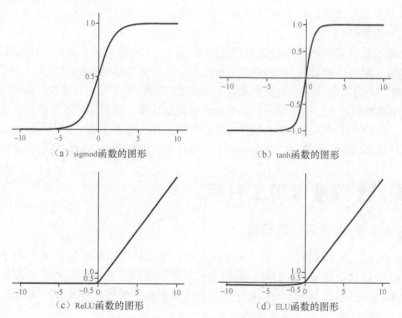

（a）sigmod 函数的图形　　　　　　　　（b）tanh 函数的图形

（c）ReLU 函数的图形　　　　　　　　（d）ELU 函数的图形

图 18.3　常用激活函数对应的函数图形

sigmod 函数：

$$f(z) = \frac{1}{1+e^{-z}} \tag{18-1}$$

tanh 函数：

$$\tanh(x) = \frac{e^x - e^{-x}}{e^x + e^{-x}} \tag{18-2}$$

ReLU 函数：

$$f(z) = \frac{1}{1+e^{-z}} \tag{18-3}$$

ELU 函数：

$$f(x) = \begin{cases} x & x > 0 \\ \alpha(e^x - 1) & 其他 \end{cases} \tag{18-4}$$

（3）反向传播算法

反向传播算法是基本的神经网络学习算法，主要通过将误差通过网络反向传播以调整权重和偏差。该算法由以下步骤组成。

第 1 步：网络初始化。确定权重的初始值，通常情况下使用随机权重进行初始化。

第 2 步：正向传播。通过神经元节点的激活函数和权重，将信息从网络输入层正向传递到隐藏层和输出层。

第 3 步：误差评估。评估误差是否足够小到能满足需求，或者评估迭代次数是否已经达到预设次数的上限。只要满足任何一种情况，就结束训练；反之，学习将持续进行。

第 4 步：反向传播。使用输出层的误差重新调整权重，在网络中反向传播误差，并计算相对于权重值变化的误差变化的梯度。

第 5 步：权重调整。以降低误差为目标，使用变化梯度对权重做出调整；同时根据激活函数的导数、网络输出和实际结果之间的差异以及神经元输出，调整每个神经元的权重和偏差。

（4）梯度下降算法

梯度下降算法是神经网络中十分流行的优化算法之一。一般来说，我们都希望找到最小误差函数的权重和偏差。梯度下降算法能通过迭代地更新参数，使整体网络的误差最小化。

传统的梯度下降算法使用整个数据集来计算每次迭代的梯度。对于大型数据集，这会导致冗余计算，因为在每个参数更新之前，非常相似的样本会被重新计算。随机梯度下降是对真实梯度的近似，在每次迭代中，随机选择样本来更新参数，并在该样本的相关梯度上移动。因此，随机梯度下降遵循一条曲折的通往极小值的梯度路径。由于没有了冗余计算，随机梯度下降往往能够更快地收敛。

18.2　MATLAB 深度学习工具箱

18.2.1　MATLAB 深度学习工具箱简介

MATLAB 深度学习工具箱提供了一个通过算法、预训练模型和应用程序来设计和实现深度神经网络的框架。通过这个框架，我们可以使用卷积神经网络或长短期记忆网络对图像、时序和文本数据执行分类和回归任务。MATLAB 深度学习工具箱中自带的应用程序和绘图功能可以帮助我们编辑网络架构、监控训练进度、可视化激活值等。

卷积神经网络（Convolutional Neural Network，CNN）是深度学习的必备工具，尤其适用于图像识别。可以通过构建 CNN 架构、训练网络并使用训练好的网络来预测图像的类别标签，此外还可以从预先训练的网络中提取特征并使用这些特征来训练线性分类器。

18.2.2 MATLAB 深度学习工具箱中的深度学习函数介绍

本小节通过搭建并训练一个完整的卷积神经网络来介绍 MATLAB 深度学习工具箱中常用的深度学习函数。

1. 建立网络架构

（1）图像输入层

```
inputlayer = imageInputLayer(inputSize)
% 返回值为图像输入层
inputlayer = imageInputLayer(inputSize, Name, Value)
% 返回值为图像输入层且包含由 Name 和 Value 指定的附加选项。比如，可以指定输入层的名称
% inputSize：输入数据的大小，可指定为对应[height, width]的两个整数行向量或对应[height, width,
% channels]的 3 个整数
% Name, Value：Name 为参数名称，Value 为参数值
```

（2）卷积层

```
convlayer = convolution2dLayer(filterSize, numFilters)
% 返回值为二维卷积层
convlayer = convolution2dLayer(filterSize, numFilters, Name, Value)
% 返回值为二维卷积层
% filterSize：卷积核的大小，表示神经元在输入中连接的局部区域的大小
% numFilters：卷积核的数量，表示卷积层中连接到输入中相同区域的神经元数量，可用于确定卷积层输出中的
% 通道数量
```

（3）ReLU 层

```
layer = reluLayer()
layer = reluLayer(Name,Value)
% 返回值为 ReLU 层。对每个元素执行阈值化操作，其中任何小于 0 的输入值都将被设置为 0，即
```

$$f(x)=\begin{cases} x & x \geqslant 0 \\ 0 & x < 0 \end{cases} \tag{18-5}$$

（4）局部响应归一化层

```
localnormlayer = crossChannelNormalizationLayer(windowChannelSize)
localnormlayer = crossChannelNormalizationLayer(windowChannelSize, Name, Value)
% 返回值为局部响应归一化层。执行通道归一化
% windowChannelSize：通道窗口的大小。控制用于标准化每个元素的通道数量，类型为正整数
```

（5）平均池化层

```
avgpoollayer = averagePooling2dLayer(poolSize)
avgpoollayer = averagePooling2dLayer(poolSize, Name, Value)
% 返回值为平均池化层。将输入划分为矩形区域并计算每个区域的平均值
% poolSize：矩形区域的尺寸
```

（6）最大池化层

```
maxpoollayer = maxPooling2dLayer(poolSize)
maxpoollayer = maxPooling2dLayer(poolSize, Name, Value)
```

```
% 返回值为最大池化层。将输入划分为矩形区域并返回每个区域的最大值
% poolSize: 矩形区域的尺寸
```

（7）全连接层

```
fullconnectlayer = fullyConnectedLayer(outputSize)example
fullconnectlayer = fullyConnectedLayer(outputSize, Name, Value)
% 返回值为全连接层
% outputSize: 全连接层输出的大小
```

（8）dropout 层

```
droplayer = dropoutLayer()
% 返回值为 dropout 层。将输入元素随机设置为 0，概率为 0.5。dropout 层仅在训练时使用
droplayer = dropoutLayer(probability)
% 返回值为 dropout 层
% probability: 将输入元素以概率 probability 设置为 0
droplayer = dropoutLayer(___, Name, Value)
```

（9）softmax 层

```
smlayer = softmaxLayer()
smlayer = softmaxLayer(Name, Value)
% 返回值为 softmax 层。将输入映射为 0~1 的实数
```

（10）分类输出层

```
coutputlayer = classificationLayer()
coutputlayer = classificationLayer(Name, Value)
% 返回值为分类输出层。保存在训练网络时用于执行多分类任务的损失函数的名称、输出的
% 大小和类别标签
```

2. 训练网络
（1）trainingOptions 函数

```
options = trainingOptions(solverName)
options = trainingOptions(solverName, Name, Value)
% solverName: 用于训练网络的求解器
```

[例 18.1] trainingOptions 函数用法举例。

使用随机梯度下降法训练网络，每 5 个 epoch 就将学习率降低 20%，将训练时 epoch 的最大值设置为 20，并在每次迭代时使用具有 300 个观测值的 mini-batch，指定每个 epoch 结束后自动保存到用于存放网络的检查点文件中。

```
options = trainingOptions('sgdm',...
        'LearnRateSchedule','piecewise',...
        'LearnRateDropFactor',0.2,...
        'LearnRateDropPeriod',5,...
        'MaxEpochs',20,...
        'MiniBatchSize',300,...
        'CheckpointPath','C:\TEMP\checkpoint');
% sgdm: 使用随机梯度下降法训练网络
% LearnRateSchedule: 动态设置学习率
% LearnRateDropFactor: 学习率下降因子
% LearnRateDropPeriod: 学习率下降周期
% MaxEpochs: 训练的最大步数，一个 epoch 相当于把数据集中的所有图像都送入网络一次
```

```
% MiniBatchSize：最小的批操作大小
```

（2）trainNetwork 函数

```
trainedNet = trainNetwork(imds, layers, options)
trainedNet = trainNetwork(X, Y, layers, options)
[trainedNet,traininfo] = trainNetwork(___)
% 提示：trainNetwork 函数需要 MATLAB 并行计算工具箱和支持 CUDA 的 GPU
% imds：图像，可指定为具有类别标签的 ImageDatastore 对象
% X：图像，可指定为四维数组，前 3 个维度是高度、宽度、通道数量，最后一个维度用于索引各幅图像
% Y：类别标签
% layers：网络层对象
% options：训练选项，由 trainingOptions 函数确定
% trainedNet：被训练的网络
% traininfo：类型为结构体，用于存放训练信息
```

[例 18.2] 使用 ImageDatastore 中的数据训练一个卷积神经网络。

ImageDatastore 是 MATLAB 中的图像数据存储应用程序接口，可以通过创建 ImageDatastore 对象来实现对数据的一系列操作。本例通过 MATLAB 自带的手写体数据集 DigitDataset 来训练一个简单的卷积神经网络，使其学习到这个数据集中手写体数字的特征，从而具有识别手写数字图像的功能。

首先加载样本数据，代码实现如下。

```
digitDatasetPath = fullfile(matlabroot, 'toolbox', 'nnet', 'nndemos', 'nndatasets',
    'DigitDataset');
% matlabroot：MATLAB 根目录，'toolbox'、'nnet'等为子目录的名称，其中后一个为前一个的子目录，
%             比如 nnet 为 toolbox 的子目录
digitData = imageDatastore(digitDatasetPath, 'IncludeSubfolders', true, 'LabelSource',
    'foldernames');
% 创建数据对象
% digitDatasetPath：数据路径
% 'IncludeSubfolders', true：参数值对，这里的参数为子文件夹包含标记，值为 true
% 'LabelSource', 'foldernames'：参数值对，这里的参数为提供标签数据的源，foldernames 表示根据文件夹的名
%                         称分配标签并存储在 Labels 属性中
```

我们的数据中包含 10 000 幅 0～9 的数字合成图像，每幅数字图像的大小是 28×28 像素。现在对数据中的一些样本进行可视化，结果如图 18.4 所示。

```
for i = 1:20
    subplot(4,5,i);
    imshow(digitData.Files{i});
end
```

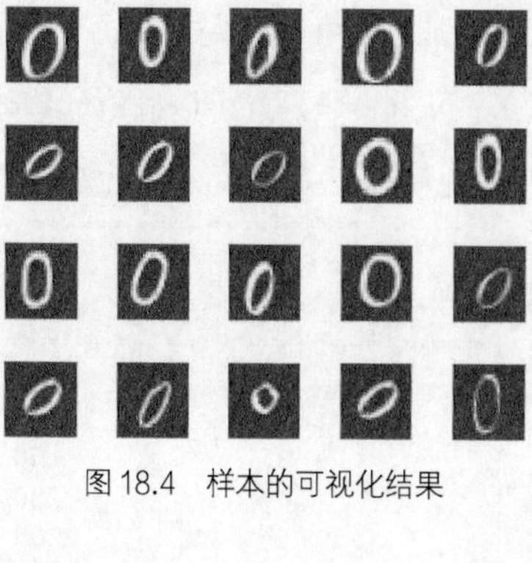

用于检查每个数字类别中图像数量的代码如下。

```
digitData.countEachLabel

ans =

    Label     Count
    _____     _____

    0         988
    1         1026
    2         1003
    3         993
```

图 18.4　样本的可视化结果

```
        4           991
        5          1017
        6           992
        7           999
        8          1003
        9           988
```

由此可以看出，数据中的每个类别包含的图像数量不等。但是在训练过程中，为了平衡训练集中每个数字的图像数量，我们首先需要找到类别中的最小图像数量，代码如下。

```
minSetCount = min(digitData.countEachLabel{:,2})
minSetCount =
    988
```

然后划分数据集，使训练集中的每个类别具有 494 幅图像，每个标签中剩下的图像则作为测试集图像，代码如下。

```
trainingNumFiles = round(minSetCount/2);
rng(1)
% rng 为随机数生成控制函数，在这里表示对数据集中的数据进行随机划分
[trainDigitData,testDigitData] = splitEachLabel(digitData, trainingNumFiles, 'randomize');
% splitEachLabel：数据集划分函数
% digitData：需要划分的数据
% trainingNumFiles：训练集中的图像数量
% randomize：按指定比例随机分配
```

接下来定义神经网络架构，代码如下。

```
layers = [imageInputLayer([28 28 1]);
          convolution2dLayer(5, 20);
          reluLayer();
          maxPooling2dLayer(2, 'Stride', 2);
          fullyConnectedLayer(10);
          softmaxLayer();
          classificationLayer()];
```

下面将选项设置为随机梯度下降的默认值，把最大 epoch 设置为 20，并以 0.001 的初始学习率开始训练网络。设置参数的代码如下。

```
options = trainingOptions('sgdm', 'MaxEpochs', 20, 'InitialLearnRate', 0.001);
```

训练网络的代码如下。

```
convnet = trainNetwork(trainDigitData, layers, options);
Training on single GPU.
Initializing image normalization.
```

Epoch	Iteration	Time Elapsed (seconds)	Mini-batch Loss	Mini-batch Accuracy	Base Learning Rate
1	1	8.59	3.0620	11.72%	0.0010
2	50	10.76	0.6684	80.47%	0.0010
3	100	12.23	0.6359	79.69%	0.0010
4	150	13.69	0.8337	87.50%	0.0010
6	200	15.17	2.0650	72.66%	0.0010
7	250	16.65	1.4046	82.03%	0.0010
8	300	18.11	0.9651	90.63%	0.0010
9	350	19.58	1.5938	88.28%	0.0010
11	400	21.07	0.9884	91.41%	0.0010

12	450	22.53	1.9775	85.16%	0.0010
13	500	24.00	0.7215	93.75%	0.0010
15	550	25.49	2.2173	85.16%	0.0010
16	600	26.96	1.2179	91.41%	0.0010
17	650	28.42	1.3700	91.41%	0.0010
18	700	29.88	0.8644	94.53%	0.0010
20	750	31.36	1.0062	92.97%	0.0010
20	780	32.22	1.0665	92.97%	0.0010
==

使用训练好的网络预测测试集中图像的标签，代码如下。

```
YTest = classify(convnet, testDigitData);
TTest = testDigitData.Labels;
```

计算测试精度，代码如下。

```
accuracy = sum(YTest == TTest)/numel(TTest)
accuracy =
    0.9984
```

18.3 使用 MATLAB 深度学习工具箱解决机器视觉问题

18.2.2 小节介绍了 MATLAB 深度学习工具箱中常用的深度学习函数，本节将在此基础上，介绍如何使用 MATLAB 深度学习工具箱解决具体的机器视觉问题。

在 MATLAB 中，既可以通过定义网络架构并从头开始训练网络来创建新的用于图像分类或目标检测任务的深度网络，也可以使用迁移学习以利用预训练网络提供的知识来学习新数据中的新模式。通常情况下，使用迁移学习对预训练的图像分类网络进行微调比从头开始训练更快、更容易。使用预训练的深度网络可以快速学习新任务，而无须定义和训练新网络，也不需要使用数量庞大的图像数据集。

本节主要介绍如何通过预训练的模型来解决常见的机器视觉问题。

18.3.1 MATLAB 深度学习工具箱中常用的预训练模型

预训练模型是将深度网络架构在大量数据集上且经过训练得到的一组权重值。这里所说的预训练模型，通常是指在 ImageNet 数据集上训练的 CNN，由于 ImageNet 数据集包含超过 1400 万幅图像，在如此庞大的数据集上训练需要消耗大量的资源，因此研究人员为方便他人学习和使用，往往将训练好的模型公开。常用的预训练模型有以下几个。

（1）AlexNet

AlexNet 为卷积神经网络，使用 ImageNet 数据集中超过 100 万幅图像进行训练。AlexNet 的网络深度为 8 层，可将图像分为 1000 个对象类别，如键盘、鼠标、铅笔等。AlexNet 已经学习了用于各种图像的丰富特征表示，图像输入大小为 227 × 227 像素。

（2）Vgg-16 和 Vgg-19

Vgg-16 和 Vgg-19 与 AlexNet 一样，也是卷积神经网络，并且也都使用 ImageNet 数据集进行训练。这两个网络的深度分别为 16 层与 19 层，可将图像分为 1000 个对象类别，图像输入大小为 224 × 224 像素。

（3）GoogLeNet

GoogLeNet 是 22 层深的预训练卷积神经网络，在 ImageNet 或 Places365 数据集上进行训练。在 ImageNet 数据集上训练的网络将图像分为 1000 个对象类别；在 Places365 数据集上训练的网络则将图像分为 365 个不同的地点类别，如公园、大厅、野外田地等。这两个网络的图像输入大小均为 224 × 224 像素。

（4）ResNet

ResNet 根据网络深度的不同可分为 ResNet-18、ResNet-50、ResNet-101，网络深度分别为 18 层、50 层、101 层。ResNet 也在 ImageNet 数据集上进行训练，图像输入大小为 224 × 224 像素。

18.3.2　使用预训练模型对图像进行分类

[例 18.3]　使用 GoogLeNet 对图像进行分类。

本例展示如何使用预训练的深度卷积神经网络 GoogLeNet 对图像进行分类。GoogLeNet 已经经过 100 万幅图像的训练，图像被分为 1000 个对象类别。GoogLeNet 能够学习多种图像中丰富的特征表示，它将图像作为输入，然后输出图像中对象的标签以及每个对象类别的概率。本例需要读者在 MATLAB 中安装 Deep Learning Toolbox 以及 Deep Learning Toolbox Model for GoogLeNet Network。

（1）加载预训练的深度卷积神经网络 GoogLeNet，代码如下。

```
net = googlenet;
```

（2）查看网络输入层要求的图像输入大小，代码如下。

```
inputSize = net.Layers(1).InputSize
% 想要分类的图像的大小必须与网络的图像输入大小相同。对于 GoogLeNet，网络的 Layers 属性的第一个元素
% 是图像输入层
inputSize = 1×3
    224    224       3
```

（3）查看网络输出层中类别的名称，代码如下。

```
classNames = net.Layers(end).ClassNames;
numClasses = numel(classNames);
disp(classNames(randperm(numClasses,10)))
% Layers 属性的最后一个元素是分类输出层，该层的 ClassNames 属性包含网络学习的类别的名称。在这里，我们查
% 看总共 1000 个类别名称中 10 个随机类别的名称
'speedboat'
'window screen'
'isopod'
'wooden spoon'
'lipstick'
'drake'
'hyena'
'dumbbell'
'strawberry'
'custard apple'
```

（4）读取图像并调整图像大小，代码如下。

```
I = imread('peppers.png');
% 读取图像
I = imresize(I, inputSize(1:2));
% 调整图像大小，使其与网络要求的图像输入大小一致
figure
imshow(I)
```

以上代码的运行结果如图 18.5 所示。

（5）对图像进行分类，代码如下：

```
[label,scores] = classify(net, I);
```

```
label
label = categorical
    bell pepper
figure
imshow(I)
title(string(label) + ", " + num2str(100*scores(classNames == label), 3) + "%");
```

以上代码的运行结果如图 18.6 所示。

图 18.5 调整大小后的图像

bell pepper，95.5%

图 18.6 图像分类结果

（6）显示排名靠前的预测值，代码如下。

```
[~, idx] = sort(scores, 'descend');
% 将排名降序排列
idx = idx(5:-1:1);
classNamesTop = net.Layers(end).ClassNames(idx);
scoresTop = scores(idx);

figure
barh(scoresTop)
% 水平绘制条形图
xlim([0 1])
% x 的取值范围是 0~1
title('Top 5 Predictions')
xlabel('Probability')
yticklabels(classNamesTop)
```

以上代码的运行结果如图 18.7 所示。

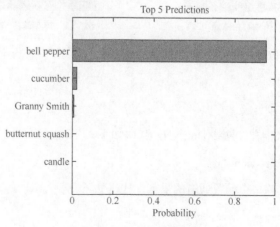

图 18.7 可视化预测结果

18.3.3　使用预训练的神经网络对图像进行去噪

[例 18.4]　使用预训练的去噪神经网络 DnCNN 对图像进行去噪。

本例演示如何从 RGB 图像中去除高斯噪声。为此，我们可以将图像分为单独的颜色通道，然后使用预训练的去噪神经网络 DnCNN 对每个通道进行去噪。本例需要读者在 MATLAB 中安装 Image Processing Toolbox 和 Deep Learning Toolbox。

（1）将一幅彩色图像读入工作区并将数据类型转换为 double，然后显示原始彩色图像，代码如下。

```
pristineRGB = imread('lighthouse.png');
pristineRGB = im2double(pristineRGB);
imshow(pristineRGB)
title('Pristine Image')
```

原始的彩色图像如图 18.8 所示。

（2）将方差为 0.01 的零均值高斯白噪声添加到图像中，然后使用 imnoise 函数分别向每个颜色通道添加噪声。添加噪声后，显示含噪彩色图像，代码如下。

```
noisyRGB = imnoise(pristineRGB, 'gaussian', 0, 0.01);
% 向图像添加高斯噪声，均值为 0，方差为 0.01
imshow(noisyRGB)
title('Noisy Image')
```

以上代码的运行结果如图 18.9 所示。

图 18.8　原始彩色图像

图 18.9　添加噪声后的图像

（3）将含噪 RGB 图像分为单独的颜色通道，代码如下。

```
noisyR = noisyRGB(:, :, 1);
noisyG = noisyRGB(:, :, 2);
noisyB = noisyRGB(:, :, 3);
```

（4）加载预训练的去噪神经网络 DnCNN，代码如下。

```
net = denoisingNetwork('dncnn');
```

（5）使用 DnCNN 去除每个颜色通道的噪声，代码如下。

```
denoisedR = denoiseImage(noisyR, net);
denoisedG = denoiseImage(noisyG, net);
```

```
denoisedB = denoiseImage(noisyB, net);
```

（6）合并去噪的颜色通道以形成去噪后的 RGB 图像，然后显示去噪后的彩色图像，代码如下。

```
denoisedRGB = cat(3, denoisedR, denoisedG, denoisedB);
% cat()：以指定的维度串联数组，这里表示以第 3 个维度进行串联，也就是将 3 个通道的数据叠加
imshow(denoisedRGB)
title('Denoised Image')
```

去噪后的彩色图像如图 18.10 所示。

图 18.10　去噪后的彩色图像

（7）计算含噪图像和去噪图像的峰值信噪比（PSNR）。PSNR 越大，噪声相对信号越小，说明图像质量越高。计算峰值信噪比的代码如下。

```
noisyPSNR = psnr(noisyRGB, pristineRGB);
fprintf('\n The PSNR value of the noisy image is %0.4f.', noisyPSNR);
The PSNR value of the noisy image is 20.6395.
denoisedPSNR = psnr(denoisedRGB, pristineRGB);
fprintf('\n The PSNR value of the denoised image is %0.4f.', denoisedPSNR);
The PSNR value of the denoised image is 29.6857.
```

（8）计算含噪图像和去噪图像的结构相似性（SSIM）指数。SSIM 指数接近 1 时，表示与参考图像相当一致，图像质量非常高。计算结构相似性指数的代码如下。

```
noisySSIM = ssim(noisyRGB, pristineRGB);
fprintf('\n The SSIM value of the noisy image is %0.4f.', noisySSIM);
The SSIM value of the noisy image is 0.7393.
denoisedSSIM = ssim(denoisedRGB, pristineRGB);
fprintf('\n The SSIM value of the denoised image is %0.4f.', denoisedSSIM);
The SSIM value of the denoised image is 0.9507.
```

18.4　案例分析：目标检测

前面介绍了 MATLAB 深度学习工具箱中常用的深度学习函数以及如何使用 MATLAB 深度学习工具箱处理简单的图像分类和去噪问题。本节将通过展示如何训练一个 RCNN 目标检测网络，系统地介绍 MATLAB 深度学习工具箱的应用。

本案例需要读者在 MATLAB 中安装 Computer Vision System Toolbox、Image Processing Toolbox、Neural Network Toolbox 以及 Statistics and Machine Learning Toolbox。建议使用具有计算能力 3.0 或更高版本的具有 CUDA 功能的 NVIDIA GPU 来完成本案例。如果选择使用 GPU，那么还需要安装 Parallel Computing Toolbox。

（1）下载 CIFAR-10 图像数据

代码如下：

```
% 下载 CIFAR-10 图像数据到一个临时文件夹中
cifar10Data = tempdir;
% tempdir 为系统的临时文件夹
url = 'https://www.cs.toronto.edu/~kriz/cifar-10-matlab.tar.gz';
helperCIFAR10Data.download(url, cifar10Data);
% helperCIFAR10Data 用来下载和导入 CIFAR-10 图像数据的类别
% download 函数用来下载数据，load 函数用来导入数据
% 加载 CIFAR-10 训练和测试数据
[trainingImages, trainingLabels, testImages, testLabels] = helperCIFAR10Data.load(cifar10Data);
size(trainingImages)
% 样本图像是 32×32 的 RGB 图像，训练集中有 50000 幅样本图像
    ans =

    32          32          3          50000
```

CIFAR-10 有 10 个图像类别，显示图像类别标签的代码如下。

```
numImageCategories = 10;
categories(trainingLabels)
    ans =
        10×1 细胞数组
            {'airplane'   }
            {'automobile' }
            {'bird'       }
            {'cat'        }
            {'deer'       }
            {'dog'        }
            {'frog'       }
            {'horse'      }
            {'ship'       }
            {'truck'      }
% 显示训练集中的前 100 幅图像，为了更好地可视化图像，可以将图像归一化至指定大小
figure
thumbnails = trainingImages(:,:,:,1:100);
% 训练集中的前 100 幅图像
thumbnails = imresize(thumbnails, [64 64]);
% 将前 100 幅图像归一化至[64 64]大小
montage(thumbnails)
% montage 函数表示将 100 幅图像按照正方形的架构来展示，效果如图 18.11 所示。
```

（2）创建 CNN

CNN 由一系列的网络层组成，每一个网络层则定义了某种特定的计算，这些网络层主要包括以下几个。

imageInputLayer：图像输入层。

convolutional2dLayer：二维卷积层。

reluLayer：整流线性函数层。

maxPooling2dLayer：最大池化层。
fullyConnectedLayer：全连接层。
softmaxLayer：softmax 层。
classificationLayer：神经网络的输出层，也就是分类层。

图 18.11 训练集中的前 100 幅图像

神经网络由输入层开始，输入层定义了神经网络能够接收的输入数据的大小。在本例中，CNN 用来处理 CIFAR-10 图像数据，规定图像输入大小为 32 × 32 像素。输入层的定义代码如下。

```
[height, width, numChannels, ~] = size(trainingImages);
imageSize = [height width numChannels];
inputLayer = imageInputLayer(imageSize);
```

接下来定义网络的中间层。中间层由卷积层、ReLU（整流线性单元）层和最大池化层组成。这 3 层构成了卷积神经网络的核心。其中：卷积层定义了卷积核的权重，这些权重在网络训练期间会随着网络的不断训练进行更新；ReLU 层为网络增加了非线性，从而使网络可以近似地将图像像素映射到图像的语义内容；最大池化层则对流经网络的数据进行下采样。在多层网络中，应谨慎使用池化层，以避免在网络中过早对数据进行下采样。中间层的定义代码如下。

```
% 定义卷积层参数
filterSize = [5 5];
% 定义卷积核的大小为[5 5]
numFilters = 32;
% 定义卷积核的个数为 32
middleLayers = [
convolution2dLayer(filterSize, numFilters, 'Padding', 2)
% 第一卷积层具有 32 个 5×5×3 的卷积核
% 'Padding', 2: 在图像边缘处进行 2 像素的填充，以确保在处理中包括图像边界，并避免丢失网络中的边界
% 信息
reluLayer()
% ReLU 层用于为网络增加非线性，从而使网络可以近似地将图像像素映射到图像的语义内容
maxPooling2dLayer(3, 'Stride', 2)
```

```
% 最大池化层具有 3×3 的空间池化区域，步幅为 2 像素，这样就可以将流经网络的数据尺寸
% 从 32×32 下采样到 15×15
convolution2dLayer(filterSize, numFilters, 'Padding', 2)
reluLayer()
maxPooling2dLayer(3, 'Stride',2)
convolution2dLayer(filterSize, 2 * numFilters, 'Padding', 2)
reluLayer()
maxPooling2dLayer(3, 'Stride',2)
];
```

最后定义网络输出层，网络输出层由全连接层与 softmax 层组成。输出层的定义代码如下。

```
finalLayers = [
fullyConnectedLayer(64)
% 添加具有 64 个输出神经元的全连接层，该层的输出将是一个长度为 64 的数组
reluLayer
fullyConnectedLayer(numImageCategories)
% 添加最后一个全连接层。此时，网络必须产生 10 个信号，这些信号可用于测量输入图像是否属于某个类别
softmaxLayer
classificationLayer
];
```

将输入层、中间层、输出层组合在一起，就是整个神经网络。

```
layers = [
    inputLayer
    middleLayers
    finalLayers
    ];
```

使用正态分布的随机数（标准偏差为 0.0001）初始化第一卷积层的权重，这有助于加快训练的收敛速度。初始化第一卷积层权重的代码如下。

```
layers(2).Weights = 0.0001 * randn([filterSize numChannels numFilters]);
```

（3）使用 CIFAR-10 训练集数据训练神经网络

现在已经定义了网络体系结构，可以使用 CIFAR-10 训练集数据对神经网络进行训练。为此，使用 trainingOptions 函数设置网络训练参数。网络训练算法则使用动量的随机梯度下降（SGDM），初始学习率为 0.001。在训练期间，使初始学习率每 8 个 epoch 就减少一次（1 个 epoch 被定义为整个训练集数据的一次完整传递），并将最大 epoch 设置为 40。设置网络训练参数的代码如下。

```
opts = trainingOptions('sgdm', ...
    'Momentum', 0.9, ...
    'InitialLearnRate', 0.001, ...
    'LearnRateSchedule', 'piecewise', ...
    'LearnRateDropFactor', 0.1, ...
    'LearnRateDropPeriod', 8, ...
    'L2Regularization', 0.004, ...
    'MaxEpochs', 40, ...
    'MiniBatchSize', 128, ...
    'Verbose', true);
```

使用 trainNetwork 函数训练网络的代码如下。

```
doTraining = true;
if doTraining
    % 自己训练网络
```

```
        cifar10Net = trainNetwork(trainingImages, trainingLabels, layers, opts);
else
    % 加载预训练的神经网络
    load('rcnnStopSigns.mat','cifar10Net')
end
```

（4）验证神经网络训练过程

训练完网络之后，应对网络进行验证以确保训练成功。将第一卷积层的权重可视化，这可以帮助我们确定训练中的问题，可视化第一卷积层权重的代码如下。

```
w = cifar10Net.Layers(2).Weights;
% 提取第一卷积层的权重
w = mat2gray(w);
w = imresize(w, [100 100]);
% 对权重矩阵进行可视化
figure
montage(w)
```

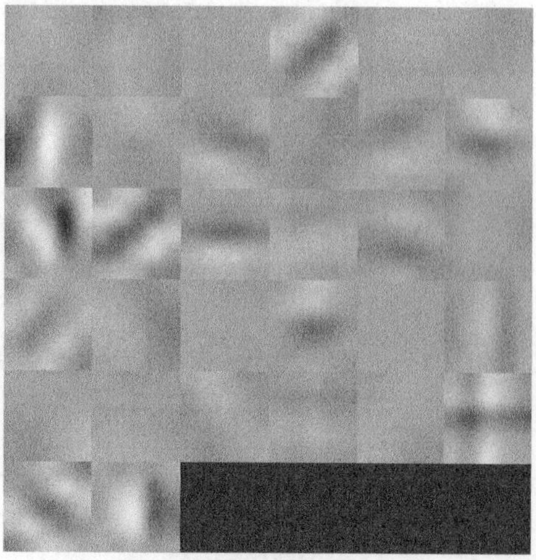

权重的可视化结果如图 18.12 所示。

第一卷积层的权重应具有一些定义明确的结构。如果权重看起来仍然是随机的，则表明网络可能需要进行额外的训练。在这种情况下，第一层滤波器已经从 CIFAR-10 训练数据中学习了类似边缘的特征。

为了完全验证训练结果，我们需要使用 CIFAR-10 测试数据来测量网络的分类准确性。较低的准确性得分表示需要增加训练过程或训练数据。下面的代码用来测试我们所训练网络的准确性。

图 18.12 权重的可视化结果

```
YTest = classify(cifar10Net, testImages);
% 在测试集上测试网络的准确性
accuracy = sum(YTest == testLabels)/numel(testLabels)
% 计算测试精度
  accuracy =
      0.7456
```

（5）使用迁移学习继续训练网络

既然网络可以很好地完成 CIFAR-10 分类任务，我们不妨使用迁移学习来微调网络以检测停车标志。

加载训练数据，代码如下。

```
data = load('stopSignsAndCars.mat', 'stopSignsAndCars');
stopSignsAndCars = data.stopSignsAndCars;
visiondata = fullfile(toolboxdir('vision'),'visiondata');
stopSignsAndCars.imageFilename = fullfile(visiondata, stopSignsAndCars.imageFilename);
% 更新图像文件的路径以匹配本地文件系统
```

训练数据包含在一个表中，该表包含图像文件名和停车标志 ROI 标签以及汽车前后的 ROI 标签。每个 ROI 标签都是图像内我们感兴趣对象周围的边界框。在训练停车标志检测器时，仅需要停车标志 ROI 标签，因此必须去除汽车前后的 ROI 标签。

```
stopSigns = stopSignsAndCars(:, {'imageFilename','stopSign'});
% 只保留图像中的停车标志 ROI 标签
```

```
% 可视化一张训练图片以及标签
I = imread(stopSigns.imageFilename{1});
I = insertObjectAnnotation(I, 'Rectangle', stopSigns.stopSign{1}, 'stop sign', 'LineWidth', 8);
figure
imshow(I)
```

以上代码的运行结果如图 18.13 所示。

图 18.13　训练集中的图像以及标签

使用停车标志数据集继续训练之前训练好的网络，设置训练参数以及加载训练网络模型的代码如下。

```
doTraining = false;
% 训练标志，true 表示重新开始训练网络，false 表示使用新的数据对之前训练好的网络继续进行训练
if doTraining
    options = trainingOptions('sgdm', ...
        'MiniBatchSize', 128, ...
        'InitialLearnRate', 1e-3, ...
        'LearnRateSchedule', 'piecewise', ...
        'LearnRateDropFactor', 0.1, ...
        'LearnRateDropPeriod', 100, ...
        'MaxEpochs', 100, ...
        'Verbose', true);
    rcnn = trainRCNNObjectDetector(stopSigns, cifar10Net, options, ...
    'NegativeOverlapRange', [0 0.3], 'PositiveOverlapRange',[0.5 1])
else
        load('rcnnStopSigns.mat','rcnn')
% 加载预训练的网络
end
```

训练完之后，测试训练结果。

```
testImage = imread('stopSignTest.jpg');
% 读取测试图像
[bboxes, score, label] = detect(rcnn, testImage, 'MiniBatchSize', 128)
% 检测图像
    bboxes =
       419    147    31    20
    score =
      single
```

```
      0.9955
  label =
    categorical
      stopSign
```

将检测结果可视化，代码如下。

```
[score, idx] = max(score);
% 只可视化得分最高的检测结果
bbox = bboxes(idx, :);
% 提取检测结果的 bounding box（边界框）
annotation = sprintf('%s: (Confidence = %f)', label(idx), score);
% 标注检测结果的标签以及分数
outputImage = insertObjectAnnotation(testImage, 'rectangle', bbox, annotation);
% 将检测结果的 bounding box 和标注信息显示在图像中
figure
imshow(outputImage)
```

以上代码的运行结果如图 18.14 所示。

图 18.14　检测结果

参 考 文 献

［1］何斌，马天予，王运坚，等．Visual C++数字图像处理［M］．2 版．北京：人民邮电出版社，2002．

［2］四维科技，胡小峰，赵辉．Visual C++/MATLAB 图像处理与识别实用案例精选［M］．北京：人民邮电出版社，2004．

［3］王艳平，张铮，吴戈．Windows 程序设计［M］．2 版．北京：人民邮电出版社，2008．

［4］王宏漫，欧宗瑛．采用 PCA／ICA 特征和 SVM 分类的人脸识别［J］．计算机辅助设计与图形学学报，2003，15(4):416-420．

［5］张铮，王艳平，薛桂香．数字图像处理与机器视觉——Visual C++与 Matlab 实现［M］．北京：人民邮电出版社，2010 年．

［6］李月龙，靳彦，汪剑鸣，等．人脸特征点提取方法综述［J］．计算机学报，2016,39(7): 1356-1374．